AF544050

EUL
VERLAG

Reihe: Steuer, Wirtschaft und Recht · Band 288

Herausgegeben von vBP StB Prof. Dr. Johannes Georg Bischoff, Wuppertal, Dr. Alfred Kellermann, Vorsitzender Richter (a. D.) am BGH, Karlsruhe, Prof. (em.) Dr. Günter Sieben, Köln, und WP StB Prof. Dr. Norbert Herzig, Köln

Dr. Heinz Hofer

Corporate Governance und Unternehmensbewertung

Der Einfluss von Corporate Governance und Eigentümerstruktur auf Unternehmens- und Anteilsbewertung

Mit einem Geleitwort von Prof. Dr. Christoph Kuhner, Universität zu Köln

Bibliographische Information der Deutschen Bibliothek

Die Deutsche Bibliothek verzeichnet diese Publikation in der Deutschen Nationalbibliothek; detaillierte bibliographische Daten sind im Internet über <http://dnb.ddb.de> abrufbar.

Dissertation, Universität zu Köln, 2007, unter dem Titel: Corporate Governance und Unternehmenswert – Der Einfluss von Corporate Governance und der Eigentümerstruktur auf die Unternehmensbewertung

ISBN 978-3-89936-679-2
1. Auflage März 2008

Printed in Germany
Druck: RSP, Troisdorf

JOSEF EUL VERLAG GmbH
Brandsberg 6
53797 Lohmar
Tel.: 0 22 05 / 90 10 6-6
Fax: 0 22 05 / 90 10 6-88
E-Mail: info@eul-verlag.de
http://www.eul-verlag.de

Bei der Herstellung unserer Bücher möchten wir die Umwelt schonen. Dieses Buch ist daher auf säurefreiem, 100% chlorfrei gebleichtem, alterungsbeständigem Papier nach DIN 6738 gedruckt.

Geleitwort

In jüngster Zeit haben Probleme und Phänomene der Corporate Governance von Unternehmen in vielfacher Hinsicht öffentliche Aufmerksamkeit auf sich gezogen: Corporate Governance wurde „entdeckt“ als wertbildender, werttreibender und bei negativem Einfluss wertvernichtender Faktor. Die systematische Durchdringung des Einflusses der Corporate Governance auf die Unternehmens- und Anteilsbewertung steckt aber trotz einer kaum mehr überschaubaren Vielzahl von Beiträgen zu Einzelaspekten noch in den Kinderschuhen.

Heinz Hofer untersucht in seiner Arbeit, wie sich bestimmte Konstellationen der Corporate Governance und der Eigentümerstruktur auf den Wert eines Unternehmens bzw. eines Unternehmensanteils auswirken. Dabei wird nicht lediglich eine qualitative bzw. modelltheoretische Wirkungsanalyse präsentiert; zudem werden Ansätze erarbeitet, um bestimmte Corporate Governance-Konstellationen in das Unternehmensbewertungskalkül zu implementieren. Besonderes Augenmerk liegt auf dem Themenkomplex der Sondervorteile, d. h. der Möglichkeiten von Management und Mehrheitsaktionären, Werte und Wertpotenziale zu ihren Gunsten abzuzweigen.

Im Rahmen der themenbezogenen Auswertung eines gewaltigen Literaturfundus, der kapitalmarkttheoretisches, institutionenökonomisches und rechtsdogmatisches Schrifttum genauso umfasst wie empirische Studien, werden diese Ansätze mit den Techniken der modernen Unternehmensbewertungslehre zusammengeführt; Konzepte zur Berücksichtigung von Corporate Governance-Effekten im Unternehmensbewertungskalkül werden zielbezogen destilliert; Wege der Integration derartiger Effekte in die Unternehmensbewertungsmethodik werden aufgezeigt.

Die Arbeit schließt eine wesentliche Lücke im existierenden Schrifttum, denn eine derartige Gesamtbetrachtung des Einflusses der Corporate Governance-Problematik auf die Unternehmens- und Anteilsbewertung existiert bis *dato* nicht. Ich wünsche der Arbeit von Heinz Hofer die verdiente Beachtung durch die Fachöffentlichkeit.

Köln, im Februar 2008 *Professor Dr. Christoph Kuhner*

Vorwort

Die vorliegende Arbeit wurde von der Wirtschafts- und Sozialwissenschaftlichen Fakultät der Universität zu Köln im Jahr 2007 als Dissertation zur Erlangung des Doktorgrades der Wirtschafts- und Sozialwissenschaften (Dr. rer. pol.) angenommen. Die Arbeit entstand während meiner Zeit als externer Doktorand am Seminar für ABWL und Wirtschaftsprüfung - Treuhandseminar - der Universität zu Köln und meiner Tätigkeit als fachlicher Mitarbeiter in den Bereichen Wirtschaftsprüfung und Steuerberatung in der Partnerschaft Flick Gocke Schaumburg, Rechtsanwälte, Wirtschaftsprüfer, Steuerberater in Bonn.

Herrn Prof. Dr. Christoph Kuhner danke ich für die engagierte Betreuung meiner Dissertation, die er durch seine wertvollen Anregungen und Hinweise stets unterstützt hat. Herrn Prof. Dr. Norbert Herzig danke ich für die Übernahme des Zweitgutachtens. Danken möchte ich weiterhin der Partnerschaft Flick Gocke Schaumburg für die Ermöglichung der berufsbegleitenden Promotion und der freundlichen Rücksichtnahme auf Promotionsbelange.

Herzlich danken möchte ich auch meinen Eltern für die Begleitung und Unterstützung meiner Arbeit. Ihnen ist diese Arbeit gewidmet.

Köln, im Dezember 2007

Heinz Hofer

Inhaltsverzeichnis

Abbildungsverzeichnis

Tabellenverzeichnis

Abkürzungsverzeichnis

AG	= Aktiengesellschaft
AktG	= Aktiengesetz
AStG	= Außensteuergesetz
Aufl.	= Auflage
Bd.	= Band
BetrVG	= Betriebsverfassungsgesetz
BGB	= Bürgerliches Gesetzbuch
BGBl.	= Bundesgesetzblatt
BGH	= Bundesgerichtshof
BFH	= Bundesfinanzhof
BMF	= Bundesministerium der Finanzen
BStBl.	= Bundessteuerblatt
BT-Drs.	= Bundestags-Drucksache
BVerfG	= Bundesverfassungsgericht
BVerfGG	= Gesetz über das Bundesverfassungsgericht
CalPERS	= California Public Employees' Retirement System
DAI	= Deutsches Aktieninstitut
DAX	= Deutscher Aktienindex
dies.	= dieselben
Diss.	= Dissertation
ECGI	= European Corporate Governance Institute
Ed.	= Edition
et al.	= und andere
f	= folgende Seite
ff.	= fortfolgende Seiten
FTSE	= Financial Times Stock Exchange
GG	= Grundgesetz
ggf.	= gegebenenfalls
GMI	= GovernanceMetrics International
Habil.	= Habilitation
HGB	= Handelsgesetzbuch
Hrsg.	= Herausgeber
HV	= Hauptversammlung

IAS	= International Accounting Standards
i.d.R.	= in der Regel
IDW	= Institut der Wirtschaftsprüfer
IPO	= Initial Public Offering
ISS	= Institutional Shareholder Services
Jg.	= Jahrgang
KonTraG	= Gesetz zur Kontrolle und Transparenz im Unternehmensbereich
KStG	= Körperschaftsteuergesetz
LG	= Landgericht
MDAX	= Midcap - Deutscher Aktienindex
MitbestG	= Mitbestimmungsgesetz
m.w.N.	= mit weiteren Nachweisen
NBER	= National Bureau of Economic Research
No.	= Nummer
Nr.	= Nummer
o.V.	= ohne Verfasser
OLG	= Oberlandesgericht
Rn.	= Randnummer
S.	= Seite(n)
SDAX	= Smallcap - Deutscher Aktienindex
SEC	= Securities and Exchange Commission
Sp.	= Spalte(n)
S&P	= Standard & Poor's
StSenkG	= Steuersenkungsgesetz
Tab.	= Tabelle
TIAA-CREF	= Teachers Insurance and Annuity Association-College Retirement Equities Fund
Tz.	= Textziffer
u.a.	= unter anderem
u.U.	= unter Umständen
UMAG	= Gesetz zur Unternehmensintegrität und Modernisierung des Anfechtungsrechts
UmwG	= Umwandlungsgesetz

v.	= vom
Vgl.	= Vergleiche
Vol.	= Jahrgang
VorstOG	= Vorstandsvergütungs-Offenlegungsgesetz
WpHG	= Wertpapierhandelsgesetz
WpÜG	= Wertpapiererwerbs- und Übernahmegesetz
z.B.	= zum Beispiel
ZEW	= Zentrum für Europäische Wirtschaftsforschung
z.T.	= zum Teil
zugl.	= zugleich

I. Einführung

I. 1 Problemstellung

Ein Finanzsystem dient dazu, Finanzmittel von Kapitalgebern an Unternehmen weiterzuleiten. Dieser Aufgabe kann es nur gerecht werden, wenn es den Personen, die bereit sind, Finanzmittel zur Verfügung zu stellen, glaubhaft machen kann, dass sie auch die versprochenen Erträge erzielen werden. Zur Durchsetzung ihrer Interessen beanspruchen die Kapitalgeber Einfluss- und Kontrollrechte. Von großer Bedeutung sind dabei die Kontrollinstrumente der Corporate Governance (Unternehmensführung und -kontrolle), die neben der Ausgestaltung des Rechtssystems zusätzliche unternehmensspezifische Regelungen beinhalten.

Zielsetzung von Corporate Governance ist der Interessenschutz insbesondere der Eigenkapitalgeber, aber auch aller weiteren Anspruchsgruppen gegenüber dem Management. Demnach verringert effiziente Corporate Governance die Agency-Kosten, die aus dem Interessengegensatz zwischen den Gesellschaftern (Konflikt zwischen Minderheits- und Mehrheitsaktionären) und zwischen den Gesellschaftern und den Managern des Unternehmens resultieren. „Corporate governance deals with the agency problem: the separation of management and finance. (...) the agency problem is serious: the opportunities for managers to abscond with financiers' funds, or to squander them on pet projects, are plentiful and well-documented."[1] Als Ursache für die Probleme, die aus schlechter Corporate Governance resultieren, ist die Unvollständigkeit von Verträgen zu sehen, die das Unternehmen und die unterschiedlichen Stakeholder zusammenhalten.[2]

Im Zentrum der Corporate Governance-Debatte steht die Frage, durch welche Mechanismen die Interessenkonflikte zwischen den Aktionären und dem Management gelöst werden können. Corporate Governance umfasst eine Reihe von Mechanismen, mittels derer das Management von Unternehmen kontrolliert werden kann. Dabei wird zwischen der direkten und der indirekten Kontrolle unterschieden.[3] Bei di-

[1] Shleifer/Vishny (1997a), S. 773.
[2] Vgl. Hart (1995), S. 680, 688; Schmidt (2003), S. 5.
[3] Vgl. Bott (2002), S. 16 m.w.N.

rekter Kontrolle versucht der Aktionär seine Interessen durch persönliches Engagement zu vertreten, wobei er wählen kann zwischen Widerspruch (*Voice*) und Anteilsverkauf (*Exit*).[4] Bei indirekter Kontrolle hingegen sind Dritte (z.B. der Aufsichtsrat) damit beauftragt zu überprüfen, ob Unternehmensentscheidungen im Interesse des Aktionärs getroffen werden. Bei den Mechanismen zur Kontrolle des Managements kann zudem zwischen internen und externen Kontrollmechanismen unterschieden werden.[5] Interne Kontrolle findet innerhalb des Vertragsnetzes des Unternehmens statt (insbesondere Hauptversammlung und Aufsichtsrat), wohingegen unter externer Kontrolle disziplinierende Wirkungen zu verstehen sind, die von dem Wettbewerb auf den verschiedenen Märkten, auf denen das Unternehmen tätig ist, ausgehen.[6] Der Mehrheitsanteilseigner macht seinen Einfluss über die interne Kontrolle geltend. Bei Streubesitz hingegen kann die Möglichkeit einer drohenden Übernahme des Unternehmens disziplinierend wirken (Markt für Unternehmenskontrolle).

SHLEIFER/VISHNY definieren Corporate Governance wie folgt: „Corporate Governance deals with the ways in which suppliers of finance to corporations assure themselves of getting a return on their investment."[7] Folglich ist die Zielsetzung von Corporate Governance die Erwirtschaftung einer risikoadjustierten Rendite für die Kapitalgeber des Unternehmens.[8] Eine vergleichbare Definition lautet: „At its most basic level, *corporate governance* is the interaction of a company's management, its board directors, and its shareholders to direct and control the firm, and to ensure that all financial stakeholders (shareholders and creditors) receive their fair share of the company's earnings and assets."[9] Diese Definitionen beschreiben Corporate Governance als einen potentiellen Risikofaktor für Investoren.[10] Sofern Corporate Governance-Standards schlecht sind, kann vermutet werden, dass die Wahrscheinlichkeit besteht, dass die Kapitalgeber keine angemessenen Renditen auf ihr Investment erhalten.

---

[4] Vgl. Hirschman (1974).
[5] Vgl. Bott (2002), S. 3 m.w.N.; Ruhwedel (2003), S. 63 ff.
[6] Vgl. Bott (2002), S. 3.
[7] Shleifer/Vishny (1997a), S. 737.
[8] Vgl. Ruhwedel (2003), S. 63.
[9] Dallas (2004a), S. 21.
[10] Vgl. Dallas (2004a), S. 21.

In den letzten Jahren hat Corporate Governance zunehmend an Bedeutung in der wirtschaftswissenschaftlichen Forschung gewonnen. Das verstärkte Interesse an Corporate Governance steht u.a. in Zusammenhang mit den spektakulären Unternehmenspleiten der letzten Jahre (z.B. Worldcom, Enron, Parmalat).[11] Zusätzlich sind eine zunehmende Institutionalisierung im Beteiligungsmanagement und ein Anpassungsdruck auf Unternehmen, sich an internationale Corporate Governance-Standards anzunähern, zu beobachten.[12]

Corporate Governance und die Eigentümerstruktur von Unternehmen unterscheiden sich deutlich zwischen den Ökonomien der Welt. Sie scheinen sich außerdem gegenseitig zu beeinflussen. Schwerpunktmäßig sind weltweit zwei Systeme der Unternehmensfinanzierung und -kontrolle zu beobachten: das Outsider-System in den USA und Großbritannien und das Insider-System in Kontinentaleuropa.[13] Dabei zeichnet sich der angelsächsische Ansatz durch eine Arm's Lenght bzw. Outsider-Orientierung aus, in dem Kontrolle im Wesentlichen über die Exit-Drohung ausgeübt wird.[14] Der deutsche Ansatz hingegen wird durch eine Control- bzw. Insider-Orientierung bestimmt. Die Kontrollausübung erfolgt dabei durch eine konzentrierte Eigentümerstruktur. Diese Unterscheidung hat große Teile der Debatte um Corporate Governance und Corporate Finance der letzten Jahre beeinflusst. In der vergangenen Dekade hat es grundlegende Veränderungen in der deutschen Corporate Governance und insbesondere auf dem deutschen Kapitalmarkt gegeben mit der Orientierung an internationalen Standards.[15] Man geht dennoch nicht davon aus, dass sich das deutsche System gänzlich zugunsten des kapitalmarktorientierten Systems auflösen wird.[16] Auch kann kein abschließendes Urteil über die Vorteilhaftigkeit eines der beiden Systeme abgegeben werden.[17]

Die dieser Arbeit zugrunde liegende Problematik beschreibt RUDOLPH wie folgt: „(...) aus Sicht der institutionellen Anleger und Kleinaktionäre (besteht) in kontrollorientier-

---

[11] Die Kosten der Corporate Governance-Krise in den USA in den Jahren 2001 und 2002 (u.a. Enron, Worldcom) werden auf 37-42 Milliarden $ für die US-amerikanische Wirtschaft geschätzt. Vgl. Graham/Litan/Sukhtankar (2002).
[12] Vgl. Drobetz (2002), S. 431; Drobetz/Schillhofer/Zimmermann (2003), S. 2.
[13] Vgl. Berglöf (1997).
[14] Vgl. Rudolph (2003), S. 2053 ff.
[15] Vgl. E. Nowak (2001); E. Nowak (2004).
[16] Vgl. Rudolph (2003), S. 2057.
[17] Vgl. Shleifer/Vishny (1997a), S. 773.

ten Unternehmen die Gefahr einer Übervorteilung im Innenverhältnis, wenn der Großaktionär seinen Informations- und Machtvorteil für Vermögenstransfers und Self-Dealing Aktionen zur Erzielung privater Kontrollrenten missbraucht. Die Gefahr wird für die institutionellen Anleger dann verstärkt, wenn die im Freefloat gehandelten Titel weniger liquide sind, so dass eine schnelle Trennung von unvorteilhaften Beteiligungen erschwert wird. Zwar existieren wie in vielen Ländern auch hierzulande rechtliche Schutzregeln für Minderheitsaktionäre, die sie vor einer Ausbeutung durch Mehrheitsaktionäre schützen sollen, doch bestehen bei ihrer Durchsetzung teilweise erhebliche Defizite, so dass im Vergleich zu den angelsächsischen Ländern immer noch eine Benachteiligung der Kleinaktionäre zu konstatieren ist."[18]

Der Schwerpunkt der vorliegenden Arbeit liegt darauf, zu untersuchen, wie sich bestimmte Konstellationen der Corporate Governance und der Eigentümerstruktur auf den Wert eines Unternehmens bzw. Unternehmensanteils auswirken. Es wird ein direkter Bezug zwischen Corporate Governance und der Unternehmensbewertung hergestellt. Neben der Quantifizierung des Einflusses sollen Möglichkeiten aufgezeigt werden, wie die Bewertungseffekte in die Unternehmenswertermittlung implementiert werden können. Dabei wird eine Unterscheidung zwischen dem Einfluss der Corporate Governance-Struktur auf die erwarteten Cash Flows und den Kapitalisierungszinssatz vorgenommen. Eine Unternehmensbewertung sollte qualitiative Kriterien u.a. berücksichtigen, um sich künftig in Zahlen auswirkende Effekte bereits zum Bewertungszeitpunkt in das Bewertungskalkül einfließen zu lassen.[19]

Die Arbeit legt ein besonderes Augenmerk auf den Themenbereich der Sondervorteile. Sie sind die Folge von Anreizproblemen, die sich bei der Unternehmensfinanzierung mit heterogenen und unterschiedlich großen Anteilen ergeben. Weiterhin werden in dieser Arbeit die Intrarangklassenkonflikte, die im Eigenkapitalbereich bestehen, beleuchtet. Die Bedeutung und Gestaltung der Eigentümerstruktur für den Unternehmenswert ist erst in den letzten Jahren verstärkt in den Mittelpunkt des Interesses gerückt. Im Gegensatz dazu war das Thema der optimalen Ausgestaltung des Verhältnisses zwischen Eigen- und Fremdkapital schon seit langem in der For-

[18] Rudolph (2003), S. 2057.
[19] Vgl. Volk (2005), S. 757.

schung und Theorie Diskussionsgegenstand, so dass dieser Themenbereich in dieser Arbeit nicht weiter erörtert wird.[20]

I. 2 Gang der Untersuchung

Die Struktur der Arbeit leitet sich aus der beschriebenen Zielsetzung ab. Nach den theoretischen Grundlagen der Unternehmensbewertung in Kapitel II. werden die Bereiche Corporate Governance (Kapitel III.), Eigentümerstruktur (Kapitel IV.), Markt für Unternehmenskontrolle (Kapitel V.) und Liquidität (Kapitel VI.) in den folgenden Kapiteln auf ihre Bewertungsrelevanz hin untersucht. Dabei werden zuerst die theoretischen Grundlagen des jeweiligen Aspekts erläutert. Darauf folgt eine Analyse der empirischen Untersuchungen zu dem jeweiligen Bereich. Abschließend werden die Einsichten, die im Rahmen einer Analystenbefragung gewonnen wurden, dargestellt.

Das Kapitel II. (Grundlagen der Unternehmensbewertung) stellt neben den Anlässen und Bewertungszielen von Unternehmensbewertungen die gebräuchlichsten Bewertungsverfahren dar. Darüber hinaus wird der Zusammenhang zwischen der Unternehmensbewertung (Wert) und Börsenkursen (Preis) beschrieben. Zur Gewinnung neuer Erkenntnisse über die Bewertungsrelevanz von Corporate Governance wurde eine Befragung von Finanzanalysten durchgeführt. Dabei wurde ein heuristischer Ansatz gewählt, indem Finanzanalysten nach den in der Praxis üblichen Vorgehensweisen befragt wurden.[21] Diese geben eine marktorientierte Einschätzung über bestimmte Corporate Governance-Kriterien ab. Die Zielsetzung von Analysten ist die Prognose von Börsenkursen, die sie i.d.R. anhand von Unternehmensbewertungen vornehmen.

Im Kapitel III. (Corporate Governance und der Unternehmenswert) werden die Hauptproblembereiche der Corporate Governance diskutiert. Dabei stehen die Agency-Problematik der Erzielung von Sondervorteilen durch einen Mehrheitsaktionär und durch das Management und der Einfluss der Corporate Governance-Struktur auf die Kapitalkosten im Vordergrund. Schwerpunkt dieses Kapitels ist es, die unterschiedlichen Effekte von Corporate Governance darzulegen, um Möglichkeiten aufzuzeigen,

[20] Vgl. Modigliani/Miller (1958); Perridon/Steiner (2004), S. 510 ff.
[21] Der Fragebogen ist in der Anlage (IX.) beigefügt.

wie sich Corporate Governance in das Unternehmensbewertungskalkül einbeziehen lässt bzw. wie sie sich auf Bewertungen auswirkt.

Im darauf folgenden Kapitel (Kapitel IV.) wird untersucht, wie sich die Eigentümerstruktur eines Unternehmens auf den Unternehmenswert auswirkt. Die Eigentümerstruktur gilt als ein zentraler Bestandteil der Corporate Governance eines Unternehmens. Es werden die Motive und das Kontrollpotential bestimmter Aktionärsgruppen untersucht, wobei zwischen der Eigentümerkonzentration, der Eigentümeridentität und der Eigentümerkomplexität unterschieden wird. Die Eigentümerstruktur ist ein Element der internen Unternehmenskontrolle.

Die externe Unternehmenskontrolle wird u.a. durch den Markt für Unternehmenskontrolle (Kapitel V.) und die Marktliquidität (Kapitel VI.) ausgeübt. Der Markt für Unternehmenskontrolle ist ein Schwerpunkt der Corporate Governance-Forschung der letzten Jahre. Dabei wurden deutliche Bewertungseffekte aufgezeigt, wenn der Markt für Unternehmenskontrolle z.B. durch Abwehrmechanismen eingeschränkt ist. Zielsetzung der Untersuchung ist es, die Wirkungsweisen aufzuzeigen, um daraus folgernd die bewertungsrelevanten Effekte und Kriterien ableiten zu können. Auch die Handelbarkeit eines Anteils hat sich als ein wichtiges Corporate Governance-Kriterium herausgestellt. Die Untersuchung in Kapitel VI. soll dazu beitragen, den Bewertungseinfluss einer eingeschränkten Handelbarkeit zu ermitteln.

In Kapitel VII. werden konkrete Bewertungsimplikationen von Corporate Governance hergeleitet. Dabei wird unterschieden zwischen Bewertungseffekten für die Ermittlung subjektiver Entscheidungswerte und objektivierter Unternehmenswerte. Weiterhin wird differenziert zwischen dem Einfluss der Corporate Governance-Struktur auf die finanziellen Überschüsse und die Risikostruktur. Das abschließende Kapitel VIII. fasst die wichtigsten Ergebnisse der Arbeit thesenförmig zusammen.

II. Grundlagen der Unternehmensbewertung

II. 1 Zielsetzung von Unternehmensbewertungen und Bewertungsanlässe

Der Unternehmenswert wird von dem subjektiven Nutzen bestimmt, den die Gesellschafter aus ihm ziehen können, wobei sich diese Arbeit auf die finanziellen Nutzenbestandteile konzentriert.[22] Unter dieser Zielsetzung bestimmt sich der Wert eines Unternehmens durch den Barwert der mit dem Eigentum am Unternehmen verbundenen Nettozuflüsse an die Unternehmenseigner.[23] Dabei wird auf die zukünftigen finanziellen Überschüsse, die bei Fortführung des Unternehmens und Veräußerung etwaigen nicht betriebsnotwendigen Vermögens erzielt werden, abgestellt.

Der Unternehmenswert ist nur im Zusammenhang mit dem Bewertungszweck zu interpretieren. Anlässe für eine Unternehmensbewertung können gesetzliche Vorschriften, vertragliche Vereinbarungen und sonstige Gründe sein.[24] Unternehmensbewertungskonzepte haben in den letzten Jahren im Zuge des Vordringens der Shareholder Value-Kultur auch zunehmend an Bedeutung für innerbetriebliche Steuerungsentscheidungen gewonnen.

Gesetzliche Vorschriften	Vertragliche Vereinbarungen	Sonstige Gründe
Aktienrecht Abschluss von Unternehmensverträgen Eingliederung Squeeze out Ermittlung des angemessenen Ausgleichs, der Abfindung in Aktien/Bar **Umwandlungsgesetz** Verschmelzung/Spaltung Ermittlung von Barabfindungen und Umtauschverhältnissen	Eintritt und Austritt von Gesellschaftern aus einer Personengesellschaft Erbauseinandersetzungen und Erbteilungen Abfindungsfälle im Familienrecht	Kauf oder Verkauf von Unternehmen Handels- und steuerrechtliche Gründe Zuführung von Eigen- oder Fremdkapital Sacheinlagen Börsengang Management Buy Out Wertorientiertes Management Fusionen

Abbildung 1: **Bewertungsanlässe**[25]

[22] Vgl. IDW (2002), S. 1f; IDW (2005), S. 691, Tz. 2.1.
[23] Vgl. IDW (2002), S. 27.
[24] Vgl. IDW (2002), S. 4 ff.; Kuhner/Maltry (2006), S. 7-11.
[25] Vgl. IDW (2002), S. 4 ff.

II. 2 Bewertungsziele von Unternehmensbewertungen

Bei den Bewertungszielen von Unternehmensbewertungen wird zwischen dem Schiedswert, dem Entscheidungswert und dem objektivierten Unternehmenswert unterschieden. Der Schiedswert ist der unparteiisch ermittelte, den fairen Ausgleich gegenläufiger Interessen bezweckende Unternehmenswert, der nicht nur von den Interessen und Vorstellungen einer Partei geprägt sein darf, wobei auch subjektive Werteinschätzungen, sofern sie angemessen sind, berücksichtigt werden.[26] Der Entscheidungswert ist der Grenzpreis, dem die Beteiligten bei Verhandlungen äußerstenfalls zustimmen können, so dass auch subjektiven Werteinschätzungen Rechnung getragen wird. Das Gerechtigkeitspostulat ist dabei nicht zu berücksichtigen.

In der Praxis wird oft auf den objektivierten Unternehmenswert zurückgegriffen. Er wird als der Wert des Unternehmens „wie es steht und liegt" im bestehenden Konzept gesehen, d.h. der objektivierte Unternehmenswert drückt den Wert des im Rahmen des vorhandenen Unternehmenskonzepts fortgeführten Unternehmens aus.[27] Der objektivierte Wert wird in der Rechtsprechung als maßgeblich angesehen.[28]

Im Folgenden werden die gebräuchlichsten Unternehmensbewertungsverfahren, die Ermittlung der künftigen finanziellen Überschüsse und die Ermittlung des Kapitalisierungsszinssatzes kurz erläutert.

---

[26] Vgl. Piltz (1994), S. 11; Lausterer (1997), S. 38, 40.
[27] Vgl. Piltz (1994), S. 12, 93-97.
[28] Vgl. Piltz (1994), S. 94; Lausterer (1997), S. 84.

II. 3 Unternehmensbewertungsverfahren

II. 3.1 Ertragswertverfahren und DCF-Verfahren

II. 3.1.1 Der Zukunftserfolgswert

Der Zukunftserfolgswert kann nach dem Ertragswertverfahren oder nach den Discounted-Cash-Flow-Verfahren (DCF-Verfahren) ermittelt werden.[29] Diesen Verfahren liegt das Kapitalwertkalkül zugrunde. Mit beiden Verfahren können sowohl objektivierte Unternehmenswerte als auch subjektive Entscheidungswerte ermittelt werden. Beide Verfahrensweisen führen bei gleichen Bewertungsannahmen und -vereinfachungen zu den gleichen Unternehmenswerten.

II. 3.1.2 Darstellung der Zukunftserfolgswertverfahren

Der Unternehmenswert wird bei dem Ertragswertverfahren und den DCF-Verfahren als Barwert der künftigen finanziellen Überschüsse ermittelt. Zur Prognose der künftigen finanziellen Überschüsse ist eine umfangreiche Informationsbeschaffung erforderlich, auf der aufbauend dann eine vergangenheits-, stichtags- und zukunftsorientierte Unternehmensanalyse vorzunehmen ist.[30] Die Ergebnisse der Vergangenheitsanalyse bilden lediglich die Grundlage für die Schätzung der künftigen finanziellen Überschüsse.[31] Letztendlich ist eine auf der Analyse zukunftsbezogener Markt- und Umweltentwicklungen aufbauende Analyse der erwarteten leistungs- und finanzwirtschaftlichen Entwicklungen des Unternehmens vorzunehmen.[32]

Zur Ermittlung des Unternehmenswerts anhand der DCF-Verfahren sind die künftigen Cash Flows zu bestimmen.[33] Sie sind die finanziellen Überschüsse, die unter Berücksichtigung gesellschaftsrechtlicher Ausschüttungsgrenzen allen Kapitalgebern des Unternehmens zur Verfügung stehen. Zu den DCF-Verfahren zählen im Wesent-

---

[29] Vgl. Copeland/Koller/Murrin (1998), S. 100 ff.; Kohl/Schulte (2000); IDW (2002), S. 2f; IDW (2005), S. 692, Tz. 2.1.; Kuhner/Maltry (2006), S. 127, 195 ff.

[30] Vgl. zu Verfahren zur Schätzung der künftigen Zahlungsüberschüsse: Kuhner/Maltry (2006), S. 93 ff. Siehe zur Prognosebildung für Unternehmensbewertungen: Kuhner (2006b).

[31] Vgl. zu der praktischen Vorgehensweise: IDW (2002), S. 53 ff.; IDW (2005), S. 701, Tz. 5.

[32] Vgl. IDW (2005), S. 701, Tz. 5.3.

lichen drei Ansätze, wobei der WACC-Ansatz (*Weighted Average Cost of Capital-Ansatz*) und der APV-Ansatz (*Adjusted Present Value-Ansatz*) Entity-Verfahren sind und daher eine Bruttokapitalisierung vorsehen und der Equity-Ansatz eine Nettokapitalisierung vorsieht.

Bei dem in der Bewertungspraxis häufig verwendeten WACC-Ansatz werden Free Cash Flows (FCF), die Eigenkapitalgebern und Fremdkapitalgebern zur Verfügung stehen, mit einem gewogenen Kapitalkostensatz ($WACC$) diskontiert.[34] Danach erfolgt eine Verminderung dieses Werts um den Marktwert des Fremdkapitals (FK), um den Wert des Eigenkapitals zu erhalten.

$$UW = \sum_{t=1}^{\infty} \frac{FCF_t}{(1+WACC_t)^t} - FK$$

Beim APV-Ansatz (Konzept des angepassten Barwerts) wird der Gesamtkapitalwert komponentenweise bestimmt.[35] Zuerst wird eine vollständige Eigenfinanzierung angenommen, um den Marktwert eines nicht verschuldeten Unternehmens zu ermitteln. Danach erfolgt eine Berechnung des Wertbeitrags der Verschuldung. Der Gesamtkapitalwert ergibt sich aus der Summe des Marktwerts des nicht verschuldeten Unternehmens und des Wertbeitrags der Verschuldung. Der Wert des Eigenkapitals ergibt sich nach Abzug des Marktwerts der Ansprüche der Fremdkapitalgeber.

Beim Equity-Ansatz werden die den Eigentümern zufließenden Überschüsse mit den Eigenkapitalkosten eines verschuldeten Unternehmens diskontiert.[36] Die Netto Cash Flows werden dabei um die Zahlungen an die Fremdkapitalgeber gekürzt und mit einem Kapitalisierungszinssatz diskontiert, der sowohl das operative Risiko als auch das Kapitalstrukturrisiko beinhaltet.

Das Ertragswertverfahren hingegen ermittelt den Unternehmenswert (UW) durch Diskontierung der den Unternehmenseignern künftig zufließenden finanziellen Über-

---

[33] Vgl. Kohl/Schulte (2000), S. 1148f; IDW (2005), S. 710, Tz. 7.3.2.2.; Kuhner/Maltry (2006), S. 195-241.

[34] Vgl. Kohl/Schulte (2000), S. 1149; IDW (2005), S. 709-711, Tz. 7.3.2.; Kuhner/Maltry (2006), S. 198-200.

[35] Vgl. IDW (2002), S. 122f; IDW (2005), S. 711, Tz. 7.3.3.; Kuhner/Maltry (2006), S. 200-202.

schüssen ($FÜ$), die aus den künftigen handelsrechtlichen Erfolgen (Ertragsüberschussrechnung) abgeleitet werden, mit den risikoadjustierten Eigenkapitalkosten eines verschuldeten Unternehmens (r_{EK}).[37]

$$UW = \sum_{t=1}^{\infty} \frac{FÜ_t}{(1 + r_{EK})^t}$$

II. 3.1.3 Ermittlung des Kapitalisierungszinssatzes

II. 3.1.3.1 Aufgabe und Komponenten des Kapitalisierungszinssatzes

Der Kapitalisierungszinssatz setzt sich zusammen aus dem Basiszinssatz und einem Risikozuschlag.[38] Dabei ist es Aufgabe des Zinssatzes, die Alternativrendite festzulegen, um die Investition in das zu bewertende Unternehmen mit anderen Geldverwendungsalternativen zu vergleichen.[39] Für den Basiszinssatz wird i.d.R. der landesübliche Zinssatz für eine (quasi-) risikolose Kapitalmarktanlage verwendet, wobei oft langfristige öffentliche Anleihen genommen werden, die annähernd die Laufzeitäquivalenz gewährleisten können.[40]

Nach dem Äquivalenzprinzip müssen die einbezogenen Handlungsalternativen vergleichbar sein.[41] Die Berücksichtigung der Risikoeinstellung aufgrund der Unsicherheit der künftigen finanziellen Überschüsse kann dabei durch zwei Vorgehensweisen in die Bewertung eingehen. Zum einen kann ein Zuschlag zum Kapitalisierungszinssatz mittels der Risikozuschlagsmethode erfolgen, der eine Unsicherheitsäquivalenz herstellen soll. Zum anderen können auch Abschläge vom Unternehmenswert bzw. vom Erwartungswert der finanziellen Überschüsse mittels der Sicherheitsäquivalenzmethode vorgenommen werden, um eine Risikoäquivalenz zu erreichen.[42]

---

36 Vgl. IDW (2002), S. 123-125; IDW (2005), S. 711, Tz. 7.3.4.; Kuhner/Maltry (2006), S. 196-198.
37 Vgl. Kohl/Schulte (2000), S. 1148; IDW (2005), S. 706, Tz. 7.2.1.
38 Vgl. IDW (2005), S. 708, Tz. 7.2.4.1.
39 Vgl. Münstermann (1970), S. 65f; Piltz (1994), S. 26.
40 Vgl. IDW (2005), S. 708, Tz. 7.2.4.1.
41 Vgl. Mandl/Rabel (1997), S. 75; Kuhner/Maltry (2006), S. 84 ff.
42 Vgl. Bruns (1998), S. 30 ff.; IDW (2002), S. 70; IDW (2005), S. 703, Tz. 6.2.

Die Risikozuschlagsmethode wird sowohl national als auch international üblicherweise verwendet, da sie sich auf empirisch beobachtbares Verhalten stützen kann.[43] Dieser Ansatz ermöglicht eine marktorientierte Vorgehensweise zur Ermittlung von Risikozuschlägen. Dabei wird die marktgestützte Ermittlung des Risikozuschlags insbesondere mittels des CAPM vorgenommen.

Die Sicherheitsäquivalenzmethode hingegen setzt die Ermittlung expliziter Wahrscheinlichkeitsverteilungen in den Zeitpunkten des Prognosezeitraums voraus, um nicht auf unspezifische Schätzungen der Sicherheitsäquivalente allein auf der Basis von Erwartungen angewiesen zu sein.[44]

II. 3.1.3.2 Capital Asset Pricing Model

Das *Capital Asset Pricing Model* (CAPM) baut auf der *Portfolio Selection Theory* von MARKOWITZ und dem *Separationstheorem* von TOBIN auf.[45] Es dient der Ermittlung der Eigenkapitalkosten, indem es die Berechnung von Risikoprämien, die Anleger für ein Engagement auf dem Kapitalmarkt fordern, ermöglicht.[46] Es bietet für Zwecke der Unternehmensbewertung die Möglichkeit, durch den Markt objektivierte Risikozuschläge zu ermitteln.[47] Auch wenn das CAPM auf wenig realitätsnahen Prämissen aufbaut, so genießt es doch aufgrund seiner „intellektuellen Stringenz und seiner universellen Anwendbarkeit auf Marktdaten“ eine sehr weite Verbreitung.[48]

Das CAPM beruht auf einem Vergleich der unternehmensindividuellen Rendite mit der Rendite des Aktienmarktes (eines Marktportfolios) und setzt daher börsennotierte

---

[43] Vgl. IDW (2005), S. 704, Tz. 6.2.
[44] Vgl. Mandl/Rabel (1997), S. 222.
[45] Vgl. Sharpe (1964); Lintner (1965); Mossin (1966). Die Portfoliotheorie von Markowitz basiert auf der Erkenntnis, dass Investoren durch die Mischung risikobehafteter Wertpapiere (Portfoliobildung) das damit verbundene Risiko von Verlusten im Vergleich zu einzelnen, isoliert gehaltenen Anlagen reduzieren können. Vgl. Markowitz (1952). Zur Risikoerfassung greift die Portfoliotheorie auf das μ/σ -Prinzip zurück. Vgl. Perridon/Steiner (2004), S. 265. Das Separationstheorem von Tobin sagt, dass jeder Kapitalanleger unabhängig von der individuellen Risikonutzenfunktion dasselbe Marktportfolio auf der Grundlage der Portfoliotheorie von Markowitz hält. Vgl. Tobin (1958).
[46] Vgl. IDW (2002), S. 72 ff., 119 ff.; IDW (2005), S. 704, Tz. 6.2.
[47] Vgl. Baetge/Niemeyer/Kümmel (2005), S. 293.
[48] Kuhner (2004), S. 263. Das CAPM „basiert auf der Modellierung eines Kapitalmarktgleichgewichts, von dem man weiß, dass sämtliche Annahmen nicht erfüllt sind und dass deren Implikation einer Gleichgewichtssituation jegliche Bewertungsnotwendigkeit überflüssig werden lässt.“ Ballwieser (2002), S. 738; siehe zu Kritikpunkten am CAPM: Kuhner/Maltry (2006), S. 166; vgl. zu den Prämissen des CAPM: Perridon/Steiner (2004), S. 275f.

Unternehmen voraus. Das CAPM erfasst als Risiko eines Wertpapiers nur das *systematische Risiko*, das die Schwankungen der Rendite eines Wertpapiers bezeichnet, die sich bei Schwankungen der Rendite des Gesamtmarkts ergeben (z.B. das Risiko eines globalen Konjunktureinbruchs aufgrund eines Ölpreisschocks).

Das *unsystematische Risiko* bezeichnet Risiken durch Schwankungen der Rendite eines Wertpapiers, die unabhängig vom Gesamtmarkt zustande kommen (z.B. überraschend hohe Gewinne/Verluste, Unternehmensübernahmen, überdurchschnittliche Insolvenzrisiken).[49] Unsystematischen negativen Renditeentwicklungen einzelner Wertpapiere stehen bei einem breit diversifizierten Portfolio entsprechende positive unsystematische Renditeentwicklungen anderer Wertpapiere gegenüber, so dass der Erwartungswert der *unsystematischen Risiken* in dem Portfolio gegen null geht. Mit einem Portfolio, das zwanzig verschiedene zufällig ausgewählte Unternehmensaktien hält, erzielt man eine weitgehende Reduzierung der *unsystematischen Risiken.*[50]

Die Kernaussage des CAPM lautet, dass die Renditeerwartung für ein risikobehaftetes Wertpapier im Kapitalmarktgleichgewicht der Summe aus dem risikolosen Zinssatz und einer Risikoprämie für jede Einheit übernommenen *systematischen Risikos* entspricht.[51] Das CAPM versucht demnach den Preis einzelner Wertpapiere im Marktportfolio zu bestimmen. Diese Möglichkeit besteht, da jedes einzelne Wertpapier Bestandteil des Marktportfolios ist und sein Wert daher in Relation zu diesem ausgedrückt werden kann.

Im CAPM wird die Risikohöhe durch Beta (β) ausgedrückt, was sich aus der Kovarianz zwischen den Renditeerwartungen des Wertpapiers i und des Marktportfolios M, dividiert durch die Varianz der Renditeerwartung des Marktportfolios, ergibt.[52]

$$\beta_i = \frac{\sigma_{\mathrm{im}}}{\sigma_{\mathrm{m}}^2} = \frac{\mathrm{cov}(r_i, \mathrm{r}_m)}{\mathrm{var}(\mathrm{r}_m)}$$

---

[49] Vgl. Baetge/Niemeyer/Kümmel (2005), S. 291.

[50] Vgl. Bloomfield/Leftwich/Long (1977). Nach der Untersuchung von Campbell et al. (2001) hat sich das unsystematische Risiko in den vergangenen Jahren erhöht, so dass nun eine Zahl von rund 50 zufällig ausgewählten Aktien notwendig ist, um eine nahezu vollständige Risikodiversifikation zu erreichen. Vgl. Campbell et al. (2001), S. 25f.

[51] Vgl. Perridon/Steiner (2004), S. 280.

[52] Vgl. zur Herleitung: Perridon/Steiner (2004), S. 276 ff.

Demnach lautet die Wertpapierlinie im CAPM wie folgt:

$$r_{EK} = i + \beta_i [r_m - i]$$

Die Eigenkapitalkosten (r_{EK}) entsprechen der Summe aus risikolosem Basiszinssatz (i) und der unternehmensindividuellen Risikoprämie, die sich aus der Multiplikation des unternehmensindividuellen Betafaktors mit der Marktrisikoprämie ($\beta_i[r_m - i]$) ergibt.

II. 3.1.3.3 Weighted Average Cost of Capital

Beim *Weighted Average Cost of Capital-Ansatz* (WACC-Ansatz) wird zuerst ein Unternehmensgesamtwert ermittelt, von dem dann der Marktwert des Fremdkapitals abgezogen wird, um den Marktwert des Eigenkapitals zu erhalten.[53] Die Diskontierung des Zahlungsstroms erfolgt mit den aus dem Modell von MODIGLIANI/MILLER bekannten durchschnittlichen Kapitalkosten eines anteilig fremdfinanzierten Unternehmens.[54] Die durchschnittlichen Kapitalkosten ergeben sich dabei als die gewogenen Kapitalkosten der einzelnen Finanzierungsquellen. Der WACC-Ansatz unterstellt, dass der Gesamtkapitalwert unabhängig von der Art der Finanzierung ist, wobei von Steuereinflüssen abgesehen wird.[55]

$$WACC = f \cdot \frac{FK}{GK} + r_{EK} \cdot \frac{EK}{GK}$$

$WACC$	= gewogene Kapitalkosten	f	= Fremdkapitalzinssatz
FK	= Marktwert des Fremdkapitals	EK	= Marktwert des Eigenkapitals
GK	= Marktwert des Gesamtkapitals	r_{EK}	= Eigenkapitalkosten

[53] Vgl. IDW (2002), S. 111-122; IDW (2005), S. 709, Tz. 7.3.2.
[54] Vgl. Modigliani/Miller (1958), S. 265-268.
[55] Vgl. zum Steuereinfluss auf das WACC: Kapitel VII. 3.6.1.

II. 3.2 Multiplikatorverfahren

Der Multiplikatoransatz sieht vor, Unternehmenswerte für Anteile an einem betrachteten Unternehmen anhand von Marktpreisen für Anteile an vergleichbaren Unternehmen zu ermitteln.[56] Bei den Multiplikatorverfahren ergibt sich der Preis für ein Unternehmen aus dem Produkt eines als repräsentativ angesehenen Ergebnisses mit einem branchen- bzw. unternehmensspezifischen Faktor (Multiplikator).[57] Dieser Faktor wird als Möglichkeit angesehen, die aktuellen Kapitalkosten, die Risikoneigung potentieller Erwerber sowie das Verhältnis zwischen Angebot und Nachfrage auf dem Markt für Unternehmenstransaktionen auszudrücken.[58]

Wie Untersuchungen gezeigt haben, findet der Multiplikatoransatz in der Praxis, insbesondere von Finanzanalysten, eine große Akzeptanz.[59] Dem Multiplikatoransatz liegt der Gedanke des *Law of one Price* zugrunde, nach dem gleiche Unternehmen gleiche Preise haben müssen.[60] Dabei soll sich der faire Wert des Unternehmens ergeben, der sich unter den derzeit geltenden Bedingungen auf einem bestimmten Markt hypothetisch erzielen lässt. Voraussetzung des Multiplikatoransatzes ist die Informationseffizienz der Kapitalmärkte, da auf Preise vergleichbarer Unternehmen zurückgegriffen wird.[61] Es konnte auch gezeigt werden, dass Multiplikatoren, die auf prognostizierten Gewinnen ansetzen, gut geeignet sind, Aktienkurse zu erklären.[62]

---

[56] Vgl. Peemöller/Beckmann/Heyke (2004), S. 310.

[57] Vgl. IDW (2005), S. 714, Tz. 8.3.4., siehe zu den in der Praxis verwendeten Multiplikatoren: Kames (2000), S. 99 ff.; Fernández (2001), S. 3 ff.; Peemöller/Meister/Beckmann (2002), S. 206 ff.

[58] Siehe zur Kritik an den Multiplikatorverfahren: Ballwieser (1991), S. 59; Buchner (1995), S. 417; K. Nowak (2000), S. 159; Peemöller/Beckmann/Heyke (2004), S. 312; Kuhner/Maltry (2006), S. 271.

[59] Vgl. Kames (2000), S. 59. Die Untersuchung von Peemöller/Beckmann/Heyke hat gezeigt, dass auch Unternehmensberatungen, Wirtschaftsprüfungsgesellschaften und Investmentbanken dem Multiplikatorverfahren zusammen mit den DCF-Verfahren einen hohen Stellenwert einräumen. Vgl. Peemöller/Beckmann/Heyke (2004), S. 317. Vgl. zu den Bewertungsanlässen für die Multiplikatorverfahren: Peemöller/Meister/Beckmann (2002), S. 197f; Peemöller/Beckmann/Heyke (2004), S. 316f.

[60] Vgl. Peemöller/Beckmann/Heyke (2004), S. 311. Das Law of one Price besagt, dass ein Wertpapier in einem effizienten Markt nur einen Preis haben darf, unabhängig davon, wie das Wertpapier beschaffen ist. Vgl. Bodie/Kane/Marcus (2002), S. 321.

[61] Vgl. Peemöller/Meister/Beckmann (2002), S. 200; Beckmann/Meister/Meitner (2003), S. 104; Peemöller/Beckmann/Heyke (2004), S. 311; Kritisch dazu: Kuhner/Maltry (2006), S. 270f.

[62] Vgl. Liu/Nissim/Thomas (2002), S. 135. Ballwieser merkt dazu an, dass zwischen Aktienbewertung und Unternehmensbewertung zu unterscheiden ist. Zudem sieht er die Möglichkeit, dass es sich am Aktienmarkt um eine selbst erfüllende Prognose handelt, da Kaufempfehlungen anhand von Multiplikatoren erfolgen. Vgl. Ballwieser (2003), S. 27.

Da dem Multiplikatoransatz letztendlich auch eine Zahlungsstrombetrachtung zugrunde liegt, ist unter sehr restriktiven Bedingungen auch eine Überführung der Multiplikatorverfahren in das Ertragswertverfahren möglich.[63] Dabei wird als Verfahren zur Ermittlung des Ertragswerts in der folgenden Formel das unendliche Rentenmodell verwendet.[64]

$$EW = \frac{E}{i+z} = G * m = KP$$

$EW =$	Ertragswert	$E =$	Erwartungswert der Erträge		
$i =$	sicherer Basiszins	$z =$	Risikozuschlag	$G =$	Gewinn
$m =$	Gewinnmultiplikator	$KP =$	Kaufpreis		

Nach dieser Gleichung entspricht der Gewinnmultiplikator dem Kehrwert des risikoangepassten Zinsfußes.[65] Der gezeigte Zusammenhang gilt nur unter den Bedingungen, dass die Ertragswertverteilung unendlich lange in jeder Periode gleich bleibt, dass der Gewinn G mit der zu erwartenden Ausschüttung E identisch ist und dass der Kaufpreis KP dem Ertragswert EW entspricht. Die Übereinstimmung von Kaufpreis und Ertragswert birgt aber das Problem, dass unter dieser Bedingung kein Anreiz besteht, die Transaktion durchzuführen, da kein Reichtumszuwachs zu erwarten ist.

Eine Vorgehensweise des Multiplikatoransatzes ist die des Comparative Company Approach.[66] Dabei wird eine Bewertung mit Multiplikatoren einer ausgewählten Peer Group vorgenommen, wobei drei Methoden ausgewählt werden können, die Recent Acquisitions Method, die Initial Public Offerings Method und die Similar Public Company Method. Die Recent Acquisitions Method basiert auf vergangenen M&A-Transaktionen. Bei der Initial Public Offerings Method werden Daten des Primärmarktes

[63] Vgl. Ballwieser (1991), S. 50 ff.; Ballwieser (2003), S. 26f; Peemöller/Beckmann/Heyke (2004), S. 312. „While the multiple approach bypasses explicit projections and present value calculations, it relies on the same principles underlying the more comprehensive approach: value is an increasing function of future payoffs and a decreasing function of risk. Therefore, multiples are used often as a substitute for comprehensive valuations, because they communicate efficiently the essence of those valuations." Liu/Nissim/Thomas (2002), S. 136.

[64] Vgl. Ballwieser (2003), S. 26f.

[65] Vgl. Ballwieser (2003), S. 27.

[66] Vgl. IDW (2002), S. 21; Peemöller/Beckmann/Heyke (2004), S. 311f; Kuhner/Maltry (2006), S. 265 ff.

verwendet und bei der Similar Public Company Method Marktpreise des Sekundärmarktes.

In der Praxis werden nach der Ermittlung des Wertes des Zielunternehmens aus dem Produkt von Multiplikator und Bezugsgröße oft noch Zu- oder Abschläge auf den ermittelten Wert vorgenommen. Dabei gilt es, die Eigenschaften des Zielunternehmens genau zu betrachten, um eine möglichst genaue Quantifizierung der Anpassungen vornehmen zu können. Die Vornahme von Zu- und Abschlägen ist ein Mittel zur Feinabstimmung.[67] Bei einer mangelnden Vergleichbarkeit der Unternehmen ist das gewählte Verfahren hingegen zu verwerfen. Bei dieser Vorgehensweise ist problematisch, dass die Höhe der verwendeten Zu- bzw. Abschläge im Ermessen des Bewerters liegt und somit manipulierbar erscheint, so dass die angestrebte Objektivität des Verfahrens durch die Verwendung von Marktpreisen in Frage gestellt wird.[68]

II. 4 Anteilsbewertung

Der Unternehmenswert in der beschriebenen Form ist als Gesamtwert des Unternehmens, bezogen auf alle Eigenkapitalgeber, zu verstehen. Der Wert eines Unternehmensanteils hingegen bezieht sich auf den Anteil des jeweiligen Eigenkapitalgebers.[69] Der Wert eines Unternehmensanteils kann anhand zweier Methoden, der indirekten und der direkten Methode, ermittelt werden, wobei bei gleicher Definition der Ertragsströme und gleicher Aggregation die direkte und die indirekte Methode zum gleichen Ergebnis führen.

Die indirekte Methode geht vom Eigenkapitalwert des Unternehmens aus, wobei dieser mit der Anteilsquote des einzelnen Anteilseigners multipliziert wird. Die direkte Methode stellt nicht auf den Wert des Unternehmens als Ganzes ab, sondern auf die Sicht des einzelnen Anteilseigners. Dabei wird der Anteilswert als isolierter Barwert der dem Anteilseigner aus seinem Anteil zukünftig zufließenden Zahlungen ermittelt.

---

[67] Vgl. Peemöller/Beckmann/Heyke (2004), S. 315. Weitere Vorgehensweisen zur Berücksichtigung bewertungsrelevanter Unterschiede zwischen Bewertungsobjekt und Vergleichsunternehmen sind die Erfassung der Unterschiede in der Bezugsgröße und die Modifizierung des Multiplikators. Vgl. Peemöller/Meister/Beckmann (2002), S. 206.

[68] Vgl. K. Nowak (2000), S. 168.

[69] Vgl. Elmendorff (1966), S. 548-550; Helbling (1998), S. 532-534 m.w.N.; IDW (2002), S. 15f; IDW (2005), S. 692, Tz. 2.4.

Je kleiner der prozentuale Anteil eines Anteilseigners an dem Gesamtunternehmen ist, desto mehr bestimmen die Ausschüttungserwartungen und ggf. die Realisierung von Anteilsveräußerungsgewinnen den Wert des Anteils und umso bedeutungsloser werden die unterschiedlichen Nutzungswertüberlegungen der einzelnen Unternehmensbereiche für den Wert des Gesamtunternehmens.[70]

In der Bewertungspraxis werden oft auch Zu- und Abschläge auf die ermittelten Werte angewendet.[71] Oft vergrößern oder reduzieren die Zu- und Abschläge aber den ermittelten Wert in erheblichem Umfang.[72] Im Laufe der Arbeit wird auf die in der Bewertungspraxis üblichen bzw. diskutierten Zu- und Abschläge eingegangen. Darüber hinaus wird im Rahmen der Auswertung der Analystenbefragung gezeigt, in welchen Fällen Finanzanalysten Zu- und Abschläge bei Bewertungen anwenden.

II. 5 Preis und Wert

Der Preis für ein Unternehmen und für Unternehmensanteile bildet sich auf Grundlage von Angebot und Nachfrage auf freien Kapitalmärkten.[73] Der Preisbildung liegen Nutzeneinschätzungen der jeweiligen Käufer und Verkäufer zugrunde, wobei das mengenmäßige Verhältnis zwischen Angebot und Nachfrage und die Einflussmöglichkeiten auf die Unternehmenspolitik eine Abweichung vom Gesamtunternehmenswert bzw. dem quotalen Unternehmensanteil bewirken können. Der Preis ist die Zahlungsverpflichtung im Rahmen eines Kaufs bzw. Verkaufs und ist prinzipiell beobachtbar.[74]

Der Wert hingegen ist eine Begriffskategorie, die innerhalb eines bestimmten Zielsystems bestimmt wird. Ein Wert stellt das zahlenmäßige Ergebnis von Berechnungen dar, wobei diesen Berechnungen explizit oder implizit eine Fragestellung und Annahme zugrunde liegen.[75] Es wird z.B. danach gefragt, wieviel ein potentieller Käufer maximal bietet, wieviel ein Verkäufer mindestens fordert oder welcher Preis auf einem vollkommenen Kapitalmarkt zustande kommt. Der relevante Wert lässt sich im

---

[70] Vgl. Wiechers (2005), S. 460.
[71] Vgl. IDW (2002), S. 15.
[72] Vgl. Sanfleber-Decher (1992), S. 602f.
[73] Vgl. IDW (2005), S. 693, Tz. 2.4.
[74] Vgl. Stehle (2004), S. 911.

Idealfall aus der Fragestellung und den Annahmen ableiten. Es wird i.d.R. das Barwertkalkül zugrunde gelegt.

Zwischen dem Wert und dem Preis besteht folgender Zusammenhang: Ein rationaler Verkäufer eines Gutes ist nur dann bereit, das Eigentum an diesem Gut aufzugeben, wenn er den Marktpreis bzw. den ausgehandelten Preis höher bewertet als das Eigentum an dem Gut. Ein rationaler Käufer hingegen geht diese Transaktion nur ein, wenn er das Eigentum an dem Gut höher bewertet als den vereinbarten Preis. Daher lässt sich folgende Bedingung aufstellen:[76]

$$W_K \geq P$$

$$W_V \leq P$$

W_K = Wert, den der Käufer dem Unternehmen beimisst

P = Preis des Unternehmens

W_V = Wert, den der Verkäufer dem Unternehmen beimisst

Eine Transaktion wird daher nur stattfinden, wenn der Wert, den der Verkäufer dem Gut beimisst, den Wert aus Sicht des Käufers nicht übersteigt, was sich wie folgt ausdrückt:

$$W_V \leq W_K$$

II. 6 Börsenkurs und Unternehmenswert

II. 6.1 Kapitalmarkteffizienz

Der Wertpapierkurs spiegelt auf einem informationseffizienten Kapitalmarkt alle am Markt verfügbaren Informationen über die Knappheit von Ressourcen voll wider.[77] Die Transaktionskosten sind umso niedriger, je vollkommener der Wertpapierkurs diesen Funktionen nachkommt, da eine zusätzliche Informationsbeschaffung nicht mehr nötig ist. Daher kommt der Einschätzung, ob Kapitalmärkte effizient im Sinne

---

[75] Vgl. Stehle (2004), S. 911.
[76] Vgl. Ballwieser (2003), S. 15; Behringer (2004), S. 29f.
[77] Vgl. Hellwig (1982), S. 2; Kuhner (1998), S. 78.

von informationseffizient sind, bei der Berücksichtigung von Börsenkursen eine große Bedeutung zu.

Auf einem effizienten Kapitalmarkt ermöglicht die Kenntnis dieser Informationen keine Gewinne.[78] Folglich ist es nicht möglich, dauerhaft Überrenditen zu erzielen. Nach der *Efficient Capital Markets Hypothesis* (ECMH) gibt der Börsenkurs die Informationen über ein Unternehmen bestmöglich wieder.[79] Effizient heißt somit, dass ein Preis zu jedem Zeitpunkt den abdiskontierten künftigen Zahlungen entspricht. Somit reflektiert der Börsenkurs die Durchschnittsmeinung aller Anleger über den Barwert der in Zukunft vom Unternehmen an die Anteilseigner fließenden Ausschüttungen.[80]

$$Börsenkurs = \sum_{t=0}^{\infty} \frac{Erwartete\ Ausschüttung\ im\ Jahr\ t}{(1+r)^t}$$

Die theoretischen Grundlagen der ECMH basieren auf drei Argumenten.[81] Man geht von einem rational handelnden Investor aus, der Wertpapiere rational bewertet. In dem Fall, dass einige Investoren nicht rational handeln, sind ihre Wertpapiertransaktionen zufällig, so dass sie sich gegenseitig ausgleichen, ohne den Preis zu beeinflussen. Sollten die Investoren in gleicher Richtung irrational handeln, so treffen sie auf dem Markt rational handelnde Arbitrageure, die ihren Einfluss auf den Preis eliminieren. Rational handelnde Investoren bewerten Wertpapiere nach ihrem fundamentalen Wert, dem Kapitalwert der zukünftigen Cash Flows, die entsprechend ihres jeweiligen Risikofaktors abgezinst werden. Bei neuen Informationen passen Investoren die Preise für Wertpapiere nach oben oder unten in Abhängigkeit von der Art der Information an. Folglich beinhalten Wertpapierpreise nahezu umgehend alle verfügbaren Informationen, so dass sich die Preise an den neuen Kapitalwert der zukünftigen Cash Flows anpassen.

FAMA unterscheidet drei Arten von Kapitalmarkteffizienz: die strenge, die halbstrenge und die schwache Form der Kapitalmarkteffizienz.[82] Im Fall strenger Kapitalmarkteffi-

---

[78] Vgl. Fama (1970), S. 383.
[79] Vgl. Fama (1970); Malkiel (2003a).
[80] Vgl. Kuhner/Maltry (2006), S. 36.
[81] Vgl. Shleifer (2001), S. 2.
[82] Vgl. Fama (1970), S. 383 ff.

zienz werden zu einem bestimmten Zeitpunkt sämtliche Informationen, öffentliche und nichtöffentliche Informationen, im Kurs berücksichtigt.[83] Voraussetzung der strengen Form der Kapitalmarkteffizienz ist, dass Informations- und Handelskosten stets null sind.[84]

Ein Kapitalmarkt kann selbst theoretisch niemals effizient sein. Bei Kapitalmarkteffizienz würde sich durch den Prozess der Informationsbeschaffung und -analyse nämlich kein zusätzlicher Gewinn erzielen lassen. Daher gäbe es keine unterbewerteten und überbewerteten Wertpapiere (*Informationsparadoxon*).[85] Folglich würde aufgrund fehlender Gewinnaussichten für Investoren kein Anreiz bestehen, Wertpapieranalysen durchzuführen. Das wiederum hätte zur Folge, dass der Markt Informationen nicht mehr unmittelbar verwertet. Demnach liegt das Paradoxon der Kapitalmarkteffizienz darin, dass die Märkte nur deshalb unmittelbar neue Informationen verarbeiten, weil eine große Zahl von Investoren mit hohem Aufwand Wertpapieranalysen betreiben, um unter- oder überbewertete Wertpapiere zu finden und somit ständig auf der Suche nach Ineffizienzen sind.[86]

Bei halbstrenger Informationseffizienz werden in den Wertpapierkursen alle öffentlich verfügbaren Informationen berücksichtigt.[87] Schwach informationseffiziente Kapitalmärkte liegen hingegen vor, wenn sämtliche in den vergangenen Kursen enthaltenen Informationen im Kurs enthalten sind.[88] FAMA hat auch eine abgeschwächte Form der Hypothese formuliert, nach der der Aktienkurs sämtliche Informationen bis zu dem Punkt reflektiert, bei dem der Grenznutzen der Informationsverwertung gleich den Grenzkosten der Informationsbeschaffung und -nutzung ist.[89]

---

[83] Vgl. Fama (1991), S. 1576.
[84] Vgl. Grossman/Stiglitz (1980); Fama (1991), S. 1575.
[85] Vgl. Grossman/Stiglitz (1980).
[86] Vgl. Gilson/Kraakman (1984), S. 622 ff.
[87] Vgl. Fama (1991), S. 1576.
[88] Vgl. Fama (1991), S. 1576.
[89] Vgl. Fama (1991), S. 1575.

II. 6.2 Random Walk-Hypothese

Mit der Unterstellung eines informationseffizienten Kapitalmarktes geht die *Random Walk-Hypothese* einher.[90] Demnach folgen Wertpapierpreise auf Märkten, auf denen Wettbewerb herrscht und auf denen die Investoren rational handeln und risikoneutral sind, einem Zufallspfad (random walk), so dass Renditen nicht vorhersehbar sind. Als Folge dieser rationalen Entscheidungen kann die Äquivalenz von Preis und Wert angenommen werden. Da Informationen unvorhersehbar auftreten und Aktienkurse diese Informationen wiedergeben, müssen sich die Kurse ebenfalls zufällig ändern. Diese zufälligen Veränderungen bewirken auch, dass die Differenzen aufeinander folgender Aktienkurse zufällig sind. Demnach stellt sich der heutige Aktienkurs als der beste Schätzer für den morgigen Kurs dar. Die ECMH besagt nicht, dass Aktien an der Börse stets perfekt bewertet werden, da der Kurs, bei der halbstrengen Form, lediglich alle verfügbaren öffentlichen Informationen dokumentiert, die den Wert des Unternehmens betreffen. Der Kurs einer Aktie kann nicht die Zukunft und damit den perfekten Unternehmenswert voraussagen.

II. 6.3 Noise-Theorie

Nach Ansicht der *Noise-Theorie* werden die Kapitalmärkte durch zahlreiche Noise Trader beeinflusst, die nicht nach eingehender Informationsanalyse, sondern nach einem psychologischen und emotionalen Antrieb investieren.[91] Demnach spiegeln Aktienkurse nach der *Noise-Theorie* alle Informationen über eine Aktie wider, ohne zu unterscheiden, ob diese Informationen tatsächlich qualitative Angaben über den Unternehmenswert beinhalten. Aktienmärkte sind daher nicht idealerweise fundamental effizient, wie nach der ECMH, sondern lediglich informationell effizient. Als Folge des Noise Trading geben die Kapitalmärkte die Unternehmenswerte verfälscht wieder.

Die ECMH geht davon aus, dass professionelle Anleger den fehlerhaften Kursentwicklungen, die durch das Noise Trading hervorgerufen werden, entgegenwirken.

[90] Vgl. Malkiel (2003b); Perridon/Steiner (2004), S. 221 ff.
[91] Vgl. F. Black (1986); Shleifer/Summers (1990).

Dabei analysieren Großanleger den Markt und gleichen durch Arbitragegeschäfte die Fehleinschätzungen des Noise Trading aus.

II. 6.4 Informationseffizienz in der Praxis

Die von der ECMH unterstellten Bedingungen für die strenge Informationseffizienz scheinen in der Realität nicht gegeben zu sein. Informationen können nur dann in den Wertpapierkursen zutreffend widergespiegelt werden, wenn der Prozess der Beschaffung der Information und ihrer Umsetzung in Kurse durch Wertpapiergeschäfte nicht mit zusätzlichen Kosten in Form von Informations- und Transaktionskosten verbunden ist.[92] Auch kann der Markt nur dann unverzüglich auf die Veröffentlichung neuer Informationen reagieren, wenn die Investoren unendlich schnellen Zugang zu allen Informationen haben. Zusätzlich wird von einem rationalen Verhalten des Marktes ausgegangen, indem alle Beteiligten die Informationslage rational, also ohne subjektive Präferenzen, bewerten. Von diesen Voraussetzungen kann in der Realität nicht ausgegangen werden. Die strenge Form der Informationseffizienz gilt auch als empirisch widerlegt, da gezeigt wurde, dass Insider mit ihren geheimen Informationen überdurchschnittliche Gewinne erzielen können, was beweist, dass diese Informationen eben noch nicht vom Kurs reflektiert waren.[93]

Daher geht es in der Praxis nicht um die Frage, ob Kapitalmärkte effizient sind, sondern um die Frage, in welchem Grad Aktienmärkte effizient sind.[94] Übereinstimmung besteht dahingehend, dass es den effizienten Kapitalmarkt nicht gibt, sondern dass der Effizienzgrad abhängig ist von den verschiedenen Märkten und Marktsegmenten, den institutionellen und administrativen Rahmenbedingungen und weiteren Faktoren.[95] HAUGEN schätzt die Informationseffizienz wie folgt ein: „The market isn't strictly efficient with respect to any of the so-called levels of efficiency. (...) Overall, the evidence indicates that a great deal of information available at all levels is, at any given

[92] Vgl. Grossman/Stiglitz (1980); Gilson/Kraakman (1984), S. 597 ff.; Fama (1991), S. 1575; Krämer (2001), Sp. 1274.
[93] Vgl. Seyhun (1986); Seyhun (1992); Ke/Huddart/Petroni (2003).
[94] Vgl. Steiner/Bruns (2000), S. 40.
[95] Vgl. Steiner/Bruns (2000), S. 47.

time, reflected in stock prices. The market may not be easily beaten, but it appears to be beatable, at least if you are willing to work at it."[96]

Es wird angenommen, dass die halbstrenge und schwache Effizienz den tatsächlichen Marktgegebenheiten nahe kommt.[97] So konnte in der Mehrheit der durchgeführten empirischen Untersuchungen zum Test der Informationseffizienzhypothesen die halbstrenge Form der Hypothese nicht falsifiziert werden. Die Effizienzhypothese auf Kapitalmärkten wird sogar zu den am besten mit der Empirie kompatiblen ökonomischen Theorien gezählt.[98]

II. 7 Bewertungen durch Finanzanalysten

II. 7.1 Funktion von Finanzanalysten

Voraussetzung für den Erfolg von Unternehmens- und Aktienanalysen sind Informationsineffizienzen. Sofern der Kapitalmarkt informationseffizient wäre, würden sich alle relevanten Informationen umgehend im Aktienkurs widerspiegeln, so dass die Informationsauswertung wertlos wäre (*Informationsparadoxon*).[99] Der Kapitalmarkt tendiert folglich zur Markteffizienz, wenn ein starker Wettbewerb um die effiziente Informationsverarbeitung besteht. Daher ist die Markteffizienz die Konsequenz aus einer effizienten Informationsverarbeitung.

Finanzanalysten üben im Wettbewerb um die Informationsverarbeitung eine bedeutende Funktion aus. Auch können Analysten die Risikoträchtigkeit von Anlageformen besser als die Anleger einschätzen.[100] Ihre Tätigkeit trägt daher zur Erhöhung der Informationseffizienz am Kapitalmarkt bei. In diesem Sinne äußert sich auch die SEC: „Analysts historically have served an important role, promoting the efficiency of our markets by ferreting out facts and offering valuable insights on companies and indus-

---

[96] Haugen (1997), S. 711.

[97] Vgl. Krämer (2001), Sp. 1274; Kuhner/Maltry (2006), S. 38.

[98] Vgl. Krämer (2001), Sp. 1274. Problematisch ist bei diesen Untersuchungen, dass die meisten Studien zur Prüfung der Informationseffizienzhypothesen die Kenntnis des informationseffizienten Wertpapierkurses voraussetzen, wobei der Kurs bei diesen Untersuchungen anhand von Bewertungsmodellen aus der Kapitalmarkttheorie hergeleitet wird. Daher werden verbundene Hypothesen getestet, einerseits die Informationseffizienz und andererseits die Güte des Bewertungsmodells. Vgl. Fama (1991), S. 1576f; Ballwieser/Kuhner (1994), S. 28.

[99] Vgl. Grossman/Stiglitz (1980).

try trends."[101] Die Untersuchung von Analysteneinschätzungen ermöglicht es daher, marktorientierte Beurteilungen des Bewertungseinflusses von Corporate Governance zu erhalten.

Analysten geben auf der Grundlage umfangreicher Informationen und Fachkenntnisse Einschätzungen über den Wert von Unternehmen und insbesondere Unternehmensanteilen ab.[102] Ihre Urteile erfahren eine hohe Aufmerksamkeit in der Öffentlichkeit und unterliegen einer strengen Leistungsbeurteilung. Der Performancedruck unter den Analysten wird als relativ hoch angesehen. Finanzanalysten und die Analystenhäuser werden in regelmäßigen Abständen einem Qualitätsvergleich unterzogen. Die Ergebnisse dieser Vergleiche werden zudem publiziert.[103] Zentrales Beurteilungskriterium ist dabei das Zutreffen der abgegebenen Prognosen.

Es wird zwischen Buy Side- und Sell Side-Analysten unterschieden. Sell Side-Analysten sind unabhängige Mitarbeiter spezialisierter Institute. Buy Side-Analysten hingegen sind angestellte Mitarbeiter institutioneller Anleger. Die Empfehlungen dienen institutionellen Anlegern als Basis ihrer Investmententscheidungen zur optimalen Portfoliostrukturierung.

Empirische Studien haben gezeigt, dass sich Analysten in der Regel gleichgerichtet verhalten.[104] Ursächlich dafür sind die Verwendung ähnlicher Bewertungsmodelle und derselben Informationsquellen.[105] Auch gelten Analysten als beeinflussbar bzw. nicht vollkommen unabhängig.[106] Darüber hinaus konnte eine Neigung von Analysten zu übertriebenem Optimismus festgestellt werden.[107] Weiterhin kann an eine Analyse nicht der Anspruch vollständiger Richtigkeit erhoben werden, da andernfalls von einem Analysten verlangt wird, dass er „all die Informationen besessen hätte, die in Wirklichkeit unter alle an dem Prozeß (der Preisbildung im Markt) beteiligten Menschen verteilt sind", „was nicht praktisch möglich ist."[108] Institutionelle Investoren grei-

---

[100] Vgl. Bittner (1996), S. 26; G. Löffler (1998), S. 114f.
[101] SEC (2005).
[102] Vgl. Bittner (1996), S. 24 ff.; G. Löffler (1998), S. 17 ff.; Kames (2000), S. 46 ff.; SEC (2005).
[103] Vgl. z.B. die Rankings von StarMine, Institutional Investor oder Thomson Extel.
[104] Vgl. Graham (1999); Malkiel (2003b), S. 175.
[105] Vgl. Fabozzi (1999), S. 244; Kames (2000), S. 55.
[106] Vgl. Kames (2000), S. 55 m.w.N.; SEC (2005); Wallmeier (2005), S. 744f m.w.N.
[107] Vgl. Wallmeier (2005), S. 744 m.w.N.
[108] V. Hayek (1952), S. 115.

fen trotz der genannten Vorbehalte ganz überwiegend auf Finanzanalysten zurück, um Anlageentscheidungen zu fundieren.[109] Ihre Auffassung über die Bewertungsrelevanz der einzelnen im Fragebogen thematisierten Aspekte ist deshalb von besonderem Interesse für das Forschungsprojekt.

II. 7.2 Analysemethoden von Finanzanalysten

Die Empfehlungen von Analysten können auf Grundlage zweier Analysemethoden gewonnen werden: der Fundamentalanalyse und der technischen Analyse.[110]

Der Fundamentalanalyse liegt der Gedanke zugrunde, dass eine Aktie einen inneren Wert besitzt, der der objektiv richtige Wert der Aktie ist.[111] Der innere Wert eines Unternehmens wird dabei auf Basis des Barwertkalküls ermittelt. Man geht davon aus, dass der innere Wert ausschließlich von der zukünftigen Unternehmensentwicklung bestimmt wird, so dass die Hauptaufgabe des Analysten in der Prognose der künftigen Entwicklung liegt.

Zur Ermittlung des inneren Werts werden vielfältige Methoden von Seiten der Fundamentalanalytiker genutzt.[112] Die verwendeten Bestimmungsgrößen für den inneren Wert sind der Jahresüberschuss, Dividenden und zukünftige Ertragsaussichten. Die Fundamentalanalyse baut auf dem Gedanken der Unterscheidung von Wert und Preis auf. Ziel ist es, das Abweichen des inneren Wertes von dem Preis der Aktie zur Erzielung von Kursgewinnen zu nutzen. Dem liegt der Gedanke zugrunde, dass der Kurs einer Aktie langfristig durch den inneren Wert des Unternehmens bestimmt wird. Dabei wird der tatsächliche Börsenkurs, der durch verschiedene Störeffekte beeinflusst wird, als um den inneren Wert schwankend angesehen. Der innere Wert stellt den Kurs dar, zu dem die Aktie unter normalen Bedingungen richtig gehandelt werden sollte.[113]

---

[109] Vgl. Kames (2000), S. 56.
[110] Vgl. Malkiel (2003b), S. 24.
[111] Vgl. Steiner/Bruns (2000), S. 209f; Heidorn/Weier (2001).
[112] Vgl. Perridon/Steiner (2004), S. 219.
[113] Vgl. Cottle/Murray/Block (1992), S. 45 ff.; Schmidt (1995), S. 829f; Perridon/Steiner (2004), S. 219.

Die von Finanzanalysten verwendete Fundamentalanalyse weist Parallelen zur Unternehmensbewertung auf, da auch bei ihr der innere Wert, ebenso wie bei den Unternehmensbewertungsverfahren, als Gegenwartswert der künftigen Erträge ermittelt wird. Unterschiede bestehen hingegen bei den Annahmen und Voraussetzungen.[114] Bei der Unternehmensbewertung zur Ermittlung eines subjektiven Entscheidungswerts werden die Pläne des potentiellen Käufers der Ertragsermittlung zugrunde gelegt, wobei der Adressat i.d.R. ein potentieller Unternehmer ist, der das gesamte Unternehmen erwirbt.[115] Im Gegensatz dazu ist bei der Aktienbewertung die zukünftige Entwicklung der Gesellschaft nicht zu planen, sondern nur zu prognostizieren, da ein einzelner Aktionär i.d.R. nicht in der Lage ist, Einfluss auf die Unternehmenspolitik zu nehmen. Die Fundamentalanalyse geht, wie die objektivierte Unternehmensbewertung, von der gegebenen Geschäftspolitik aus.[116]

Die technische Analyse sagt dem Entscheider, wann er eine Aktie kaufen soll, da sie beansprucht, anhand vergangener Kursverläufe zukünftige Aktienkurse prognostizieren zu können.[117] Der wissenschaftliche Nachweis für einen solchen Zusammenhang ist hingegen noch nicht erbracht worden.[118] Die technische Analyse erfährt in der Praxis aber durchaus gewisse Aufmerksamkeit, woraus sie auch ihre eigentliche Relevanz zieht.[119] Da viele Marktteilnehmer die technische Analyse benutzen, kann es zu Situationen kommen, die zu einer sich selbst erfüllenden Prophezeiung (self-fulfilling prophecy) führen.

II. 7.3 Beschreibung der durchgeführten Analystenbefragung

Bei der durchgeführten Befragung wurden einzelne Corporate Governance-Regelungen und Ausprägungen der Eigentümerstruktur auf ihre Bewertungsrelevanz hin un-

---

[114] Vgl. Komp (2002), S. 376.
[115] Vgl. IDW (2005), S. 699, Tz. 4.4.3.1.
[116] Vgl. IDW (2005), S. 696, Tz. 4.4.2.
[117] „Technical analysis is the study of market action, primarily through the use of charts, for the purpose of forecasting future price trends." Murphy (1999), S. 1.
[118] Vgl. kritisch zur technischen Analyse: Steiner/Bruns (2000), S. 271.
[119] Vgl. zur technischen Analyse: Murphy (1999); Steiner/Bruns (2000), S. 248-271.

tersucht.[120] Die Zielgruppe dieser Befragung waren Aktienanalysten führender nationaler und internationaler Häuser.

Um eine Rücklaufquote der versendeten Fragebögen zu erreichen, die aussagekräftige Schlüsse zu den einzelnen Fragen erlaubt, ist der versendete Fragebogen vom Umfang her kurz gehalten worden. Es galt zu berücksichtigen, dass Finanzanalysten einem hohen Zeitdruck ausgesetzt sind, so dass höchstens eine Zeitspanne von rund 15 Minuten beansprucht werden kann.[121] Dennoch beinhaltet der Fragebogen einen umfangreichen Fragenkatalog, der im beschriebenen Zeitraum bearbeitet werden kann, da mehrheitlich Multiple-Choice-Fragen gestellt wurden. Der umfangreiche Fragenkatalog dient dazu, aus den in der Literatur behandelten Corporate Governance-Kriterien die tatsächlich bewertungsrelevanten Kriterien herauszufiltern. Die angeschriebenen Analysten wurden darum gebeten, die Fragen aus der Bewertungspraxis der Finanzanalysten heraus zu beantworten. Dieses konnte anonym erfolgen, so dass die Antworten nicht einzelnen Analysten oder Analystenhäusern zugeordnet werden können. Die Befragung wurde im Zeitraum vom Oktober bis Dezember 2004 durchgeführt.[122]

Die Namen der Analysten und der Analystenhäuser wurden durch eigene Internetrecherche gewonnen. Insgesamt wurden 211 Finanzanalysten im In- und Ausland angeschrieben. An Analysten in Deutschland, Österreich und der deutschsprachigen Schweiz wurde der Fragebogen in deutscher Sprache verschickt. Den Analysten in allen anderen Ländern und Regionen wurde der Fragebogen in englischer Sprache zugeschickt. Von den 211 verschickten Fragebögen kamen 29 Fragebögen ausgefüllt zurück, was einer Rücklaufquote von rund 14% entspricht.[123] Die antwortenden Analysten sind in folgenden Ländern tätig:

---

[120] Vgl. Meffert (1998), S. 150 zu den Vor- und Nachteilen schriftlicher Befragungen. Vgl. zu Gestaltung von Fragebögen und der Theorie der Befragung: Meffert (1998), S. 149 ff.; Berekoven/Eckert/ Ellenrieder (2001), S. 98 ff.

[121] Vgl. Bittner (1996), S. 226; Kames (2000), S. 56.

[122] Die Adressaten, die den Fragebogen bis Mitte Dezember 2004 nicht ausgefüllt retourniert hatten, wurden per E-Mail angeschrieben und gebeten, den ausgefüllten Fragebogen per Post oder Fax zu übermitteln.

[123] Zum Vergleich der Rücklaufquote führt Beiner mehrere Studien auf, die eine Spanne von 9-36% aufweisen. Bei seiner eigenen Studie hat er eine Rücklaufquote von 51% erreicht, die er als sehr hoch einschätzt. Vgl. Beiner (2005), S. 91 m.w.N.

Geographische Herkunft der antwortenden Analysten	
Deutschland	15
Großbritannien	5
Niederlande	2
Schweiz	2
USA	1
Finnland	1
Österreich	1
Belgien	1
Ausland anonym	1

***Tabelle 1:* Geographische Herkunft der antwortenden Analysten**

Die antwortenden Analysten decken ein breites Spektrum von Branchen ab.[124] Von der Möglichkeit, den Fragebogen anonym zu beantworten, wurde in 6 Fällen Gebrauch gemacht, davon fünfmal innerhalb von Deutschland und einmal im Ausland. Die Auswertung der Antworten erfolgt deskriptiv.

II. 7.4 Unternehmensbewertungen durch Finanzanalysten

II. 7.4.1 Unternehmensbewertungsverfahren von Finanzanalysten

Finanzanalysten erarbeiten durch ihre Analysen i.d.R. Investitionsempfehlungen und einen Target Price, die sie in ihren Equity Research Reports darstellen. Den Investitionsempfehlungen und Prognosen liegen Unternehmensbewertungen zugrunde. Dabei wird oft ein Bewertungsverfahren zur Ermittlung des Target Price verwendet, der dann mittels weiterer Methoden überprüft wird. So lässt sich auch die im Folgenden zu beobachtende Verwendung mehrerer Verfahren durch Finanzanalysten erklären.

Analysten entwickeln ihre Empfehlungen auf Grundlage von Unternehmensbewertungen. Gemäß der Untersuchung von KAMES bedienen sie sich dabei insbesondere folgender Verfahren: Multiplikatorverfahren (96%), WACC-Ansatz (76%), Residualgewinnansatz (72%), Equity-Ansatz (60%), Substanzwertverfahren (60%), wertorien-

---

[124] Es wurden genannt: Biotechnologie, Pharma, Chemie, Medtech, Technologie, Versicherungen, Banken, Maschinenbau, Handel, Retail, Nahrungsmittelhersteller, Rohstoffe, Internet, IT, Bauwirtschaft, Automobilzulieferer, Beteiligungsgesellschaften, Halbleiter, Industrie, mid,-small caps, Medien.

tierte Rentabilitäten (58%), Ertragswertmethode (42%), APV-Ansatz (38%), sonstige Verfahren (37%), Kombinationen (24%) und Optionspreisansatz (4%).[125]

HEIDORN/WEIER äußern, dass die relativen auf dem jahresabschlussrechtlichen Gewinn beruhenden Bewertungsverfahren die in der Aktienresearchpraxis am häufigsten verwendeten Verfahren sind.[126] Als Ursache dafür nennen sie, dass die Ermittlung der bewertungsrelevanten Größen mittels dieser Verfahren vergleichsweise objektiv und einfach erfolgen kann. Die Verwendung relativer Bewertungsmaßstäbe ermöglicht es, die Frage nach dem „theoretisch wahren Wert" eines individuellen Unternehmens zu umgehen.[127] Diese Methode unterstellt implizit, dass die zum Vergleich herangezogenen Unternehmen von der Geschäftstätigkeit und Profitabilität identisch sind und dass diese Unternehmen richtig bewertet sind.

In der durchgeführten Befragung wurde nach den verwendeten Unternehmensbewertungsverfahren gefragt. Dabei hat sich folgendes Bild gezeigt:

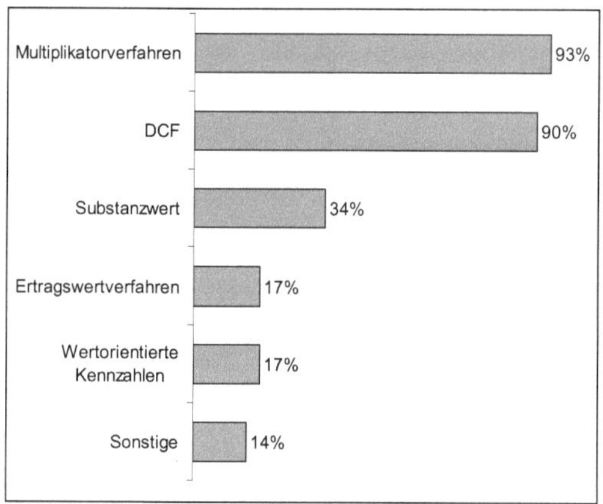

***Abbildung 2:* Verwendete Unternehmensbewertungsverfahren der antwortenden Analysten**[128]

Es zeigt sich, ähnlich wie bei KAMES, dass die Multiplikatorverfahren und die DCF-Verfahren die wichtigsten Unternehmensbewertungsverfahren für Analysten sind, ge-

[125] Vgl. Kames (2000), S. 59; siehe auch Block (1999); Fernández (2001).
[126] Vgl. Heidorn/Weier (2001), S. 2.
[127] Vgl. Heidorn/Weier (2001), S. 2.
[128] Mehrfachnennungen waren möglich.

folgt vom Substanzwertverfahren.[129] Eine Ausnahme ist der Residualgewinnansatz, der in der durchgeführten Untersuchung nicht als Antwort genannt wurde. Die sonstigen Verfahren beinhalten zweimal die Antworten Pipelinebewertung (Medikamente) und Sum of the Parts-Bewertung (Spartenbewertung; findet insbesondere bei Konglomeraten Anwendung).[130]

Zusätzlich wurde nach den verwendeten Ertrags- bzw. Cash Flow-Größen und der verwendeten Kapitalkostengröße gefragt.

Ertrags- bzw. Cash Flow-Größen	
Free Cash Flow	79%
EBIT, EBITDA, NOPAT, EBT	55%
Jahresüberschuss	41%
Kapitalkostengrößen	
WACC	79%
CAPM	29%
Sonstige	7%

Tabelle 2: **Verwendete Ertrags-, Cash Flow- und Kapitalkostengrößen der antwortenden Analysten**[131]

II. 7.4.2 Zu- und Abschläge auf den Basiswert

II. 7.4.2.1 Ursachen für die Verwendung von Zu- und Abschlägen

In der Untersuchung von KAMES wurde ermittelt, dass 62% der befragten Finanzanalysten zur Bestimmung des Unternehmenswertes in unterschiedlichen Situationen noch bestimmte Zu- und Abschläge auf einen nach den oben genannten Methoden ermittelten Wert vornehmen.[132] Dabei wird der i.d.R. nach den DCF-Verfahren oder Multiplikatorverfahren ermittelte Wert nicht als Endwert, sondern oft nur als Zwi-

[129] Vgl. zum Substanzwertverfahren: Sieben (1963); Sieben/Maltry (2005); Kuhner/Maltry (2006), S. 43-48.

[130] Darüber hinaus wurden noch genannt: P/E, EV/EBITDA, historische Multiples und Peer Group.

[131] Mehrfachnennungen waren möglich. EBIT = Earnings Before Interest and Taxes, EBITDA = Earnings Before Interests, Taxes, Depreciation and Amortisation, NOPAT = Net Operating Profit after Taxes, EBT = Earnings before Taxes. Das CAPM und das WACC sind nicht als Alternativen anzusehen, sondern das CAPM kann zur Berechnung der Eigenkapitalkosten in das WACC einfließen. Unter sonstige Kapitalkostengrößen wurden genannt, dass eine einfache subjektive Einschätzung vorgenommen wurde bzw. dass der Kapitalkostensatz durch die Anforderungen des Investors festgelegt wurde.

[132] Vgl. Kames (2000), S. 108 ff.

schenwert angesehen, der um bestimmte Zu- und Abschläge, in Abhängigkeit vom konkreten Bewertungsfall, zu erweitern ist.

Die Verwendung von pauschalen Bewertungszu- und -abschlägen auf einen vorher ermittelten Wert hat auch Kritik erfahren. So wird dieser Vorgehensweise z.T. die theoretische Fundierung abgesprochen.[133] Dennoch haben Zu- und Abschläge in der Bewertungspraxis von Finanzanalysten einen hohen Stellenwert.[134] Die Verwendung von Zu- und Abschlägen scheint daher zur Feinabstimmung und Genauigkeit der Analystenprognosen beizutragen und ermöglicht damit eine kapitalmarktgerechte Einschätzung unterschiedlicher Unternehmenscharakeristika.

Der der Verwendung von Zu- und Abschlägen zugrunde liegende Gedanke lautet wie folgt:[135] Mittels der Zu- und Abschläge sollen bestimmte Anpassungen des Basiswerts vorgenommen werden. Diese Anpassungen sollen die Unterschiede zwischen dem zu bewertenden Unternehmen/Anteil und der Basisgruppe, auf der die Bewertung aufbaut, widerspiegeln.[136] Die unterschiedlichen Charakteristika verursachen unterschiedliche Risikostrukturen, die u.a. durch einen Mangel an Einfluss und durch fehlende Handelbarkeit verursacht werden. Da Abschläge den Wert eines Unternehmens/Anteils verringern, erhöhen sie die erwartete Rendite über das Maß hinaus, das verlangt wird, sofern kein Abschlag veranschlagt worden wäre. Sofern die Zu- und Abschläge richtig angewendet werden, spiegelt die Wertdifferenz zum Basiswert die Rendite wider, die ein Investor verlangen würde, um die unterschiedliche Risikostruktur dieses Investments einzugehen. Folglich ist die Verwendung von Zu- und Abschlägen eine Alternative zur Verwendung von Risikozuschlägen im Nenner.

---

133 Vgl. Kames (2000), S. 108; Heidorn/Weier (2001), S. 2.

134 Vgl. Kames (2000), S. 108 ff.; Die Mehrzahl der befragten Analysten in der Studie von Beckmann/Meister/Meitner hingegen sieht die Verwendung von Bewertungszuschlägen und -abschlägen bei den Multiplikatorverfahren als problematisch an. Vgl. Beckmann/Meister/Meitner (2003), S. 104f.

135 Vgl. Pratt (2001), S. 2.

136 Das gleiche Konzept verfolgt die American Society of Appraisers, die in ihren Business Valuation Standards das Konzept von Zu- und Abschlägen wie folgt beschreibt: „A discount or premium is warranted when characteristics affecting the value of the subject interest differ sufficiently from those inherent in the base value to which the discount or premium is applied. A discount or premium quantifies an adjustment to account for differences in characteristics affecting the value of the subject interest relative to the base value to which it is compared." American Society of Appraisers (2005), S. 16.

Die Anwendung von Bewertungszu- und -abschlägen bei den Multiplikatorverfahren dient dazu, die verbliebenen bewertungsrelevanten Unterschiede zwischen dem Bewertungsobjekt und der Gruppe der Vergleichsunternehmen auszugleichen.[137] So kann z.B. eine Anpassung des Multiplikators erfolgen, wenn das zu bewertende Unternehmen im Vergleich zur Peer Group eine höhere Wachstumsrate der Zahlungsüberschüsse aufweist. Auch können Zu- und Abschläge dazu dienen, Unterschiede in der Transaktionssituation zu berücksichtigen. Bei der Ermittlung des Preises für eine Mehrheitsposition bzw. für das gesamte Eigenkapital kann eine Kontrollprämie gerechtfertigt sein, da der Börsenkurs nur den Preis von Minderheitsanteilen widerspiegelt. Bei nicht-börsennotierten Unternehmen kann ein Fungibilitätsabschlag gerechtfertigt sein.

II. 7.4.2.2 Vorgehensweise bei Zu- und Abschlägen

Bei den Zu- und Abschlägen ist zwischen solchen zu unterscheiden, die auf den Basiswert des gesamten Unternehmens angewendet werden (entity-level discounts) und solchen, die den Anteilsbesitz betreffen (shareholder-level discounts) z.B. Minderheitsabschlag, Kontrollzuschlag und Fungibilitätsabschlag.[138] Dabei gilt es zu bedenken, dass die Entity-Level Discounts vor den Shareholder-Level Discounts anzuwenden sind. Die Zu-/Abschläge werden überlicherweise auf einen Basiswert angewendet, der vorher mittels einer der drei Verfahren ermittelt wurde: Income Approach, Market Approach und Asset-Based Approach.[139] Der Income Approach ist i.d.R. eine Wertermittlung mittels der DCF-Verfahren. Dem Market Approach liegt eine Multiplikatorbewertung zugrunde. Und der Asset-Based Approach ist mit dem Substanzwertverfahren vergleichbar.

Die am häufigsten angewendeten Zu- und Abschläge sind der *Fungibilitätsabschlag* für nicht-börsennotierte Unternehmen, der *Kontrollzuschlag* für Mehrheitsanteile und ein *Minderheitsabschlag* für Minderheitsanteile.[140] Der *Kontrollzuschlag* findet insbesondere dann Anwendung, wenn der Wert von Minderheitsanteilen u.a. mittels der Similar Public Company Method bestimmt wurde, aber eine Wertermittlung für Mehr-

[137] Vgl. Beckmann/Meister/Meltner (2003), S. 105.
[138] Vgl. Pratt (2001), S. 3f.
[139] Vgl. Sanfleber-Decher (1992), S. 598-602; Pratt (2001), S. 11f.
[140] Vgl. Sanfleber-Decher (1992), S. 603.

heitsanteile beabsichtigt ist. Ein *Minderheitsabschlag* kann angesetzt werden, wenn zuvor der Gesamtwert des Unternehmens bestimmt wurde, wobei aber die Bewertung von Minderheitsanteilen beabsichtigt wird. Die folgende Abbildung zeigt die Zusammenhänge und Ursachen der in der Praxis oft verwendeten Zu- und Abschläge auf Unternehmens- und Anteilswerte.

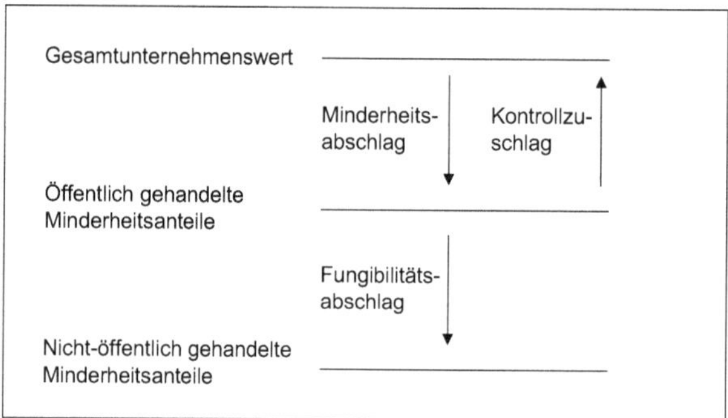

***Abbildung 3:* Zuschläge und Abschläge**[141]

II. 7.4.3 Corporate Governance-bedingte Zu- und Abschläge in Aktienanalysen

Der gestiegenen Praxisbedeutung von Corporate Governance für Analysten hat das CFA INSTITUTE, der größte Berufsverband von Finanzanalysten, durch die Veröffentlichung eines Corporate Governance-Handbuchs Rechnung getragen.[142] Es soll Analysten und Investoren weltweit dabei unterstützen, die Corporate Governance-Standards von Unternehmen samt der damit verbundenen Risiken für Investitionsentscheidungen besser beurteilen zu können.[143] Dabei wird von folgender Corporate Governance-Definition ausgegangen: „At its core, corporate governance is the arrangement of checks, balances, and incentives a Company needs to minimize and manage the conflicting interests between insiders and external Shareowners. Its purpose

[141] Vgl. Sanfleber-Decher (1992), S. 603; Pratt (2001), S. 8; Margolin/Kursh (2005), S. 417.
[142] Vgl. CFA Institute (2005).
[143] „(...) this manual endeavors to provide Investors a way of assessing a Company's corporate governance policies, and the associated risks. It is our hope that all Investors - be they existing Shareowners, potential Investors, or analysts - can use this information as part of their analyses and valuations, in light of their particular investment perspectives, objectives, and risk-tolerance levels, to evaluate a Company. In particular, we hope that use of this manual will help Investors better recognize, understand and analyze how corporate governance may affect the value of their investments, and thus help them in making informed investment decisions." CFA Institute (2005), S. 1.

is to prevent one group from expropriating the cash flows and assets of one or more other groups."[144] Folglich wird vom CFA INSTITUTE als Hauptaspekt der Corporate Governance der Schutz der Aktionäre, insbesondere der Minderheitsaktionäre, vor Schädigungshandlungen zur Erzielung von Sondervorteilen durch die Insideraktionäre gesehen.

Die Hauptbereiche dieses Leitfadens betreffen den Aufsichtsrat (Board), den Vorstand (Management) und die Aktionärsrechte (Shareowner Rights). Das CFA INSTITUTE nennt dabei Kriterien, die bei der Unternehmensanalyse zu berücksichtigen sind und die Bewertungsimplikationen haben können.[145] Im Folgenden werden ausgewählte Aspekte dargestellt.

Investors and shareowners should:
The Board investigate whether the Company engages in outside business relationships with management or Board Members, or individuals associated with them, for goods and services on behalf of the Company.
Management determine whether the Company permits Board Members and management to use Company assets for personal reasons. analyze both the amounts paid to key executives for managing the Company's affairs, and the manner in which compensation is provided to determine whether compensation paid to its executives is commensurate with the executives' level of responsibilities and performance, and provides appropriate incentives.
Shareowner Rights examine the Company's ownership structure to determine whether it has different classes of common shares that separate the voting rights of those shares from their economic value. carefully evaluate the structure of existing or proposed takeover defenses and analyze how they could affect the value of shares in a normal market environment and in the event of a takeover bid.

Abbildung 4: **Ausgewählte Aspekte des Corporate Governance-Leitfadens des CFA Institute**[146]

Einen weiteren Ansatz zur Analyse der Corporate Governance von Unternehmen durch Finanzanalysten bietet die Scorecard for German Corporate Governance© der DEUTSCHEN VEREINIGUNG FÜR FINANZANALYSE UND ASSET MANAGEMENT (DVFA).[147] Sie stellt ein Evaluierungsschema dar, das auf dem DEUTSCHEN CORPORATE GOVERNANCE KODEX basiert und durch zusätzliche Kriterien der DVFA ergänzt worden ist.[148] Dabei werden die folgenden Themenbereiche behandelt: Aktionäre und Hauptversammlung, Vorstand, Aufsichtsrat, Transparenz und Rechnungslegung. Die Beantwortung

[144] CFA Institute (2005), S. 7.
[145] Vgl. CFA Institute (2005).
[146] Vgl. CFA Institute (2005), S. 4f.
[147] Vgl. DVFA Scorecard (2006).

des Evaluierungsschemas ermöglicht die Ermittlung eines Gesamtscores, der ein Urteil über die Corporate Governance eines Unternehmens erlaubt. Hauptziele des Scorecardansatzes sind:[149]

- Die Erleichterung der Arbeit von Analysten und Investoren durch die Ermöglichung eines systematischen und schnellen Überblicks über alle wesentlichen Corporate Governance-Aspekte
- Die Ermöglichung einer Einschätzung über die Qualität der unternehmensspezifischen Corporate Governance durch die Unternehmen
- Die Ermöglichung der Festsetzung von Minimalscores für die Corporate Governance durch Investoren als Grundlage ihrer Investitionsentscheidungen
- Die Ermöglichung von Vergleichen zwischen Unternehmen innerhalb einer Branche oder zwischen verschiedenen Ländern.

Wie dargelegt wurde, genießen Zu- und Abschläge bei Aktienanalysen eine breite Akzeptanz bei der Ermittlung von Kurszielen. Für welche Kriterien, insbesondere unter Corporate Governance-Gesichtspunkten, und in welchem Umfang diese Zu- und Abschläge angewendet werden, wird im Folgenden untersucht.

Eine Analyse einer Auswahl von Equity Research-Berichten von Finanzanalysten zeigt, dass Analysten vielfältige Corporate Governance-Kriterien in ihren Bewertungsstudien berücksichtigen, die teilweise den Unternehmens- bzw. Anteilswert erheblich beeinflussen. Dabei werden oft signifikante Zu- und Abschläge auf einen vorher mittels unterschiedlicher Bewertungsmethoden ermittelten Wert vorgenommen. Die folgende Abbildung zeigt eine Auswahl dieser Bewertungseinflüsse aus untersuchten Analystenberichten.

[148] Vgl. zum Deutschen Corporate Governance Kodex: Kapitel III. 1.5.1.
[149] Vgl. Strenger (2004), S. 12.

Ursache	Abschlag	Zuschlag	auf
Nichtbörsennotierung	50%		Bewertungskennzahlen
Unabhängigkeit des Unternehmens besitzt strategische Priorität; Dominanz der Familie als Großaktionär; „Makel" der Gattung Vorzugsaktie	30%		DCF-Basiswert der Aktie
ungünstige Aktionärsstruktur (über eine Holding hält der Verwaltungsrat die Stimmenmehrheit mit 79.4 % und einen Kapitalanteil von 47.8 %), tiefe Titelliquidität und Konglomeratscharakter (fehlende Fokussierung auf rentable Bereiche)	30%		DCF-Basiswert der Aktie
Liquiditätsabschlag im Small Caps-Bereich üblich	25%		Economic Profit-Modell
Verbesserungsbedarf in der Öffentlichkeitsarbeit; sehr geringe Liquidität (Streubesitz von 38% bei 6 Mio. Aktien)	25%		DCF-Basiswert der Aktie
Unternehmen ist in keinem Auswahlindex notiert und nur bei einer begrenzten Anzahl von institutionellen Investoren im Fokus	20%		Basiswert auf Grundlage eines Multiplikatorverfahrens
geringer Free Float (1,9%)	20%		Dividend Discount-Modell und Net Asset Value
geringe Liquidität der Aktie	20%		DCF-Basiswert der Aktie
fehlendes Stimmrecht der Vorzugsaktien; ungünstige Eigentümerstruktur (Stimmrechtsmehrheit bei der Familie auf Dauer festgelegt)	15%		DCF-Basiswert der Aktie
üblich für mid-cap Unternehmen mit einem Mehrheitsaktionär	10%		sum-of-the-parts Wert
geringer Streubesitzanteil (35,1 %)	10%		DCF-Basiswert der Aktie
Aktionärsstruktur (Großaktionär ist ein staatliches Finanzunternehmen)	10%		DCF-Basiswert der Aktie
Liquiditäts- und Marktkapitalisierungs-Abschlag	10%		Economic Profit-Modell
geringe Liquidität; Corporate Governance-Risiko aus der unklaren Haltung des Hauptaktionärs zur Unternehmensentwicklung und den Folgen von Änderungen im Top Management	Wertabschlag		Zuschlag auf Kapitalisierungszinssatz
Der Rückkauf von Vorzugsaktien bewirkt eine Erhöhung des Wertes der verbleibenden Stammaktien		Kurssteigerung	Börsenkurs
Die Umwandlung der Vorzugsaktien in Stammaktien vergrößert den Free float; dadurch gelangt die Aktie verstärkt in den Fokus internationaler Investoren		Kursimpuls	Börsenkurs
Aktienplatzierung des Staates		Belastungsfaktor für die Aktie entfällt	Börsenkurs

***Abbildung 5:* Analyse von Equity Research-Berichten**

Auch in der Studie von KAMES wurden mehrere von Analysten verwendete Zu- und Abschläge ausgemacht.[150] Diese Zu- und Abschläge werden auf den Unternehmenswert angewendet.

150 Vgl. Kames (2000), S. 108 ff.

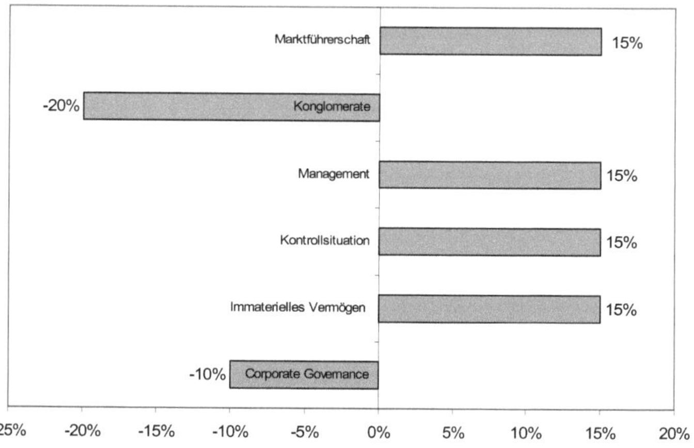

Abbildung 6: **Höhe der von Finanzanalysten vorgenommenen Zu- und Abschläge**[151]

Zuschläge auf den Unternehmenswert werden u.a. für die Marktführerschaft (15% Zuschlag), für die Qualität des Managements (15% Zuschlag) und für die Kontrollsituation (15% Zuschlag) vergeben. Letztere eröffnet für Großaktionäre die Möglichkeit, Einfluss auf das Unternehmen auszuüben.[152] Abschläge werden u.a. für die Corporate Governance-Struktur (10% Abschlag) und für Konglomerate (20% Abschlag), also für diversifizierte Unternehmen vorgenommen.[153]

Interessant im Rahmen dieser Arbeit sind insbesondere die Zu- und Abschläge für die Kontrollsituation und für Corporate Governance. Die Prämie für die Kontrollsituation wird damit begründet, dass das Management durch die Kontrolle von Großaktionären oder von institutionellen Investoren dazu gezwungen wird, eine aktionärsfreundliche Politik zu betreiben oder beizubehalten.[154] Der Abschlag für schlechte Corporate Governance wird mit der latenten Gefährdung einer aktionärsfreundlichen Unternehmenspolitik gerechtfertigt. Im Umkehrschluss sind institutionelle Investoren auch bereit, für besonders gute Corporate Governance höhere Aktienkurse bei einem Engagement in Kauf zu nehmen.

---

[151] Vgl. Kames (2000), S. 110.
[152] Vgl. Kames (2000), S. 108 ff. Die Prozentzahlen geben die Mediane der häufigsten Anpassungen wieder.
[153] Siehe zum Abschlag für diversifizierte Unternehmen Kapitel IV. 2.2.
[154] Vgl. Kames (2000), S. 111.

Auch im Rahmen der eigenen durchgeführten Befragung von Finanzanalysten haben sich mehrere Corporate Governance-Kriterien als bewertungsrelevant herausgestellt. Die befragten Analysten berücksichtigen diese Aspekte durch signifikante Zu- bzw. Abschläge auf den Basisanteils- bzw. –unternehmenswert. Die folgende Grafik zeigt den Einfluss bestimmter Corporate Governance-Aspekte auf den Unternehmens- und Anteilswert nach Einschätzung der befragten Analysten. Die Zu- und Abschläge werden i.d.R. pauschal auf einen vorher mittels der DCF- oder Multiplikatorverfahren ermittelten Basiswert veranschlagt.

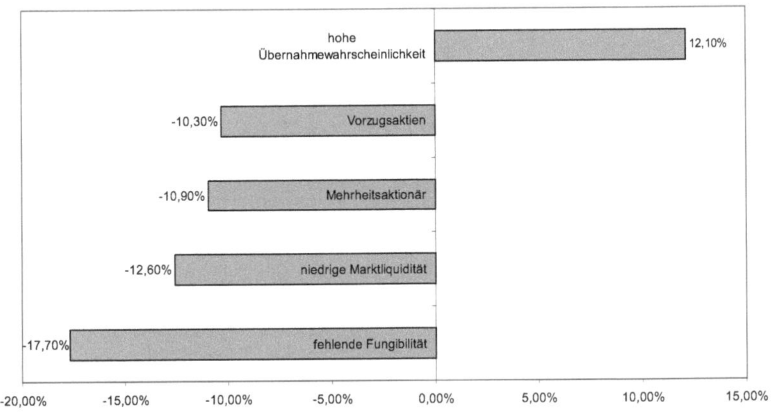

***Abbildung 7:* Verwendete Zu- und Abschläge von Finanzanalysten**

Es zeigt sich demnach, dass die Eigentümerstruktur (Eigentümeridentität, Eigentümerkonzentration, Eigentümerkomplexität), der Markt für Unternehmenskontrolle (Übernahmephantasie), die Diversifikation des Unternehmens und die Marktliquidität bei der Analyse und Bewertung von Unternehmen zur Ermittlung von Kurszielen durch Finanzanalysten eine erhebliche Bedeutung besitzen.

Folglich zeigen diese Ausführungen, dass bei Analysten ein Bewusstsein für die in dieser Arbeit behandelten Problembereiche besteht. Sie würdigen die Corporate Governance-Struktur eines Unternehmens durch vielfältige pauschale Zu- und Abschläge auf zuvor anhand verschiedener Unternehmensbewertungsverfahren, insbesondere DCF-Verfahren und Multiplikatorverfahren, ermittelte Basiswerte. Die dargestellten Bewertungsaspekte werden im Laufe dieser Arbeit tiefergehend untersucht.

III. Corporate Governance und der Unternehmenswert

III. 1 Corporate Governance-Problematik

III. 1.1 Forschungsansätze der Finanzwirtschaft

In der Finanzierungstheorie, die das Ziel verfolgt, Fragestellungen aus der Finanzierungspraxis zu lösen und die Funktion von Finanzmärkten in einem gesamtwirtschaftlichen Zusammenhang zu analysieren, haben sich drei verschiedene Forschungsansätze entwickelt: die klassische Finanzierungstheorie, die neoklassische Finanzierungstheorie und die neoinstitutionalistische Finanzierungstheorie.[155] Die klassische Finanzierungslehre, auf die im Folgenden nicht weiter eingegangen wird, beschäftigt sich mit den Fragestellungen nach der Wahl der Finanzierungsform (Eigen- oder Fremdkapital) und der Suche nach Finanzierungsalternativen zur Auswahl der optimalen Finanzierung.[156]

Forschungsansätze der Finanzwirtschaft		
Klassische Finanzierungstheorie	**Neoklassische Finanzierungstheorie**	**Neoinstitutionalistische Finanzierungstheorie**
Theoretische und empirische Grundlagen:	**Theoretische und empirische Grundlagen:**	**Theoretische und empirische Grundlagen:**
Herkunft und Fristigkeit des Kapitals	Zahlungsstrombezogene Betrachtung	Keine rein finanzielle Betrachtung
Kapitalkosten und Transaktionskosten	Finanzmarktorientierung	Marktunvollkommenheit, Informationsasymmetrie
Rechte und Pflichten der Kapitalgeber	Annahme eines vollständigen und vollkommenen Kapitalmarktes	Institutionen als Folge unvollkommener Märkte
Finanzanalyse und Finanzplanung	Fisher-Separation: Getrennte Betrachtung von Investitions- und Finanzierungsentscheidungen	Uneinheitliche Preise und Werte
	Kapitaltheorien: Portfoliotheorie, CAPM, APT, Modigliani/Miller-Irrelevanztheorem	Principal-Agent-Problematik; Property-Rights-Theorie

***Abbildung 8:* Forschungsansätze der Finanzwirtschaft**

III. 1.2 Die neoklassische Finanzierungstheorie

Die neoklassische Finanzierungstheorie beschreibt die Finanzierungsvorgänge durch Zahlungsströme bzw. den Cash Flow und sieht die Finanzierung als Spiegelbild der

[155] Vgl. Perridon/Steiner (2004), S. 16-25.

Investition.[157] Dabei liegt das *Separationstheorem* von FISHER zugrunde, das einen *vollständigen* und *vollkommenen Kapitalmarkt* annimmt.[158] Die Funktion des Kapitalmarkts ist es, frühere gegen spätere Zahlungen zu tauschen, wobei eine Zahlung heute den Preis für die zugehörige Gegenleistung in Form zukünftiger Zahlungen angibt.[159] Von einem *vollkommenen Kapitalmarkt* wird gesprochen, wenn der Preis, zu dem ein Zahlungsstrom zu einem bestimmten Zeitpunkt gehandelt wird, für jeden Marktteilnehmer identisch ist.[160] Aufgabe des Kapitalmarktes ist es, eine optimale Allokation des Kapitals zu gewährleisten.[161] Dabei ist der Preis unabhängig davon, ob ein Marktteilnehmer als Käufer oder Verkäufer auftritt. Auf einem *vollständigen Kapitalmarkt* kann jeder beliebige Zahlungsstrom und damit auch jeder beliebige Anteil eines Zahlungsstroms gehandelt werden.[162] Das *Separationstheorem* von FISHER sieht vor, dass das wertmaximale Investitionsprogramm sich unabhängig von individuellen zeitlichen Konsumpräferenzen realisieren lässt, da dieses jederzeit durch Aufnahme und Anlage von Mitteln zum risikofreien Zins umgesetzt werden kann. Diese Voraussetzungen ermöglichen Spezialisierungsvorteile, indem Anleger nur das Kapital zur Verfügung stellen und damit das Risiko tragen und die Investitionsentscheidungen auf ein Management übertragen werden, wobei Letztes im Interesse der Kapitalgeber handelt. Das *Separationstheorem* ist unabhängig davon, ob das Unternehmen eigen- oder fremdfinanziert ist.[163]

Für den Fall unsicherer Erwartungen können Investitionsentscheidungen nur auf der Basis von Kapitalmarktmodellen getroffen werden, die die Beurteilung von Investitionen unter Berücksichtigung des mit ihnen verbundenen Risikos erlauben. In den Kapitalmarkttheorien werden die wertbestimmenden Einflussfaktoren auf Basis der Annahmen eines *vollkommenen Kapitalmarktes* analysiert. Dabei treten an die Stelle der Sicherheit die Prämissen der Informationseffizienz, die voraussetzen, dass alle Marktteilnehmer homogene Erwartungen haben, dass sie die vorliegenden Informationen umfassend und zutreffend interpretieren und so zu gleichen Einschätzungen

---

[156] Vgl. Perridon/Steiner (2004), S. 17-19.
[157] Vgl. Perridon/Steiner (2004), S. 19 ff.
[158] Vgl. Fisher (1930).
[159] Vgl. Schmidt/Terberger (1999), S. 90.
[160] Vgl. Schmidt/Terberger (1999), S. 91.
[161] Vgl. Fama (1970), S. 383; Ballwieser/Kuhner (1994), S. 24f. Weiterhin hat der Kapitalmarkt auch eine Kontrollfunktion, mittels derer er schlechte Managementleistungen mit fallenden Kursen sanktioniert. Vgl. Kapitel V. 1.2.
[162] Vgl. Schmidt/Terberger (1999), S. 91.

über die aktuelle Marktsituation und zur statistischen Erwartungsbildung über unsichere Größen wie Gewinne und Investitionsrenditen und -risiken kommen.

In der Finanzierungstheorie wird von einer risikoaversen Einstellung der Investoren ausgegangen, was bedeutet, dass Investoren Risiken nur dann in Kauf nehmen, wenn damit eine höhere Renditeerwartung als bei einer sicheren oder weniger riskanten Anlage verbunden ist. Folglich fordern die Investoren eine Risikoprämie. Ziel der in diesem Bereich entwickelten Modelle ist es, Erkenntnisse über die Höhe der Risikoprämie zu erlangen. Zu nennen sind dabei die Portfoliotheorie, das CAPM, die Arbitrage Pricing Theory und das Irrelevanztheorem.[164]

Bei Aufweichung der genannten Annahmen können marktwertrelevante Interessenkonflikte entstehen.[165] Die in der Realität zu beobachtende Relevanz von Corporate Governance widerspricht den theoretischen Voraussetzungen der neoklassischen Finanzierungslehre.

III. 1.3 Die neoinstitutionalistische Finanzierungstheorie

Die Neue Institutionenökonomik baut auf der Arbeit von COASE auf und wird in drei Forschungsrichtungen unterteilt.[166] Neben der Agency-Theorie, die im Mittelpunkt dieser Arbeit steht, zählen dazu noch die Property-Rights-Theorie und die Transaktionskostentheorie.[167]

Die neoinstitutionalistische Finanzierungstheorie geht von der Unvollkommenheit realer Kapitalmärkte aus.[168] Auf Kapitalmärkten herrscht *Informationsasymmetrie*, da die am Markt aktiven Kapitalgeber und -nehmer in vielen Fällen Informationsvorsprünge bzw. -nachteile haben, die es der bevorteilten Seite ermöglichen, Entscheidungen zu Lasten der Gegenpartei zu treffen. Wenn die Interessen von Eigenkapi-

---

[163] Vgl. Modigliani/Miller (1958), S. 265-268.
[164] Vgl. Zur Portfoliotheorie: Markowitz (1952); zum CAPM: Sharpe (1964); Lintner (1965); Mossin (1966); zur APT: Ross (1976); zum Irrelevanztheorem: Modigliani/Miller (1958).
[165] Vgl. zu Interessenkonflikten: Kuhner (2005).
[166] Vgl. Coase (1937).
[167] Vgl. zur Property-Rights-Theorie: Coase (1937); Alchian/Demsetz (1972); Furubotn/Pejovich (1972). Vgl. zur Transaktionskostentheorie: Williamson (1975). Vgl. zur Agency-Theorie: Jensen/ Meckling (1976); Fama/Jensen (1983a); Fama/Jensen (1983b).
[168] Vgl. Perridon/Steiner (2004), S. 24f.

talgebern (Principal) und Unternehmensleitung (Agent) auseinanderfallen, liegt ein Principal-Agent-Problem vor, das in unterschiedlichen Ausprägungen mit dem Ziel der Marktwertmaximierung kollidiert.[169]

III. 1.4 Konflikte der Corporate Governance

III. 1.4.1 Hauptkonflikte der Corporate Governance

Die Hauptkonflikte der Corporate Governance sind der Eigentümer-Manager-Konflikt, der aus der Trennung von Eigentum und Verfügungsmacht in großen Unternehmen resultiert, und der Konflikt zwischen Minderheits- und Mehrheitsaktionären.[170] „It is ofted claimed that there are two paradigms of corporate governance: the Anglo-Saxon paradigm centered on the conflict between the shareholders and the manager, and the rest of the world's paradigm where the conflict is between large and small shareholders."[171]

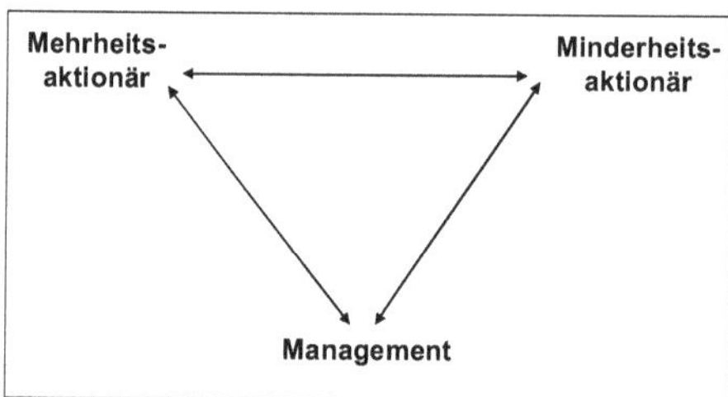

Abbildung 9: **Kernkonflikte der Corporate Governance**

III. 1.4.2 Trennung von Eigentum und Verfügungsmacht

III. 1.4.2.1 Principal-Agent-Problematik

Ein Kernproblem bei Publikumsgesellschaften ist die häufig vorliegende Trennung zwischen Eigentum und Verfügungsmacht in einem Unternehmen. Darunter wird der Interessengegensatz zwischen denjenigen, die das Unternehmen leiten, und denjenigen, die dem Unternehmen Kapital zur Verfügung stellen, verstanden. Dieser Inter-

---

[169] Vgl. Kuhner (2005), S. 6.
[170] Vgl. Gugler (2001), S. 4.

essengegensatz wird auch Principal-Agent-Problem genannt. Im Rahmen einer Principal-Agent-Beziehung, bei der ein Auftraggeber einen Auftragnehmer mit der Wahrnahme einer Aufgabe betraut, ist ein Interessenkonflikt immanent.[172] Beide Parteien streben die Maximierung ihrer eignen Wohlstandsposition an, wobei sie unterschiedliche Ziel- bzw. Nutzenfunktionen besitzen.[173] Ein Principal-Agent-Problem entsteht dann, wenn asymmetrische Information vorliegt, die entweder bezüglich der Handlungen oder der Absichten der Agenten (Manager) bestehen.

Erkannt wurde das Problem der Trennung zwischen Eigentum und Verfügungsmacht schon von Adam Smith und Berle/Means.[174] Sie zeigen auf, dass die Kontrolle über die Unternehmenspolitik nicht bei den Gesellschaftern, sondern bei den Managern liegt. Diese können durch opportunistisches Handeln Agency-Kosten verursachen.[175] Unter Opportunismus wird in der Institutionenökonomie das Verhaltensmuster verstanden, eigene Zielvorstellungen auf Kosten fremder Interessen durchzusetzen, sofern die Gelegenheit dazu besteht, wobei auch gegen Verträge, Absprachen und Erwartungshaltungen verstoßen wird.[176] Das Entstehen solcher Handlungsspielräume, die es dem Management ermöglichen, im eigenen Sinne nutzenmaximierend zu handeln, kann durch vollständige Verträge theoretisch vermieden werden, wobei in der Praxis vollständige Verträge jedoch i.d.R. nicht realisierbar sind.[177]

III. 1.4.2.2 Agency-Theorie

Agency-Kosten entstehen bei Marktunvollkommenheit aufgrund von *Informationsasymmetrien.*[178] Diese werden unter den Oberbegriffen Hidden Characteristics, Hidden Action und Hidden Intention zusammengefasst. Folge ungleicher Verteilung des Wissens über relevante Charakteristika des Transaktionsobjekts vor Vertragsab-

---

[171] Burkart/Panunzi/Shleifer (2003), S. 2192.
[172] Vgl. Jensen/Meckling (1976), S. 308; Kuhner (2005), S. 6.
[173] Vgl. Kuhner (2005), S. 6.
[174] Vgl. A. Smith (1776; 1974); Berle/Means (1932).
[175] Vgl. Jensen/Meckling (1976). Das Modell von Jensen/Meckling berücksichtigt nur den Wettbewerb auf dem Kapitalmarkt, nicht jedoch den Wettbewerb auf dem Markt für Manager. Demnach kann das Management den Konsum am Arbeitsplatz ausdehnen, ohne vom Markt für Manager sanktioniert zu werden. Fama argumentiert demgegenüber, dass die Berücksichtigung dieses Marktes das aufgezeigte Problem beseitigt. Vgl. Fama (1980), S. 294f.
[176] Vgl. Kuhner (2004), S. 255.
[177] Vgl. Shleifer/Vishny (1997a), S. 740f.
[178] Vgl. Eisenhardt (1989); Gerke (2001); Perridon/Steiner (2004), S. 539 ff.

schluss (hidden characteristics) ist die Adverse Selection.[179] Hidden Action beschreibt die Situation, in der die Handlungen der Vertragsgegenseite nicht von Außenstehenden beobachtbar sind, so dass Ausbeutungsstrategien möglich werden. Mit Hidden Intention wird die bei Vertragsabschluss verborgene Absicht eines Vertragspartners beschrieben, im Zuge des Vertragsverhältnisses durch die Drohung mit unkooperativem Verhalten den anderen Vertragspartner zu erpressen (hold up). Diese Ausprägungen von *Informationsasymmetrie* sind mögliche Marktversagensgründe und führen zu einem suboptimalen Zustand, der wiederum Wohlfahrtsverluste in Form von Opportunitätskosten zur Folge hat.

Die anfallenden Transaktionskosten sind die Signalling- bzw. Screening-Kosten, die Bonding-Kosten, die Monitoring-Kosten und die Kosten aus einem Residual Loss.[180] Die Signalling/Screening-Kosten entstehen, um die Qualität eines Transaktionsgegenstands in der Anbahnungsphase eines Vertrags für die weniger informierte Seite in Erfahrung zu bringen. Unter Bonding-Kosten werden die Wohlfahrtsverluste verstanden, die durch die Integration von Regelungen in Verträgen entstehen, um Vertragsparteien gegen Ausbeutungsstrategien der Gegenseite abzusichern. Monitoring-Kosten entstehen durch die unmittelbare Überwachung der Leistungserstellung der Vertragsgegenseite. Durch den Anfall dieser Kosten ergibt sich ein Wohlfahrtsverlust. Der Prinzipal und der Agent werden soviel Bonding- und Monitoring-Kosten aufwenden, bis die Grenzkosten und der Grenznutzen sich ausgleichen. Der dabei entstehende Nutzen ist allerdings geringer als der Nutzen, der bei einer Situation ohne Kosten entstehen würde. Diese Wohlfahrtseinbuße wird als Residual Loss bezeichnet und besitzt Opportunitätskostencharakter.

III. 1.4.2.3 Zielsetzungen von Managern und Aktionären

Rational handelnde Aktionäre orientieren sich bei der Beurteilung ihrer Rendite-Risiko-Position an einem diversifizierten Portfolio und nicht an den spezifischen Risiken einer Gesellschaft. Sie achten daher nur auf den Beitrag eines einzelnen Wertpapiers zur Rendite-Risiko-Struktur ihres Portfolios, da unternehmensspezifische Risiken wegdiversifiziert werden. Diese Haltung kann Anleger davon abhalten,

---

[179] Grundlegend zur Adverse Selection: Akerlof (1970).
[180] Vgl. Jensen/Meckling (1976).

Handlungen des Managements zu kontrollieren bzw. zu sanktionieren, um Agency-Kosten zu senken. Das führt wiederum zu Freiräumen für das Management, die es zur Erzielung von diskretionären Handlungsspielräumen nutzen kann.

Ursache für dieses Moral Hazard-Problem ist u.a. das „risk aversion differential", also der Unterschied zwischen der Risikoneigung eines diversifizierten Anlegers und eines Managers, der an ein Unternehmen gebunden ist.[181] Demnach streben Manager es an, ein diversifiziertes Portfolio innerhalb des Unternehmens zu schaffen.[182] Aktionäre können hingegen den von ihnen bevorzugten Risikograd durch die Bildung ihres eigenen Portfolios erreichen und streben daher keine Diversifikation auf Unternehmensebene an.

Manager sind oft an ein Unternehmen gebunden, da sie dort beschäftigt sind (employment risk), oft einen Großteil ihres Vermögens in das Unternehmen investiert haben (z.B. durch Aktienoptionen und Mitarbeiterbeteiligungen) und sich im Insolvenzfall durch Anklagen bedroht sehen.[183] Daher sehen Manager in dem Konkursrisiko eines Unternehmens eine größere Gefahr als Aktionäre, für die die Beteiligung an dem Unternehmen nur einen geringen Teil ihres diversifizierten Portfolios ausmacht. Folglich sind Manager unterdiversifiziert, so dass sie risikoaverser als breit diversifizierte Aktionäre sind. Manager sind daher bestrebt, das Unternehmensrisiko zu senken, indem sie das Unternehmen ausdehnen (empire building policy), z.B. durch den Erwerb zusätzlicher Geschäftsbereiche und Produktlinien.[184] Dadurch wird, wenn die Cash Flows der einzelnen Sparten möglichst wenig miteinander korrelieren, der Zahlungsstrom aus den Investitionen des Unternehmens stabilisiert, so dass die Volatilität des Unternehmensergebnisses sinkt.[185] Alternativ können weniger riskoreiche Investitionen getätigt werden. Diese Unternehmenspolitik verringert das Insolvenzrisiko.

---

[181] Vgl. Marcus (1982); Coffee (1988), S. 83.

[182] Vgl. Amihud/Lev (1981); siehe auch zu den Folgen der Unternehmensdiversifikation (Diversification Discount): Kapitel IV. 2.2.

[183] Vgl. Amihud/Lev (1981), S. 606; Coffee (1988), S. 82f; May (1995). Jin argumentiert, dass ein Trade-off zwischen den Vorteilen aus der anreizorientierten Entlohnung von Managern und den Kosten aus der unzureichenden Portfoliodiversifikation von Managern besteht. Vgl. Jin (2002).

[184] Empire Building steht für „die gezielte Expansion des Unternehmens weit über das aus dem Anteilseignerinteresse geforderten Maß hinaus, getrieben durch Selbstsucht und Selbstgefühl der Unternehmensleiter." Kuhner (2005), S. 13.

[185] Vgl. Amihud/Lev (1981).

Manager können darüber hinaus an einer Diversifikation der Unternehmensgeschäftsfelder interessiert sein, weil die Diversifikation dazu führt, dass sie Sondervorteile bzw. Perquisites erzielen.[186] So können Manager Sondervorteile daraus erlangen, dass sie unentbehrlich für das Unternehmen werden oder dass ihre Karriereaussichten steigen, wenn sie eine komplexere Organisation leiten.[187] Manager haben auch einen Anreiz, die Größe des Unternehmens zu erhöhen, da damit oft auch eine signifikante Gehaltssteigerung verbunden ist.[188] Nicht zuletzt sind auch die nicht-pekuniären Sondervorteile wie Prestige, Macht und Annehmlichkeiten zu erwähnen, die Manager durch die Leitung eines diversifizierten Unternehmens erzielen können.[189] Demnach können Manager an einer Diversifikationsstrategie interessiert sein, selbst wenn die Diversifikation zu einer Unternehmenswertverringerung führt.[190] Manager werden daher nur eine Bereitschaft zeigen, das Unternehmen auf einen oder wenige Geschäftsbereiche zu fokussieren, wenn interne oder externe Kontrollmechanismen des Unternehmens sie dazu zwingen.

Perquisites (Entlohnungsbestandteil eines Mitarbeiters, der nicht eindeutig als Bezahlung oder Bonus bezeichnet wird, z.B. Unternehmensflugzeug, Chauffeur) werden z.T. aber auch als eine Form der Entlohnung des Managements angesehen.[191] Demnach besteht ein inverses Verhältnis zwischen den Perquisites und der Entlohnung. Demgegenüber steht die Beobachtung von BEBCHUK/JOLLS, dass die Verringerung der Entlohnung des Managements zu Gunsten der Möglichkeit, Perquisites zu erzielen, zu einer Verringerung der Interessenübereinstimmung von Management und Aktionären führt, was sich wertreduzierend auswirken kann.[192] Ursächlich dafür ist, dass das Gehalt bei ergebnisorientierter Entlohnung durch die Möglichkeit, Perquisites zu erzielen, in einem geringeren Umfang an das Unternehmensergebnis gekoppelt ist.

Neben der Zweckentfremdung von Gegenständen des Unternehmensvermögens wie z.B. der Nutzung von Firmenjets für private Zwecke (consumption on the job) werden

---

[186] Vgl. Jensen (1986a); Stulz (1990); Aggarwal/Samwick (2003).
[187] Vgl. Shleifer/Vishny (1989); Gibbons/Murphy (1992).
[188] Vgl. Jensen/Murphy (1990); Bebchuk/Grinstein (2005).
[189] Vgl. Jensen (1986a); Stulz (1990).
[190] Vgl. Adams (1989), S. 334.
[191] Vgl. Fama (1980); Bebchuk/Jolls (1999), S. 487. Siehe zum Begriff der Perquisites: Yermack (2005); Rajan/Wulf (2006).

auch weitere Managementaktivitäten durch persönliche Zielsetzungen beeinflusst.[193] ROE beschreibt mögliche Sondervorteile von Managern wie folgt: „They might over-invest, under-invest, or mis-invest. They might over-pay suppliers or fail to adopt profitable technologies. They might react too slowly to changing market conditions."[194] Diese Handlungen führen zu einer Verringerung des Unternehmenswerts. „(M)anagerial agency costs are the value that managers can dissipate in the firm, due to mistaken management. (...) The dissipation occurs because the managers could work a little harder, or a little longer, or take on the tough decisions. Their action is a kind of self-dealing, in that they benefit from the easier life. But the primary effect of the managerial agency costs is to dissipate value; the diversion managers get by working a little less hard is secondary to the dissipation of shareholder value."[195] Darüber hinaus konnten empirische Studien zur Risikoeinstellung von Managern unterschiedliche Risikopräferenzen und Einflussfaktoren ausmachen, die die Investitionsentscheidungen beeinflussen.[196]

III. 1.4.2.4 Jensens Free Cash Flow-Theorie

Der Begriff der Agency-Kosten ist eine nur schwer zu operationalisierende Größe. JENSEN kommt der Verdienst zu, einen Ansatz entwickelt zu haben, der das Fehlverhalten des Managements und den Begriff der Agency-Kosten in operationalisierbare Größen fasst.[197] Dabei ist es ihm gelungen, durch den Begriff des Free Cash Flow die These der Managerdisziplinierung in konkrete Größen umzuformen. Der Free Cash Flow wird dabei definiert als der Zahlungsüberschuss einer Unternehmung, der über das Maß hinausgeht, das zur Finanzierung aller Investitionsobjekte mit positivem Kapitalwert erforderlich ist.[198] Als Kalkulationszinsfuß werden die Kapitalkosten verwendet.

---

192 Vgl. Bebchuk/Jolls (1999).
193 Vgl. Kuhner (2005), S. 13.
194 Roe (2002), S. 15.
195 Roe (2002), S. 15. Auch Bertrand/Mullainathan sehen das Hauptinteresse von Managern darin, ein „quiet life" zu genießen. Vgl. Bertrand/Mullainathan (2003), S. 1043.
196 Vgl. March/Shapira (1987); Witt (2003), S. 254f.
197 Vgl. Jensen (1986a); Jensen (1986b); Doerks (1992), S. 81.
198 "Free cash flow is cash flow in excess of that required to fund all projects that have positive net values when discounted at the relevant cost of capital. Such free cash flow must be paid out to shareholders if the firm is to be efficient and to maximize value for shareholders." Jensen (1986b), S. 16.

Der Free Cash Flow ermöglicht dem Manager einen diskretionären Handlungsspielraum, in dem Investitionsentscheidungen, die von den Aktionärsinteressen abweichen können und die außerhalb der Kontrollmöglichkeiten der Anteilseigner liegen, durchgeführt werden können. Bei Ausschüttung der Free Cash Flow an die Aktionäre reduziert sich die Handlungsmacht der Manager.[199] Ziel der Manager kann es aber sein, die Unternehmensgröße über die optimale Höhe hinaus zu steigern, da diese u.a. ihr Einkommen bestimmt. Somit besteht das Fehlverhalten des Managements darin, dass es frei verfügbare Zahlungsüberschüsse in Investitionsprojekte mit geringer Rendite leitet oder sie brach in der Kasse hält, anstatt sie an die Aktionäre auszuschütten. Dieses Fehlverhalten begründet Agency-Kosten. Dabei stellt sich die Frage, wie das Management dazu bewogen werden kann, die überschüssigen Zahlungsmittel auszuzahlen.[200]

Die Free Cash Flow-Theorie beschreibt damit ein ineffizientes Management, ermöglicht aber dennoch nicht eine eindeutige Quantifizierung des über die erforderliche Höhe hinausgehenden Zahlungsüberschusses einer Unternehmung.[201]

III. 1.4.2.5 Monitoring von Managern

Ein suboptimales Monitoring-Niveau kann u.a. durch das Trittbrettfahrerproblem verursacht werden.[202] Es kommt zustande, da die Informationskosten für Minderheitsaktionäre, um eine im Sinne der Unternehmenspolitik optimale Entscheidung auf der Hauptversammlung treffen und somit effiziente Kontrolle auszuüben zu können, hoch sind.[203] Dabei stehen insbesondere bei Minderheitsaktionären die Informationskosten in einem nicht angemessenen Verhältnis zum damit verbundenen Nutzen einer höheren Rendite, so dass es für einen Minderheitsaktionär individuell rational ist, schlecht informiert abzustimmen oder gar nicht abzustimmen. Zwar wäre ein gut informiertes Abstimmungsverhalten im Sinne aller Aktionäre. Der einzelne Aktionär vertraut aber als Trittbrettfahrer darauf, dass die anderen Aktionäre gut informiert abstimmen, so dass er an dem daraus resultierenden Nutzen teilhaben kann.

---

[199] Vgl. Jensen (1986b), S. 16f.
[200] Vgl. Jensen (1986a), S. 323f.
[201] Vgl. Doerks (1992), S. 82.
[202] Monitoring beschreibt „Aktivitäten jeglicher Art, die sich im Sinne einer Kontrolle von Beauftragten auswirken." Kuhner (1998), S. 39.

Bei der Kontrolle des Managements handelt es sich um ein stetiges Optimierungsproblem, da keine der folgenden beiden Extremlösungen in Betracht kommt: keine Kontrolle oder eine vollständige Kontrolle.[204] Je größer die Kontrolle ist, desto geringer sind die Vorteile eines zentralisierten Managements, da die Leitungsfreiheit und die damit verbundene Möglichkeit, neue Geschäftsideen zu nutzen, stark eingeschränkt wird. Bei fehlender Kontrolle hingegen besteht die Gefahr, dass das Management, statt im Interesse der Gesellschafter zu arbeiten, im eigenen Interesse handelt. Das Optimierungsproblem besteht darin, dass die Nutzenmaximierung nur bei einem möglichst großen Spielraum für das Management und einer zugleich hinreichenden Kontrolle erzielt werden kann.

III. 1.4.2.6 Vorteile der Trennung von Eigentum und Verfügungsmacht

Mit der Trennung von Eigentum und Verfügungsmacht müssen aber auch Vorteile einhergehen, da andernfalls eine solche Struktur, wie sie sich in vielen Unternehmen durchgesetzt hat, nicht bestehen würde.[205]

Menschen sind meistens risikoavers eingestellt, auch wenn jeder Mensch eine andere Risikopräferenz hat.[206] Eine Person ist risikoavers, wenn das Missfallen an dem Verlust eines bestimmten Betrages größer ist als die Freude an dem Gewinn desselben Betrages.[207] Folglich wird sich ein Investor bei der Wahl zwischen zwei unterschiedlich risikoreichen Strategien, die aber im Übrigen gleich sind, für die weniger risikoreiche Strategie entscheiden, es sei denn, das Risiko wird durch eine Risikoprämie entgolten.[208] Durch eine Beteiligung an mehreren Unternehmen kann das Risiko gestreut werden. Durch die Diversifikation des Anlagebetrags in viele Unternehmen kann das *unsystematische Risiko* beseitigt werden.[209] Daraus folgt, dass die Aktionäre risikoneutral gegenüber diversifizierbarem Risiko werden, so dass eine Veränderung der Risikopräferenzen der Eigentümer erreicht wird.[210] Dieser Zusammenhang gibt auch Unternehmensgründern einen Anreiz, ihr Anlagerisiko zu streuen. Folglich

---

[203] Vgl. Grossman/Hart (1980).
[204] Vgl. Wackerbarth (2005a), S. 710f.
[205] Vgl. Denis/McConnell (2003), S. 1.
[206] Vgl. Milgrom/Roberts (1992), S. 187f; Samuelson/Nordhaus (2001), S. 207f.
[207] Vgl. Samuelson/Nordhaus (2001), S. 207.
[208] Vgl. Bodie/Kane/Marcus (2002), S. 157.
[209] Vgl. Markowitz (1952).

können sie ein Interesse an der Trennung von Eigentum und Verfügungsmacht haben.

Es lässt sich darüber hinaus vermuten, dass Personen nicht zwangsläufig sowohl als Manager geeignet sind als auch mit dem notwendigen Kapital ausgestattet sind. Demnach ermöglicht die Trennung von Eigentum und Verfügungsmacht Spezialisierungseffekte und Größenvorteile.[211]

III. 1.4.3 Der Konflikt zwischen Minderheits- und Mehrheitsaktionären

III. 1.4.3.1 Schädigung durch Mehrheitsaktionäre

Beim Eigentümer-Manager-Konflikt geht man davon aus, dass alle Aktionäre das gemeinsame Ziel der Unternehmenswertsteigerung verfolgen, wobei nur das Management die Zielerreichung beeinträchtigt. Aber auch die Aktionäre haben individuelle Ziele und streben die Maximierung ihres eigenen Nutzens an.[212] Als ein Hauptproblembereich der internationalen Corporate Governance-Forschung hat sich demnach das Agency-Problem der Schädigung von Minderheitsgesellschaftern durch die kontrollierenden Gesellschafter herausgestellt.[213]

Ein Aktionär kann den eigenen Nutzen maximieren und Sondervorteile erzielen, wenn er einen Stimmrechtsanteil innehat, der ihm die Beeinflussung der Geschäftspolitik ermöglicht.[214] Die Möglichkeit eines Mehrheitsaktionärs, Kontrolle auszuüben, entsteht u.a. dadurch, dass in der Mehrzahl der Fälle der Mehrheitsaktionär auch im Management des Unternehmens, an dem er beteiligt ist, vertreten ist.[215] Der Konflikt zwischen den Aktionären ist umso größer, je größer der Anteil des größten Aktionärs ist.[216]

---

[210] Vgl. Coffee (1988), S. 83.
[211] Vgl. Denis/McConnell (2003), S. 1.
[212] Vgl. Shleifer/Vishny (1997a), S. 758.
[213] Vgl. La Porta et al. (2000a), S. 4; Claessens et al. (2002), S. 2770.
[214] Vgl. Hartmann-Wendels/v. Hinten (1989), S. 268; Bergström/Rydqvist (1990), S. 257; Shleifer/Vishny (1997a), S. 758.
[215] Vgl. La Porta et al. (1999), S. 477, 500 ff.
[216] Vgl. La Porta et al. (1998), S. 1151.

III. 1.4.3.2 Schädigung durch Minderheitsaktionäre

Wie der Mehrheitsaktionär, der sein Stimmrecht dazu nutzen kann, sich zum Schaden der Gesellschaft oder der anderen Aktionäre Sondervorteile zu verschaffen, kann auch ein Minderheitsaktionär den ihm gegebenen Rechtsbehelf der Anfechtungsklage dazu einzusetzen, für sich zum Nachteil der Gesellschaft oder der anderen Aktionäre unangemessene Sondervorteile zu erlangen („räuberische Aktionäre").[217] Selbst kleinste Aktionärsminderheiten besitzen gegenüber überwältigenden Hauptversammlungsmehrheiten große juristische Verhinderungs- und Blockadehebel.[218]

Diese Missbrauchsmöglichkeiten sollen u.a. durch das jüngst verabschiedete Gesetz zur Unternehmensintegrität und Modernisierung des Anfechtungsrechts (UMAG) eingeschränkt werden. Das UMAG sieht zum Anfechtungsrecht gegen Beschlüsse der Hauptversammlung vor, dass unter Wahrung dieses für Aktionäre wichtigen Schutzinstruments die missbräuchliche Ausnutzung des Anfechtungsrechts gegen Beschlüsse der Hauptversammlung verhindert werden soll.[219]

III. 1.5 Aktuelle Entwicklungen der Corporate Governance in Deutschland

III. 1.5.1 Der Deutsche Corporate Governance Kodex

Vom BUNDESMINISTERIUM FÜR JUSTIZ wurde im September 2001 eine Regierungskommission eingesetzt, die am 26. Februar 2002 den DEUTSCHEN CORPORATE GOVERNANCE KODEX verabschiedet hat.[220] Der Kodex behandelt die folgenden - vor allem internationalen - Kritikpunkte an der deutschen Unternehmensverfassung, nämlich:

- mangelhafte Ausrichtung auf Aktionärsinteressen;
- die duale Unternehmensverfassung mit Vorstand und Aufsichtsrat;
- mangelnde Transparenz deutscher Unternehmensführung;

---

[217] Vgl. Baums (2000), F 150; Kiethe (2004); Jahn (2005), S. 5 ff. Siehe zu der Vorgehensweise von Minderheitsaktionären bei missbräuchlichen Anfechtungsklagen: Baums (2000), F 152 ff.

[218] Vgl. Jahn (2005), S. 6.

[219] Vgl. Bundesministerium der Justiz (2005); Fleischer (2005a), S. 3528.

- mangelnde Unabhängigkeit deutscher Aufsichtsräte;
- eingeschränkte Unabhängigkeit der Abschlussprüfer.[221]

Zielsetzung des DEUTSCHEN CORPORATE GOVERNANCE KODEX ist es, das deutsche Corporate Governance System transparent und nachvollziehbar zu machen.[222] Der Kodex soll das Vertrauen der internationalen und nationalen Anleger, der Kunden, der Mitarbeiter und der Öffentlichkeit in die Leitung und Überwachung deutscher börsennotierter Aktiengesellschaften fördern.

Die Formulierung in der Präambel des DEUTSCHEN CORPORATE GOVERNANCE KODEX deutet darauf hin, dass das Hauptproblem der Corporate Governance in Deutschland insbesondere internationale Wahrnehmungsprobleme sind. Daher kann vermutet werden, dass das Hauptaugenmerk nicht auf der Verbesserung der deutschen Corporate Governance liegt, sondern dass es um eine „beschönigende Darstellung der wenig überzeugenden Ergebnisse“ geht.[223] WOLFF fragt sich daher, ob es sich bei dieser Regelung um „Law as a Marketing Gimmick“ handelt, und äußert, dass gesetzliche Regelungen, die nur zu Marketingzwecken gedacht sind, weder direkte noch indirekte Wirkungen entfalten werden, so dass mit keiner regulatorischen Funktion des Kodex zu rechnen ist.[224]

Der DEUTSCHE CORPORATE GOVERNANCE KODEX bekräftigt die interessenpluralistische Ausrichtung deutscher Aktiengesellschaften (Stakeholder-Ansatz) auf die Leitmaxime des Unternehmensinteresses und wendet sich somit gegen die alleinige Gültigkeit der Anteilseignerorientierung (Shareholder-Ansatz).[225] Unter Unternehmensinteresse wird dabei eine „pluralistische Wahrnahme der Stakeholderbelange nach dem Maßstab der „Angemessenheit““ verstanden.[226]

---

220 Vgl. www.corporate-governance-code.de. Die Regierungskommission Deutscher Corporate Governance Kodex prüft mindestens einmal jährlich, ob der Kodex angepasst werden soll.
221 Vgl. www.corporate-governance-code.de.
222 Vgl. Deutscher Corporate Governance Kodex (2007), Präambel.
223 Wackerbarth (2005a), S. 707.
224 Wolff (2004), S. 115, 134.
225 Vgl. Deutscher Corporate Governance Kodex (2007), Präambel, Tz. 4.1.1., Tz. 4.3.3., Tz. 5.5.1.; siehe auch: Kuhner (2004), S. 245, 251; Ringleb et al. (2005), S. 45f, 150f, 198, 245f.
226 Kuhner (2004), S. 252.

Der Vorstand hat neben dem Unternehmensinteresse auch die Steigerung des nachhaltigen Unternehmenswertes zu verfolgen.[227] Der Kodex zielt auch auf die Shareholder Belange ab, wodurch beabsichtigt wird, dass die aus einer Mehrheitsbeteiligung für Großaktionäre erzielbaren Sondervorteile vermindert werden sollen, so dass die Attraktivität von Minderheitsbeteiligungen gesteigert wird.[228]

Bei der Diskussion über die Ausgestaltung von Corporate Governance-Regelungen sind die Kräfte eines informationseffizienten Kapitalmarktes zu beachten, nach denen der Kapitalmarkt selbstregulierend wirkt.[229] Dementsprechend verlangt § 161 AktG von Vorständen und Aufsichtsräten börsennotierter Unternehmen eine Erklärung gemäß dem Comply-or-Explain-Prinzip zum DEUTSCHEN CORPORATE GOVERNANCE KODEX.[230] Nach dieser Regelung müssen börsennotierte Gesellschaften jährlich eine Entsprechenserklärung abgeben oder müssen mitteilen, welche Empfehlungen nicht angewendet wurden. Dieser Verbindlichkeitsgrad ermöglicht den Unternehmen mehr Flexibilität als ein Gesetz und ermöglicht den normsetzenden Institutionen eine schnellere Anpassung an sich verändernde Bedingungen an den Finanzmärkten.[231]

RASKOP, der die Auswirkungen des DEUTSCHEN CORPORATE GOVERNANCE KODEX auf die Kapitalkosten untersucht hat, kommt zu dem Schluss, dass eine kapitalkostensenkende Wirkung der von der Unternehmensseite erklärten Entsprechung mit dem Kodex nicht zu erwarten ist, da es an juristischen und faktischen Durchsetzungsmechanismen dieser Regeln in Deutschland mangelt.[232]

NOWAK/ROTT/MAHR haben in ihrer empirischen Untersuchung festgestellt, dass die Abgabe der Entsprechenserklärung keine erhebliche Kursbeeinflussung auslöst, so

[227] Vgl. Deutscher Corporate Governance Kodex (2007), Tz. 4.1.1.
[228] Vgl. Rudolph (2003), S. 2058.
[229] Vgl. Beiner et al. (2004), S. 23.
[230] Der Abschlussprüfer hat im Rahmen der Prüfung des Anhangs zu prüfen, ob der Angabepflicht des § 285 S. 1 Nr. 16 HGB entsprochen wurde und ob die danach geforderte Angabe, dass die Entsprechenserklärung abgegeben und den Aktionären zugänglich gemacht wurde, vollständig ist und zutrifft. Da die Entsprechenserklärung aber selbst nicht Bestandteil des Jahresabschlusses ist, ist ihre inhaltliche Aussage auch nicht Gegenstand der Abschlussprüfung. Daher ist es nicht Aufgabe des Abschlussprüfers zu prüfen, ob und inwieweit den Verhaltensempfehlungen des Kodex tatsächlich entsprochen wurde und ob Abweichungen von diesen Empfehlungen zutreffend in der Entsprechenserklärung dargelegt sind. Vgl. IDW (2007), S. 16.
[231] Vgl. kritisch zu den Annahmen der freiwilligen Selbstregulierung und den Beobachtungen am deutschen Kapitalmarkt: Nowak/Rott/Mahr (2005), S. 259 ff.
[232] Vgl. Raskop (2004), S. 248.

dass folglich die für das Enforcement des Kodex angenommene Selbstregulierung durch den Kapitalmarkt nicht stattfindet.[233] Sie ziehen die Schlussfolgerung, dass die Befolgung der Kodex-Empfehlungen für den Börsenkurs irrelevant ist. Auch BASSEN ET AL. konnten nur eine schwache empirische Evidenz für den Zusammenhang zwischen der Erfüllung des Kodex und dem Unternehmenserfolg für das Jahr 2003 ermitteln.[234] Im Gegensatz zu diesen Ergebnissen kommen GONCHAROV/WERNER/ZIMMERMANN zu dem Schluss, dass der Grad der Compliance mit dem Kodex eine wertrelevante Information ist.[235]

III. 1.5.2 Gesetzliche Neuerungen zur Stärkung der Corporate Governance

Gesetzliche Veränderungen der letzten Jahre haben die Corporate Governance in Deutschland stark verändert und gestärkt.[236] Dennoch zeigen die jüngsten Corporate Governance-Krisen u.a. bei Volkswagen und Siemens, dass noch erhebliche Defizite bestehen.[237] Weiterführende gesetzliche Regelungen zur Verbesserung der Corporate Governance in Deutschland sind hingegen von der BUNDESREGIERUNG geplant, die das Ziel verfolgt, den Anlegerschutz und die Unternehmensintegrität zu stärken.[238] Im Folgenden werden kurz die wesentlichen bereits umgesetzten und die geplanten gesetzlichen Regelungen aufgezeigt.

Die Steuerreform des Jahres 2000 hat bewirkt, dass Kapitalgesellschaften ihre Beteiligungen steuerneutral veräußern können.[239] Sie hat damit wesentlich zur Entflechtung und Umstrukturierung der deutschen Unternehmenslandschaft geführt.[240]

Das WpÜG aus dem Jahr 2001 hat dazu geführt, dass ein verlässlicher Rechtsrahmen für öffentliche Angebote zum Erwerb von Wertpapieren und von Unternehmensübernahmen geschaffen wurde.[241] Das WpÜG beabsichtigt die Stellung der

[233] Vgl. Nowak/Rott/Mahr (2005), S. 279.
[234] Vgl. Bassen et al. (2006).
[235] Vgl. Goncharov/Werner/Zimmermann (2006).
[236] Vgl. zu den Veränderungen der Corporate Governance in Deutschland: E. Nowak (2001); Ehrhardt/Nowak (2002), S. 339 ff.; Goergen/Manjon/Renneboog (2004); Große/Boos (2006).
[237] Vgl. Selenz (2005); SdK (2007).
[238] Vgl. Bundesministerium der Justiz (2003); Große/Boos (2006), S. 1178.
[239] Vgl. StSenkG; Deutsch/Nassauer/Quitzau (2001); Vieweg et al. (2003), S. 60.
[240] Vgl. Beyer (2002); Höpner/Krempel (2005).
[241] Vgl. BT-Drs. 14/7034, S. 1.

Minderheitsaktionäre zu stärken und die Informationslage von Wertpapierinhabern und Arbeitnehmern zu verbessern.[242]

Das UMAG aus dem Jahr 2005 soll dazu beitragen, das Vertrauen der Anleger in die Integrität, Stabilität und Transparenz der Aktienmärkte zurückzugewinnen. Die Kernanliegen des Gesetzes sind:[243]

- Die Schadensersatzklage der Gesellschaft gegen Vorstände und Aufsichtsräte wegen Unredlichkeiten und groben Rechtsverstößen (Haftungsklage) in der Durchsetzung zu verbessern, da Minderheitsaktionäre unter erleichterten Voraussetzungen die Klage erzwingen können.
- Die Anfechtungsklage gegen Hauptversammlungsbeschlüsse vor missbräuchlicher Ausnutzung zu schützen.
- Das System der Anmeldung und Legitimation von Aktionären zur Teilnahme an der Hauptversammlung und zur Stimmrechtsausübung zu modernisieren und auf internationale Gepflogenheiten umzustellen.

Weitergehende Reformbestrebungen beinhaltet die Richtlinie zur Abänderung der 4. und 7. EG-Richtlinie, die am 5. September 2006 in Kraft getreten ist.[244] Diese Richtlinie, die bis zum 5. September 2008 in nationales Recht umzusetzen ist, sieht eine erweiterte Offenlegung spezifischer Informationen anhand der folgenden Regelungsbereiche vor:[245]

- *Offenlegung außerbilanzieller Geschäfte*: Danach werden Kapitalgesellschaften verpflichtet, Art, Zweck und finanzielle Auswirkungen außerbilanzieller Geschäfte im Anhang anzugeben, sofern die Risiken und Vorteile aus solchen Geschäften wesentlich sind und sofern die Offenlegung für die Beurteilung der Finanzlage der Gesellschaft notwendig ist. Diese Regelung zielt insbesondere auf die Offenlegung von Geschäften mit Special Purpose Entities und von Offshore-Geschäften ab.[246]

---

[242] Vgl. BT-Drs. 14/7034, S. 28.

[243] Bundesministerium der Justiz (2005); Ringleb et al. (2005), S. 72; Fleischer (2005a); Kolb (2006); Duve/Basak (2006).

[244] Vgl. RL 2006/46/EG des Europäischen Parlaments und des Rates v. 14.6.2006.

[245] Vgl. Lentfer/Weber (2006); Niemeier (2006).

[246] Special Purpose Entities sind Gesellschaften, die nur einem eng begrenzten Zweck dienen, z.B. um Risiken und Schulden aus dem Einzel- und Konzernabschluss auszulagern. Damit kann ein Unternehmen, das sich in einer schwierigen wirtschaftlichen Lage befindet, dennoch einen guten

- *Offenlegung von Transaktionen mit nahe stehenden Personen*: Die Vorschrift sieht vor, im Anhang über Geschäfte der Gesellschaft mit nahe stehenden Unternehmen und Personen im Sinn von IAS 24 zu berichten.[247] Dabei ist u.a. auf Art und Zweck der Beziehung und den Wertumfang der Geschäfte einzugehen. Es sind nur solche Transaktionen darzustellen, die wesentlich sind und zu marktunüblichen Bedingungen vorgenommen wurden.
- *Kollektive Verantwortung und Haftung von Organmitgliedern*: Die Mitgliedstaaten haben zu gewährleisten, dass die Mitglieder der Organe kollektiv für die Rechnungslegung verantwortlich sind, dass sie entsprechend ihrem Verhältnis zur Gesellschaft haften und dass wirksame, verhältnismäßige und abschreckende Sanktionen bei Bilanzverstößen bestehen.
- *Corporate Governance Statement*: Diese Erklärung beinhaltet sechs Angaben zur unternehmensspezifischen Corporate Governance: Angaben zur Unternehmensführungspraxis und zum verwendeten Corporate Governance Kodex; Angaben zur Entsprechenserklärung samt sämtlicher Abweichungen unter Angabe von Gründen; Beschreibung des internen Kontroll- und Risikomanagementsystems; Informationen nach der Übernahme-Richtlinie; Angaben zur Art und Weise der Durchführung der Hauptversammlung, deren wesentliche Befugnisse und eine Beschreibung der Aktionärsrechte und der Möglichkeit ihrer Ausübung; Angaben zur Zusammensetzung und Arbeitsweise des Verwaltungsorgans bzw. der Leitungs- und Aufsichtsorgane einschließlich ihrer Ausschüsse.

III. 1.6 Gute und schlechte Corporate Governance

Gute Corporate Governance wird von der OECD wie folgt definiert: „Good corporate governance should provide proper incentives for the board and management to pursue objectives that are in the interests of the company and its shareholders and should facilitate effective monitoring. The presence of an effective corporate governance system, within an individual company and across an economy as a whole, helps to provide a degree of confidence that is necessary for the proper functioning

---

Abschluss präsentieren. Special Purpose Entities stellten insbesondere bei Enron eine wesentliche Ursache für dessen Konkurs dar. Vgl. Herzig (2002); Lüdenbach/Hoffmann (2002), S. 1172.

[247] IAS 24 (Related Party Disclosures) behandelt die Angabepflichten über Beziehungen zu nahe stehenden Unternehmen und Personen. Vgl. Niehus (2003); IDW (2006), S. 1540-1543 Rn. 822-832.

of a market economy. As a result, the cost of capital is lower and firms are encouraged to use resources more efficiently, thereby underpinning growth."[248]

Im Folgenden wird unter guter Corporate Governance verstanden, dass sie, im Vergleich zu Unternehmen mit einer schlechteren Corporate Governance-Struktur, durch ihren Einfluss auf die Zahlungsüberschüsse oder die Kapitalkosten zu höheren Unternehmenswerten führt. Bei den empirischen Untersuchungen, die sich mit dem Zusammenhang zwischen Corporate Governance und dem Unternehmenswert beschäftigt haben, sind zwei Vorgehensweisen zu beobachten: Zum einen wird der Einfluss einzelner Aspekte der Corporate Governance auf den Unternehmenswert untersucht. Zum anderen wird ein Corporate Governance-Index, der mehrere Corporate Governance-Aspekte umfasst, in Verbindung zum Unternehmenswert gesetzt. Zielsetzung der Corporate Governance-Indizes ist es, die Qualität von Corporate Governance anhand der sich für ein Unternehmen ergebenden Indexwerte zu messen. Diese Vorgehensweisen ermöglichen es z.T. Corporate Governance-Mechanismen in gut (werterhöhend) und schlecht (wertverringernd) einzuordnen.[249]

In der Studie von BEBCHUK/COHEN/FERRELL wurde untersucht, welche Corporate Governance-Aspekte von Bewertungsrelevanz sind und welche unter Bewertungsgesichtspunkten nicht von Bedeutung sind.[250] Sie haben sechs Kriterien ermittelt, die mit dem Unternehmenswert und der Rendite korrelieren. Vier dieser Kriterien beziehen sich auf die satzungsmäßigen Beschränkungen des Stimmrechts von Aktionären: Staggered Boards (Staffelung der Amtszeiten der Aufsichtsratsmitglieder), Beschränkungen von Satzungsänderungen durch Aktionäre, erhöhte Mehrheitsanforderungen zur Genehmigung von Fusionen und erhöhte Mehrheitsanforderungen zur Genehmigung von Satzungsänderungen.[251] Die zwei weiteren Kriterien sind die Poison Pill und der Golden Parachute (Vereinbarung hoher Abfindungen).[252] Diese

[248] OECD (2004), S. 11.
[249] Vgl. zu den Problemen empirischer Studien: Börsch-Supan/Köke (2002); Beiner et al. (2004), S. 6f.
[250] Vgl. Bebchuk/Cohen/Ferrell (2004).
[251] Vgl. Bebchuk/Cohen/Ferrell (2004), S. 6f. „A Classified Board (or "staggered" board) is one in which the directors are placed into different classes and serve overlapping terms. Since only part of the board can be replaced each year, an outsider who gains control of a corporation may have to wait a few years before being able to gain control of the board. This slow replacement makes a classified board a crucial component of the *Delay* group of provisions, and one of the few provisions that clearly retains some deterrent value in modern takeover battles." Gompers/Ishii/Metrick (2003), S. 146f; siehe auch Daines/Klausner (2001); Bebchuk/Coates/Subramanian (2002).
[252] Vgl. Bebchuk/Cohen/Ferrell (2004), S. 8. „Poison Pills provide their holders with special rights in the case of a triggering event such as a hostile takeover bid." „Golden Parachutes are severance

sechs Kriterien wirken sich wertreduzierend auf den Unternehmenswert aus, der anhand von Tobin's Q gemessen wurde.[253] Die Untersuchung zeigt weiterhin, dass 18 weitere untersuchte Corporate Governance-Kriterien nicht von Bewertungsrelevanz sind. Sie verursachen nur „Noise", da sie in Corporate Governance-Indizes einbezogen werden, aber keinen Bewertungseinfluss ausüben.[254]

In der folgenden Grafik sind weitere Corporate Governance-Kriterien aufgeführt, die sich in den genannten Studien als bewertungsrelevant herausgestellt haben bzw. die als gute Corporate Governance-Standards gelten. Im Laufe dieser Arbeit wird auf weitere Kriterien eingegangen, die auf ihre Bewertungsrelevanz hin untersucht werden.

Bewertungsrelevante Corporate Governance-Kriterien

Aktionärsrechte

- Gleichbehandlung der Aktionäre
- Regelungen zur Beseitigung von Interessenkonflikten
- Behandlung von Eigengeschäften

Board/Aufsichtsrat

- Tätigkeit/Anwesenheit der Aufsichtsratsmitglieder
- Qualifikation der Aufsichtsratsmitglieder
- Unabhängigkeit der Aufsichtsratsmitglieder und der Mitglieder im Nominierungskommitee für den Aufsichtsrat
- Übermittlung der Aufsichtsratsrichtlinie an die Aktionäre

Vergütungsstruktur

- Angemessene Anreiz- und Vergütungssysteme
- Optionenneubewertung
- Anteil der gewährten Optionen an den ausgegebenen Aktien

Rechnungswesen/Informationspolitik

- Rechnungslegungsstandards (IAS, US-GAAP)
- Informations- und Offenlegungspolitik

Marktliquidität

- Marktliquidität

***Abbildung 10:* Bewertungsrelevante Corporate Governance-Kriterien**[255]

agreements that provide cash and noncash compensation to senior executives upon an event such as termination, demotion, or resignation following a change in control." Gompers/Ishii/Metrick (2003), S. 148, 149.

[253] Tobin's Q liegt der Gedanke zugrunde, dass Investitionsanreize entstehen, wenn die erwartete Rendite von Neuinvestitionen größer als der Refinanzierungszinssatz am Kapitalmarkt ist. Daher setzt Tobin's Q den Kapitalwert der erwarteten Rückflüsse in Beziehung zu den Ausgaben für eine Investition. Der Quotient aus der Realertragsrate und den Finanzierungskosten kann unter bestimmten Bedingungen als mit dem entsprechenden Verhältnis aus dem Marktwert und den Reproduktionskosten identisch angesehen werden. Dabei repräsentiert der Marktwert die Bewertung der Unternehmung durch die Kapitalgeber. Die Reproduktionskosten werden i.d.R. durch die Buchwerte aus den veröffentlichten Bilanzen approximiert. Vgl. Gehrke (1994); Kuhner/Maltry (2006), S. 15f.

[254] Vgl. Bebchuk/Cohen/Ferrell (2004), S. 34, Table I.

[255] Vgl. McKinsey (2002), Exhibit 7; Dörner/Orth (2003), S. 9f; Brown/Caylor (2006).

Der ehemalige SEC-Vorsitzende DONALDSON betont hingegen die Unterschiede zwischen den Unternehmen, die eine Einzelfallbetrachtung erforderlich machen, so dass ein einheitlicher Standard für gute Corporate Governance kritisch gesehen wird. „(...) I believe we should go slowly in mandating specific structures and committees for all corporations. (...) There are vast differences in the function, structure and business mandate of the thousands of corporations struggling with the issues of good corporate governance. I believe that these differences dictate that once the board determines the ethical culture that is to prevail, each company board should be afforded a level of flexibility to create their own approach to its structure. (...) To insist on one rule for all belies the dynamics of the fast changing business and corporate environs and the nature of varied business situations."[256]

III. 1.7 Corporate Governance-Ratings von Ratingagenturen

III. 1.7.1 Corporate Governance-Ratingagenturen als Finanzintermediäre

Eine Einschätzung über die unternehmensspezifische Corporate Governance erfolgt seit kurzem auch durch Ratingagenturen. Diese Ratingagenturen (u.a. Standard & Poor's, FitchRatings, Institutional Shareholder Services (ISS), GovernanceMetrics International (GMI), The Corporate Library) tragen der gestiegenen Bedeutung von Corporate Governance für die Kapitalmärkte Rechnung, indem sie Corporate Governance-Ratings für Unternehmen erstellen.[257] Sie bedienen die gestiegene Nachfrage nach Qualitätseinschätzungen über unternehmensindividuelle Corporate Governance.[258] Die Corporate Governance-Ratings werden u.a. von Pensionsfonds, Investmentgesellschaften, Banken, Versicherungen, Management, Wirtschaftsprüfern, Finanzdienstleistern und Aufsichtsbehörden verwendet, um die traditionelle Aktienanalyse zu ergänzen, um Investitionsentscheidungen zu fällen, um Defizite bei Unternehmen zu entdecken und zu beheben und um die Wertermittlung und die Ausgabe

[256] Donaldson (2003), S. 18f.
[257] Siehe zu den Ursachen für die in den letzten Jahren zunehmende Bedeutung von non-financial Rating Agenturen: Salo (2005); Rose (2006).
[258] Vgl. Larcker/Richardson/Tuna (2004), S. 1 Fn. 1; Clark (2005), S. 6f.

neuen Kapitals zu erleichtern.[259] Sie finden auch Eingang in die Bonitätsratings von Ratingagenturen.[260]

Ziel von Ratingagenturen ist es, die *Informationsasymmetrie*, die zwischen dem Management und Investoren besteht, zu verringern und die Transaktionskosten zu senken.[261] Zu diesem Zweck werden Corporate Governance-Ratings erstellt, die eine umfassende Analyse der Qualität der Corporate Governance eines Unternehmens beinhalten. Dabei werden i.d.R. mehrere Aspekte berücksichtigt, die abschließend zu einer Kennzahl bzw. Gesamteinschätzung aggregiert werden.

DALLAS/PATEL von STANDARD & POOR'S beschreiben die Funktion von Corporate Governance-Ratings wie folgt: „The premise of this new field of rating analysis is that governance ratings can isolate and provide a diagnostic of the "soft", but nonetheless real, factors that affect how a company is governed with regard to the interests of its financial stakeholders. (...) As (...) methodologies on governance assessment become institutionalized and gain broad acceptance, market participants will be able to use governance ratings and scores as an analytical tool - to screen investment opportunities to assess degrees of governance-related risk, and to develop relevant governance risk premia on a firm-specific basis. (...) This in turn can affect a company's valuation, as well as its access to and cost of capital."[262]

---

[259] Vgl. GovernanceMetrics International (2006), S. 9; Standard & Poor's (2006), S. 5; Rose (2006), S. 18.

[260] Vgl. Griep/Samson (2002); Dallas (2004a), S. 36f; Bertsch (2005); Standard & Poor's (2006), S. 7f; Arnsfeld/Growe (2006), S. 715.

[261] Vgl. Benston/Smith (1976), S. 215; Leland/Pyle (1977), S. 383; Balling/Holm/Poulsen (2005).

[262] Dallas/Patel (2004), S. 5f; Standard & Poor's erklären die Funktion von Corporate Governance-Ratings wie folgt: „From an investor perspective, corporate governance can be viewed as a risk factor - a risk that is shared among many financial stakeholders, including shareholders, creditors, and providers of officers and directors liability insurance. (...) (G)overnance risks may manifest themselves in different ways - particularly in cases of concentrated versus widely held ownership. (...) In the context of investor interest in corporate governance, there is a role for third-party assessments and global benchmarks to help a company's investors, managers, directors, or other stakeholders objectively evaluate and compare corporate governance practices from one firm to another and from one country to another." Standard & Poor's (2006), S. 3f. Sherman von GovernanceMetrics International erklärt die Funktion von Corporate Governance-Ratings wie folgt: (...) there is still a gap in this system (of checks and balances to ensure that the shareholders' and public's interest is protected). It lacks an organised effort from the private sector to monitor corporate governance at publicly held companies on a regular basis, and to provide the institutional investor market and corporate issuers as well a simple tool to gauge who is doing well and whose governance practices represent a real investment risk: a numerical ratings system, in other words." Sherman (2004), S. 6.

Auch SHERMAN von GOVERNANCEMETRICS INTERNATIONAL sieht einen Einfluss der unternehmensspezifischen Corporate Governance auf die Kapitalkosten: „Our premise is simple: companies that focus on corporate governance and transparency will, over time, generate superior returns and economic performance and lower their cost of capital. The opposite is also true: companies weak in corporate governance and transparency represent increased investment risks and result in a higher cost of capital."[263]

Neben dem Einfluss auf die Kapitalkosten werden aber auch die Schädigungshandlungen durch Unternehmensinsider, die sich insbesondere auf die Cash Flows auswirken, als ein Hauptproblem der Corporate Governance angesehen. „Expropriation by insiders and the investors is a major problem of corporate governance. (...) Examples of expropriation include, cash flow diversion (transfer pricing), dilution of minority shareholders, asset stripping, and delay, or nonpayment, of dividends."[264]

Folglich gehen die Corporate Governance-Ratingagenturen sowohl von einem Einfluss der Corporate Governance-Struktur eines Unternehmens auf die Kapitalkosten als auch auf die Cash Flows aus.

III. 1.7.2 Ratingansätze einzelner Corporate Governance-Ratingagenturen

Die Ratingansätze unterscheiden sich u.a. durch die Anzahl der verwendeten Corporate Governance-Kriterien (z.B. ISS mit 61 Kriterien und GMI mit über 600 Kriterien). In der folgenden Grafik werden die Kriterien der wichtigsten Corporate Governance-Ratingagenturen dargestellt.

---

[263] Sherman (2004), S. 6.
[264] Standard & Poor's (2006), S. 6.

Institutional Shareholder Services (ISS)	GovernanceMetrics International (GMI)	Standard & Poor's	The Corporate Library
Audit/Auditor Independence	Board Accountability	Ownership Structure and External Influences	Board
Board Structure and Composition	Financial Disclosure and Internal Controls	Shareholder Rights and Stakeholder Relations	Compensation
Charter and Bylaw Provisions	Shareholder Rights	Transparency, Disclosure and Audit	Takeover Defenses
Anti-takeover Provisions	Remuneration/Executive Compensation	Board Structure and Effectiveness	Accounting
Executive and Director Pay	Market for Control and Ownership Base		
Directors and Officers Ownership	Corporate Behavior and Corporate Social Responsibility (CSR) Issues		
Progressive Practices			
Director Education			
www.issproxy.com	www.gmiratings.com	www.standardandpoors.com	www.thecorporatelibrary.com

***Abbildung 11:* Ratingkriterien einzelner Corporate Governance-Ratingagenturen**[265]

Es zeigt sich, dass trotz der unterschiedlichen Methodik der einzelnen Ratingagenturen wesentliche Kriterien ausgemacht werden können, die von den meisten Ratingagenturen berücksichtigt werden:[266]

- *Ausgestaltung der Eigentümerstruktur:* Managerbeteiligung, Eigentümerkonzentration, Transparenz der Eigentümerstruktur,
- *Hauptversammlung:* Organisation, Information, Anwesenheitsquote, Abstimmungsregelungen, Recht auf Einberufung einer außerordentlichen Hauptversammlung,
- *Vorstand:* Qualifikation, Entlohnungsstruktur, anreizorientierte Entlohnung, insbesondere Optionsgewährung und -konditionen,
- *Aufsichtsrat:* Unabhängigkeit, Effektivität, Größe, Zusammensetzung, Anwesenheitsquote, Wahlverfahren, Entlohnung,
- *Schutz der Aktionärsrechte/Gleichbehandlung der Aktionäre:* Schutz der Minderheitsaktionäre, Schutz von related-party Transaktionen, One-Share-One-Vote-Prinzip, Mehrheitskriterien,
- *Berücksichtigung der Stakeholder:* Beziehung zu Stakeholdern, Beziehung zu Arbeitnehmern,

---

265 Vgl. zu weitergehenden Erläuterungen und Neuerungen die angegebenen Internetadressen. Vgl. auch Murtfeld (2003); van den Brink/Romeike (2005), S. 135 ff.; Rose (2006), S. 19-25.

266 Vgl. van den Brink/Romeike (2005), S. 135 ff.; Balling/Holm/Poulsen (2005), S. 19. Siehe zu den Corporate Governance-Ratingansätzen von Standard & Poor's, FitchRatings, Moody's, Deminor Rating, Institutional Shareholder Services (ISS) und GovernanceMetrics International (GMI): Van den Brink/Romeike (2005). FitchRatings und Moody's beurteilen die Corporate Governance aus einer Gläubigerperspektive. Siehe zum Scoringkonzept von Standard & Poor's: Bradley (2003); Standard & Poor's (2006).

- *Audit:* Audit Komitee, Prüfungshonorar, Prüfungsprozess,
- *Offenlegung und Transparenz:* Rechnungslegungsstandards, Inhalt der Offenlegungsunterlagen, Zugänglichkeit und Zeitigkeit der öffentlich zugänglichen Informationen,
- *Abwehrmaßnahmen gegen Übernahmen/Markt für Unternehmenskontrolle:* Poison Pill, Freezout Provision, Fair Price Provision, gesetzliche Abwehrmaßnahmen.

Folglich befassen sich die Ratingansätze hauptsächlich mit den Aspekten und Problembereichen der Ausgestaltung der Eigentümerstruktur, der Struktur und Prozessausgestaltung der Organe der Gesellschaft, dem Verhältnis zwischen den Aktionären (Minderheits- und Mehrheitsaktionären), Maßnahmen zur Reduzierung der Informationsasymmetrie zwischen den Aktionären und dem Management und der Haltung gegenüber dem Markt für Unternehmenskontrolle.

Eine Untersuchung von GOVERNANCEMETRICS INTERNATIONAL (GMI) für die von ihnen gerateten Unternehmen zeigt, dass Unternehmen, die dauerhaft schlecht geratet werden, eine deutlich höhere Wahrscheinlichkeit aufweisen, dass der Jahresabschluss korrigiert werden muss, dass das Unternehmen Gegenstand von Untersuchungen seitens der zuständigen Behörden wird oder dass das Unternehmen für schuldig befunden wird, betrügerisch in der Rechnungslegung zu handeln.[267] Diese Unternehmen berichten zudem häufiger von related-party Transaktionen, in die Mitglieder der Leitungsgremien des Unternehmens verwickelt sind, sie haben häufiger unterschiedliche Aktiengattungen und die Boards haben weniger unabhängige Mitglieder als Unternehmen mit dauerhaft guten Ratings.

GMI Rating	Unterdurchschnittliches Rating (≤ 3,0)	Überdurchschnittliches Rating (≥ 9,0)
Jahresabschlusskorrekturen	44,8%	5,7%
Untersuchungen seitens der zuständigen Behörden	31%	1,4%
Betrügerische Handlungen in der Rechnungslegung	38%	1,4%
Related-party Transaktionen des Managements	69%	24,6%
Unterschiedliche Aktiengattungen	72,4%	2,9%
Unabhängige Mitglieder des Board	56%	82%

Tabelle 3: **Kriterien von Unternehmen mit einem schlechten und einem guten GMI-Rating**[268]

[267] Vgl. GovernanceMetrics International (2005).
[268] Vgl. GovernanceMetrics International (2005).

III. 1.7.3 Kritik an den Corporate Governance-Ratings

Die Corporate Governance-Industrie (Corporate Governance-Berater, Corporate Governance Ratingagenturen und Proxy Advisors), die mit ihren Corporate Governance-Ratings und ihren Abstimmungsempfehlungen für Hauptversammlungen einen großen Einfluss auf das Stimmverhalten der Aktionäre ausübt, erfährt aber auch Kritik.[269] Es wird kritisiert, dass nicht alle Beurteilungskriterien für Corporate Governance auf Forschungsergebnissen, sondern z.T. auf Vorurteilen beruhen.[270] Auch führen die Ratingmethoden zu keinen verlässlichen Ratings: „(...) the metrics currently being used do not predict governance breakdowns, or their assumptions about what constitutes good governance are unsupported-or both."[271] So hat sich gezeigt, das Enron, eines der Unternehmen, das die Corporate Governance-Krise in den USA ausgelöst hat, eine scheinbar gute Corporate Governance aufgewiesen hat.[272] Darüber hinaus besteht die Gefahr möglicher Interessenkonflikte, die entstehen können, wenn unabhängige Ratingagenturen gleichzeitig die Unternehmen, die sie raten, auch aktiv beraten.

Der ehemalige SEC-Vorsitzende DONALDSON kritisiert an den Corporate Governance-Ratingansätzen der Agenturen: „Such a „check the box" approach to good corporate governance will not inspire a true sense of ethical obligation. It could merely lead to an array of inhibiting, „politically correct" dictates. Instead of striving to meet higher standards, corporations would only strain under new costs associated with fulfilling a mandated process that could produce little of the desired effect. They would lose the freedom to make innovative decisions that an ethically sound entrepreneurial culture requires."[273]

Weiterhin ist kritisch zu sehen, dass abhängig von der Herkunft der Rankings ganz unterschiedliche Unternehmen die Listen anführen.[274] Dennoch wird befürwortet,

---

269 Vgl. Rose (2006); Starkman (2006); Schneider/Anzinger (2007), S. 89, 95. „The corporate governance industry influences (and in some cases effectively controls) the vote of trillions of dollars of equity, and affects the governance policies and fortunes of thousands of companies through proxy voting recommendations and governance ratings." Rose (2006), S. 1.

270 Vgl. Sonnenfeld (2004), S. 108 ff.; Gandossy/Sonnenfeld (2004), S. 14 ff.; Rose (2006), S. 25 ff.

271 Gandossy/Sonnenfeld (2004), S. 14; vgl. Sonnenfeld (2004), S. 108 ff.

272 Vgl. Marshall (2006), S. 42.

273 Donaldson (2003), S. 18; siehe auch: Rose (2006), S. 26.

274 Vgl. Eckert/Zschäpitz (2005).

dass trotz der „verwirrenden Vielfalt der Corporate-Governance-Listen“ und der Kriterien, anhand derer die Rankings erstellt werden „die Erfüllung der Wohlverhaltenskriterien durch die Unternehmen nicht ganz außer acht“ gelassen werden sollte, da sich mit gut geführten Unternehmen durchaus etwas verdienen lässt.[275]

III. 2 Der Einfluss von Corporate Governance auf den Unternehmenswert

III. 2.1 Das Rechtssystem und der Unternehmenswert

Zur Beurteilung des Einflusses der Corporate Governance auf den Unternehmenswert ist die Ausgestaltung des jeweiligen Rechtssystems zu beachten.[276] Laut einer Studie liegen die Vorteile aus der Kontrolle über ein Unternehmen in einer Reihe von Ländern, abhängig vom jeweiligen Rechtssystem, zwischen 50% und nahezu 0% des Unternehmenswerts.[277] Aspekte des Rechtssystems, die Einfluss auf den Kontrollvorteil nehmen, sind u.a. der Anteilseignerschutz und die Rechte von Minderheitsgesellschaftern.[278] Der Kontrollvorteil ist am höchsten in Rechtssystemen mit einem geringen Rechtsschutz. Der deutsche Kapitalmarkt wird jenen Corporate Governance-Systemen zugeordnet, in denen ein kontrollierender Großaktionär hohe Sondervorteile erzielen kann, auch wenn eine deutliche Verbesserung des Anlegerschutzes am deutschen Kapitalmarkt zu beobachten ist.[279]

GUGLER/MÜLLER/YURTOGLU haben in einer umfangreichen Untersuchung von über 19.000 Unternehmen ermittelt, dass der Ursprung des Rechtssystems eines Landes der wichtigste Faktor für die Performance eines Investments ist, wobei Unternehmen in einem Land, dessen Rechtssystem auf das englische Recht (Common Law) zurückgeht, Vorteile gegenüber Unternehmen haben, die im Civil Law-Rechtsraum beheimatet sind.[280] Das Common Law Rechtssystem zeichnet sich durch eine geringe gesetzliche Regulierung und die Bevorzugung privater Verhandlungen aus. Dabei wird oft auf richterliche Urteile der Vergangenheit statt auf Gesetze zurückgegriffen.

---

[275] Vgl. Eckert/Zschäpitz (2005).
[276] Vgl. Gompers/Ishii/Metrick (2003), S. 125.
[277] Vgl. Nenova (2001), S. 92.
[278] Siehe dazu die sogenannte Law and Finance-Literatur: vgl. La Porta et al. (1998); dies. (1999); dies. (2000a); dies. (2000b); Modigliani/Perotti (2000); La Porta et al. (2002).
[279] Vgl. E. Nowak (2001); Daske/Ehrhardt (2002), S. 179, 184.
[280] Vgl. Gugler/Müller/Yurtoglu (2004); siehe auch La Porta et al. (1998); Cornelius (2005), S. 587 ff.

Das Civil Law baut hingegen auf kodifiziertem Recht auf. Es wird z.T. argumentiert, dass das Civil Law Rechtssystem die Aktionärsrechte weniger effektiv schützt als das Common Law Rechtssystem.[281]

III. 2.2 Die unternehmensspezifische Corporate Governance und der Unternehmenswert

III. 2.2.1 Die Bewertungsrelevanz von Corporate Governance-Regelungen

Neben den gesetzlichen Regelungen zum Anlegerschutz (Gesellschaftsrecht und Kapitalmarktrecht), denen alle Unternehmen innerhalb eines Rechtsraums unterliegen, können Unternehmen auch in ihren Gesellschaftsverträgen weitergehende Corporate Governance-Regelungen vorsehen bzw. sich Selbstverpflichtungen zur Erfüllung bestimmter Standards unterwerfen (informelle Normen, Institutionen und Aktivitäten). Folglich können verschiedene Unternehmen innerhalb eines Landes einen unterschiedlich stark ausgeprägten Anlegerschutz aufweisen. Die Betrachtung dieser unternehmensindividuellen Corporate Governance-Regelungen kann möglicherweise die Bewertungsrelevanz bestimmter Regelungen verdeutlichen, da sie zwischen den Unternehmen innerhalb eines Rechtssystems differieren können.[282]

Aktuelle Studien über die Beziehung zwischen Corporate Governance und dem Unternehmenswert zeigen, dass eine starke Beziehung zwischen der Corporate Governance und dem Unternehmenswert besteht.[283] Demnach führt bessere Corporate Governance zu einem höheren Unternehmenswert. Dabei liegt der Gedanke zugrunde, dass der Unternehmenswert durch die Agency-Problematik beeinflusst wird. Daraus kann gefolgert werden, dass Corporate Governance auch für die Unternehmensbewertung von Bedeutung ist.[284] Der Zusammenhang zwischen Corporate

---

[281] Vgl. La Porta et al. (1998); Cornelius (2005), S. 588.

[282] Chen/Chen/Wei vermuten, dass das Rechtssystem eines Landes und die unternehmensindividuelle Corporate Governance Substitute sind. Die unternehmensindividuelle Corporate Governance verhält sich signifikant negativ zu den Eigenkapitalkosten in Ländern, in denen das nationale Rechtssystem schwach ausgeprägt ist. In Ländern hingegen, in denen das Rechtssystem stark ausgeprägt ist, lässt sich kein signifikanter Zusammenhang darstellen. Vgl. Chen/Chen/Wei (2004a), S. 4. Vgl. auch zum Zusammenhang zwischen der unternehmensindividuellen Corporate Governance und dem Rechtssystem eines Landes: Cornelius (2005).

[283] Vgl. Klapper/Love (2004); Chhaochharia/Grinstein (2005); Black/Jang/Kim (2006); Aggarwal/Williamson (2006).

[284] Vgl. Drobetz (2002), S. 432; Grandmont/Grant/Silva (2004), S. 6.

Governance und der Unternehmensbewertung wird im Folgenden tiefergehend untersucht.

III. 2.2.2 Modelltheoretische Veranschaulichung des Zusammenhangs zwischen Corporate Governance und dem Unternehmenswert

Die behandelte Problematik kann anhand des folgenden Modells veranschaulicht werden.[285] Es zeigt, wie sich der Wert eines Unternehmens verändert, wenn das Unternehmen vom Alleinbesitz des Managers hin zu einem Unternehmen mit Beteiligungsbesitz von außenstehenden Aktionären wird.

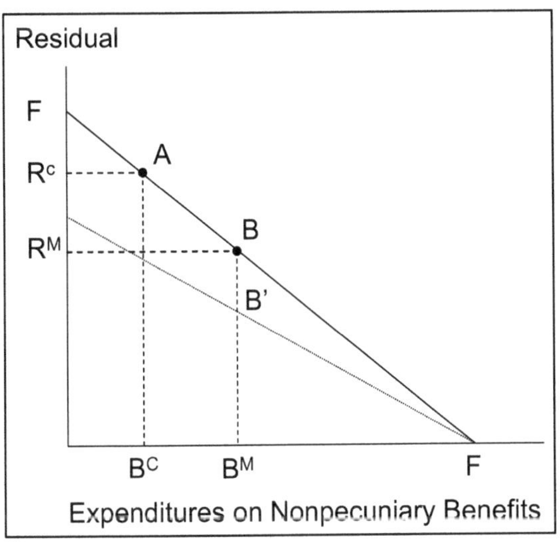

Abbildung 12: **Der Einfluss außenstehender Aktionäre auf den Unternehmenswert**[286]

Die Gerade stellt das zur Verfügung stehende Budget dar (budget constraint). Das Budget kann vom Manager sowohl für Maßnahmen aufgewendet werden, die nicht zur Erzielung von Erträgen aus dem Unternehmen dienen (Expenditures on Nonpecuniary Benefits), als auch zur Generierung von Erträgen (Residual) verwendet werden. Sofern der Manager Alleineigentümer des Unternehmens ist, verfügt er über das gesamte Budget des Unternehmens und kann es folglich nach seinen Vorstel-

---

[285] Vgl. Margolin/Kursh (2005), S. 427 ff.

[286] Vgl. Margolin/Kursh (2005), S. 428; vgl. auch Jensen/Meckling (1976), S. 316.

lungen zwischen betriebsfremden Zwecken und zur Erzielung von Erträgen aufteilen (Punkt A; Indifferenzpunkt). Als Ertrag des Unternehmens wird in diesem Fall R^c ausgewiesen. Bei Verkauf des Unternehmens an einen anderen Manager wird dieser einen Preis zwischen F (Ertrag) und R^c zahlen, in Abhängigkeit davon, in wieweit der Käufer die Höhe der Sondervorteile (betriebsfremde Aufwendungen) einschätzen kann.

Wenn der Manager, der zugleich Alleineigentümer ist, nun einen 30%-Anteil an dem Unternehmen an einen außenstehenden Aktionär verkauft, wird er einen Veräußerungserlös erhalten, der geringer als 30% von R^c ist, da ein rationaler Investor antizipiert, dass das persönliche Kalkül des Managers sich verändert. Ursächlich dafür ist, dass der Manager persönlich nun nur noch 70% der Erträge erhält, wohingegen er die Sondervorteile weiterhin alleine konsumieren kann. Daher entspricht die Budgetgerade des Managers nicht mehr der des Unternehmens, sondern flacht sich ab (gestrichelte Linie). Bei der Einpreisung der Agency-Kosten besteht ein *Adverse-Selection-Problem* (market for lemons), da der Anteilserwerber die Absichten des Managers nach Abschluss des Kaufs nicht kennt, so dass die ehrlichen Manager keinen angemessenen Preis für ihren Anteil erhalten werden.[287] Sie können daher dazu neigen, im Gegensatz zu den unehrlichen Managern, den Markt zu verlassen. Da unehrliche Manager hingegen einen unangemessen hohen Preis für ihre Anteile erwarten, da Anleger auf alle Anteile einen durchschnittlichen Wertabschlag veranschlagen, besteht die Gefahr einer Spirale, die die ehrlichen Unternehmer aus dem Markt drängt und den Anteilspreis gegen null tendieren lässt, so dass der Anteilsmarkt zusammenbricht. Demnach stellen gute Corporate Governance-Regelungen, die die *Informationsasymmetrie* reduzieren, eine Voraussetzung für einen funktionierenden Kapitalmarkt dar.

Der Indifferenzpunkt, der anzeigt, welcher Betrag des Unternehmensbudgets für Sondervorteile und für die Erzielung von Erträgen aufgewendet wird, liegt nun nach Anteilsverkauf weiter rechts (B'). Die Veränderung der Eigentümerstruktur führt folglich zu einer Reduzierung des Unternehmenswerts auf R^M, wie sich aus der Übertragung von Punkt B' auf die Budgetlinie (B) ergibt. Daher wird der Ertrag aus der

---

[287] Vgl. B. Black (2001), S. 804f; Pellens/Hillebrandt/Ulmer (2001), S. 1243. Siehe zum Market for Lemons: Akerlof (1970).

Veräußerung eines 30%-Anteils am Unternehmen nur 30% von R^M betragen. Die Differenz zwischen R^c und R^M steht für die Reduzierung des Unternehmenswerts aufgrund des Agency-Problems.

Erst dadurch, dass die zukünftigen Erträge eines Unternehmens mit Risiko behaftet sind und von der Risikoaversion der Investoren und des Unternehmensgründers ausgegangen wird, besteht ein Anreiz, Anteile an mehreren Unternehmen zu halten, um das Risiko der künftigen Erträge zu diversifizieren, um damit die Kapitalkosten zu senken. Die dargestellte Problematik handelt folglich davon, die Vorteile aus der Risikostreuung in einem Portfolio, durch das Halten von Anteilen an mehreren Unternehmen, mit den Nachteilen aus dem opportunistischen Verhalten des Managements bzw. eines Großaktionärs abzuwägen.[288] Die Eigenkapitalstruktur spiegelt daher die durch die Aktionäre vorgenommene Abwägung zwischen den Vorteilen aus der Risikodiversifizierung, die bis zu einer vollständigen Eliminierung des *unsystematischen Risikos* reichen können, und den Nachteilen aus den zu tragenden Sondervorteilen des Managements und eines Großaktionärs, die die Cash Flows reduzieren, wider.

Der beschriebene Zusammenhang zwischen der Eigentümerstruktur und den Agency-Kosten bildet auch die Grundlage für Überlegungen zur Anwendung von Zu- und Abschlägen für Minderheits- und Mehrheitsanteile im Rahmen der Anteilsbewertung.[289] Das Modell geht davon aus, dass rational handelnde Investoren die erwarteten Agency-Kosten in die Berechnung des Werts eines Anteils einberechnen. Folglich trägt der Manager, der das Unternehmen ursprünglich alleine besaß, die finanzielle Belastung aufgrund der erwarteten Agency Kosten.[290] Daher fällt die Differenz zwischen dem Preis, den ein Investor für einen Anteil zu zahlen bereit ist, und dem Wert des Anteils eines fiktiven Alleingesellschafters umso größer aus, je größer die erwarteten Agency-Kosten sind. In der Unternehmenspraxis ist regelmäßig von einer *Informationsasymmetrie* zwischen Unternehmensinsidern und -outsidern auszugehen, die eine genaue Bemessung der Agency-Kosten erschwert.

288 Vgl. Margolin/Kursh (2005), S. 433f.
289 Vgl. Margolin/Kursh (2005), S. 429; siehe Kapitel IV. 3.1.
290 Vgl. Margolin/Kursh (2005), S. 429f, 434.

Die Ausgestaltung des Gesellschaftsrechts trägt zur Verringerung der Agency-Kosten bei.[291] Zur Verringerung der Differenz zwischen dem Preis, den ein Investor für einen Anteil zu zahlen bereit ist, und dem Wert des Anteils eines fiktiven Alleingesellschafters kann weiterhin ein Vertrag verfasst werden, der Corporate Governance-Maßnahmen formuliert und durchsetzt, die die Agency-Kosten reduzieren.

III. 2.2.3 Der Einfluss von Corporate Governance auf das Bewertungskalkül

Im Folgenden werden Möglichkeiten untersucht, wie Corporate Governance in das Unternehmensbewertungskalkül integriert werden kann bzw. wie sie sich auf die Bewertungsfaktoren auswirkt. Corporate Governance kann den Unternehmenswert auf zwei Wegen beeinflussen, zum einen über die Höhe der erwarteten zukünftigen Cash Flows, die an einen Anleger fließen, und zum anderen über die Kapitalkosten.

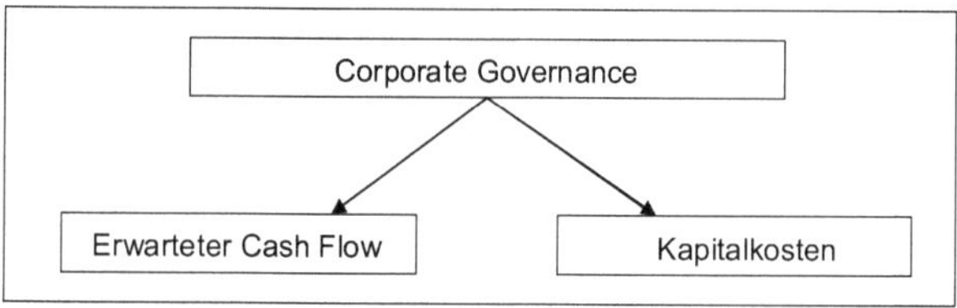

***Abbildung 13:* Einfluss von Corporate Governance auf den Unternehmenswert**

III. 2.3 Corporate Governance und die finanziellen Überschüsse

III. 2.3.1 Der Einfluss von Corporate Governance auf die finanziellen Überschüsse

Aktionäre können insbesondere dann differierende Zielsetzungen verfolgen, wenn ein Aktionär einen Stimmrechtsanteil hält, der ihm eine aktive Beeinflussung der Geschäftspolitik zur Verfolgung eigener Interessen ermöglicht (Konflikt zwischen Minderheits- und Mehrheitsaktionären). Die durch den Großaktionär erzielten Sondervorteile kommen dabei ausschließlich ihm zugute. Die negativen Effekte in Form niedrigerer Cash Flows aufgrund einer suboptimalen Ressourcenallokation müssen

[291] Vgl. Easterbrook/Fischel (1991), S. 4f; Margolin/Kursh (2005), S. 430.

von allen Aktionären getragen werden.[292] Die Minderung der Cash Flows wiederum führt zu einer Verringerung des Unternehmenswerts.

TEALL äußert, dass die Umverteilung von Cash Flows von den Aktionären zu einer privilegierten Gruppe nicht zu einer Verringerung des Unternehmenswerts führt, sondern dass nur ein Werttransfer von den Aktionären hin zu den Managern (bzw. Großaktionären) erfolgt und somit der Werttransfer von den gehandelten Aktien hin zu den nicht gehandelten Sondervorteilen erfolgt.[293] Da die Erzielung von Sondervorteilen aber zu einer Minderung der ausschüttbaren Cash Flows führt und weil die ausschüttbaren Cash Flows den Unternehmenswert bestimmen, wird folglich der Unternehmenswert aus Sicht aller Eigenkapitalgeber reduziert.[294] Die Sondervorteile stehen demgegenüber nicht zur Ausschüttung zur Verfügung. Folglich hat die Existenz von Sondervorteilen in einem Unternehmen erhebliche Auswirkungen auf die Unternehmens- und Anteilsbewertung.[295]

Der Unternehmenswert kann nicht mehr einfach durch Multiplikation des Marktpreises für eine Aktie mit der Anzahl der Aktien ermittelt werden, sondern es ist zwischen dem Wert für Minderheits- und Mehrheitsanteil zu unterscheiden. „If one shareholder controls a majority of votes, the market price will simply reflect the value of minority shares and will grossly underestimate the company's value."[296] Börsenkurse berücksichtigen die Erzielung von Sondervorteilen durch den Großaktionär, so dass Börsenkurse bei der Existenz von Großaktionären unter dem anteiligen Unternehmenswert liegen.[297] Die Diskrepanz ist umso größer, je nachteiliger die Bedingungen für die Minderheitsaktionäre sind.

Agency-Probleme können Anleger dazu veranlassen, die zukünftigen Cash Flows pessimistisch einzuschätzen, da Kontrollprobleme das Vertrauen der Investoren gegenüber dem Management dahingehend einschränken, dass bezweifelt wird, dass

---

292 Vgl. Pellens/Hillebrandt (2001), S. 61.

293 Vgl. Teall (1997), S. 221f.

294 Vgl. Pellens/Hillebrandt (2001), S. 61; Ruhwedel (2003), S. 93. Siehe zur Veranschaulichung dieses Zusammenhangs das Praxisbeispiel der Times Mirror Company. Vgl. DeAngelo/DeAngelo (2000).

295 „Interestingly, once we admit the existence of sizeable private benefits of control, a lot of the standard finance results break down." Zingales (1998), S. 47.

296 Zingales (1998), S. 47.

297 Vgl. Wenger/Kaserer/Hecker (2001), S. 321, 329; Schmidt/Prigge/Suckel (2003), S. 338.

sie wertmaximierende Strategien umsetzen. Investoren sind hingegen bereit, bei Unternehmen mit guter Corporate Governance höhere Aktienkurse zu zahlen, da bei einem besseren Anlegerschutz ein größerer Anteil der Unternehmensgewinne den Anlegern in Form von Dividenden zukommt. Outside investors „pay more because they recognize that, with better legal protection, more of the firm's profits would come back to them as interest or dividends as opposed to being expropriated by the entrepreneur who controls the firm."[298]

III. 2.3.2 Der Problembereich der Sondervorteile

III. 2.3.2.1 Definition von Sondervorteilen

Der Begriff der Sondervorteile wird in § 243 Abs. 2 AktG verwendet.[299] Ein Sondervorteil ist ohne Rücksicht auf die Art seiner Erlangung jedweder Vorteil, sofern es bei einer Gesamtwürdigung als sachwidrige Bevorzugung erscheint, dem Aktionär oder einem Dritten den Vorteilserwerb zu gestatten oder den bereits vollzogenen Erwerb hinzunehmen.[300] Es handelt sich nicht notwendigerweise um einen Vermögensvorteil.[301] Es genügt die Verbesserung der korporationsrechtlichen Stellung. Folglich könnte auch die Wahl in den Aufsichtsrat (z.B. eines Familienmitglieds) ein Sondervorteil sein.[302] Dem steht aber § 251 Abs. 1 AktG entgegen, der die Verfolgung von Sondervorteilen nicht in den Kreis der Anfechtungsgründe für die Wahl von Aufsichtsratsmitgliedern aufgenommen hat.[303] Das Leitbild des § 243 Abs. 2 S. 2 AktG ist der Kleinaktionär in der Publikumsgesellschaft, der nur Anlageinteressen verfolgt, dem es also um die Sicherheit und die Rendite seiner Investition geht.[304]

In der anglo-amerikanischen Literatur werden Sondervorteile als „private benefits of control" bezeichnet. Im Gegensatz dazu stehen die „shared benefits of control", die allen Anteilseignern zugute kommen und durch effektive Kontrolle des Managements

---

[298] La Porta et al. (2002), S. 1147; siehe auch Faccio/Lang/Young (2001).
[299] Vgl. zum Begriff des aktienrechtlichen Sondervorteils nach § 243 Abs. 2 AktG u.a. Abrell (1974); LG Bonn 14 O 36/00 v. 20.4.2000. In der deutschsprachigen Literatur wird für den Begriff Sondervorteile in Anlehung an den englischen Begriff der „private benefits of control" auch der Begriff „private Kontrollrenten" verwendet. Vgl. Daske/Ehrhardt (2002), S. 179; Rudolph (2003), S. 2057.
[300] Vgl. Hüffer (2006), § 243 Rn. 35.
[301] Vgl. Hüffer (2006), § 243 Rn. 35.
[302] Vgl. Hüffer (2006), § 243 Rn. 35.
[303] Vgl. Hüffer (2006), § 243 Rn. 35, § 251 Rn. 5.
[304] Vgl. Hüffer (2001), § 243 Rn. 90.

erzielt werden.[305] BEBCHUK/KAHAN definieren Sondervorteile als „any value captured by those controlling the company after the contest (and not shared among shareholders at large)."[306] JOHNSON ET AL. verwenden den Begriff „tunneling", worunter sie den Transfer von Unternehmensressourcen aus dem Unternehmen zum Vorteil der kontrollausübenden Anteilseigner verstehen.[307]

III. 2.3.2.2 Systematisierung von Sondervorteilen

Sondervorteile können unterschiedliche Formen annehmen. In der Literatur werden sowohl finanzielle als auch nicht-finanzielle Vorteile beschrieben.

DEMSETZ/LEHN beschreiben nicht-finanzielle Annehmlichkeiten, die aus der Kontrolle über ein Unternehmen entstehen können, wie z.B. bei einem Medienunternehmen, mit dem man die öffentliche Meinung beeinflussen könne.[308] BEBCHUK/KAHAN nennen als Beispiele für finanzielle Vorteile hohe Gehälter und die Möglichkeit, das Unternehmen durch Eigengeschäfte (self-dealing) zu plündern.[309] Hierzu zählt auch der Handel mit dem beherrschten Unternehmen zu überhöhten Preisen (transfer pricing) oder die Kreditvergabe vom Unternehmen an die kontrollierenden Anteilseigner zu unangemessen niedrigen Zinsen.[310] EHRHARDT/NOWAK nennen als die bedeutendsten Sondervorteile in Deutschland Managementgehälter, die deutlich über dem Marktdurchschnitt liegen, den Ansehensgewinn durch die Kontrolle über Luxusgüter und das hohe soziale Ansehen dadurch, dass man „König" einer Kleinstadt ist, was am Beispiel der Hohner AG gezeigt wurde, bei der die Sondervorteile sogar höher waren als der Wert der Cash Flow Rechte.[311] Man geht davon aus, dass Sondervorteile insbesondere in Familienunternehmen besonders stark ausgeprägt sind.[312] Fa-

[305] Vgl. Barclay/Holderness (1992), S. 292; Denis/McConnell (2003), S. 3.
[306] Bebchuk/Kahan (1990), S. 1090.
[307] Vgl. Johnson et al. (2000b).
[308] Vgl. Demsetz/Lehn (1985), S. 1162.
[309] Vgl. Bebchuk/Kahan (1990), S. 1090. Siehe Djankov et al. (2005) zu gesetzlichen Regelungen gegen self-dealing Handlungen.
[310] Vgl. Modigliani/Perotti (2000), S. 9.
[311] Vgl. Ehrhardt/Nowak (2003), S. 11f. In dem Fall der Hohner AG standen im Zeitraum von 1949 bis 1961 gemeinnützige Spenden von 11,7 Mio. DM Investitionen von 13,5 Mio. DM und Dividendenzahlungen von 7,2 Mio. DM gegenüber.
[312] Vgl. Amoako-Adu/Smith (2001); Franks/Mayer (2001); Daske/Ehrhardt (2002), S. 194; Goergen/Renneboog (2003).

milienunternehmen vermitteln ein hohes Prestige, da sie i.d.R. Traditionsunternehmen sind. Familienmitglieder nehmen oft gute Positionen im Unternehmen ein.

EHRHARDT/NOWAK haben zu der Kategorie finanziell/nicht-finanziell den Aspekt der Übertragbarkeit von Sondervorteilen aus dem Unternehmen auf einen neuen Unternehmenseigner hinzugefügt.[313] Die folgende Abbildung zeigt eine Systematisierung von Sondervorteilen anhand dieser Kriterien.

Arten von Sondervorteilen		**finanzielle**	**nicht-finanzielle**
Übertragbarkeit	**hoch**	**I. Vertragsgestaltung** • Unangemessene Entlohnung • Private Nutzung betrieblicher Ressourcen • Vermögenserwerb zu vergünstigten Preisen • Vergünstige Darlehen	**III. Annehmlichkeiten** • Beeinflussung der öffentlichen Meinung • Besitz einer Luxusmarke • Das Innehaben von Ämtern
	niedrig	**II. Verwässerung** • Insiderhandel • Schleichender Erwerb • Squeeze-Out • Verwässernde Kapitalerhöhung	**IV. Reputation** • Soziales Prestige • Familientradition • Förderung von Verwandten • Persönliche Beziehungen

Abbildung 14: **Arten von Sondervorteilen**[314]

- Finanzielle Vorteile aus *Vertragsgestaltungen* resultieren aus der Überführung von Vermögensgegenständen aus dem Unternehmen in den Besitz derjenigen, die das Unternehmen kontrollieren.[315]
- *Verwässerungsaktivitäten* verschaffen dem kontrollierenden Aktionär Vorteile, ohne Vermögensgegenstände zu überführen, wobei aber dennoch das Vermögen der Minderheitsaktionäre verringert wird.[316]

---

[313] Vgl. Ehrhardt/Nowak (2003), S. 8f.
[314] Vgl. Ehrhardt/Nowak (2003), S. 9.
[315] Vgl. Ehrhardt/Nowak (2003), S. 8. Siehe zu typischen related-party Transaktionen: Lamba/Stapledon (2001), S. 20. Gordon/Henry/Palia (2004) zeigen in ihrer Untersuchung die aktionärsschädigende Wirkung von related-party Transaktionen auf.
[316] Schleichender Erwerb bedeutet, dass ein Aktienpaket über die Börse aufgebaut wird, ohne die Übernahmeabsicht offenzulegen.

- *Annehmlichkeiten* sind Vorteile für den kontrollierenden Aktionär, die sich nicht finanziell ausdrücken, aber einfach auf einen neuen Unternehmenseigner übertragbar sind (z.B. Besitz einer Zeitung oder eines Sportvereins, selbst wenn damit keine positiven Cash Flows erwirtschaftet werden).
- *Reputationsvorteile* sind die am schwierigsten zu übertragenden Vorteile, da es Zeit braucht, sie aufzubauen und da sie personenbezogen sind.

Ziel des kontrollierenden Aktionärs ist es, die Summe aus dem anteiligen Unternehmenswert und den eigenen Sondervorteilen zu maximieren.[317] Diese Überlegung stellt auch ZINGALES bei der Abwägung an, ob ein Unternehmenseigner einen Börsengang durchführen soll und welche Anteilshöhe er halten soll.[318] Ziel ist es daher, die optimale Kombination aus dem Wert der Cash Flow-Rechte und dem Wert der Sondervorteile zu erzielen.

III. 2.3.2.3 Erfassung von Sondervorteilen im Rechtssystem

Die aufgezeigten Sondervorteile lassen die Frage aufkommen, ob diese Handlungen illegal sind. Das Rechtssystem stellt den bedeutendsten Mechanismus zur Verringerung von Sondervorteilen dar, indem es Investoren Mittel zur Durchsetzung ihrer Interessen gibt (z.B. das Klagerecht gegenüber dem Management).[319]

Manche Handlungen zur Erzielung von Sondervorteilen können illegal sein.[320] Es ist aber auch ein Gegenbeispiel aus Frankreich zu nennen, in dem die Manager eines Unternehmens nicht verpflichtet sind, alle Geschäftschancen im Sinne des Unternehmens auszunutzen.[321] Folglich kann ein kontrollausübender Aktionär diese nicht genutzten Chancen zum eigenen Vorteil nutzen, ohne das Gesetz zu brechen. Es kann aber die Problematik bestehen, dass, selbst wenn Gesetze bestimmte Handlungen untersagen, es schwierig sein kann, das Recht durchzusetzen (z.B. die Bestimmung des fairen Verrechnungspreises).[322] Dementsprechend äußert COATES: „Absent perfect erforcement mechanisms, all of these items (to expropriate wealth from minority shareholders through fraud, theft, or breach of fiduciary duties, such as

[317] Vgl. Ehrhardt/Nowak (2003), S. 9.
[318] Vgl. Zingales (1995a).
[319] Vgl. Dyck/Zingales (2004), S. 539.
[320] Vgl. Zingales (1998), S. 45; Johnson et al. (2000b).
[321] Vgl. Zingales (1998), S. 45.

freeze-outs at a clearly unfair price or payment of excessive compensation) potentially work for a controlling shareholder; control shares are worth more than minority shares, in part, because they put controlling shareholders in a position to exploit imperfect policing mechanisms."[323] Selbst wenn die Realisierung von Sondervorteilen nachgewiesen werden kann, ist es möglich, dass niemand den Anreiz hat, rechtlich gegen diese Handlungen vorzugehen, da Klagen für Minderheitsaktionäre möglicherweise zu teuer sind.

Ein kontrollausübender Aktionär wird daher i.d.R. nur versuchen, Sondervorteile zu realisieren, wenn es schwierig oder unmöglich ist, dieses zu beweisen.[324] Andernfalls wären die Kontrollvorteile nicht privat, da außenstehende Anteilseigner sie vor Gericht einklagen könnten. Ohne diesbezügliche Transparenz können Großinvestoren leichter ihre Handlungen zur Erzielung von Sondervorteilen versteckt halten, so dass sie einen hohen Anreiz haben, ihre Kontrollposition auszunutzen.

Einen Beitrag zur Rechtsdurchsetzung leistet auch das Steuerrecht. Da der Staat de fakto ein Minderheitsaktionär in allen inländischen Unternehmen ist, indem er Anspruch auf Steuerzahlungen aus den Erträgen eines Unternehmens geltend macht, hat er auch ein eigenes Interesse an der Sicherstellung seines Steueranteils.[325] Zu diesem Zweck legt das Steuerrecht auch Wert auf die Durchsetzung von Verrechnungspreisen anhand des *Fremdvergleichsgrundsatzes*, der eine Verschiebung von Steuersubstrat in nicht steuerbare Bereiche verhindern soll.[326] Folglich beeinflusst die Durchsetzung der Verrechnungspreisgrundsätze durch die Steuerbehörden den Anreiz, Erträge in andere Unternehmen umzuleiten, um sie dem Steuerzugriff zu entziehen bzw. um die Steuerbelastung zu senken.

Umso strenger die Durchsetzung der steuerlichen Regelungen ist, desto weniger werden kontrollausübende Aktionäre auch bestrebt sein, Minderheitsaktionäre zu schädigen, da sie andernfalls auch mit steuerlichen Konsequenzen zu rechnen haben. Bei der Durchsetzung der steuerlichen Regelungen ist auch zu bemerken, dass

[322] Vgl. Ehrhardt/Nowak (2002), S. 339.
[323] Coates (1999), S. 1276.
[324] Vgl. Zingales (1998), S. 45f; Dyck/Zingales (2004), S. 538.
[325] Vgl. Dyck/Zingales (2004), S. 578f; Desai/Dyck/Zingales (2005), S. 2.

die Steuerbehörden keinem Trittbrettfahrerproblem im Hinblick auf Monitoring und Durchsetzung ihrer Ansprüche ausgesetzt sind.[327] Darüber hinaus verfügt der Staat über Durchsetzungsmechanismen, die ein Minderheitsaktionär nicht hat. Folglich kann die Steuerdurchsetzung auch einen bedeutenden Einfluss auf die Höhe von Sondervorteilen haben.[328] Diese Konsequenz aus einer strengen Steuerrechtsdurchsetzung kann sogar zur Folge haben, dass trotz einer höheren Steuerlast der Marktwert eines Unternehmens erhöht wird, da die Höhe von Sondervorteilen gesenkt wird.[329]

III. 2.3.2.4 Sondervorteile im deutschen Recht

III. 2.3.2.4.1 Das Recht über die mitgliedschaftlichen Treuepflichten

Die Sondervorteilsproblematik im deutschen Recht ist u.a. Gegenstand des Rechts über die *mitgliedschaftlichen Treuepflichten.*[330] Die *mitgliedschaftlichen Treuepflichten* behandeln die Loyalitätspflichten gegenüber dem Unternehmen und den anderen Mitgliedern (Anteilseignern) (Grundsatz von Treu und Glauben nach § 242 BGB).[331] Die Funktion der *mitgliedschaftlichen Treuepflichten* besteht darin, die Gesellschafter in ihrem Vertrauen auf die Loyalität ihrer Mitgesellschafter zu den in der Gesellschaft gebündelten und in ihr verkörperten gemeinsamen satzungsmäßigen Zielen zu schützen, sie vor Schaden zu bewahren, die sie durch illoyale, insbesondere dem gemeinsamen Zweck zuwiderlaufende Einwirkungen der Mitgesellschafter auf ihre in die Gesellschaft eingebrachten Interessen erleiden können.[332] Sie hat sich in Gestalt einer richterrechtlichen Generalklausel im deutschen Gesellschaftsrecht etabliert.[333]

Aufgrund der hohen Kodifizierungsdichte des deutschen Aktienrechts treten die Pflichten, die ohne die gesetzlichen Regelungen als Ausfluss des gesellschaftsrechtlichen Treuegedankens zu werten wären, als verselbständigte gesetzliche Pflichten

---

[326] Siehe zum steuerlichen Fremdvergleichsgrundsatz (dealing at arm's length-Prinzip): Sieker (1998), S. 922f; Theisen (2000), S. 468 ff.; Kapitel VII. 2.3.2.2.3.
[327] Vgl. Dyck/Zingales (2004), S. 579.
[328] Vgl. Dyck/Zingales (2004), S. 579; Desai/Dyck/Zingales (2005), S. 1.
[329] Vgl. Desai/Dyck/Zingales (2005), S. 2.
[330] Vgl. Röhricht (2003), S. 514.
[331] Vgl. Röhricht (2003), S. 515.
[332] Vgl. Röhricht (2003), S. 516.
[333] Vgl. Hüffer (2006), § 53a Rn. 14.

in Erscheinung.[334] Dabei sind insbesondere die gesetzlichen Regelungen der §§ 53a, 243 Abs. 2 und 117 AktG zu nennen. WENGER/HECKER merken aber an, dass es weitgehend unstrittig ist, dass die aktienrechtlichen Vorkehrungen gegen die Abschöpfung von Sondervorteilen durch einflussreiche Aktionäre und die Handhabung der einschlägen Vorschriften durch die Justiz merkliche Defizite aufweisen.[335]

Das Gleichbehandlungsgebot des § 53a AktG deckt, soweit es willkürliche Benachteiligungen einzelner Aktionäre oder von Aktionärsgruppen, insbesondere von Minderheiten, untersagt, einen wesentlichen Teil der Treupflichtverletzung ab, die unter Benutzung des Einflusses herrschender Aktionärsgruppen auf den von ihnen abhängigen Vorstand begangen werden.[336]

Die Vorschrift des § 243 Abs. 2 AktG stellt einen Sondertatbestand innerhalb des weitergehenden Anfechtungstatbestandes des Verstoßes gegen Treubindung bei der Stimmrechtsausübung durch Missbrauch der Mehrheitsmacht dar.[337] Danach kann ein Hauptversammlungsbeschluss angefochten werden, wenn ein Aktionär durch Ausübung des Stimmrechts Sondervorteile verfolgt (§ 243 Abs. 2 AktG). Die Anfechtung eines Hauptversammlungsbeschlusses kann z.B. bei einem Verstoß gegen § 53a AktG (Gleichbehandlungsgebot) erfolgen (§ 243 Abs. 1 AktG).[338] Ein Verstoß gegen § 53a AktG in Gestalt einer willkürlichen Benachteiligung einer Minderheit geht oft mit der unzulässigen Verfolgung von Sondervorteilen (§ 243 Abs. 2 AktG) einher.[339] Voraussetzungen, die die Anfechtung eines Beschlusses der Hauptversammlung wegen Erlangung von Sondervorteilen nach § 243 Abs. 2 AktG ermöglichen, sind, dass:[340]

- ein Sondervorteil in Form eines Vorteils angestrebt werden muss, der nicht allen Aktionären, die sich der Gesellschaft gegenüber in der gleichen Lage befinden, zufließt, sondern einen Aktionär sachwidrig bevorzugt. Dabei muss es sich nicht um einen eigenen Vorteil handeln, sondern es kommen auch Vorteile für Dritte in Frage.

---

[334] Vgl. Röhricht (2003), S. 528.
[335] Vgl. Wenger/Hecker (2004), S. 267. Sie verweisen dabei insbesondere auf die §§ 243 ff., 311 ff. und 142 ff. AktG.
[336] Vgl. Röhricht (2003), S. 528.
[337] Vgl. IDW (2006), S. 2354 Rn. 106.
[338] Vgl. Röhricht (2003), S. 528.
[339] Vgl. Röhricht (2003), S. 528f.

- Dabei muss der Sondervorteil entweder die Gesellschaft oder die anderen Aktionäre schädigen.
- Der Beschluss muss objektiv dazu geeignet sein, einen Sondervorteil anzustreben, wobei es nicht darauf ankommt, ob dabei der Sondervorteil tatsächlich erlangt wird.
- Subjektiv muss der Vorsatz der Vorteilserlangung vorliegen, wobei es nicht erforderlich ist, dass der Vorsatz die Schädigung der Gesellschaft oder der anderen Aktionäre umfasst.
- Die anderen Aktionäre erhalten keinen angemessenen Ausgleich für den erlittenen Schaden (§ 243 Abs. 2 S. 2 AktG). Dabei wird die wirtschaftliche Kompensation des durch den Sondervorteil zurechenbar verursachten Schadens angestrebt.[341]

Die folgende Abbildung zeigt übersichtsartig die wesentlichen Urteile der deutschen Rechtsprechung zu Sondervorteilen.

Sondervorteile in der deutschen Rechtsprechung	
Ein Sondervorteil liegt vor,	**Urteile**
• wenn ein Mehrheitsaktionär einen Zustimmungsbeschluss zu einem Aktientausch zustande bringt, der ihn um rund 200 Mio. DM begünstigt.	LG München I 5 HKO 15414/99 v. 17.5.2001
• wenn der Mehrheitsaktionär eine Unternehmensübernahme durch einen Auflösungsbeschluss mit dem Ziel erstrebt, den wesentlichen Teil des Gesellschaftsvermögens, unter Zurücksetzung der Interessen der Minderheit, zu übernehmen.	BGH II ZR 124/78 v. 28.1.1980; BGH II ZR 75/87 v. 1.2.1988
• bei Abschluss eines Betriebspachtvertrags mit dem Mehrheitsgesellschafter, durch den eine ernsthafte und bessere Pachtofferte des Minderheitsgesellschafters übergangen wird, es sei denn, dass die schlechteren Konditionen durch andere Gesellschaftsbelange aufgewogen werden.	OLG Frankfurt/Main 13 U 2/72 v. 28.2.1973
Kein Sondervorteil liegt vor,	
• bei gesetzlich vorgesehenen Folgen der Verschmelzung. Es ist nicht entscheidend, ob überwiegend oder ausschließlich der Mehrheitsaktionär von der Verschmelzung profitiert. Es kommt vielmehr darauf an, ob die Verschmelzung zur Durchsetzung sachfremder Ziele instrumentalisiert wird.	OLG Frankfurt/Main 12 W 185/05 v. 8.2.2006
• wenn sich für einen Mehrheitsaktionär aus dem Formwechsel von einer AG in eine GmbH & Co. KG tatsächliche Steuervorteile ergeben.	BGH II ZR 29/03 v. 9.5.2005
• wenn Vorzugsaktionären das Recht zum Umtausch in Stammaktien gewährt wird, ohne dass sie die Kursdifferenz voll ausgleichen müssen, sofern die Maßnahme dem Gesellschaftswohl dient.	LG Köln 91 O 131/00 v. 7.3.2001
• wenn eine Holding ihre Liquidation wegen steuerlicher Nachteile ablehnt und die aufnehmende AG die Kosten der anschließenden Verschmelzung zu tragen hat.	OLG Stuttgart 3 U 77/94 v. 23.11.1994
• wenn mit den Stimmen des Hauptaktionärs die Ausgabe von Genussrechten beschlossen wird, obwohl junge Aktien für die AG billiger wären, sofern die Ausgabekonditionen als solche nicht zu beanstanden sind.	OLG Bremen 2 U 114/90 v. 22.8.1991

Abbildung 15: **Sondervorteile in der deutschen Rechtsprechung**[342]

[340] Vgl. IDW (2006), S. 2355 Rn. 107 m.w.N.
[341] Vgl. Hüffer (2006), § 243 Rn. 38.
[342] Vgl. Hüffer (2006), § 243 Rn. 36.

Es ist aber festzustellen, dass § 243 Abs. 2 AktG nur von eingeschränkter praktischer Bedeutung ist.[343] Die Fortschritte hingegen, die im Anfechtungsrecht gemacht wurden, sind an § 243 Abs. 2 AktG vorbei erzielt worden.[344] Darunter fallen die generalklauselartigen Anfechtungsgründe i.R.d. § 243 Abs. 1 AktG (Verletzung von Treubindung, Ungleichbehandlung).

Die Regelung des § 117 AktG sieht ein Verbot der vorsätzlichen Benutzung eines vorhandenen Einflusses auf die Führungsebene der Gesellschaft zum Schaden der Gesellschaft oder ihrer Aktionäre vor.[345] Sofern der Einfluss auf das Management der Gesellschaft dazu verwendet wird, das Management zu veranlassen, zum Schaden der Gesellschaft oder ihrer Aktionäre zu handeln, besteht die Verpflichtung, der Gesellschaft und den Aktionären den ihnen daraus entstehenden Schaden zu ersetzen.

Weitere diesbezügliche gesetzliche Spezialregelungen sind die umfassenden gesetzlichen Verbote *verdeckter Gewinnausschüttungen* (§§ 57, 58 Abs. 5, 62 AktG) und die Regelungen der §§ 311 ff. AktG, die die Rechtsverhältnisse im faktischen Aktienkonzern betreffen.[346] Darüber hinaus ist das Verbot der Nutzung von Insider-Wissen (§§ 12-20 WpHG) zu nennen.

Auch ist in diesem Zusammenhang auf die Regelungen des WpÜG einzugehen. Die Existenz einer gesetzlichen Übernahmeregelung zeigt, dass der Gesetzgeber nicht annimmt, dass durch das freie Walten der Marktkräfte die beschriebenen Interessenkonflikte zwischen den Aktionärsgruppen in befriedigender Weise gelöst werden. Das WpÜG organisiert einen Markt für die Konzentration von Streubesitz. Ein öffentliches Übernahmeangebot führt dazu, dass ein größerer Anteil am Unternehmen durch den neuen kontrollausübenden Gesellschafter gehalten wird. Das hat zur Folge, dass weniger Sondervorteile durch diesen Großaktionär aus dem Unternehmen erzielt werden, so dass der Unternehmenswert höher ist.[347] Das WpÜG folgt dem Leitbild, dass die Altaktionäre bei Übernahmen möglichst viel an übernahmebedingten Wert-

---

[343] Vgl. Baums/Vogel/Tacheva (2000), S. 1652; Hüffer (2006), § 243 Rn. 31.
[344] Vgl. Hüffer (2001), § 243 Rn. 72.
[345] Vgl. Röhricht (2003), S. 529.
[346] Vgl. Röhricht (2003), S. 529f.
[347] Vgl. Burkart/Gromb/Panunzi (2000), S. 670.

steigerungen der Zielgesellschaft partizipieren sollen. Das WpÜG unterscheidet drei Arten von öffentlichen Übernahmeangeboten:

- Beim *Erwerbsangebot* (§§ 10 ff. WpÜG) beabsichtigt der Bieter, entweder Aktien der Zielgesellschaft zu erwerben, ohne die Kontrolle über das Unternehmen zu erlangen, oder seine Beteiligung zu erhöhen, wobei er bereits über die Kontrolle (mindestens 30% der Stimmrechte an der Zielgesellschaft (§ 29 Abs. 2 WpÜG)) über das Unternehmen verfügt. Für Erwerbsangebote sind keine Mindestpreise vorgeschrieben.
- Mit der Abgabe eines *Übernahmeangebots* (§§ 29 ff. WpÜG) strebt der Bieter die Kontrolle (30%) über die Zielgesellschaft an. Dabei ist er dazu verpflichtet, den Aktionären eine angemessene Gegenleistung anzubieten, worunter verstanden wird, dass grundsätzlich der durchschnittliche Börsenkurs der Aktien der Zielgesellschaft und Erwerbe von Aktien der Zielgesellschaft durch den Bieter zu berücksichtigen sind (§ 31 Abs. 1 WpÜG).
- Ein *Pflichtangebot* (§§ 35 ff. WpÜG) ist abzugeben, wenn der Bieter erstmals die Kontrolle über die Zielgesellschaft erlangt. Dann muss er allen Aktionären der Zielgesellschaft ein Angebot zur Übernahme ihrer Aktien unterbreiten, da bei einem Kontrollwechsel die Aktionäre die Möglichkeit haben sollen, ihre Beteiligung zu einem angemessenen Preis aufzugeben.

III. 2.3.2.4.2 Das Recht über die organschaftlichen Treuepflichten

Die *mitgliedschaftlichen Treuepflichten* sind von den *organschaftlichen Treuepflichten* zu unterscheiden, die sich mit den Treuepflichten der Vorstands- und Aufsichtsratsmitglieder befassen.[348] Die *organschaftliche Treuepflicht* beruht auf der Berufung von Vorstands- und Aufsichtsratsmitgliedern in ein Amt, in dem sie eine Organstellung mit treuhänderischer Funktion in Bezug auf fremde Vermögenswerte und Geschäftschancen übernehmen.[349] Den Organen werden über die §§ 77 ff., 111 ff. AktG umfangreiche Möglichkeiten eingeräumt, Einfluss auf die Gesellschaft und deren Vermögen auszuüben. Als Gegengewicht zu diesen Möglichkeiten trägt die *orgaschaftliche Treuepflicht* dazu bei, die Vermögensinteressen der Gesellschaft zu wahren. Die organschaftliche Treubindung stellt demnach eine Antwort der Rechtsord-

---

[348] Vgl. Röhricht (2003), S. 514; Fleischer (2003).
[349] Vgl. Möllers (2003), S. 409; Röhricht (2003), S. 514.

nung auf das Agency-Problem im Kapitalgesellschaftsrecht dar, indem die unzureichende Überwachung der Geschäftsleiter durch scharfe Haftungsregeln ersetzt werden und das unvollständige Pflichtenprogramm durch ein lückenschließendes Prinzip vervollständigt werden soll.[350]

Bei den *organschaftlichen Treuepflichten* sind zwei Leitgedanken hervorzuheben: die Vermeidung von Interessenkonflikten (no-conflict-rule) und das Verbot von Sondervorteilen (no-profit-rule).[351] Dabei gilt die Grundregel, dass im Falle eines Interessenkonflikts die Gesellschaftsinteressen generell Vorrang vor den Eigeninteressen des Geschäftsleiters genießen. Beim Verbot von Sondervorteilen lautet die Grundaussage, dass kein Geschäftsleiter aus seiner fiduziarischen Stellung persönliche Vorteile ziehen darf, soweit ihm dies nicht ausdrücklich gestattet ist. Dabei handelt es sich insbesondere um Sachverhalte heimlicher Bereicherung (z.B. Aneignung oder unentgeltliche Nutzung von Gesellschaftsvermögen, die Ausnutzung von Geschäftschancen der Gesellschaft, die Annahme von Sonderzuwendungen durch Dritte anlässlich eines Geschäftsabschlusses mit der Gesellschaft). Folglich zieht die *organschaftliche Treuepflicht* eine scharfe Trennlinie zwischen den Vermögenssphären von Gesellschaft und Geschäftsleiter. Demnach sind sämtliche vermögenswerte Positionen der Gesellschaft dem Zugriff des Geschäftsleiters entzogen und bei Zuwiderhandlungen von ihm herauszugeben. Trotz dieser Regelungen bereitet die Aufdeckung heimlich begangener Treuepflichtverletzungen ein schwer zu bewältigendes Problem.

III. 2.3.2.5 Messbarkeit von Sondervorteilen

Die tatsächliche Bewertung faktischer Reichtumsverschiebungen ist schwierig.[352] Die Marktbewertung der verschiedenen Aktiengattungen kann einen Anhaltspunkt dafür bieten, welche Reichtumsverschiebungen vom Markt wahrgenommen werden. Daher wird als Möglichkeit zur Messung der Sondervorteile die Berechnung des Kursunterschieds zwischen Stamm- und Vorzugsaktien gesehen.[353] Ein bestehender Kursun-

[350] Vgl. Fleischer (2003), S. 1049.
[351] Vgl. Fleischer (2003), S. 1049 ff.
[352] Vgl. Zingales (1995a), S. 1069; Pellens/Hillebrandt (2001), S. 64; Dyck/Zingales (2004), S. 537f.
[353] Vgl. Zingales (1994); Kunz/Angel (1996); Rydqvist (1996); Nicodano (1998); Dyck/Zingales (2004), S. 538.

terschied zwischen den beiden Aktiengattungen kann somit auf eventuell vorhandene Agency-Probleme zwischen Stamm- und Vorzugsaktionären hindeuten. Problematisch dabei ist aber, dass Minderheitsanteile mit Stimmrechten in Vergleich zu Minderheitsanteilen ohne Stimmrechte gesetzt werden, so dass nicht die Sondervorteile des Mehrheitsaktionärs gemessen werden können.

Als Bewertungsmaßstab für die Höhe der Sondervorteile wird auch die Differenz zwischen dem Zuschlag, der an Minderheitsaktionäre und an Großaktionäre bei einem Kontrollwechsel gezahlt wird, verwendet.[354] Bei diesem Vorgehen besteht das Problem, dass der Zuschlag, der bei einem Kontrolltransfer gezahlt wird, nur die Höhe der Sondervorteile, die übertragbar sind, aufzeigt.[355] Gerade die nicht übertragbaren Sondervorteile haben aber einen hohen Anteil an den Sondervorteilen in Deutschland.[356]

III. 2.4 Corporate Governance und die Kapitalkosten

III. 2.4.1 Empirische Untersuchungen zum Zusammenhang zwischen Corporate Governance und der Kapitalmarktrendite

III. 2.4.1.1 Die Untersuchung von Gompers/Ishii/Metrick

Im Folgenden werden Corporate Governance-Studien daraufhin untersucht, ob sie die Ableitung von Corporate Governance bezogenen Kriterien erlauben, die sich auf den Kapitalisierungszinssatz beziehen.

GOMPERS/ISHII/METRICK haben einen Corporate Governance-Index gebildet, der 24 Governance Regelungen beinhaltet.[357] Diese Regelungen wurden wiederum in folgende fünf Gruppen unterteilt: Taktiken zur Verzögerung feindlicher Übernahmeangebote, Stimmrechte, Schutzmaßnahmen für die Geschäftsführung, sonstige Abwehrmaßnahmen für Übernahmeangebote und gesetzliche Regelungen. Folglich

354 Vgl. Barclay/Holderness (1989); Hanouna/Sarin/Shapiro (2001); Dyck/Zingales (2004), S. 538.
355 Vgl. Ehrhardt/Nowak (2003), S. 15.
356 Vgl. Ehrhardt/Nowak (2003).

handelt es sich im Wesentlichen um Instrumente zur Abwehr von Unternehmensübernahmen. Durch solche Abwehrmaßnahmen wird die Macht des Managements zu Lasten der Anteilseigner gestärkt. Der Corporate Governance-Index steht stellvertretend für die Machtverhältnisse zwischen Managern und Aktionären in einem Unternehmen.

Für jede Gruppe haben sie eine auf den Untersuchungszeitraum bezogene abnormale Rendite ermittelt, wobei sie einen Zusammenhang zwischen dem Indexwert und der Aktienrendite feststellen konnten.[358] Die abnormale Rendite ist umso niedriger, je höher der Indexwert eines Unternehmens ist. Dabei steigt der Indexwert, je mehr Satzungsklauseln ein Unternehmen hat. Unternehmen in der „demokratischen" Gruppe (wenige Indexpunkte) erzielen eine abnormale Rendite von 3,5%-Punkten pro Jahr, wogegen Aktien von Unternehmen in der „diktatorischen" Gruppe (viele Indexpunkte) eine abnormale Aktienrendite von -5%-Punkten pro Jahr aufweisen.[359] Daher ist es möglich, mittels einer Investitionsstrategie, nach der Aktien aus der „demokratischen" Gruppe gekauft werden und Aktien aus der „diktatorischen" Gruppe leer verkauft werden, eine Überrendite von 8,5%-Punkten pro Jahr zu erzielen.

Sie haben darüber hinaus ermittelt, dass Unternehmen mit stärkeren Aktionärsrechten einen höheren Unternehmenswert haben. Eine Indexerhöhung (schwächere Aktionärsrechte) führt zu einer Senkung von Tobin's Q, wobei dieses Verhältnis in den untersuchten Jahren sogar zugenommen hat. Auch führt ein hoher Indexwert (schwache Aktionärsrechte) zu einer geringeren Umsatzrendite, Eigenkapitalrendite und geringerem Umsatzwachstum.

---

[357] Vgl. Gompers/Ishii/Metrick (2003). Bei der Untersuchung wurden die Daten von rund 1.500 Unternehmen im Zeitraum von 1990 bis 1999 zugrunde gelegt. Es wurde eine Event-Study durchgeführt. Vgl. dazu Gompers/Ishii/Metrick (2003), S. 108.

[358] Der Begriff abnormale Rendite (Über-, Unterrendite) steht für die Performancedifferenz zwischen einer einzelnen Aktie oder einem Portfolio im Vergleich zum Marktportfolio für einen bestimmten Zeitraum. Die abnormale Rendite ist nicht auf das systematische Risiko zurückzuführen.

[359] Zur Erklärung der verwendeten Begriffe demokratisch und diktatorisch folgendes Zitat von Gompers/Ishii/Metrick (2003), S. 107: „As in any republic, the actual power-relationship depends upon the specific rules of governance. One extreme, which tilts toward a democracy, reserves little power for management and allows shareholders to quickly and easily replace directors. The other extreme, which tilts toward a dictatorship, reserves extensive power for management and places strong restrictions on shareholders' ability to replace directors."

Die Beobachtung von GOMPERS/ISHII/METRICK, dass Unternehmen mit stärkeren Aktionärsrechten einen höheren Unternehmenswert haben und gleichzeitig signifikant höhere Aktienrenditen aufweisen, steht im Gegensatz zu den theoretischen Erklärungsansätzen, nach denen Unternehmen mit stärkeren Aktionärsrechten einen höheren Unternehmenswert haben sollten und gleichzeitig, bei einem *systematischen Corporate Governance-Risiko*, geringere erwartete Renditen aufweisen sollten als Unternehmen mit schwächeren Aktionärsrechten.[360] Sofern hingegen von einem *unsystematischen Corporate Governance-Risiko* ausgegangen wird, wäre anzunehmen, dass keine Beziehung zwischen der Ausprägung der Corporate Governance-Struktur und den erwarteten Renditen besteht. Beide Konstellationen eignen sich daher nicht dazu, eine positive Beziehung zwischen der Corporate Governance-Struktur und der erwarteten Rendite zu erklären.

Als ein Erklärungsansatz für den Zusammenhang zwischen ineffizienten Corporate Governance-Strukturen und signifikant niedrigeren Renditen wird genannt, dass Investoren die Höhe der Agency-Kosten, die mit ineffizienten Corporate Governance-Strukturen verbunden sind, möglicherweise unterschätzen, so dass die Aktienkurse zu hoch sind und die Renditen niedriger als erwartet ausfallen.[361] Eine Verschlechterung der Aktionärsrechte kann einen unerwartet großen Anstieg der Agency-Kosten verursachen, z.B. durch ineffiziente Investitionen, verringerte Arbeitseffizienz oder durch Insichgeschäfte des Managements. Sofern es für die Aktionäre schwierig ist, das Management auszutauschen, können Manager eher dazu neigen, Sondervorteile zu realisieren.

Die Ergebnisse deuten darauf hin, dass sich die ineffizienten Corporate Governance-Strukturen nicht vollständig in dem Aktienkurs widerspiegeln.[362] Demzufolge kann das Resultat der Untersuchung durch Marktineffizienz bzw. durch den Ansatz der

[360] Vgl. Jensen/Meckling (1976); Chen/Chen/Wei (2004b) , S. 1.

[361] Vgl. Gompers/Ishii/Metrick (2003), S. 110, 131. Diesem Erklärungsansatz stehen aber die Ergebnisse von Core/Guay/Rusticus (2006) entgegen, die auf Grundlage von Analystenschätzungen und Investorenerwartungen zeigen, dass Analysten und Investoren nicht von den Unterschieden im operativen Ergebnis überrascht werden.

[362] Vgl. Gompers/Ishii/Metrick (2003), S. 110.

Behavioral Finance erklärt werden, auch wenn die Untersuchung nicht als einen Test über die Markteffizienz angelegt wurde.[363]

Aufbauend auf den Untersuchungsergebnissen von GOMPERS/ISHII/METRICK hat YEN ermittelt, dass Unternehmen mit guter Corporate Governance eine höhere Aktienkursvolatilität aufweisen, die er auf das *unsystematische Risiko* zurückführt, die also folglich wegdiversifiziert werden können.[364] Er folgert, dass daher aus dieser Studie kein Corporate Governance bezogener Risikofaktor abzuleiten ist.

CORE/GUAY/RUSTICUS argumentieren in ihrer Untersuchung, die auf den Ergebnissen von GOMPERS/ISHII/METRICK aufbaut, dass nicht Unterschiede in der Ausprägung der Corporate Governance die unterschiedlich hohen Renditen erklären, sondern dass zeitperiodenspezifische Renditen (New economy pricing puzzle der späten 1990er) oder Unterschiede in den erwarteten Renditen die abnormalen Aktienrenditen verursachen.[365]

Das Ergebnis der Studie von GOMPERS/ISHII/METRICK lässt sich nicht direkt auf den deutschen Kapitalmarkt übertragen.[366] Sie erlaubt keinen statistisch signifikanten Rückschluss auf den Wertbeitrag einzelner Corporate Governance-Kriterien, da ein Corporate Governance-Index und keine Einzelmechanismen verwendet wurden. Auch ist eine stark eingeschränkte Kriterienauswahl getroffen worden, da sich die Studie ausschließlich auf Übernahmehindernisse beschränkt, die zum Großteil in Deutschland keine Verwendung finden.

---

[363] Vgl. Cremers/Nair (2005), S. 2889. „Our analysis is not a test of market efficiency. Because theory provides no clear prediction, there is no reason that investors in 1990 should have foreseen the outcome of this novel experiment." Gompers/Ishii/Metrick (2003), S. 109. „If capital markets are efficient, however, any relationship between a governance index and firm value should be reflected in security prices as soon as information about the governance index is revealed. In the long run, firms should earn their cost of equity or their required rate of return, and there should be no difference in the abnormal returns of firms with different governance index values." Moorman (2004), S. 3.

[364] Vgl. Yen (2005). Yen sieht die Ergebnisse von Gompers/Ishii/Metrick insbesondere durch zwei Aktien beeinflusst, die sich neben ihrer Corporate Governance-Einstufung durch überzogene Fehleinschätzungen seitens der Aktionäre auszeichnen. Auch tragen Penny Stocks, die sich durch eine hohe Illiquidität auszeichnen, zur Erklärung der abnormalen Rendite bei. Yens Studie zeigt daher, dass die von Gompers/Ishii/Metrick ermittelte Anomalie nur durch eine kleine Anzahl von Unternehmen bewirkt wird, die unterschiedliche Charakeristika aufweisen, die aber nicht auf die Corporate Governance-Struktur zurückzuführen sind. Vgl. Yen (2005).

[365] Vgl. Core/Guay/Rusticus (2006).

Neben der Studie von GOMPERS/ISHII/METRICK haben noch weitere Untersuchungen mit einer vergleichbaren Vorgehensweise den Zusammenhang von Corporate Governance und dem Marktwert von Unternehmen erforscht, wobei jeweils unterschiedliche Corporate Governance-Kriterien untersucht wurden.[367] Diese Studien ermitteln einen positiven Werteffekt von guter Corporate Governance auf den Marktwert von Unternehmen, der jedoch in jeder Studie unterschiedlich hoch ausfällt. Im Folgenden werden nur die Studien von DROBETZ/SCHILLHOFER/ZIMMERMANN und CREMERS/NAIR behandelt, da DROBETZ/SCHILLHOFER/ZIMMERMANN die Zusammenhänge in Deutschland untersucht haben und CREMERS/NAIR zu weitergehenden Erkenntnissen und Schlussfolgerungen kommen.

III. 2.4.1.2 Die Untersuchung von Cremers/Nair

Aufbauend auf der Studie von GOMPERS/ISHII/METRICK haben CREMERS/NAIR untersucht, wie sich der Markt für Unternehmenskontrolle (externe Kontrolle) und das Aktionärshandeln (shareholder activism) (interne Kontrolle) zueinander verhalten.[368] Als wichtigste interne Kontrollmechanismen werden die Großaktionäre und der Aufsichtsrat gesehen. Die bedeutendsten externen Kontrollmechanismen sind Übernahmen und der Markt für Unternehmenskontrolle. Übernahmen und Übernahmedrohungen werden aufgrund theoretischer und praktischer Erkenntnisse als externe Kontrollmaßnahmen gesehen.[369]

CREMERS/NAIR haben Portfolios gebildet, die nach dem Grad der Übernahmeanfälligkeit in vier Gruppen kategorisiert wurden. Unternehmen, die anfällig für Übernahmen sind, erhielten eine hohe Einstufung. Unternehmen, die eine geringe Übernahmeanfälligkeit aufgewiesen haben, wurden niedrig eingestuft. Die Übernahmeanfälligkeit eines Unternehmens wurde anhand der von Unternehmen verwendeten Abwehrinstrumente gegen Übernahmen gemessen. Dabei wurden die Abwehrmaßnahmen,

---

366 Vgl. Nowak/Rott/Mahr (2005), S. 263f.

367 Vgl. Drobetz/Schillhofer/Zimmermann (2003); Bauer/Günster/Otten (2004); Cremers/Nair (2005); Black/Jang/Kim (2006).

368 Vgl. Cremers/Nair (2005). Bei der Untersuchung wurden die Daten von rund 1.500 Unternehmen im Zeitraum von September 1990 bis Dezember 2001 zugrunde gelegt.

369 Vgl. Jensen (1988); Scharfstein (1988).

die GOMPERS/ISHII/METRICK in ihrem Index verwendet haben, genutzt.[370] Es wurde auch ein alternativer Index für Maßnahmen zur Abwehr von Übernahmen gebildet, der sich auf drei Abwehrmaßnahmen gegen Übernahmen beschränkt (Staggered Board,[371] Preferred Blank Check,[372] Stimmbeschränkungen).[373]

Weiterhin wurden zwei Kriterien, der prozentuale Anteil von institutionellen Großaktionären (Anteil am Eigenkapital > 5%) und der prozentuale Anteil von öffentlichen Pensionsfonds, die dazu neigen, als aktive Anteilseigner aufzutreten, als interne Kontrollmaßnahmen ausgewählt.[374] Pensionsfonds gelten als freier von Interessenkonflikten und unternehmerischem Druck als andere institutionelle Anteilseigner. Auch sind sie als aggressive Aktivisten im Sinne der Anteilseigner bekannt.[375] Die Unternehmen wurden ebenfalls in vier Gruppen nach den Kriterien für interne Kontrollmaßnahmen eingeteilt. Unternehmen mit einem höheren Aktionärsanteil von Großaktionären oder öffentlichen Pensionsfonds erhielten dabei eine hohe Einstufung. Folglich wurden insgesamt 16 Portfolios gebildet.

Die Haupterkenntnis, die gewonnen wurde, lautet, dass interne und externe Corporate Governance-Mechanismen Komplemente sind, also sich gegenseitig ergänzen, was sich dadurch zeigt, dass sie bei gleichzeitiger Anwendung langfristige abnormale Renditen erzielen.[376] Der Anteilsbesitz von Pensionsfonds ist nur dann von Bedeutung, wenn eine hohe Übernahmeanfälligkeit besteht. Gleichzeitig wirkt der Markt für

---

[370] Vgl. zur Erläuterung der Abwehrmaßnahmen die Übersicht bei Gompers/Ishii/Metrick (2003), S. 145 ff. (Appendix 1).

[371] Staffelung der Amtszeiten der Aufsichtsratsmitglieder; „A Classified Board (or "staggered" board) is one in which the directors are placed into different classes and serve overlapping terms. Since only part of the board can be replaced each year, an outsider who gains control of a corporation may have to wait a few years before being able to gain control of the board. This slow replacement makes a classified board a crucial component of the *Delay* group of provisions, and one of the few provisions that clearly retains some deterrent value in modern takeover battles." Gompers/Ishii/Metrick (2003), S. 146f.

[372] „Blank Check preferred stock is stock over which the board of directors has broad authority to determine voting, dividend, conversion, and other rights. While it can be used to enable a company to meet changing financial needs, its most important use is to implement poison pills or to prevent takeover by placing this stock with friendly investors." Gompers/Ishii/Metrick (2003), S. 146.

[373] Vgl. Cremers/Nair (2005), S. 2865.

[374] Vgl. Cremers/Nair (2005), S. 2861f. Großaktionäre werden als „the primary internal monitoring mechanism" gesehen. Cremers/Nair (2005), S. 2859.

[375] Vgl. Del Guercio/Hawkins (1999).

[376] Vgl. Cremers/Nair (2005), S. 2862. Auch Mikkelson/Partch (1997) sehen interne und externe Corporate Governance-Mechanismen als komplementär an. Dagegen sehen Denis/Kruse (2000) und Huson/Parrion/Starks (2001) die Effektivität der internen Kontrollmaßnahmen als unabhängig von den externen Kontrollmaßnahmen an.

Unternehmenskontrolle nur dann, wenn aktive Anteilseigner in Form von öffentlichen Pensionsfonds vorhanden sind.

Eine Investitionsstrategie, die Anteile an Unternehmen mit dem höchsten Grad an Übernahmeanfälligkeit und einem hohen Pensionsfondsanteil kauft und Anteile an Unternehmen mit dem niedrigsten Grad an Übernahmeanfälligkeit und einem hohen Anteil an Pensionsfonds-Großaktionären leer verkauft, erzielt eine jährliche abnormale Rendite von 10-15%, in Abhängigkeit davon, welche interne Kontrollmaßnahme verwendet wird.[377] Eine Investitionsstrategie hingegen, die Unternehmensanteile mit hoher Übernahmeanfälligkeit und niedrigem Pensionsfondsanteil kauft und Anteile an Unternehmen mit niedriger Übernahmeanfälligkeit und einem geringen Pensionsfondsanteil leer verkauft, erzielt keine signifikanten abnormalen Renditen.

Ein Erklärungsansatz für die Erzielung von Überrenditen ist, dass Investoren im Jahre 1990, dem Jahr des Untersuchungsbeginns, die Bedeutung der Corporate Governance-Mechanismen und ihr Zusammenspiel nicht realisiert haben, so dass sie sie daher nicht eingepreist haben.[378] Ein alternativer Erklärungsansatz lautet, dass Investoren für ein komplementäres Portfolio, also einem Portfolio aus internen und externen Corporate Governance-Mechanismen, mit dem eine hohe abnormale Rendite erzielt worden ist, einen höheren Diskontierungsfaktor ansetzen, als in den klassischen Bewertungsmodellen vorgesehen ist.[379] Auch wird in Erwägung gezogen, dass Investoren die Bedeutung eines anderen unbekannten Faktors nicht erkannt haben, für den das komplementäre Portfolio steht.

III. 2.4.1.3 Die Untersuchung von Drobetz/Schillhofer/Zimmermann

Bei der Untersuchung von DROBETZ/SCHILLHOFER/ZIMMERMANN wurde ein Corporate Governance-Rating für deutsche Publikumsgesellschaften erstellt.[380] Das Rating basiert auf Fragebogenergebnissen zu 30 unternehmensspezifischen Merkmalen, die inhaltlich folgende Bereiche abdecken: Unternehmensausrichtung und Corporate Governance, Aktionärsrechte, Transparenz, Entscheidungs- und Kontrollgremien und

---

[377] Vgl. Cremers/Nair (2005), S. 2862.
[378] Vgl. Cremers/Nair (2005), S. 2889f; siehe auch: Gompers/Ishii/Metrick (2003), S. 110, 131.
[379] Vgl. Cremers/Nair (2005), S. 2889f.
[380] Vgl. Drobetz/Schillhofer/Zimmermann (2003).

Abschlussprüfung. Sofern ein Merkmal erfüllt war, erhielt das Unternehmen einen Punkt. Das Rating umfasst einen Wertebereich zwischen 0 und 30, wobei der Höchstwert die beste Corporate Governance bezeichnet. Die Befragung richtet sich an Gesellschaften aus den vier wichtigsten Marktsegmenten der Deutschen Börse.

Es werden zwei Portfolios betrachtet. Das Prinzipal-Portfolio enthält die Unternehmen mit den höchsten Corporate Governance-Ratings (> 21 Punkte) und das Agenten-Portfolio die Unternehmen mit den niedrigsten Corporate Governance-Ratings (< 18 Punkte). Die durchschnittliche monatliche Rendite der Unternehmen im Prinzipal-Portfolio beträgt 0,3%, während die Rendite im Agenten-Portfolio mit -2,03% deutlich negativ ausfällt, so dass eine durchschnittliche Outperformance des Prinzipal-Portfolios von 2,3% pro Monat festzustellen ist. Unternehmen mit besserer Corporate Governance weisen darüber hinaus eine niedrigere Dividendenrendite, höhere Kurs-Gewinn-Verhältnisse und niedrigere Eigenkapitalkosten auf.

Zwischen Januar 1998 und März 2002 erzielte das Prinzipal-Portfolio eine durchschnittliche jährliche Rendite von 8,6% im Gegensatz zum Agenten-Portfolio mit -3,1%. Eine Investitionsstrategie, die Unternehmensanteile mit einem hohen Rating kauft und Anteile an niedrig gerateten Unternehmen leer verkauft, könnte eine abnormale Rendite von rund 12% pro Jahr erzielen.[381]

Die Beobachtung von signifikant höheren Aktienrenditen bei Unternehmen mit einer guten Corporate Governance-Beurteilung im Vergleich zu Unternehmen mit einer schlechten Beurteilung wird so erklärt, dass die Agency-Kosten aus ineffizienten Corporate Governance-Strukturen unerwartet niedrig ausgefallen sind und bzw. oder dass bei Unternehmen mit einer guten Beurteilung die Corporate Governance-Defizite in der beobachteten Zeitperiode abgebaut wurden.[382]

---

[381] Siehe zu diesem Zusammenhang auch die Ausführungen zu Gompers/Ishii/Metrick (2003), insbesondere die Feststellung, dass diese Beobachtung im Gegensatz zu den theoretischen Erklärungsansätzen für einen Zusammenhang zwischen einem Corporate Governance-Risiko und den Kapitalmarktrenditen steht. Vgl. Kapitel III. 2.4.1.1.

[382] Vgl. Drobetz/Schillhofer/Zimmermann (2003), S. 32.

III. 2.4.1.4 Die Untersuchung von Grandmont/Grant/Silva

In der Studie von GRANDMONT/GRANT/SILVA wurde der Einfluss von Corporate Governance auf die Unternehmensperformance untersucht.[383] Der Beurteilung von Corporate Governance lagen vier Bereiche zugrunde: Unabhängigkeit des Aufsichtsrats, die Behandlung von Aktionären, insbesondere von Minderheitsaktionären, die Offenlegung von Unternehmensinformationen und die Entlohnung des Managements. Mittels dieser Beurteilungskriterien wurde die Corporate Governance von US-Unternehmen des S&P 500-Index und britischen Unternehmen des FTSE 350-Index eingeschätzt. Dabei konnte beobachtet werden, dass die Corporate Governance von Unternehmen sich selbst innerhalb eines Landes sehr deutlich unterscheidet.

Weiterhin wurde eine Momentum-Analyse durchgeführt, bei der die Kurseinflüsse von Veränderungen der Corporate Governance-Standards gemessen wurden. Das Momentum gibt Aufschluss über Tempo und Kraft von Kursbewegungen sowie über Trendumkehrungen, indem es die Kraft eines Kurszyklus misst.[384] Dabei werden die Zuwachsraten der Kurse betrachtet.

Investitionen in Unternehmen mit der höchsten Corporate Governance-Qualität weisen gegenüber Unternehmen mit der schlechtesten Corporate Governance eine signifikant bessere Aktienkursperformance auf. Folglich ist es für Investoren lohnend, Corporate Governance bei ihren Investitionsentscheidungen zu berücksichtigen. Das wurde verdeutlicht anhand zweier Portfolios aus Aktien des S&P 500-Index, wobei die Auswahl der Aktien ausschließlich anhand von Corporate Governance-Kriterien gefällt wurde. Der Kursunterschied am Ende einer zweijährigen Periode zwischen Aktien eines Portfolios, mit einer überdurchschnittlichen Corporate Governance-Beurteilung und einem positiven Momentum, und Aktien eines Portfolios, mit einer unterdurchschnittlichen Corporate Governance-Beurteilung und einem negativen Momentum, betrug 18,9%.[385] Nach einem Vergleich der Einflussfaktoren für die Kursentwicklung konnten insbesondere starke Auswirkungen des Momentum-Effekts auf

---

383 Vgl. Grandmont/Grant/Silva (2004).

384 Vgl. Steiner/Bruns (2000), S. 260.

385 Ein ähnliches Ergebnis hat sich bei der gleichen Vorgehensweise für britische Unternehmen des FTSE 350-Index ergeben. Vgl. Grandmont/Grant/Silva (2004), S. 12f.; siehe auch: Grant (2005), S. 11.

den Kurs beobachtet werden. Demnach wird gefolgert, dass Unternehmen, die Maßnahmen zur Verbesserung der Corporate Governance-Standards des Unternehmens ergriffen haben, die Unternehmen outperformen, in denen Maßnahmen umgesetzt wurden, die sich schlecht auf die Corporate Governance des Unternehmens auswirken.[386]

Eine weitere Untersuchung, die im Rahmen dieser Studie durchgeführt wurde, stellte die Frage, ob Corporate Governance die Profitabilität eines Unternehmens beeinflusst.[387] Dabei wurden drei Profitabilitätsmaße zugrunde gelegt: Return-on-Equity (ROE), Return-on-Assets und die EBITDA-Marge. Die Untersuchung legt dar, dass, auf Grundlage der Beurteilung der Corporate Governance eines Unternehmens, die Unternehmen mit den 20% besten Corporate Governance-Beurteilungen (ROE von 15,9%) profitabler sind als die Unternehmen mit den 20% schlechtesten Corporate Governance-Beurteilungen (ROE von 1,5%). Vergleichbare Werte konnten bei der Untersuchung auf Grundlagen der EBITDA-Marge beobachtet werden.[388]

Die genannten Ergebnisse der Untersuchung deuten darauf hin, dass ein deutlicher Zusammenhang zwischen der Corporate Governance-Beurteilung und dem Unternehmenswert besteht.[389] Diese Schlussfolgerung lässt vermuten, dass nicht alle Investoren Corporate Governance zeitnah bei ihren Bewertungen zur Beurteilung von Investitionsentscheidungen berücksichtigen. Die Investoren scheinen zudem auf schlechte Corporate Governance-Nachrichten zu reagieren, anstatt mögliche Probleme zu antizipieren, was auch die jüngsten Unternehmenszusammenbrüche gezeigt haben. Folglich besteht eine Zeit- und Informationslücke, die bewirkt, dass Investoren die Corporate Governance-Struktur nicht umgehend in ihre Investitionsentscheidungen integrieren.

---

[386] Vgl. Grandmont/Grant/Silva (2004), S. 11; Grant (2005), S. 12.

[387] Vgl. Grandmont/Grant/Silva (2004), S. 14 ff.

[388] Auch GovernanceMetrics International zeigen einen Zusammenhang zwischen ihrem Corporate Governance-Rating und der Unternehmensprofitabilität anhand der Maße ROE, ROA und ROC (Return-on-Capital) auf. Vgl. GovernanceMetrics International (2006).

[389] Vgl. Grandmont/Grant/Silva (2004), S. 20f.

III. 2.4.2 Corporate Governance-Überrenditen

III. 2.4.2.1 Erklärungsansätze für die Corporate Governance-Überrenditen

Die genannten Studien haben gezeigt, dass sich Überrenditen aufgrund der Ausprägung der Corporate Governance eines Unternehmens erzielen lassen. Die Ergebnisse stellen somit die *Markteffizienzhypothese* in Frage.[390] Bei Gültigkeit der *Markteffizienzhypothese* ist von einer langfristigen Eliminierung der Überrenditen auszugehen. Bei einer signifikanten und dauerhaften Existenz von Überrenditen würde eine Verletzung der *Markteffizienzhypothese* in der schwachen Form vorliegen. Eine weitere Ursache von langfristigen abnormalen Renditen kann auch die Wahl eines falschen Bewertungsmodells sein bzw. es kann eine unvollständige Erfassung des Risikos vorgenommen worden sein.[391]

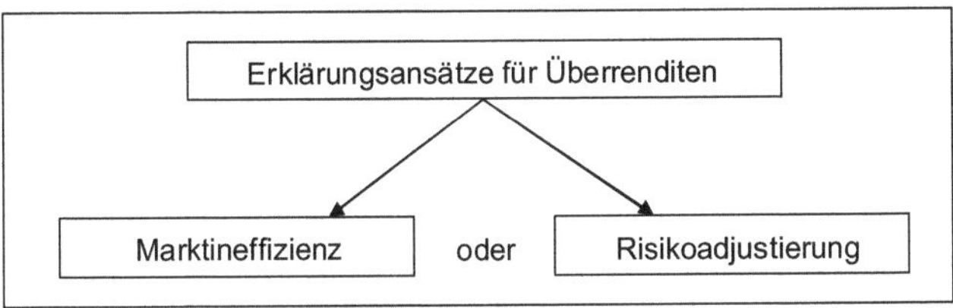

***Abbildung 16:* Erklärungsansätze für die Erzielung von Überrenditen**[392]

III. 2.4.2.2 Corporate Governance-Anomalie

III. 2.4.2.2.1 Kapitalmarktanomalien

Anomalien stellen empirisch signifikante Abweichungen von einem durch eine Theorie postulierten Verhalten dar.[393] Die Kapitalmarktanomalien widersprechen der Annahme homogener Erwartungen rationaler Anleger. Neben einer möglichen *Corpora-*

---

390 Vgl. Moorman (2004), S. 17 ff. m.w.N.

391 Vgl. Moorman (2004).

392 „(...) tests of risk-adjusted returns are *joint tests* of the efficient market hypothesis *and* the risk adjustment procedure. If it appears that a portfolio strategy can generate superior returns, we must then choose between rejecting the EMH and rejecting the risk adjustment technique. Usually the risk adjustment technique is based on more questionable assumptions than is the EMH; by opting to reject the procedure, we are left with no conclusion about market efficiency." Bodie/Kane/Marcus (2002), S. 359; vgl. Lakonishok/Shleifer/Vishny (1994), S. 1564; Roßbach (2001); Schwert (2003), S. 939; Fama/French (2004), S. 37-41.

te Governance-Anomalie, wie sie gemäß der dargestellten empirischen Ergebnisse vermutet werden kann, sind in früheren Studien am Kapitalmarkt eine Reihe von Anomalien beobachtet worden, die nicht in Übereinstimmung mit den restriktiven Prämissen des vollkommenen Kapitalmarktes gebracht werden können (u.a. Kleinfirmeneffekt, Kalenderzeiteffekte wie Januareffekt, Wochenendeffekt, Feiertagseffekt).[394]

III. 2.4.2.2.2 Marktineffizienz und Behavioral Finance

Einen Erklärungsansatz für die gezeigte *Corporate Governance-Anomalie* bietet die *Behavioral Finance*.[395] SHILLER beschreibt diesen Forschungsansatz der Betriebswirtschaftslehre wie folgt: „Behavioral finance - that is, finance from a broader social science perspective including psychology and sociology - is now one of the most vital research programs, and it stands in sharp contradiction to much of efficient markets theory."[396] *Behavioral Finance* befasst sich mit dem Studium der menschlichen Fehlbarkeit in Märkten unter Wettbewerbsbedingungen. Sie ermöglicht eine neue Betrachtungsweise auf Finanzmärkten. Dabei wird untersucht, was auf einem Markt geschieht, auf dem unwissende Investoren zusammen mit vollständig rationalen Arbitrageuren agieren.[397] Dieser Theorie zufolge müssen Finanzmärkte nicht effizient sein, sondern man geht sogar davon aus, dass systematische und signifikante Abweichungen von der Markteffizienz sich über lange Zeiträume halten können.[398]

Die *Behavioral Finance* geht von zwei Hauptbeobachtungen aus.[399] Die erste Beobachtung befasst sich mit den Arbitragemöglichkeiten in der realen Welt. Unter Arbitrage versteht man den Handel, der Preisunterschiede für gleiche Güter in verschiedenen Märkten zum Zweck der sicheren Gewinnerzielung nutzt.[400] Dabei nimmt man

---

393 Vgl. Roßbach (2001), S. 7; Schwert (2003), S. 939.

394 Vgl. French (1980); Jacobs/Levy (1988); Steiner/Bruns (2000), S. 45; Roßbach (2001), S. 8; Schwert (2003); Perridon/Steiner (2004), S. 292.

395 Vgl. Moorman (2004) zur Diskussion unterschiedlicher Behavioral Finance-Ansätze im Zusammenhang mit den gezeigten Corporate Governance-Anomalien.

396 Shiller (2003), S. 83.

397 Vgl. Shleifer (2001), S. 24.

398 Vgl. Shleifer (2001), S. 2. DeBondt/Thaler haben gezeigt, dass viele Aktionäre auf unerwartete Nachrichten überreagieren und dass sich die Fehlbewertungen über einen langen Zeitraum halten können. Vgl. DeBondt/Thaler (1985).

399 Vgl. Shleifer (2001), S. 24.

400 Vgl. Shleifer/Vishny (1997b), S. 35.

in der *Behavioral Finance* an, dass Arbitrage, im Gegensatz zum theoretischen Ansatz, in der realen Welt riskant und somit begrenzt ist.[401] Die Effektivität von Arbitrage setzt gute Substitute voraus, die nicht überbewertet sein dürfen. Selbst bei guten Substituten bleibt Arbitrage riskant und begrenzt, da Preise nicht umgehend zu ihrem fundamentalen Wert konvergieren. Begrenzte Arbitragemöglichkeiten können erklären, warum Preise nicht zwingend in richtiger Höhe auf Informationen reagieren und warum Preise sich verändern, obwohl keine neuen Informationen vorliegen.

Die zweite Beobachtung der *Behavioral Finance* ist die subjektive Wahrnehmung (investor sentiment) von Investoren.[402] Dadurch wird versucht zu erklären, wie Investoren in der realen Welt sich ihre Einschätzungen und Bewertungen bilden und wonach ihre Nachfrage nach Wertpapieren ausgerichtet wird (Über- und Unterreaktionen). Die Beobachtungen von begrenzter Arbitrage und den Einschätzungen über die Empfindung von Investoren kann möglicherweise helfen, zutreffende Voraussagen über die Entwicklung von Wertpapierkursen und Renditen zu treffen.

III. 2.4.2.2.3 Beständigkeit von Kapitalmarktanomalien

Der Nachweis von Anomalien in der Vergangenheit beweist nicht gleichzeitig, dass sie auch zukünftig bestehen werden, wobei sich die Frage nach der Anzahl von Beobachtungen für eine aussagekräftige Überprüfung stellt.[403] Gegen Anomalien wird z.T. auch eingewendet, dass sie unter Beachtung von Transaktionskosten oft nicht profitabel ausnutzbar sind und somit nicht als Nachweis für Ineffizienz gewertet werden können.[404] Anomalien, die durch Transaktionskosten verursacht werden, stehen nicht im Widerspruch zu rationalem Verhalten der Investoren. Die festgestellten Corporate Governance-bedingten Überrenditen hingegen scheinen die Höhe von Transaktionskosten zu übersteigen.

FAMA zeigt, dass es eine Reihe von empirischen Ergebnissen gibt, die langfristige Renditeanomalien zeigen.[405] Diese empirischen Ergebnisse führen aber nicht zwin-

---

401 Vgl. Shleifer/Vishny (1997b); Shleifer (2001), S. 13, 24.
402 Vgl. Barberis/Shleifer/Vishny (1998).
403 Vgl. Peters (1999), S. 104.
404 Vgl. French (1980), S. 68.
405 Vgl. Fama (1998).

gend dazu, dass die *Markteffizienzhypothese* abgelehnt werden soll. FAMA zieht vielmehr den Schluss, dass die Anomalien zufällige Ergebnisse sind und dass es sowohl offensichtliche Überreaktionen gibt, die sich in den Aktienkursen widerspiegeln, als auch Unterreaktionen.[406] Er sieht die langfristigen Rendite-Anomalien als schwach an und folgert, dass sie dazu neigen zu verschwinden.

SCHWERT merkt darüber hinaus an, dass die in einer Reihe von empirischen Arbeiten beobachteten Anomalien nicht in mehreren Untersuchungsperioden Bestand hatten.[407] Es war festzustellen, dass u.a. der Size-Effect und der Value-Effect verschwanden, nachdem die Beobachtung dieser Effekte veröffentlicht wurde. Gleichzeitig begannen Praktiker Investmentprodukte zu entwickeln, die die beobachteten Effekte zu implementieren versuchten. SCHWERT folgert: „All of these findings raise the possibility that anomalies are more apparent than real."[408] Weiterhin stellt er die Überlegung an, dass das Wirken von Praktikern, die Strategien entwickeln, um aus den beobachteten Anomalien einen finanziellen Vorteil zu ziehen, dazu führen kann, dass die Anomalien verschwinden.[409] Die Untersuchungsergebnisse tragen somit dazu bei, dass der Markt effizienter wird.

III. 2.4.3 Corporate Governance und die Eigenkapitalkosten

III. 2.4.3.1 Corporate Governance-bedingte Risikoadjustierung

Anders stellt sich der Fall dar, wenn es tatsächlich einen zusätzlichen Risikofaktor gibt, der von Corporate Governance-Regelungen abhängig ist und sich mit den bisher bekannten Modellen nicht erklären lässt. Dann hängt eine weitergehende Erklärung der empirischen Ergebnisse, neben den bisher genannten Erklärungsansätzen, von einer Theorie ab, die in der Lage wäre zu erklären, warum und wie Corporate Governance mit dem eingepreisten Risiko zusammenhängt.[410]

---

[406] Vgl. Fama (1998), S. 304.
[407] Vgl. Schwert (2003), S. 970.
[408] Schwert (2003), S. 970.
[409] Vgl. Schwert (2003), S. 970.
[410] Vgl. Cremers/Nair (2005), S. 2890.

In mehreren Studien sind neben dem Beta-Faktor weitere Kriterien ermittelt worden, die die Vorhersage künftiger Renditen ermöglichen (u.a. Marktkapitalisierung, Momentum, Price-to-Earnings-Ratio, Book-to-Market-Ratio und die Dividendenrendite).[411] Demnach scheinen Abhängigkeiten zu anderen im Standard-Kapitalmarktmodell als irrelevant identifizierten Einflussgrößen zu bestehen.

Ein Erklärungsansatz lautet, dass die Renditeunterschiede durch unterschiedliche Risikostrukturen oder andere Charakteristika hervorgerufen werden, die nicht in den Studien berücksichtigt worden sind. Diese Erkenntnisse wurden aufgegriffen und in Modelle zur Messung von Renditen integriert.[412] Eine Interpretation, die diese Kriterien als Stellvertreter für Risikofaktoren darstellt, würde eine Vereinbarkeit der Erkenntnisse mit der *Markteffizienzhypothese* erlauben. FAMA/FRENCH haben in ihrem Drei-Faktoren-Modell gezeigt, dass die Rendite eines gut diversifizierten Portfolios von dem Marktrisiko, einem Größenfaktor und einem Book-to-Market-Faktor abhängt.[413] Die erwartete Rendite kann demnach durch die Bestimmung der drei einzelnen Risikoprämien durch Mehrfachregression bestimmt werden.

Mehrere Untersuchungsergebnisse sprechen dafür, dass sich die Corporate Governance-Struktur über die Eigenkapitalkosten auf den Unternehmenswert auswirkt.[414] NORTH sieht in diesem Sinne auch den Zinssatz auf einem Kapitalmarkt als offensichtlichsten Maßstab für die Effizienz der institutionellen Rahmenbedingungen.[415] Im Folgenden werden daher Ansätze dargelegt, die einen möglichen Zusammenhang zwischen der Corporate Governance-Struktur eines Unternehmens und den Eigenkapitalkosten erklären können.

III. 2.4.3.2 Corporate Governance und die Aktienkursvolatilität

In der Studie von GRANDMONT/GRANT/SILVA wurde der Zusammenhang zwischen der Corporate Governance-Beurteilung eines Unternehmens und der Aktienkursvolatilität

---

411 Vgl. Basu (1977); Banz (1981); Fama/French (1992); Fama/French (1993); Jegadeesh/Titman (1993); Lakonishok/Shleifer/Vishny (1994); Fama/French (1996), S. 1956.
412 U.a. das Drei-Faktoren-Modell von Fama/French (1993).
413 Vgl. Fama/French (1992); Fama/French (1993); Fama/French (2004), S. 38-40.
414 Vgl. Chen/Chen/Wei (2004a); Ashbaugh-Skaife/Collins/LaFond (2006a).
415 Vgl. North (1990), S. 69; Rajan/Zingales (1998), S. 561.

untersucht.[416] Dabei hat sich gezeigt, je besser die Corporate Governance-Beurteilung ausfällt, desto niedriger ist die Volatilität des Aktienkurses.[417] Die Volatilität stellt das *Gesamtrisiko* einer Anlage dar. Das *Gesamtrisiko* einer Anlage besteht in der zukünftigen Schwankungsbreite des Kurses um einen erwarteten Mittelwert (Standardabweichung). Je weiter die Streuung der Kurse um den Referenzwert ausfällt, desto höher wird die Volatilität und umso risikoreicher wird die Investition. Die Volatilität ist die Summe aus dem *systematischen* (Betafaktor) und dem *unsystematischen Risiko* (Korrelation).[418]

Gesamtrisiko = systematisches Risiko + unsystematisches Risiko

Weitergehend stellt sich die Frage, ob die unternehmensspezifische Corporate Governance einen *systematischen* oder *unsystematischen Risikofaktor* darstellt. Das CAPM berücksichtigt nur das *systematische Risiko* eines Wertpapiers, das die Schwankungen der Rendite eines Wertpapiers bezeichnet, die sich bei Schwankungen der Rendite des Gesamtmarkts ergeben. Das *unsystematische Risiko* bezeichnet dagegen Risiken durch Schwankungen der Rendite eines Wertpapiers, die unabhängig vom Gesamtmarkt zustande kommen.

III. 2.4.3.3 Das Modell von Lombardo/Pagano

LOMBARDO/PAGANO haben ein Zwei-Länder-Modell entwickelt, um die erwarteten Agency-Kosten, die durch den Konflikt zwischen internen und außenstehenden Aktionären ausgelöst werden können, im CAPM zu erfassen. Ihr Modell dient dazu, die Beziehung zwischen Corporate Governance und den Kapitalkosten darzustellen. Ausgangspunkt der Untersuchung war das Ergebnis der Studie von LA PORTA ET AL., die eine positive Korrelation zwischen dem Umfang des extern zur Verfügung gestellten Eigenkapitals und der Qualität des rechtlichen Umfeldes festgestellt hat.[419]

---

416 Vgl. Grandmont/Grant/Silva (2004), S. 19.

417 Vgl. Grandmont/Grant/Silva (2004), S. 19; siehe auch: Institutional Shareholder Services (2005), S. 3; Garmaise/Liu (2005). Im Gegensatz dazu kommt Yen (2005) zu dem Ergebnis, dass Unternehmen mit einer guten Corporate Governance eine hohe Aktienkursvolatilität aufweisen.

418 Vgl. Steiner/Bruns (2000), S. 54, 57.

419 Vgl. La Porta et al. (1997); Lombardo/Pagano (2000).

LOMBARDO/PAGANO haben gezeigt, dass auf international vollkommen integrierten Aktienmärkten jede Verbesserung des rechtlichen Umfeldes die von Investoren verlangte Rendite entweder senkt oder zumindest konstant hält. Dabei können durch gute Corporate Governance die Eigenkapitalkosten gesenkt werden, indem die erforderlichen Kontroll- und Informationskosten verringert werden.[420]

Das Rechtssystem kann den Eigenkapitalmarkt in drei Weisen beeinflussen:[421] Es kann sich auf den Anteil der Erträge eines Unternehmens auswirken, die die Manager als Sondervorteile realisieren können. Auch bestimmt das rechtliche Umfeld die Höhe der Rechtsberatungs- und Prüfungskosten, die Anteilseignern entstehen, um sicherzustellen, dass das Management Erträge ausschüttet. Beispielsweise verringern bessere Rechnungslegungsstandards die Kontrollkosten, da auf externe Beratung verzichtet werden kann. Weiterhin ermöglicht eine bessere Durchsetzung des Rechts Unternehmen die Ausweitung ihrer vertraglichen Beziehungen mit Lieferanten und Kunden, da die Einklagbarkeit vor Gericht zu geringen Kosten möglich ist. Die Ausdehnung der vertraglichen Beziehungen wiederum ermöglicht eine Ausdehnung der geschäftlichen Tätigkeit und kann somit zu höheren Erträgen führen.

Ausgangspunkt des Modells sind zwei geografische Investitionsregionen: ein kleines Land (Heimatmarkt) (h) und der Rest der Welt (w). Es wird angenommen, dass der Kapitalmarkt des kleinen Landes in die Kapitalmärkte des Rests der Welt gut integriert ist. Das Land wird von N_h Investoren des Landes bewohnt, der Rest der Welt hingegen durch N_w Investoren der Welt. Dabei kann ein Anteil von λ dieser N_w Investoren auch in dem Heimatmarkt investieren, die sogenannten globalen Investoren (g). Die verbleibenden (1- λ) N_w Investoren können dagegen nur im Weltmarkt investieren, weil sie durch Transaktions- oder Informationskosten vom Heimatmarkt abgehalten werden. Sie sind die sogenannten ausländischen Investoren (f). Damit stellt λ den Grad der internationalen Integration dar, wobei λ = 0 bedeutet, dass keine internationale Präsenz auf dem Heimatmarkt besteht.[422] Bei λ = 1 sind beide Märkte vollständig integriert.

---

[420] Vgl. Lombardo/Pagano (2002).
[421] Vgl. Lombardo/Pagano (2002), S. 7f.
[422] Vgl. zur Segmentierung bzw. Integration von Kapitalmärkten u.a. Errunza/Miller (2000). Der Grad der Segmentierung von Kapitalmärkten bestimmt, inwieweit auf einem Kapitalmarkt Barrieren aufgestellt sind, die den freien Zu- und Abfluss von Kapital in bzw. aus anderen Kapitalmärkten be-

Die Rendite des Eigenkapitals auf dem Heimatmarkt $\widetilde{R}_h$ ist eine Zufallsvariable mit dem Mittelwert 1 + μ_h und einer Standardabweichung von σ_h. Dementsprechend sehen diese Variablen bei dem Weltportfolio aus ($\widetilde{R}_w$, 1 + μ_w, σ_w). Die Kovarianz zwischen beiden Renditewerten beträgt demnach σ_{hw}. Die Rendite $\widetilde{R}_h$ entspricht den Cash Flows, die ein Investor pro Dollar des in Eigenkapital des Heimatmarktes investierten Kapitals erzielt, netto unter Abzug aller durch das Management erzielten Sondervorteile. Dabei wird angenommen, dass das Management sich diese Cash Flows vollständig aneignen kann, bis die Anteilseigner Rechtsberatungs- und Prüfungskosten c pro Dollar des in den Heimatmarkt investierten Kapitals zahlen, um die Zuverlässigkeit der Zahlen des Unternehmens zu gewährleisten. Aber selbst diese Kosten sind nicht dazu geeignet, Agency-Kosten in vollem Umfang zu eliminieren. So können Manager weiterhin einen Anteil d der Unternehmenserträge zu ihrem eigenen Vorteil nutzen. Damit gewährleisten die Kosten c lediglich, dass nicht weniger als 1 - d der Gesamtrendite an die Anteilseigner gezahlt wird. Zur Vereinfachung des Modells wird angenommen, dass auf dem Weltmarkt weder Agency-Probleme bestehen noch dass Kosten aufgewendet werden müssen, um die Renditezahlungen vor dem Management zu sichern.

Die erwartete Rendite des Heimatmarktes kann dabei in Form der Kapitalangebotsfunktion für Unternehmen auf dem Heimatmarkt wie folgt ausgedrückt werden:[423]

$$\mu_h = r + c + b(\sigma_h^2 - \frac{\sigma_{hw}^2}{\sigma_w^2})\frac{X_h^S}{N_h + \lambda N_w} + \beta_h(\mu_w - r)$$

wobei gilt:

β_h = $\frac{\sigma_{hw}}{\sigma_w^2}$ $\quad$ b = Grad der Risikoaversion eines Investors

X_h^S = Eigenkapitalangebot für Unternehmen auf dem Heimatmarkt

Die verlangte Rendite ist dabei eine steigende Funktion des pro Einheit durch heimische und globale Investoren an Unternehmen im Heimatmarkt zur Verfügung gestellten Eigenkapitals. Wenn der Grad der internationalen Integration λ steigt, dann flacht die Angebotskurve ab. Mit steigender Zahl ausländischer Investoren sinkt

hindern. Solche Barrieren können in Form von gesetzlichen Kontrollen der Zu- und Abflüsse des Kapitals, hoher Besteuerung, unangemessener Marktregulierung, geringem Anlegerschutz und geringen Informations- und Offenlegungsverpflichtungen bestehen. Vgl. Errunza/Miller (2000), S. 584.

das Eigenkapitalrisiko auf dem Heimatmarkt jedes dieser Investoren. Bei einem Verhältnis von $\frac{N_w}{N_h} \rightarrow \infty$ wird die Eigenkapitalangebotskurve und damit die risikoadjustierte Renditeforderung vollständig elastisch. Letztere ergibt sich als Summe des risikofreien Zinssatzes, des Risikozuschlags und der Kosten c:

$$\mu_h - r = c + \beta_h(\mu_w - r)$$

Aus dieser Gleichung folgt, dass unter den Bedingungen des CAPM im Gleichgewicht systematische Unterschiede in den risikoadjustierten Renditeerwartungen bestehen können, falls Transaktionskosten wie Rechtsberatungs- und Prüfungskosten c sich systematisch zwischen den Ländern unterscheiden.[424] Folglich zahlen Unternehmen in einem Land, in dem Investoren höhere Monitoringkosten als Folge schlechterer Corporate Governance zahlen müssen, höhere Renditen als vergleichbare Unternehmen in einem anderen Land mit besserer Corporate Governance. Diesen Zusammenhang haben LOMBARDO/PAGANO anhand folgender Grafik dargestellt.

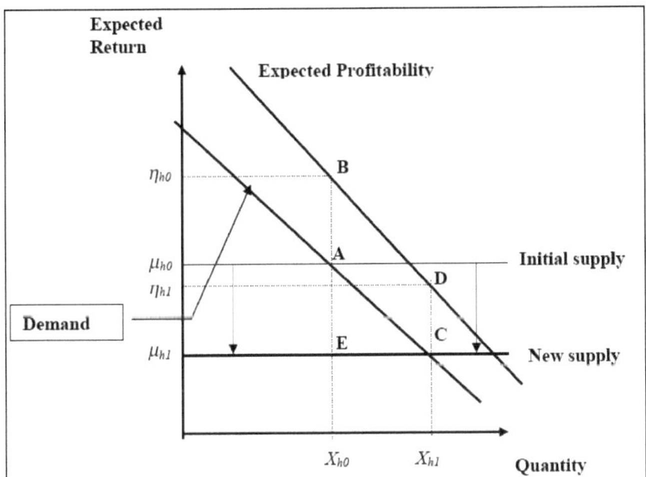

Abbildung 17: **Verringerung der Rechtsberatungs- und Prüfungskosten auf integrierten Märkten**[425]

[423] Vgl. zur Herleitung: Lombardo (2000), S. 8f; Lombardo/Pagano (2002), S. 10.
[424] Vgl. Lombardo (2000), S. 9.
[425] Lombardo/Pagano (2002), S. 26.

Die Abbildung zeigt die Veränderungen der Renditeerwartungen bei einer vollständig elastischen Eigenkapitalangebotskurve. Die Eigenkapitalangebotskurve ist bei vollständiger internationaler Integration flach. Demnach sind Investoren bereit, jeden Betrag an Eigenkapital zu der jeweiligen Renditeerwartung zur Verfügung zu stellen. Bei Verringerung der Kontrollkosten c steigt der Umfang der Eigenkapitalfinanzierung von X_{h0} auf X_{h1} an. Folglich sinkt auch die Renditeerwartung von μ_{h0} auf μ_{h1} (von Punkt A auf Punkt C), da die Investoren nun weniger Mittel zur Durchsetzung ihrer Ansprüche aufwenden müssen. Die Kapitalkosten für Unternehmen sinken von η_{h0} auf η_{h1} (von Punkt B auf Punkt D).

Die schräge Linie (Expected Profitability) steht für die Rendite, die Unternehmen bei dem jeweiligen Eigenkapitalumfang generieren können, und sieht eine sinkende Grenzproduktivität des Kapitals ohne Abzug der durch das Management realisierten Sondervorteile vor. Die Nachfragelinie (Demand) nach Eigenkapital zeigt die Rendite unter Abzug der Sondervorteile des Managements. Demnach beschreibt die Differenz zwischen der Nachfragelinie und der erwarteten Profitabilität (Expected Profitability) den Faktor d, der den Umfang der durch das Management genutzten Cash Flows in Form von Sondervorteilen anzeigt. Je geringer d ist, desto geringer ist die Distanz zwischen beiden Linien.

Der Gleichgewichtspunkt, der die von einem Investor erwartete Rendite anzeigt, befindet sich an dem Schnittpunkt von Nachfrage- und Angebotskurve (Punkt A). Der Gleichgewichtspunkt für ein Unternehmen kann von der Linie der erwarteten Profitabilität am Punkt B abgelesen werden. Diese erwartete Profitabilität wird auch Schattenkosten genannt, da sie den Umfang der Agency-Probleme anzeigt. Bei Unternehmen mit schlechterer Corporate Governance ist die Differenz zwischen den Schattenkosten und der durch die Anteilseigner erwarteten Rendite größer als bei Unternehmen mit besserer Corporate Governance.

Eine Verbesserung des Rechtssystems, die die Sondervorteile d des Managements verringert, führt zu einer Erhöhung der Nachfragekurve (demand), da Manager mehr

Erträge an die außenstehenden Aktionäre weiterleiten.[426] Folglich ist bei geringeren Sondervorteilen die Nachfragekurve auch näher an der Linie „Expected Profitability".

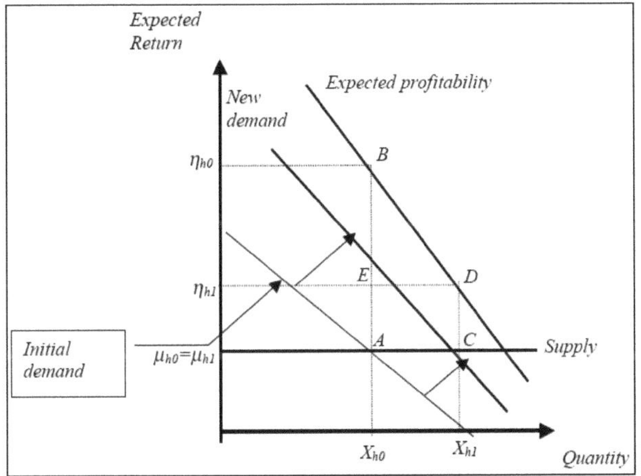

***Abbildung 18:* Verringerung der Sondervorteile auf integrierten Märkten**[427]

Die Verringerung der Sondervorteile d verschiebt den Gleichgewichtspunkt von A nach C, wobei die Rendite, da sie vollständig elastisch ist, konstant bei μ_{h0} bleibt. Die Eigenkapitalkosten hingegen sinken von η_{h0} auf η_{h1} (von B nach D). Das zur Verfügung gestellte Eigenkapital steigt von X_{h0} auf X_{h1}.

Investoren müssen externe Monitoringkosten aufwenden, um sicher zu stellen, dass sie Auszahlungen aus dem Unternehmen erhalten. Daher müssen auf integrierten Märkten niedrigere Renditen an Investoren gezahlt werden, wenn die Kontrollkosten in einem Land niedriger sind als in dem anderen Land, so dass folglich die Kapitalkosten niedriger sind. Daher kann Corporate Governance die Eigenkapitalkosten durch die Verringerung der Kosten für externes Monitoring durch außenstehende Investoren verringern. Niedrigere Kontrollkosten sind wiederum durch bessere Corporate Governance-Standards erreichbar. Es wird folglich gezeigt, dass unter den dargelegten Modellbedingungen im Gleichgewicht Unterschiede in den Renditeerwartungen bestehen können, falls die Corporate Governance-Standards zwischen den

[426] Vgl. Lombardo/Pagano (2002), S. 25.
[427] Lombardo/Pagano (2002), S. 25.

Ländern unterschiedlich sind. Ursächlich dafür ist die Transaktionskostenkomponente, die die Monitoringkosten beinhaltet.

Der theoretische Erklärungsansatz von LOMBARDO/PAGANO, nach dem schlechtere Corporate Governance-Standards in integrierten Märkten zu höheren Kapitalkosten führen, steht dabei im Gegensatz zu der dargestellten empirischen Beobachtung von GOMPERS/ISHII/METRICK, nach der Unternehmen mit stärkeren Aktionärsrechten signifikant höhere Aktienrenditen aufweisen als Unternehmen mit schlechten Corporate Governance-Standards.

III. 2.4.3.4 Corporate Governance und das systematische Risiko

III. 2.4.3.4.1 Der Einfluss von Corporate Governance auf das systematische Risiko

Corporate Governance kann sich auf das *systematische Risiko* auswirken, indem sie das nicht diversifizierbare Schädigungsrisiko durch Unternehmensinsider reduziert.[428] Dabei wird argumentiert, dass der Grad des Schädigungsrisikos durch Unternehmensinsider von den alternativen Investitionsmöglichkeiten und den Kosten von Schädigungshandlungen abhängt.[429] LEMMON/LINS zeigen, dass die Finanzkrise in Ostasien im Jahr 1997 ein negativer Schock für die Investitionsmöglichkeiten von Unternehmen in diesem Markt war.[430] Dieser Schock hat die Anreize der kontrollausübenden Aktionäre erhöht, Minderheitsaktionäre zu schädigen. Demnach konnte beobachtet werden, dass die Aktienrenditen von Unternehmen, in denen Manager einen hohen Anteil an Kontrollrechten hatten und die die Verfügungsrechte von den Cash Flow-Rechten getrennt hatten, zur Zeit der Krise um 10 bis 20% unter der Rendite anderer Unternehmen lag.[431] Daher scheinen die Schädigungshandlungen durch Unternehmensinsider eine Komponente zu beinhalten, die von den Marktbedingungen abhängt und somit nicht diversifizierbar ist.[432] Es wird vermutet, dass Unternehmensinsider die Minderheitsaktionäre mehr schädigen, wenn die Marktlage

---

[428] Vgl. Chen/Chen/Wei (2004a), S. 7, 19.
[429] Vgl. Lemmon/Lins (2003); Chen/Chen/Wei (2004a), S. 7; Durnev/Kim (2005).
[430] Vgl. Lemmon/Lins (2003), S. 1466.
[431] Vgl. Lemmon/Lins (2003), S. 1447; siehe auch Johnson et al. (2000a).
[432] Vgl. Chen/Chen/Wei (2004a), S. 7.

schlecht ist, und weniger schädigen, wenn die Marktlage gut ist.[433] Als Ursache für diesen Zusammenhang wird gesehen, dass bessere Investitionsmöglichkeiten höhere Opportunitätskosten für Schädigungshandlungen verursachen.[434] Die negative Beziehung zwischen den Schädigungshandlungen und den Marktbedingungen kann das *systematische Risiko* eines Unternehmens erhöhen, was dann wiederum mit höheren Kapitalkosten verbunden ist.[435]

Auch empirische Untersuchungen weisen einen Zusammenhang zwischen Corporate Governance und dem *systematischen Risiko* (Beta) auf. So konnten ASHBAUGH/COLLINS/LAFOND einen Zusammenhang zwischen den Corporate Governance-Faktoren Eigentümerstruktur, Stakeholder-Rechten, Aufsichtsratsstruktur und Beta ausmachen.[436]

GARMAISE/LIU zeigen anhand ihres Modells und ihrer empirischen Untersuchung, dass sich ein Zusammenhang zwischen Corporate Governance und den Kapitalkosten, gemessen anhand von Beta, darstellen lässt.[437] Sie zeigen, dass die Zuteilung von Entscheidungsrechten über Investitionsentscheidungen an das Management die Aktionäre größeren Schwankungen am Markt aussetzt, da Manager eine Präferenz für große Investitionsprojekte haben und zum Empire Building neigen. Die größeren Marktschwankungen infolge der Überinvestitionen sind unter guten wirtschaftlichen Bedingungen vorteilhaft, führen unter schlechten wirtschaftlichen Bedingungen hingegen zu überhöhten Verlusten. Folglich steigt das Beta des Unternehmens mit dem Überinvestitionsniveau an. Uneffektive Corporate Governance in Verbindung mit einem unehrlichen Management führen daher zur Erhöhung des *systematischen Risikos* (Beta). Diesen Zusammenhang konnten sie auch empirisch darlegen. Das Agency-Risiko wird zusammen mit der Delegation von Verfügungsrechten über Investitionsentscheidungen an die Manager zum Teil im Beta erfasst.

---

433 Vgl. Johnson et al. (2000a); Chen/Chen/Wei (2004a), S. 7f; Durnev/Kim (2005).
434 Vgl. Chen/Chen/Wei (2004a), S. 7; Durnev/Kim (2005), S. 1462.
435 Vgl. Chen/Chen/Wei (2004a), S. 7.
436 Vgl. Ashbaugh-Skaife/Collins/LaFond (2006a).
437 Vgl. Garmaise/Liu (2005).

III. 2.4.3.4.2 Der Einfluss der Informationsasymmetrie auf das systematische Risiko

Corporate Governance kann die Eigenkapitalkosten auch durch die Einschränkung der Informationssymmetrie beeinflussen.[438] Neben der *Informationsasymmetrie*, die zwischen dem Management und den Aktionären besteht, können auch die Mehrheitsaktionäre über mehr Informationen als die Minderheitsaktionäre verfügen und das zu ihrem eigenen Vorteil ausnutzen.[439]

Die traditionellen Bewertungsmodelle gehen von der statischen Sichtweise aus, dass unter Markteffizienz alle Informationen bereits in den Aktienkurs einbezogen sind und daher nicht bei Bewertungen berücksichtigt werden müssen.[440] Bei einer dynamischen Sichtweise stellt die Effizienz einen Prozess dar, bei dem stetig neue Informationen verarbeitet werden müssen. Eine zentrale Frage bei dieser Überlegung lautet, ob Unterschiede in der Informationsqualität zwischen Unternehmen trotz Diversifizierung des Portfolios eines Investors weiterbestehen.[441] Es kann argumentiert werden, dass die Informationsqualität eines Unternehmens sich nicht in den Kapitalkosten eines Unternehmens widerspiegelt, da die Informationsqualität ein *unsystematisches Risiko* ist und folglich in breit gestreuten Portfolios wegdiversifiziert wird. Demnach gleicht sich die Informationsqualität der Unternehmen in einem Portfolio aus, da es Unternehmen mit guter und schlechter Informationsqualität enthält.

Dementgegen konnten PATEL/DALLAS in einer Untersuchung bei mehr als 1.500 Unternehmen einen Zusammenhang zwischen der Transparenz und Offenlegungspolitik eines Unternehmens und dem Marktrisiko (*systematischen Risiko*) feststellen.[442] Sie zeigen eine inverse Beziehung zwischen der Transparenz und Offenlegungspolitik eines Unternehmens und dem Marktrisiko, so dass Unternehmen mit geringer Transparenz und schlechter Offenlegungspolitik ein hohes Marktrisiko aufweisen. Dieser Zusammenhang wird so erklärt, dass eine schlechte Offenlegungspolitik dazu führt,

---

[438] Siehe zu den Bewertungsansätzen für das Informationsasymmetrierisiko Kapitel VII. 3.7.

[439] „(Informational) asymmetries may arise as a by-product of the monitoring activity itself, which may include careful studies of the firm's performance and managerial decisions and might involve direct contact between the large shareholders and management. This raises the possibility that the large shareholder will be able to make trading profits on the basis of such information." Admati/Pfleiderer/Zechner (1994), S. 1125.

[440] Vgl. Easley/Hvldkjaer/O'Hara (2002), S. 2186. Sie argumentieren, dass private Informationen die Preisentstehung beeinflussen und auf diesem Weg das Risiko beeinflussen, diese Aktie zu halten.

[441] Vgl. Leuz/Verrecchia (2005), S. 1.

dass weniger Informationen über das Unternehmen vorhanden sind, so dass das Marktrisiko höher ausfällt. Folglich sind die Kapitalkosten höher.

EASLEY/O'HARA zeigen in ihrem Modell, dass Investoren im Gleichgewichtszustand eine höhere Rendite verlangen, sofern private Informationen vorhanden sind, von denen sie ausgeschlossen sind.[443] Unter asymmetrischer Informationsverteilung hat ein schlechter informierter Marktakteur stets einen Nachteil gegenüber besser informierten Marktteilnehmern. Der schlechter informierte Investor kennt nicht die richtigen Gewichte der Anlagen, um eine vollständige Diversifikation herstellen zu können, so dass er ein *systematisches Risiko* tragen muss. Daher verlangt er im Gleichgewichtszustand eine höhere Rendite. Auch konnte in einer empirischen Untersuchung ein signifikanter Einfluss des informationsbasierten Handels auf die Transaktionspreise und die erwarteten Renditen beobachtet werden.[444]

In der Untersuchung von LEUZ/VERRECCHIA wird argumentiert, dass eine bessere Informationsqualität mittelbar zu niedrigeren Kapitalkosten führt.[445] Bessere Informationen stärken die Koordination zwischen dem Unternehmen und den Investoren im Bezug auf die Investitionsentscheidungen. Der Effekt der Informationsqualität auf die Cash Flows wird wie folgt beschrieben: Ein Unternehmen berichtet dem Markt über seine Investitionsentscheidungen. Manager suchen dabei Projekte aus, die den Marktwert maximieren. Der Marktwert spiegelt wiederum den Bericht des Unternehmens über die Investitionsprojekte wider, so dass die Qualität des Berichts die Investitionsentscheidung der Anleger und somit die Höhe der erwarteten Cash Flows beeinflusst. Folglich wirkt sich die Berichtsqualität auf die Kapitalallokation auf dem Kapitalmarkt und somit auf die zukünftigen Cash Flows aus. Eine bessere Informationsqualität verbessert demnach die Investitionseffizienz. Eine schlechte Informationsqualität bewirkt eine schlechtere Koordination zwischen dem Unternehmen und den Investoren, was rationale Investoren dazu veranlasst, die erwarteten Cash Flows mit höheren Kapitalkosten abzuzinsen. Dieser Zusammenhang bleibt auch bestehen,

---

442 Vgl. Patel/Dallas (2002), S. 12.

443 Vgl. Easley/O'Hara (2004). Vgl. weiterhin zum Zusammenhang zwischen der Information der Anleger und den Kapitalkosten: Botosan (1997); Botosan/Plumlee (2002). Barth/Landsman/Lang (2005) zeigen, dass auch die Wahl der Rechnungslegungsstandards (IAS) Einfluss auf die Kapitalkosten haben kann.

444 Vgl. Easley/Hvidkjaer/O'Hara (2002).

445 Vgl. Leuz/Verrecchia (2005).

wenn die Informationsqualität unsystematisch ist und somit wegdiversifiziert werden kann.

DIAMOND/VERRECCHIA stellen einen indirekten Zusammenhang zwischen der Informationsqualität und den Kapitalkosten mittels der Marktliquidität dar.[446] Durch die Offenlegung von Unternehmensinformationen werden *Informationsasymmetrien* abgebaut, so dass die Kapitalmarktakteure eher zum Handeln von Wertpapieren bereit sind. Dadurch wird der Kapitalmarkt liquider. Die erhöhte Liquidität führt zu einer höheren Nachfrage nach einem Wertpapier, so dass dessen Preis steigt und die Kapitalkosten sinken.

III. 2.4.3.5 Corporate Governance und das unsystematische Risiko

Die Fragestellung, ob das *unsystematische Risiko* zu berücksichtigen ist, hat in der Corporate Governance-Diskussion eine hohe Bedeutung, da davon ausgegangen wird, dass Großaktionäre besser in der Lage sind, das Management zu kontrollieren, da sie nicht dem Trittbrettfahrerproblem unterliegen bzw. dass Insideraktionäre einen hohen Anteil an dem Unternehmen halten, um zu signalisieren, dass sie weniger Schädigungshandlungen ausüben, da sie einen höheren Anteil der Kosten aus den Schädigungshandlungen tragen müssen.[447] Das Halten eines Anteilsblocks kann für Großaktionäre die Folge haben, dass sie ihr Portfolio nicht vollständig diversifizieren können, so dass sie ein *unsystematisches Risiko* tragen müssen.[448]

HIMMELBERG/HUBBARD/LOVE konnten demgemäß einen Zusammenhang zwischen der Ausgestaltung des Anlegerschutzes zwischen Unternehmen und dem *unsystematischen Risiko* ausmachen.[449] Sie haben in ihrem Modell die Agency-Problematik auf Unternehmensebene mit den Risikodiversifikationsanreizen für Unternehmensinsider (Aktionäre, die die Kontrolle über das Unternehmen ausüben können) kombiniert. Dabei können Insider die außenstehenden Aktionäre schädigen, indem sie Sondervorteile anstreben. Die Kosten dieser Schädigungshandlungen hängen von

---

[446] Vgl. Diamond/Verrecchia (1991).
[447] Vgl. Huddart (1993); Himmelberg/Hubbard/Love (2002).
[448] Vgl. v. Weizsäcker/Krempel (2004), S. 810; Jones/Rhodes-Kropf (2004); Ernst/Schneider/Thielen (2006), S. 68; Kaserer/Diller (2006), S. 119f; Kahan/Rock (2006), S. 36.
[449] Vgl. Himmelberg/Hubbard/Love (2002).

dem Grad des Anlegerschutzes und der Beteiligungshöhe der Unternehmensinsider an dem Unternehmen ab. Ein hoher Anteil an dem Unternehmen erfordert von den Insideraktionären, dass sie undiversifizierbares *unsystematisches Risiko* tragen müssen.[450]

Bei perfektem Anlegerschutz würden die Insideraktionäre ihr Portfolio vollständig streuen und keine Schädigungshandlungen vornehmen.[451] Bei unvollständigem Anlegerschutz kann diese Konstellation hingegen nicht erreicht werden. Insideraktionäre können wiederum dadurch, dass sie einen höheren Anteil an dem Unternehmen halten, als es unter Risikodiversifikationsgesichtspunkten optimal wäre, signalisieren, dass sie weniger Schädigungshandlungen ausüben, da sie einen höheren Anteil der Kosten aus den Schädigungshandlungen tragen müssen. Die Kapitalkosten für die Insideraktionäre fallen infolge des höheren *unsystematischen Risikos* umso höher aus, desto höher der Eigenkapitalanteil von Insideraktionären ist. Die Kosten des Insiderbesitzes folgen daher aus der Risikoaversion von Insideraktionären. Konzentrierter Anteilsbesitz ist damit eine Folge aus einem schlechten Anlegerschutz.

Da die Insideraktionäre einem höheren *unsystematischen Risiko* ausgesetzt sind, haben sie einen Anreiz, eine suboptimale Investitionspolitik für das Unternehmen zu verfolgen, indem sie weniger riskante Investitionen bevorzugen, als es außenstehende Aktionäre tun würden.[452] HIMMELBERG/HUBBARD/LOVE argumentieren, dass die Folge eines schlechten Anlegerschutzes ein Unterinvestitionsniveau ist, bei dem die Profitabilität des eingesetzten Kapitals suboptimal ist, so dass Tobin's Q höher ausfällt, als es im Marktgleichgewicht ausfallen würde.[453] Die empirischen Ergebnisse dieser Studie zeigen, dass der Risikozuschlag für das zu tragende *unsystematische Risiko* zwischen null und sechs Prozentpunkten liegt und bei einem besseren Anlegerschutz für außenstehende Aktionäre sinkt.

---

[450] Siehe dazu auch: Heaney/Holmén (2002); Atanasov (2002).

[451] Vgl. Himmelberg/Hubbard/Love (2002); John/Litov/Yeung (2005), S. 35.

[452] Vgl. Himmelberg/Hubbard/Love (2002); Gadhoum/Ayadi (2003), S. 35; John/Litov/Yeung (2005), S. 7. Parrino/Poteshman/Weisbach haben den Einfluss der Risikoaversion von Managern und der Wahl risikoverändernder Investitionsentscheidungen auf den Unternehmenswert untersucht. Dabei wurde eine Beeinflussung des Unternehmenswerts u.a. über die Beeinflussung des tax shield und der Insolvenzgefahr ausgemacht. Sie folgern, dass das Gesamtrisiko und nicht nur das systematische Risiko ein entscheidungsrelevanter Faktor bei Investitionsentscheidungen ist. Vgl. Parrino/ Poteshman/Weisbach (2005).

[453] Vgl. Himmelberg/Hubbard/Love (2002), S. 39.

Auch Unternehmensgründer sind oft einem *unsystematischen Risiko* als Folge der suboptimalen Risikostreuung ausgesetzt, da sie häufig einen Großteil ihres Vermögens in ihr Unternehmen investiert haben.[454] Mehrere empirische Studien haben gezeigt, dass die Kapitalkosten eines Unternehmers schon bei einer moderaten *Unterdiversifikation* deutlich höher ausfallen als für einen gut diversifizierten Investor.[455] In der Untersuchung von MÜLLER konnte für private Unternehmen eine signifikante positive Beziehung zwischen dem Grad der *Unterdiversifikation* und der Profitabilität ausgemacht werden.[456] Ursachen dafür können eine höhere erwartete Rendite aufgrund des zu tragenden *unsystematischen Risikos* sein und die größeren Anstrengungen des Unternehmers in seinem eigenen Unternehmen (arbeitet länger und härter).

MOSKOWITZ/VISSING-JØRGENSEN kommen in ihrer Untersuchung zu dem Ergebnis, dass, obwohl Unternehmensgründer ihr Vermögen zu einem Großteil in ihr Unternehmen investiert haben und damit eine schlechte Portfoliodiversifikation erzielen, die Renditen für diese Investitionen dennoch nicht höher sind als für Investitionen in Publikumsgesellschaften.[457] Sie stellen fünf unterschiedliche Überlegungen an, warum Unternehmer bereit sind, einen deutlich schlechteren Risiko-Rendite Trade-off in Kauf zu nehmen:[458]

- *Hohe Risikotoleranz der Unternehmer:* Falls Unternehmer eine sehr niedrige Risikoaversion haben, fallen die Nutzeneinbußen einer geringen Risikodiversifikation gering aus, so dass die Renditen eines unternehmerischen Engagements nicht höher als die für eine Investition in eine Publikumsgesellschaft sein müssen.
- *Finanzielle Sondervorteile:* Die Unternehmer erzielen hohe finanzielle Sondervorteile aus dem Unternehmen.
- *Nicht-finanzielle Sondervorteile:* Neben den finanziellen Sondervorteilen können Unternehmer aber auch an den nicht-finanziellen Sondervorteilen interessiert sein. Darunter fällt, dass ein Unternehmer es hoch schätzt, „sein eigener Chef" zu sein. Auch kann der Flexibilität und Unabhängigkeit ein hoher Stellenwert beigemessen werden.

---

[454] Vgl. Moskowitz/Vissing-Jørgensen (2002); Kerins/Smith/Smith (2004); E. Müller (2004).
[455] Vgl. Brennan/Torous (1999), S. 135-140; Kerins/Smith/Smith (2004); Heaton/Lucas (2004). Siehe zum Problembereich der Unterdiversifikation auch: E. Müller (2004); v. Weizsäcker/Krempel (2004), S. 810; Kratz/Wangler (2005), S. 170 ff.
[456] Vgl. E. Müller (2004).
[457] Vgl. Moskowitz/Vissing-Jørgensen (2002).
[458] Vgl. Moskowitz/Vissing-Jørgensen (2002), S. 745; siehe auch: Kratz/Wangler (2005), S. 171.

- *Präferenz für asymmetrische Renditeverteilung (Rechtsschiefe/Skewness):* Ein Unternehmer kann auch eine Präferenz für eine rechtsschiefe Renditeverteilung haben, die er auf Kosten geringerer durchschnittlicher Renditen (höhere Varianz) eingeht.[459] Eine rechtsschiefe Verteilung deutet auf eine im Vergleich zur Normalverteilung höhere Wahrscheinlichkeit positiver Renditen hin.
- *Überoptimismus und Risikoeinschätzung:* Möglich ist auch ein eingeschränkt rationales Verhalten eines Unternehmers. Er kann überoptimistisch für die zukünftige Entwicklung des Unternehmens sein und er kann annehmen, dass die eigene Kontrolle über das Unternehmen das Unternehmensrisiko senkt.

III. 2.4.4 Corporate Governance und die Fremdkapitalkosten

Neben dem Einfluss von Corporate Governance auf die Eigenkapitalkosten ist auch ein Einfluss auf die Fremdkapitalkosten beobachtet worden. Bei einem Unternehmen mit einer, aus Sicht von Fremkapitalgebern, guten Corporate Governance ist die Wahrscheinlichkeit deutlich höher, ein gutes Kreditrating zu erhalten.[460] Folglich fallen die Fremdkapitalkosten niedriger aus.

Auch BHOJRAJ/SENGUPTA zeigen einen Zusammenhang zwischen Corporate Governance und den Fremdkapitalkosten auf.[461] Corporate Governance-Mechanismen können das Ausfallrisiko reduzieren, indem sie die Agency-Kosten senken und indem sie die Informationsasymmetrie zwischen dem Unternehmen und dem Gläubiger senken.

Es wurde aber auch beobachtet, dass die Existenz von Abwehrmaßnahmen gegen Unternehmensübernahmen, die aus Sicht von Aktionären tendenziell als negativ und wertverringernd beurteilt werden, aus Sicht von Fremdkapitalgebern eine positive Beurteilung erhalten, indem die Fremdkapitalzinsen niedriger ausfallen.[462] Diese Beobachtung führt zu der Vermutung, dass feindliche Übernahmen teilweise durch die

---

[459] Die Schiefe einer Verteilung zeigt, wie stark die Verteilung der Datenwerte von einer symmetrischen Verteilung abweicht. Vgl. Harvey/Siddique (2000).

[460] Vgl. Ashbaugh-Skaife/Collins/LaFond (2006b); Menz/Nelles (2006); Schneider/Anzinger (2007), S. 91.

[461] Vgl. Bhojraj/Sengupta (2003); vgl. auch zum Zusammenhang zwischen Corporate Governance und dem Kreditrating: Griep/Samson (2002); Dallas (2004a), S. 36f; Bertsch (2005); Standard & Poor's (2006), S. 7f.

Schädigung von Fremdkapitalgebern finanziert werden.[463] Auch Übernahmen, die das finanzielle Risiko des Unternehmens signifikant steigern, indem dem Unternehmen mehr Fremdkapital zugeführt wird (z.B. Leveraged-buyouts), können zu einem Vermögenstransfer von den Fremdkapitalgebern zu den Aktionären führen.[464]

III. 2.5 Einschätzungen von Finanzanalysten zum Zusammenhang zwischen Corporate Governance und dem Unternehmenswert

Die im Rahmen dieses Forschungsprojekts durchgeführte Befragung von Finanzanalysten beinhaltet u.a. die Frage danach, ob Finanzanalysten bei Bewertungen Corporate Governance als einen eigenen Risikofaktor berücksichtigen. Die Frage wurde von allen 29 Finanzanalysten, die an der Befragung teilnahmen, beantwortet. Davon haben 31% mit Ja und 69% mit Nein geantwortet. Interessanterweise waren unter den 9 Analysten, die mit Ja geantwortet haben, 7 (78%) aus dem Ausland, was vermuten lässt, dass Corporate Governance im Ausland eine höhere Aufmerksamkeit genießt als in Deutschland.

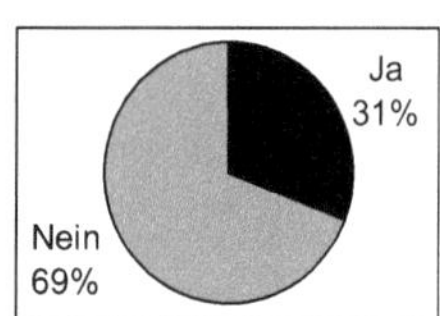

Abbildung 19: **Berücksichtigen Sie bei ihren Bewertungen Corporate Governance als einen eigenen Risikofaktor?**

Als Problem hat sich die Quantifizierung von Corporate Governance im Rahmen von Unternehmensbewertungen herausgestellt. Demnach scheint sich bis zum jetztigen Zeitpunkt noch kein Bewertungsmaßstab herausgebildet zu haben, anhand dessen die unternehmensindividuelle Corporate Governance unter Bewertungsgesichtspunkten eingeschätzt werden kann.

In den Erläuterungen zu den Antworten wurde geäußert, dass Corporate Governance als weicher Faktor beurteilt wird, der nur eine subjektive Einschätzung erlaubt.

[462] Vgl. Klock/Mansi/Maxwell (2005); Ashbaugh-Skaife/Collins/LaFond (2006b); Marshall (2006), S. 42.
[463] Vgl. Shleifer/Summers (1988); Klock/Mansi/Maxwell (2005), S. 716.

Andere Analysten hingegen berücksichtigen Corporate Governance anhand der Kriterien Management, Stock Options und Offenlegungspolitik im fundamentalen Beta bzw. lassen u.a. das Risiko einer schlechten Kapitalverwendung oder schlechter strategischer Entscheidungen in eine Szenarioanalyse einfließen.[465]

Die genannten Problembereiche, bei denen eine Berücksichtigung von Corporate Governance von Bedeutung ist, sind Konflikte zwischen dem Management, dem Aufsichtsrat und den Aktionären, Konflikte zwischen Minderheits- und Mehrheitsaktionären und die Wahrnehmung der Kontrollfunktion durch den Aufsichtsrat bzw. das Supervisory Board.

Die dargestellten Zusammenhänge zwischen der Corporate Governance-Struktur, den finanziellen Überschüssen und den Kapitalkosten werden im anschließenden Kapitel daraufhin untersucht, inwiefern sie sich bei bestimmten Eigentümerstrukturkonstellationen bemerkbar machen.

---

464 Vgl. Warga/Welch (1993); Klock/Mansi/Maxwell (2005), S. 694.
465 Vgl. zur Szenarioanalyse: Kuhner/Maltry (2006), S. 110 ff.

IV. Die Bewertungsimplikationen der Eigentümerstruktur

IV. 1 Die Ausgestaltung der Eigentümerstruktur

IV. 1.1 Definitionen zur Eigentümerstruktur

Das Stimmrecht, das durch eine Stammaktie vermittelt wird, ist das zentrale Element der mit einer Aktie verbrieften Einwirkungsrechte. Es ermöglicht dem Aktionär, an Beschlüssen und Wahlen der Hauptversammlung einer Gesellschaft teilzunehmen und dient damit der Durchsetzung der Aktionärsinteressen bei grundlegenden Unternehmensentscheidungen (§ 118 Abs. 1 AktG). Die Hauptversammlung beschließt gemäß § 119 Abs. 1 AktG über die Entsendung der Aktionärsvertreter in den Aufsichtsrat, die Verwendung des Bilanzgewinns, die Entlastung der Mitglieder des Vorstands und des Aufsichtsrats, die Bestellung des Abschlussprüfers, Satzungsänderungen und über die Kapitalbeschaffung bzw. –herabsetzung.

Stimmrechte stellen aber kein Instrument dar, um auf die tägliche Disposition der unternehmensgebundenen Ressourcen einzuwirken.[466] Das Stimmrecht dient vielmehr dazu, zu bestimmen, inwieweit dem Management künftig Koordinations- und Entscheidungsrechte über unternehmensgebundene Ressourcen übertragen werden. Es ist damit ein Instrument zur Managerkontrolle und weniger ein Mittel zur direkten Steuerung der Unternehmensressourcen. Bei der Akkumulation einer Anzahl von Stimmrechten hingegen, die die Ablösung des amtierenden Managements über den Aufsichtsrat ermöglichen, kann derjenige, der die Mehrheit der Stimmen innehat, selbst die Geschäfte führen.

Definitionsgemäß wird bei einer Aktiengesellschaft zwischen Kleinaktionären, Minderheitsaktionären und Mehrheitsaktionären unterschieden. Kleinaktionäre haben einen absolut und relativ sehr geringen Aktienbesitz ohne Einflussmöglichkeiten.[467] Ein Minderheitsaktionär hat einen Anteil am Gesamtkapital und an den Stimmrechten, der zu gering ist, um Einfluss auf die Geschäftsführung des Unternehmens oder auf Beschlüsse der Hauptversammlung nehmen zu können. Im Folgenden wird nicht

---

[466] Vgl. Geldmacher (2000), S. 251.
[467] Vgl. Büschgen (2001), S. 874.

mehr zwischen Klein- und Minderheitsaktionären unterschieden, sondern nur noch der Begriff Minderheitsaktionär verwendet. Dabei lässt sich keine genaue Beteiligungshöhe angeben, bis zu der ein Aktionär Minderheitsaktionär ist.[468]

Von einem Mehrheitsaktionär wird gesprochen, wenn mindestens die Hälfte des Aktienkapitals einer Aktiengesellschaft in einer Hand oder im Besitz mehrerer Aktionäre ist, die sich zu einer Mehrheitsgruppe zusammengeschlossen haben.[469] Ein Mehrheitsaktionär bzw. die Mehrheitsgruppe kann durch das Stimmrecht auf die Gesellschaft wesentlichen Einfluss ausüben. Dabei decken sich die Interessen der Mehrheit oft nicht mit denen der anderen Aktionäre. Darüber hinaus gibt es Großaktionäre, die nicht zwangsläufig die Hälfte des Aktienkapitals halten müssen, sondern auch mit Anteilen unter 50% einen wesentlichen Einfluss auf die Unternehmenspolitik ausüben können.[470]

Die Eigentümerstruktur hat mehrere Ausprägungen. Zum einen beschreibt sie den Konzentrationsgrad, der vom Streubesitz bis hin zu einem einzigen Anteilseigner reicht. Bei der Anteilseigneridentität wird u.a. unterschieden zwischen privaten Anlegern, Familienbesitz, institutionellen Investoren, Banken und Versicherungen, Staatsbesitz und Managerbesitz. Außerdem ist bei der Eigentümerstruktur auch die Komplexität zu beachten, womit u.a. Überkreuzbeteiligungen und Pyramidenbeteiligungsstrukturen gemeint sind.[471] Auch gilt es Abweichungen zwischen den Kapital- und Stimmrechtsanteilen im Rahmen der Eigentümerstruktur zu beachten.

---

[468] Ruhwedel nennt 5% als Wert, der ein Indiz für diese Grenze sein kann, da nach § 21 Abs. 1 WpHG a.F. bei diesem Wert die Mitteilungspflicht über das Erreichen des Schwellenwerts an die Gesellschaft und das Bundesaufsichtsamt für den Wertpapierhandel ausgelöst wird. Vgl. Ruhwedel (2003), S. 39. Durch das Transparenzrichtlinie-Umsetzungsgesetz (TUG) v. 5.1.2007 ist diese Grenze auf 3% herabgesetzt worden. Das deutet darauf hin, dass der Gesetzgeber einem 3% Anteil eine wesentliche Bedeutung beimisst. Vgl. Nießen (2007), S. 42.

[469] Vgl. Büschgen (2001), S. 1001.

[470] Alternativ zu „Großaktionär“ wird auch häufig der Begriff „Blockholder“ verwendet.

[471] Pyramidenbeteiligungsstrukturen zeichnen sich dadurch aus, dass die Beteiligung an einem Unternehmen durch eine Reihe zwischengeschalteter Unternehmen verläuft. Überkreuzbeteiligungen sind horizontale und vertikale Beteiligungen zwischen verschiedenen Unternehmen. Vgl. Claessens et al. (2002), S. 2743.

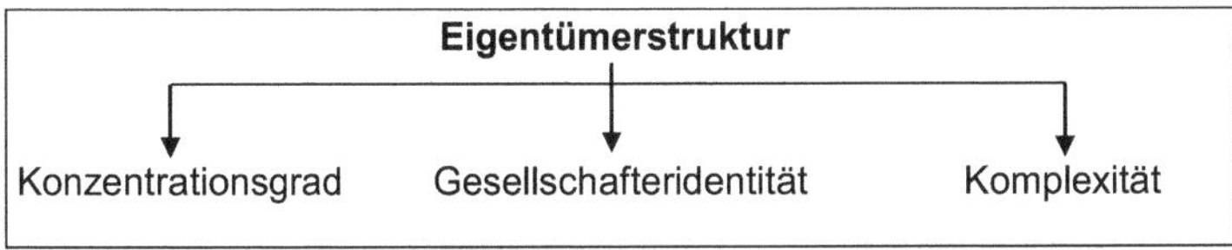

Abbildung 20: **Ausprägungen der Eigentümerstruktur**

Der Beurteilung von Kontrollwirkungen zur Einschränkung von opportunistischen Handlungen des Managements liegen die Fragen nach dem Kontrollpotential, den Kontrollanreizen und den Zielen des Aktionärs zugrunde.[472] Bei der Beurteilung sind der Konzentrationsaspekt, der Identitätsaspekt und der Komplexitätsaspekt zu beachten.

IV. 1.2 Unternehmenskontrolle und Stimmrechtswert

Das Streben nach der Bündelung und Sammlung von Stimmrechten setzt voraus, dass die Erlangung der Kontrolle über die Unternehmensressourcen ein ökonomisch lohnenswertes Ziel ist.[473] Ursache dafür kann sein, dass zwischen den Anspruchsgruppen der Gesellschaft divergierende Interessen vorliegen.[474] Durch die Erlangung der Stimmrechtsmehrheit kann somit versucht werden, die Interessenkonflikte im eigenen Interesse zu lösen. Sollten hingegen identische Interessen bei allen Anspruchsgruppen im Unternehmen vorliegen, dann verliert das Stimmrecht an Bedeutung.[475] „(I)n a perfect world with neither agency nor information costs, only cash flow matters, and the value of a stock voting right must therefore be zero."[476]

Als Gründe für einen positiven Stimmrechtswert werden genannt, dass der Besitz der Unternehmenskontrolle Monopolgewinne durch den Zukauf von Marktanteilen oder Größenvorteile und Synergieeffekte ermöglicht.[477] Auch kann ein höherer Konsum am Arbeitsplatz (consumption on the job) erzielt werden. Weiterhin kann der Einsatz eines neuen Managements einen effizienteren Einsatz der Unternehmensressourcen

[472] Vgl. Bott (2002), S. 19. Vgl. zu den Eigenschaften, die einen guten Kontrolleur auszeichnen: Coffee (1991), S. 1367; Gorton/Kahl (2002). Dabei ist insbesondere das Fehlen von Interessenkonflikten als wichtiges Kriterium zu nennen.
[473] Vgl. Stützel (1960), S. 963.
[474] Vgl. Geldmacher (2000), S. 255.
[475] Vgl. Hartmann-Wendels/v. Hinten (1989), S. 268.
[476] Kunz/Angel (1996), S. 7.
[477] Vgl. Manne (1975), S. 536.

ermöglichen.[478] Stimmrechte können zudem einen Wert haben, weil sie ggf. beeinflussen können, welche Zahlungsströme auf stimmberechtigte und stimmrechtslose Anteile tatsächlich entfallen.[479] Somit würde das Stimmrecht aufgrund der impliziten Verfügungsmacht über Ressourcen einen eigenen Wert haben.

In Abhängigkeit von der Unternehmenssituation können sich der Stimmrechtswert und der Vermögenswert gleich- oder gegenläufig entwickeln.[480] Wenn umfeldbedingte wirtschaftliche Probleme und nicht das Verhalten des Managements für negative Unternehmensentwicklungen verantwortlich sind, dann ist davon auszugehen, dass der Wert des Stimmrechts in gleicher Richtung wie der Aktienkurs sinkt. Vermögens- und Stimmrechtswerte können hingegen negativ korrelieren, wenn mittels der Nutzung der Stimmrechte die Substituierung der Unternehmensleitung und infolgedessen eine effizienzsteigernde Nutzung der Unternehmensressourcen erreicht werden kann. Dabei sollte der Kurswert der Aktie nach Freisetzung der Unternehmensleitung steigen und der Stimmrechtswert sinken.[481] Demnach wird der Preis für das Stimmrecht durch das Wertsteigerungspotential für das Vermögensrecht bestimmt und zeigt an, in welchem Umfang noch Effizienzsteigerungspotentiale bestehen. Bei einer Gesellschaft, die zur Zufriedenheit der Aktionäre geführt wird und bei der auch von außenstehenden Kontrolleuren kaum Möglichkeiten für Effizienzverbesserungen gesehen werden, ist von einem Stimmrechtswert auszugehen, der gegen null konvergiert.[482]

Ein entscheidender Faktor für die Höhe von Stimmrechtsprämien ist die Eigentümerstruktur.[483] Bei einem einzelnen Großaktionär ist die Übernahmewahrscheinlichkeit und damit auch die Stimmrechtsprämie gering. Wenn hingegen neben einem kontrollierenden Anteilseigner ein weiterer größerer Aktionär vorhanden ist, dann ist ein Wettbewerb um die Übernahme zu erwarten mit der Folge hoher Übernahmeprämien. Auch bei Unternehmen mit breit diversifiziertem Anteilsbesitz ohne Großaktionär ist mit einer hohen Stimmrechtsprämie zu rechnen.

---

[478] Vgl. Manne (1975), S. 536.
[479] Vgl. Kunz (1996), S. 332.
[480] Vgl. Manne (1964), S. 537; Geldmacher (2000), S. 256.
[481] Vgl. Geldmacher (2000), S. 256 m.w.N.
[482] Vgl. Geldmacher (2000), S. 257.

Weiterhin wird die Höhe der Stimmrechtsprämie durch Pyramidenstrukturen, durch die Anzahl stimmrechtsloser Vorzugsaktien und auch durch den Verschuldungsgrad beeinflusst.[484] Die Aktionäre partizipieren proportional zu ihrem Anteilsbesitz an den Dividenden, wohingegen über die Sondervorteile aus der Unternehmensbeherrschung nur der kontrollierende Aktionär verfügen kann. Daher ist die Rendite aus den Sondervorteilen umso größer, je kleiner der Anteilsbesitz ist, über den der kontrollierende Aktionär verfügt.

IV. 1.3 Die Ausgestaltung der Eigentümerstruktur im In- und Ausland

IV. 1.3.1 Internationale Unterschiede in der Eigentümerstruktur

Die Aktionärsstruktur korreliert international mit der Güte des Anlegerschutzes des jeweiligen Landes.[485] In den USA hält bei der Mehrheit der börsennotierten Unternehmen kein Aktionär mehr als 5% des Kapitals.[486] Gleichzeitig zeichnen sich die USA durch ein vergleichsweise hohes Maß an Aktionärsschutz aus.[487] In Europa existieren solche Unternehmen hingegen nur in einem geringen Umfang. In Deutschland haben ca. 80% der börsennotierten Aktiengesellschaften einen Aktionär, der über 25% des Kapitals hält.[488] Der Anteil des größten Aktionärs beträgt dementsprechend im Schnitt in Deutschland 49,1% und in den USA 3,5%.[489] Nur 1,6% der börsennotierten deutschen Aktiengesellschaften haben keinen Großaktionär, der mehr als 5% der Stimmrechte besitzt.[490] 58% der börsennotierten Aktiengesellschaften haben einen Großaktionär. Die Eigentümerstruktur von Unternehmen ist demnach in Deutschland im Gegensatz zu den USA durch Groß- und Mehrheitsaktionäre geprägt, wobei wiederum oft andere Unternehmen und Familien als Hauptaktionäre fungieren.[491]

---

[483] Vgl. Zingales (1994); Rydqvist (1996).
[484] Vgl. Nicodano (1998); Hoffmann-Burchardi (1999).
[485] Vgl. La Porta et al. (1998), S. 1148 ff.; La Porta et al. (1999), S. 496.
[486] Vgl. Becht/Röell (1999), S. 1051.
[487] Vgl. La Porta et al. (1998), S. 1144f.
[488] Vgl. Becht/Böhmer (1999), S. 39; Köke (2000), S. 11; Becht/Böhmer (2003).
[489] Vgl. Pellens/Hillebrandt (2001), S. 60 m.w.N.
[490] Vgl. Becht/Böhmer (2003), S. 7.
[491] Vgl. Becht/Böhmer (2003).

IV. 1.3.2 Einfluss des Rechtssystems und der Corporate Governance-Qualität auf die Eigentümerstruktur

In Ländern mit schwachen Aktionärsrechten lohnt ein Engagement für Investoren nur dann, wenn das Unternehmen starke Aktionäre besitzt, die in der Lage sind, mittels ihres geballten Kontrolleinflusses ihre Interessen gegenüber dem Management trotz schwacher rechtlicher Regelungen durchzusetzen. Folglich wird mangelnder institutioneller Aktionärsschutz durch einzelne Marktteilnehmer aufgefangen.[492]

Aber auch die Ausgestaltung der unternehmensspezifischen Corporate Governance, die eine Aussage über die Höhe der Sondervorteile in einem Unternehmen zulässt, beeinflusst die Eigentümerstruktur eines Unternehmens.[493] Die Messung der Corporate Governance-Qualität erfolgte in der Untersuchung von GIANNETTI/SIMONOV anhand des Verhältnisses von Kontrollrechten zu Cash Flow-Rechten des Großaktionärs, des Kontrollzuschlags, der für den Erwerb von Anteilspaketen gezahlt wird und einem Corporate Governance-Index. Sie zeigen auf, dass Investoren, die nur an den Ausschüttungen eines Unternehmens teilhaben, angesichts des Schädigungsrisikos in Unternehmen mit schlechter Corporate Governance, keine angemessene Rendite von diesen Unternehmen erhalten. Daher untergewichten sie die Anteile von Unternehmen mit schlechter Corporate Governance in ihrem Portfolio. Investoren hingegen, die durch ihre Nähe zu den Unternehmensinsidern über einen Informationsvorsprung verfügen, scheuen sich nicht, auch einen größeren Teil ihres Portfolios in Unternehmen mit einer schlechten Corporate Governance zu investieren. Sie können Vorteile daraus erzielen, dass sie aufgrund ihres Informationsvorsprungs ein effizienteres Monitoring über Unternehmen mit schlechter Corporate Governance betreiben können, dass sie an den Sondervorteilen, die aus dem Unternehmen erzielt werden, teilhaben können und dass sie ihre Interessen aufgrund ihres Informationsvorsprungs durch einen Verkauf ihrer Anteile vor Informationsveröffentlichung wahren können.[494] Folglich resultieren die Unterschiede im Investitionsverhalten von Investoren aus Informationsasymmetrien. Demnach kann ein Unterneh-

---

[492] Vgl. Pellens/Hillebrandt (2001), S. 60 m.w.N.
[493] Vgl. Giannetti/Simonov (2006).
[494] Siehe zu den Insiderhandelsmöglichkeiten: Seyhun (1986); Seyhun (1992); Ke/Huddart/Petroni (2003). Danach zeigt sich, dass Insider mit ihren geheimen Informationen überdurchschnittliche Gewinne erzielen können.

men durch die Verbesserung seiner Corporate Governance die Aktionärsbasis verbreitern und seine Kapitalbasis erhöhen.

IV. 1.3.3 Eigentümerstruktur in Deutschland

In Deutschland besteht ein Netzwerk gegenseitiger kapitalmäßiger und personeller Beteiligungen von Unternehmen, Finanzinstituten und Familienunternehmern.[495] Auch spielt die Beteiligung von Banken eine wichtige Rolle, die insbesondere durch ihre Stimmrechte und Vertretungen in Aufsichtsräten Einfluss besitzen.[496] Als ein Grund für den hohen Verflechtungsgrad zwischen Unternehmen in Deutschland wird genannt, dass andere Aktionäre, insbesondere Pensionsfonds, fehlen. Das gesetzliche Rentenversicherungssystem hat das private Sparen in Pensionsfonds in der Vergangenheit entbehrlich gemacht.[497] Zudem hielt das Steuersystem bis zum Jahr 2002 viele Unternehmen von Beteiligungsveräußerungen ab, da Veräußerungserlöse aus Beteiligungsverkäufen besteuert wurden. Folge der geschilderten Struktur ist, dass der Aktienmarkt eine geringe Kontrollfunktion besitzt.[498]

Die Steuerreform durch das StSenkG hat bewirkt, dass Kapitalgesellschaften ihre Beteiligungen steuerneutral veräußern können, so dass der Entflechtung und Umstrukturierung der deutschen Unternehmenslandschaft steuerlich kein Hindernis mehr im Weg steht.[499] Dementsprechend ist auch die Auflösung der „Deutschland AG“ zu beobachten. Die traditionelle Kapital- und Personalverflechtung in der deutschen Unternehmenslandschaft löst sich langsam auf.[500] Während im Jahr 1996 60 der 100 größten deutschen Unternehmen an dem Netzwerk der „Deutschland AG“ beteiligt waren, hat sich diese Zahl auf 49 im Jahr 2002 verringert.[501] Die Anzahl der Verbindungen zwischen diesen Unternehmen hat sich auf 66 (2002) im Vergleich zu 143 im Jahr 1996 verringert.

---

[495] Vgl. Steiger (1998), S. 8 m.w.N.; Becht/Böhmer (1999); Franks/Mayer (2001).
[496] Vgl. Vieweg et al. (2003), S. 69f.
[497] Vgl. Vieweg et al. (2003), S. 56.
[498] Vgl. Steiger (1998), S. 8 m.w.N.
[499] Vgl. Deutsch/Nassauer/Quitzau (2001); Vieweg et al. (2003), S. 60.
[500] Vgl. Beyer (2002); Höpner/Krempel (2005).
[501] Vgl. Höpner/Krempel (2005), S. 10f.

Als ein weiterer Grund für die Entflechtung gilt die Veränderung im internationalen Bankgeschäft.[502] So bestand das bisherige Netzwerk der „Deutschland AG“ insbesondere aus Finanzunternehmen (Allianz AG, Deutsche Bank AG, Münchener Rück AG), die durch Überkreuzverflechtungen verbunden waren. Da das Investmentbanking stark an Bedeutung gewonnen hat, ist das Interesse an einer engen Beziehung zu den Kreditnehmern gesunken. Diese enge Beziehung senkt die Unsicherheit, die mit der Kreditvergabe verbunden ist. Für das Investmentbanking ist diese Beziehung nicht erforderlich und nicht besonders vorteilhaft.

IV. 2 Eigentümerstruktur und Unternehmenswert

IV. 2.1 Der Einfluss der Eigentümerstruktur auf den Unternehmenswert

Die Relevanz der Eigentümerstruktur für den Unternehmenswert war Gegenstand einer Reihe von Untersuchungen. Die Ergebnisse zeigen kein einheitliches Bild. Einige Studien weisen einen deutlichen Zusammenhang zwischen der Eigentümerstruktur und dem Unternehmenswert auf.[503] KASERER/ACHLEITNER/MOLDENHAUER äußern, dass es gute theoretische Gründe für die Existenz einer optimalen Eigentümerstruktur gibt, wobei das Problem darin besteht, dass man noch relativ wenig darüber weiß, wie genau diese zu bestimmen ist.[504]

Diesen Beobachtungen steht die *Endogenitätshypothese* von DEMSETZ entgegen, der argumentiert, dass keine Beziehung zwischen der Eigentümerstruktur und dem Unternehmenswert besteht, sondern dass der Markt die Eigentümerstruktur hervorbringt, die den Wert des Unternehmens maximiert, dass also die Eigentümerstruktur das endogene Ergebnis eines Maximierungsprozesses ist.[505] Die Eigentümerstruktur unterscheidet sich zwischen den Unternehmen aufgrund unterschiedlicher Bedingungen, denen Unternehmen ausgesetzt sind. Demnach existiert für eine bestimmte Konstellation von Unternehmensmerkmalen nur eine optimale, da wertmaximierende

---

[502] Vgl. Höpner/Krempel (2005), S. 12.

[503] Vgl. Mello/Parsons (1998), S. 102; Müller/Spitz (2001), S. 25; Einschränkend: Becht/Bolton/Röell (2005), S. 49f.

[504] Vgl. Kaserer/Achleitner/Moldenhauer (2005), S. 5; vgl. dazu auch die Überlegungen von Bessler/Kurth/Thies (2003), S. 659.

[505] Vgl. Demsetz (1983), S. 377; Demsetz/Lehn (1985), S. 1176; Demsetz/Villalonga (2001), S. 209; Siehe auch: Cho (1998).

Eigentümerstruktur, die sich im Gleichgewicht einstellt.[506] Dabei wird von rational handelnden Marktakteuren ausgegangen. Unter dieser Annahme wird es als unwahrscheinlich angesehen, dass sich in der Realität Strukturen behaupten können, die unter Kontrollgesichtspunkten ineffizient sind.

Die Untersuchungsergebnisse über den Zusammenhang zwischen Corporate Governance und dem Unternehmenswert zeigen, dass die Ausgestaltung der Eigentümerstruktur sich in vielfältiger Weise auf den Unternehmenswert auswirken kann. Daher wird von der Vermutung ausgegangen, dass die Eigentümerstruktur bewertungsrelevant ist. Dieser Zusammenhang wird im Folgenden durch die Analyse unterschiedlicher Aspekte der Eigentümerstruktur untersucht.

IV. 2.2 Der Einfluss der Eigentümerstruktur auf die Unternehmensdiversifikation

IV. 2.2.1 Bewertungsfolgen von Diversifikationsstrategien

Bewertungseffekte durch die Ausgestaltung der Eigentümerstruktur und der Corporate Governance können sich auch durch den Einfluss auf die Unternehmensdiversifikation ergeben.[507] Unternehmen, die in mehreren Geschäftsfeldern tätig sind, weisen oft einen *Diversifikationsabschlag* (Conglomerate Discount; Diversification Discount) auf.[508] Der Markt bewertet Konglomerate, die sich in mehreren Geschäftsbereichen betätigen, i.d.R. niedriger als die Einzelbestandteile des Konglomerats. So fällt Tobin's Q von diversifizierten Unternehmen niedriger aus, als es bei einer Aufspaltung in spezialisierte Unternehmen sein würde. Dieser *Diversifikationsabschlag* von Konglomeraten kann seine Ursache sowohl in niedrigeren zukünftigen Cash Flows als auch in höheren erwarteten Renditen haben.[509] Eine Diversifikationsstrategie kann sich aber auch positiv auf den Unternehmenswert auswirken.[510]

[506] Vgl. Demsetz (1983), S. 386.
[507] Vgl. Denis/Denis/Sarin (1997); Denis/Denis/Sarin (1999); Amihud/Lev (1999); Chen/Ho (2000).
[508] Vgl. Lang/Stulz (1994); Berger/Ofek (1995); Servaes (1996); Laeven/Levine (2005), S. 5 m.w.N.
[509] Vgl. Lamont/Polk (2001).
[510] Vgl. Campa/Kedia (2002); Villalonga (2004).

Studie	Maßstab	**Unkorrigiert** (univariate oder multivariate Regression)	**Korrigiert** (Sample Selection Bias, Daten, Methodik)
Lang/Stulz (1994)	Tobin's Q	-0.27 bis -0.54	
Servaes (1996)	Tobin's Q	-0.06 bis -0.59	
Villalonga (1999)	Tobin's Q	-0.08 bis -0.24	+0.08 bis +0.34
Villalonga (2004)	Tobin's Q	-0.18	+0.28
Berger/Ofek (1995)	Multiplikatoren	-13% bis -15%	
Lins/Servaes (1999)	Multiplikatoren	0% Deutschland	
Lins/Servaes (1999)	Multiplikatoren	-10% Japan	
Lins/Servaes (1999)	Multiplikatoren	-15% Großbritannien	
Lins/Servaes (2002)	Multiplikatoren	-7% 7 asiatische Emerging Markets	
Graham/Lemmon/Wolf (2002)	Multiplikatoren	-9.6% bis -13.7%	-5.7% bis -6.6%
Campa/Kedia (2002)	Multiplikatoren	-9% bis -13%	0% bis +30%
Mansi/Reeb (2002)	Multiplikatoren	-4.5%	0%

***Tabelle 4:* Schätzungen des Diversifikationsabschlags**[511]

Die wertreduzierende Wirkung der Diversifikation der Geschäftsfelder eines Unternehmens wird hauptsächlich mit Agency-Kosten erklärt (u.a. Quersubventionierung, Überinvestitionen, Informationsasymmetrie, Diversifikation des Beschäftigungsrisikos).[512] Demnach bestehen Probleme in den internen Kontrollmechanismen des Unternehmens, die die Manager nicht von ihren wertvernichtenden Handlungen abhalten.[513]

Mögliche Vorteile, die hingegen mit einer Diversifikation der Geschäftsfelder eines Unternehmens verbunden werden, sind die Schaffung eines internen Kapitalmarktes, die Senkung der Volatilität, die Erzielung von Steuervorteilen und die Erzielung von Verbundvorteilen (Economies of scope) und Größenvorteilen (Economies of scale).[514]

IV. 2.2.2 Diversifikationsstrategien und die Corporate Governance- und Eigentümerstruktur

DENIS/DENIS/SARIN zeigen, dass der Diversifikationsgrad eines Unternehmens in einem negativen Verhältnis zur Managerbeteiligungsquote am Unternehmen und zum

[511] Siehe neben den angegebenen Studien auch Villalonga (2003), S. 2.

[512] Vgl. Harris/Kriebel/Raviv (1982); Jensen (1986a); Bühner (1990); Meyer/Milgrom/Roberts (1992); Rajan/Servaes/Zingales (2000); Scharfstein/Stein (2000); Hyland/Diltz (2002); Laeven/Levine (2005).

[513] Vgl. Flassak (1995), S. 168f; Berger/Ofek (1996), S. 1175.

[514] Vgl. Lewellen (1971); Teece (1980); Majd/Myers (1986); Billet/Mauer (2000); Laeven/Levine (2005).

Eigenkapitalanteil der außenstehenden Großaktionäre steht.[515] Unternehmen mit einer größeren Eigentümerkonzentration sind weniger diversifiziert.[516] Die Konzentration der Beteiligung wandelt das Unternehmen von einem managerkontrollierten in ein eigentümerkontrolliertes Unternehmen. Als Folge daraus sinkt der Diversifikationsgrad des Unternehmens, da die Monitoringfähigkeit steigt. Ein steigender Managerанteil am Unternehmenseigenkapital führt dazu, dass Manager einen größeren Anteil an der Wertreduzierung durch die Diversifikationsstragie tragen müssten.[517] Daher haben Manager einen geringeren Anreiz, eine wertverringernde Unternehmenspolitik zu verfolgen. Auch CHEN/HO konnten einen Bewertungsabschlag bei diversifizierten Unternehmen ausmachen, die eine geringe Managerbeteiligung aufweisen.[518] Bei einer Beteiligung von außenstehenden Großaktionären konnte hingegen kein Bewertungseffekt aufgezeigt werden. DENIS/DENIS/SARIN fanden hingegen keine Hinweise dafür, dass Unternehmen, die eine hohe Managerbeteiligung oder Blockholderbeteiligung aufweisen, einen geringeren Bewertungsabschlag aufgrund der Diversifikation erfahren, sondern nur, dass sie weniger diversifiziert sind.[519]

Aktuelle Studien zeigen auch einen Zusammenhang zwischen der Corporate Governance-Struktur eines Unternehmens und dem Diversifikationsgrad.[520] Dabei weisen Unternehmen mit schlechten Aktionärsrechten eine höhere Wahrscheinlichkeit auf, diversifiziert zu sein.[521] Dieser Zusammenhang wird so erklärt, dass Manager die schwachen Aktionärsrechte dazu nutzen, das Unternehmen zu diversifizieren, um eigene Interessen zu verfolgen. Daher sinkt der Unternehmenswert. WEINER zeigt, dass eine gute Corporate Governance, die er anhand eines umfangreichen Kriterienkatalogs ermittelt, den *Diversifikationsabschlag* verringert oder sogar zu einem Zuschlag führt.[522] Diese Beobachtung erklärt er damit, dass Corporate Governance dazu beiträgt, die Agency-Kosten, die in Konglomeraten bestehen, einzuschränken.

---

515 Vgl. Denis/Denis/Sarin (1997); im Gegensatz dazu: May (1995); Aggarwal/Samwick (2003), S. 73.
516 Vgl. Amihud/Lev (1999).
517 Vgl. Denis/Denis/Sarin (1997), S. 140.
518 Vgl. Chen/Ho (2000).
519 Vgl. Denis/Denis/Sarin (1997).
520 Vgl. Weiner (2005); Jiraporn et al. (2005).
521 Vgl. Jiraporn et al. (2005). In dieser Studie wird die Corporate Governance eines Unternehmens anhand des Index von Gompers/Ishii/Metrick (2003) gemessen.
522 Vgl. Weiner (2005). Er misst die Qualität der Corporate Governance eines Unternehmens anhand eines Index des Institutional Shareholder Service, der 55 Kriterien umfasst.

Andere Studien sehen hingegen keinen signifikanten Zusammenhang zwischen der Corporate Governance- und Eigentümerstruktur eines Unternehmens und der Unternehmensdiversifikation.[523]

IV. 3 Eigentümerkonzentration und Unternehmenswert

IV. 3.1 Bewertungsrelevanz der Beteiligungshöhe

IV. 3.1.1 Abstufungen im Einfluss auf die Unternehmenspolitik

Unternehmensanteile können kraft des Gesellschaftsvertrags oder kraft Gesetz mit unterschiedlichen Herrschaftsrechten (Nennbetrag, Stimmrecht, Vertretungsmacht, Gewinn) ausgestattet sein. Solche Rechte können von der Rechtsform oder von der Höhe der Gesellschaftsbeteiligung abhängen. Bei der Höhe der Gesellschaftsbeteiligung werden i.d.R. folgende Abstufungen vorgenommen:[524]

1. Einfache Minderheit
2. Qualifizierte Minderheit (Sperrminorität, > 25%)
3. Einfache Mehrheit (> 50%)
4. Qualifizierte Mehrheit (satzungsändernde Mehrheit, > 75%)
5. Alleinbesitz.

Die folgende Abbildung zeigt einige wichtige Beteiligungsgrenzen, die Aktionären bestimmte Rechte einräumen.[525]

---

[523] Vgl. Anderson et al. (2000); Singh/Mathur/Gleason (2004); Beiner/Schmid (2005).
[524] Vgl. Piltz (1994), S. 61; Helbling (1998), S. 535; IDW (2002), S. 9; Wiechers (2005), S. 463.
[525] Siehe auch die Übersicht bei Ruhwedel (2003), S. 35f m.w.N.

Beteiligungsgrenze	Recht	Gesetzesquelle
1%	Antrag auf Bestellung anderer Sonderprüfer	§ 142 Abs. 2 S. 1; Abs. 4 S. 1 AktG
5%	Verlangen der Einberufung einer HV	§ 122 Abs. 1 AktG
5%	Verlangen der Aufnahme weiterer Tagesordnungspunkte zur HV	§ 122 Abs. 2 AktG
5%	Beantragung von Sonderprüfungen	§§ 258 Abs. 2 S. 3; 260; 315 AktG
5%	Verlangen einer Mindestdividende von 4%	§ 254 Abs. 1 AktG
5%	Verhinderung der Eingliederung der Gesellschaft durch Mehrheitsbeschluss	§ 320 Abs. 1 AktG
10%	Antrag auf Abberufung von Aufsichtsratsmitgliedern	§ 103 Abs. 3 S. 3 AktG
10%	Verlangen einer gesonderte Abstimmung über Vorstands-, Aufsichtsratsmitglieder	§ 120 Abs. 1 S. 2 AktG
10%	Verhinderung eines befreienden Konzernabschlusses des Mutterunternehmens	§ 291 Abs. 3 S. 1 HGB
25%	Sperrminorität zur Verhinderung von Satzungsänderungen, Kapitalerhöhungen, Umwandlungen, Verschmelzungen, Unternehmensverträgen und der Auflösung	§§ 179; 182, 193; 162; 340, 340c; 293; 262 AktG
30%	Übernahmeangebot	§ 29 Abs. 2 WpÜG
50%	Mehrheitsentscheidungen	§ 133 Abs. 1 AktG
75%	Satzungsänderungen	§ 179 Abs. 2 AktG
95%	Squeeze-Out	§§ 327a ff. AktG

***Abbildung 21:* Bedeutende Beteiligungsgrenzen**

Bei Aktiengesellschaften gibt es neben den Herrschaftsrechten als Folge unterschiedlich hoher Beteiligungsquoten noch atypische Rechtsausstattungen wie Vorzugsaktien ohne Stimmrecht, Mehrstimmrechtsaktien und vinkulierte Namensaktien.

Die folgende Abbildung zeigt den mit den wesentlichen Beteiligungsgrenzen von 25%, 50% und 75% des Gesellschaftsrechts verbundenen Nutzen und Grenznutzen von Stimmrechten. Die in Deutschland beobachtete Verteilung der Stimmrechtsblöcke orientiert sich sichtbar an diesen Schwellenwerten, die das Gesellschaftsrecht vorgibt.[526] Diese Stimmanteile sind erforderlich, um Satzungsänderungen zu blockieren (25% plus eine Aktie (§ 179 Abs. 2 AktG)), Mehrheitsentscheidungen (50% plus eine Aktie (§ 133 Abs. 1 AktG)) zu bewirken und um Satzungsänderungen zu bewerkstelligen (75% (§ 179 Abs. 2 AktG)). Viele Großaktionäre halten folglich nur so viele Anteile an einem Unternehmen, um bestimmte Stimmrechtsgrenzen zu erreichen, damit sie Einfluss auf die Unternehmenspolitik ausüben können.

[526] Vgl. Becht (1997); Becht/Mayer (2001); Vieweg et al. (2003), S. 57; Becht/Böhmer (2003).

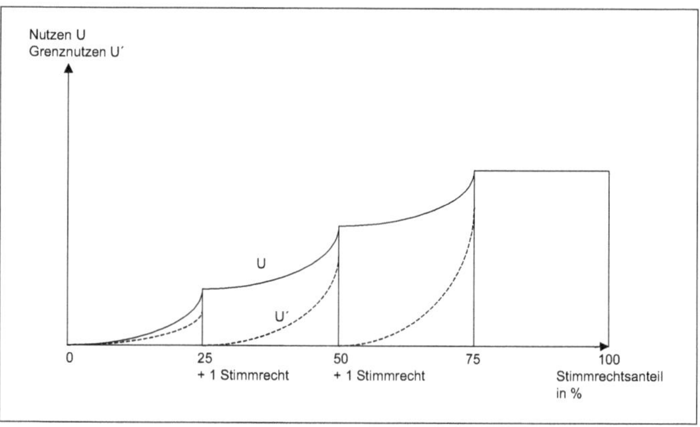

Abbildung 22: **Der Nutzen und Grenznutzen von Stimmrechten in Abhängigkeit von den Beteiligungsgrenzen**[527]

Das durch die Akkumulation von Stimmrechten erreichbare Nutzenniveau U steigt bis zum Erreichen einer neuen Mehrheitsschranke progressiv an. Stimmrechte, die nach dem Überschreiten einer Schranke akkumuliert werden, vermitteln hingegen kaum eine weitere Nutzenmehrung, da die Anzahl der notwendigerweise zu erwerbenden Anteile, die für das Erreichen der nächsten Schranke notwendig sind, groß ist. Ab der Vereinigung von 75% der Stimmen in einer Hand bleibt das Nutzenniveau konstant, da kein höheres Einflusspotential mehr erreicht werden kann. Der Grenznutzen U' stellt den Nutzenzuwachs der jeweils letzten Stimme dar und gibt die Steigung der Gesamtnutzenkurve an. Der Grenznutzen steigt abschnittsweise progressiv an. Nach Erreichen der Einflussschwellen fällt er wieder auf den Wert null zurück, da die jeweils nächste Stimme nicht mit einer Einflusssteigerung einhergeht. Bei Annäherung an die nächste Einflussschranke steigt der Grenznutzen stark an, wobei die jeweils letzte Stimme bis zum Erreichen der Schranke den höchsten Grenznutzen aufweist. Dazu führt ELSCHEN aus: „Jede Einzelstimme, die *noch nicht* zu der erwünschten Mehrheit führt, wird (…) ebenso wertlos wie eine Stimme, die zum Erreichen der Mehrheit *nicht mehr* benötigt wird.“[528] Aufgrund der in der Praxis zu beobachtenden

[527] Geldmacher (2000), S. 253.
[528] Elschen (1988), S. 1019.

Hauptversammlungspräsenzen, die regelmäßig unter 100% liegen, kommt es de facto zu einer Verschiebung der Einflussschranken nach links.[529]

IV. 3.1.2 Einfluss der Beteiligungshöhe auf die Anteilsbewertung

Als Folge der geschilderten Problematik zwischen Minderheits- und Mehrheitsaktionären und dem unterschiedlichen Einfluss der Aktionäre auf die Unternehmenspolitik, in Abhängigkeit von ihrer Beteiligungshöhe, wird z.T. die Auffassung vertreten, dass erhöhte Herrschaftsrechte den Anteilswert durch einen Zuschlag zum quotalen Unternehmenswert erhöhen und dass geminderte Herrschaftsrechte einen Abschlag vom quotalen Unternehmenswert zur Folge haben.[530] Neben der Möglichkeit für die Mehrheitsaktionäre, Sondervorteile erzielen zu können, wird meistens als Grund für die Ungleichbehandlung von Minderheits- und Mehrheitsanteilen genannt, dass durch eine Mehrheitsbeteiligung die Geschäftspolitik aktiv beeinflusst werden kann.

Folglich können bei Bewertungen Zu- bzw. Abschläge u.a. vorgenommen werden, um den unterschiedlichen Eigentümercharakteristika der Unternehmen gerecht zu werden, also um Mehrheitsanteile mit Minderheitsanteilen vergleichbar zu machen.[531] Abhängig von den Eigenschaften des Zielunternehmens können *Minderheitsabschläge* („minority interest discount") bzw. *Kontrollzuschläge* („control premium") auf den ermittelten Wert angewendet werden.[532]

IV. 3.1.3 Kontrollzuschlag

Der Zuschlag für Mehrheitsanteile (*Kontrollzuschlag*) dient dazu, die Möglichkeit der Einflussnahme auf die Geschäftsführung bei der Bewertung zu berücksichtigen. Mit einer hohen Beteiligungsquote sinkt die Abhängigkeit von externen Entwicklungs-

529 Vgl. Baums/Fraune (1995), S. 97 ff.; Faccio/Lang gehen davon aus, dass bereits ab einem Anteil von 20% an den Stimmrechten Kontrollausübung möglich ist. Vgl. Faccio/Lang (2002), S. 369. Cronqvist/Nilsson sehen die Kontrollschwelle bei 25%, ab der ein Aktionär den Haupteinfluss auf unternehmerische Entscheidungen nehmen kann. Vgl. Cronqvist/Nilsson (2003), S. 704. Vgl. zur Hauptversammlungspräsenz in Deutschland auch Bott (2002), S. 411; Schneider/Anzinger (2007), S. 88.

530 Vgl. Elmendorff (1966), S. 548; Piltz (1994), S. 62; Bruns (1998), S. 37; Volk (2005), S. 754f.

531 Vgl. Beckmann/Meister/Meitner (2003), S. 104; Peemöller/Beckmann/Heyke (2004), S. 315.

532 Vgl. Sanfleber-Decher (1992), S. 603; Mandl/Rabel (1997), S. 263; Pratt/Reilly/Schweihs (2000), S. 345-390; K. Nowak (2000), S. 167; Peemöller/Meister/Beckmann (2002), S. 205; Meyer (2005), S. 38.

szenarien, die wiederum die Rentabilität des Beteiligungs- bzw. Unternehmenskaufs beeinflussen. So kann die Kontrolle eines Großaktionärs über ein Unternehmen es ermöglichen, durch den Einfluss auf die unternehmerischen Entscheidungen die Unsicherheit bezüglich der zukünftigen Cash Flows zu reduzieren, indem das Risiko begrenzt wird mit der Folge sinkender Kapitalkosten.[533]

Der *Kontrollzuschlag* für Mehrheitsanteile ist ein pauschaler Zuschlag auf einen quotalen Anteilswert eines fiktiven Alleingesellschafters. HELBLING hält einen Zuschlag für Mehrheitsanteile von 10% i.d.R. für angemessen.[534] PEEMÖLLER/BECKMANN/HEYKE haben in ihrer Untersuchung für den Multiplikatoransatz eine Bandbreite für die Höhe einer Kontrollprämie von 5-40% mit einem Median von 25% ermittelt.[535] Bei der Verwendung von Börsenkursen von Vergleichsunternehmen zur Bewertung von Mehrheitsanteilen werden *Kontrollzuschläge* angewendet, da Börsenkurse Preise für Minderheitsanteile sind, die keine Einflussnahme ermöglichen.

Bei der Abschätzung des Wertes der Unternehmenskontrolle muss beachtet werden, dass Großaktionäre neben dem höheren Anreiz und den besseren Möglichkeiten, ein besseres Monitoring zu betreiben, und der Möglichkeit, Sondervorteile zu erzielen, auch Kosten tragen müssen.[536] Das sind insbesondere die *Liquiditätskosten*, die durch die verringerte Liquidität der Unternehmensanteile anfallen, und die Opportunitätskosten bei *Unterdiversifikation*.[537]

Die durchgeführte Analystenbefragung hat gezeigt, dass *Kontrollzuschläge* bei Analysten keine große Akzeptanz finden. Mehr als drei Viertel der Analysten (26 Antworten) verwenden keinen *Kontrollzuschlag* bei Bewertungen. Ursächlich für dieses

---

533 Vgl. Keller/Hohmann (2004), S. 208; Knoll (2005), S. 176.

534 Vgl. Helbling (1998), S. 536.

535 Vgl. Peemöller/Beckmann/Heyke (2004), S. 318; Nowak nennt einen Mittelwert für den Minderheitsabschlag (Kontrollzuschlag) von rund 42%. Vgl. K. Nowak (2000), S. 168.

536 Vgl. Huddart (1993); Admati/Pfleiderer/Zechner (1994), S. 1099; Shleifer/Vishny (1997a), S. 758. Manjón zeigt in seinem Modell über den Risk-Control Trade-off, dass sowohl die Risikoeinstellung als auch die Kontrollvorteile die Eigentümerstruktur, insbesondere die Entscheidung von Großaktionären, eine große Beteiligung zu halten, beeinflussen. Vgl. Manjón (2004).

537 Bolton/v. Thadden analysieren mittels eines Modells den Trade-off zwischen der Unternehmenskontrolle und der Marktliquidität. Großaktionäre verringern die Liquidität, da die Anzahl der gehandelten Aktien verringert wird. Bei einem breit gestreuten Anteilsbesitz hingegen fallen die Monitoringaktivitäten gering aus, aber die Liquidität ist hoch. Vgl. Bolton/v. Thadden (1998a); Bolton/v. Thadden (1998b); siehe auch Maug (1998). Vgl. zur Darstellung und Diskussion verschiedener

Ergebnis kann sein, dass Analysten oft nur gehandelte Minderheitsanteile bewerten. Die Analysten hingegen, die einen *Kontrollzuschlag* bei Bewertungen anwenden, setzen im Durchschnitt einen rund 11%-igen Zuschlag an. Der Zuschlag wird von den Analysten zur Berechnung des Anteilswerts z.T. auf den Unternehmenswert, auf den Anteilswert oder auf den Cash Flow angewendet. Die Analysten, die *Kontrollzuschläge* verwenden, nennen als Ursache, dass der Verkäufer mittels der Mehrheitsanteile an möglichen Synergien teilhaben kann. Weiterhin wird die Möglichkeit gesehen, dass Unternehmensentscheidungen beeinflusst werden können und somit auch der Cash Flow. Auch wurde geäußert, dass *Kontrollzuschläge* angewendet werden, da sich Mehrheitsanteile positiv im Fall einer möglichen Übernahme auswirken.

IV. 3.1.4 Minderheitsabschlag

Bei einer Beteiligungsquote, die keinen Einfluss auf die Unternehmenspolitik ermöglicht, sind die Unternehmenspolitik und die Unternehmensplanungen als gegeben hinzunehmen. Folglich kann als Gegenpart zum *Kontrollzuschlag* ein *Minderheitsabschlag* angesetzt werden, wenn der Wert von Minderheitsanteilen ermittelt werden soll. Der *Minderheitsabschlag* stellt einen Abschlag auf einen quotalen Anteilswert eines fiktiven Alleingesellschafters dar.

BRUNS sieht beim Erwerb einer Minderheitsbeteiligung einen Zuschlag zum Kapitalisierungszinssatz vor, da ein durchschnittlicher Anteil an einer Minderheitsbeteiligung einen geringeren Wert besitzt als ein durchschnittlicher Anteil an einer Mehrheitsbeteiligung.[538] HELBLING verweist darauf, dass beim Erwerb von Minderheitsanteilen häufig ein *Minderheitsabschlag* vom Unternehmenswert innerhalb einer Bandbreite von 10% bis 30% vorgenommen wird.[539] Die Höhe des Abschlags ist dabei u.a. abhängig von der Anzahl und Streuung der Aktien, der Verkäuflichkeit der Aktien, der Strenge der Vinkulierungsvorschriften und den Mitbestimmungsrechten des Minderheitsbeteiligten.[540] Er weist auch darauf hin, dass ein so ermittelter Anteilswert

---

Modelle zum Trade-off zwischen der Unternehmenskontrolle und der Marktliquidität: Steiger (2000), S. 102-140.

538 Vgl. Bruns (1998), S. 38.

539 Vgl. Helbling (1998), S. 531f.

540 Vgl. Helbling (1998), S. 535.

vergleichbar mit einem Börsenkurs ist, der ebenfalls einen Verkehrswert darstellt und in dem auch ein Minderheitsabzug enthalten ist.[541]

Die Anwendung von *Minderheitsabschlägen* kann anhand zweier Methoden, der expliziten und der impliziten Methode, vorgenommen werden.[542] Bei der expliziten Methode erfolgt zunächst eine Ermittlung des Anteilswerts auf Grundlage des Ertragswertverfahrens oder der DCF-Verfahren. Dieser Wert wird dann anschließend um einen *Minderheitsabschlag* gekürzt. Bei der impliziten Methode ist der *Minderheitsabschlag* bereits in dem verwendeten Marktpreis oder in den marktnahen Verhältniskennzahlen berücksichtigt. Der Markt reflektiert nämlich die mit einem Minderheitsanteil verbundenen geringeren Einflussmöglichkeiten auf die Unternehmenspolitik.

In der durchgeführten Analystenbefragung wurde von 28 Antworten zu der Frage nach der Verwendung von Minderheitsabschlägen nur in zwei Fällen geantwortet, dass ein *Minderheitsabschlag* verwendet wird.

IV. 3.1.5 Das Verhältnis von Minderheitsabschlag zu Kontrollzuschlag

Zum Teil wird die Auffassung vertreten, dass der *Minderheitsabschlag* das negative Korrelat zum *Kontrollzuschlag* ist.[543] Nimmt man diese Wechselbeziehung an, so stellt sich der Zusammenhang wie folgt dar:

$$Minderheitsabschlag = 1 - \left[\frac{1}{(1 + Kontrollzuschlag)} \right]$$

Der Zusammenhang zwischen *Minderheitsabschlag* und *Kontrollzuschlag* ist hingegen nicht unumstritten und entspricht auch nicht der beobachtbaren Evidenz.[544] Die Wechselbeziehung kann durch Synergieeffekte, durch die Möglichkeit die Unternehmenspolitik zu beeinflussen, durch Liquiditätseffekte und durch die Portfoliodiversifikation des Anteilserwerbers beeinflusst werden.

---

541 Vgl. Helbling (1998), S. 534.
542 Vgl. Coates (1999), S. 1262 ff.; Pratt/Reilly/Schweihs (2000), S. 364, 378; Booth (2001), S. 129f; Gaughan (2002), S. 574f.
543 Vgl. Coates (1999), S. 1278; Gaughan (2002), S. 575.
544 Vgl. Coates (1999), S. 1279f; Booth (2001), S. 131.

Folgende Effekte können zu einer Höherbewertung von Mehrheitsanteilen im Vergleich zu Minderheitsanteilen führen: die Erzielung von Sondervorteilen zu Lasten der Minderheitsaktionäre, die Realisierung von Synergieeffekten in Kombination mit einem weiteren Unternehmen des Anteilserwerbers und die Einflussnahme auf die unternehmerischen Entscheidungen. Sofern der Erwerber des Anteilspakets über bessere Managementfähigkeiten als das amtierende Management verfügt, kann der Erwerber mögliche daraus resultierende Ertragssteigerungen in die Bemessung des Werts des Anteilspakets einbeziehen. Diesen Effekten stehen aber mögliche Liquiditäts- und Diversifikationseinbußen gegenüber, die zu einer Erhöhung der Kapitalkosten führen können. Das Halten von größeren Anteilspaketen verzögert bzw. verteuert i.d.R. die Veräußerung dieser Beteiligung. Diversifikationseinbußen sind dann hinzunehmen, wenn die Investition in ein Anteilspaket eine vollständige Diversifikation des Portfolios des Erwerbers erschwert.

Bei der Bewertung eines Minderheitsanteils sind i.d.R. hingegen keine bzw. geringere Liquiditäts- und Diversifikationseinbußen einzukalkulieren. Dementgegen wirken sich mögliche Sondervorteile eines Mehrheitsaktionärs wertverringernd aus. Ein Minderheitsaktionär verfügt auch nicht über die Möglichkeit, Einfluss auf die Unternehmenspolitik auszuüben, so dass er sie als gegeben hinnehmen muss.

Diese Ausführungen zeigen, dass der *Minderheitsabschlag* nicht dem negativen Korrelat zum *Kontrollzuschlag* entspricht und dass bei der Bewertung von Minderheits- und Mehrheitsanteilen, in Abhängigkeit vom Erwerber (u.a. Synergiepotentiale, Managementfähigkeiten), unterschiedliche Faktoren berücksichtigt werden müssen.

IV. 3.2 Rent Protection-Theorie zur Erklärung der Eigentümerkonzentration

Die *Rent Protection-Theorie* von BEBCHUK über die Wahl der Eigentümerstruktur beschäftigt sich insbesondere mit der Wahl zwischen einer Streubesitzstruktur und einer konzentrierten Eigentümerstruktur.[545] Die Theorie zeigt auf, wie die Höhe der Sondervorteile die Wahl der Eigentümerstruktur beeinflusst. Bei hohen Sondervorteilen hat Kontrolle einen hohen Wert, so dass ein Anreiz für Rivalen, die auch die Unternehmenskontrolle anstreben, besteht, sich diese Sondervorteile zu sichern. Daher errichten Unternehmensgründer, die ihr Unternehmen an die Börse bringen, Mechanismen zur Abwehr von Konkurrenz um die Sondervorteile. Diese Theorie stellt nach BEBCHUK ein Mittel dar, um die weltweit beobachtbaren Unterschiede in der Eigentümerstruktur zu erklären.[546]

Ein Unternehmer, der für sein Unternehmen einen Börsengang plant, kann zwischen einer Eigentümerstruktur mit einem kontrollierenden Anteilseigner, in der die Unternehmenskontrolle nicht strittig ist, und einer Streubesitzeigentümerstruktur ohne kontrollierenden Anteilseigner, in der die Kontrolle strittig ist, wählen. Die Wahl der Struktur kann die zukünftigen Cash Flows, die an die Anteilseigner fließen, und die Sondervorteile, die an die Unternehmensmanager fließen, beeinflussen.

Eine Eigentümerstruktur ohne einen kontrollierenden Anteilseigner (NCS) wird dann in Erwägung gezogen, wenn sie höhere Effizienz verspricht. Das ist aber keine hinreichende Bedingung für eine NCS, weil nicht sichergestellt ist, dass das Unternehmen in einer NCS-Struktur verbleibt. So kann ein Rivale die Kontrolle durch einen Erwerb eines Anteilspakets übernehmen. Bei hohen Sondervorteilen stellt eine NCS-Struktur ein Ziel für potentielle Erwerber der Unternehmenskontrolle dar. Daher kann die Wahl für eine Eigentümerstruktur, trotz einer möglichen höheren Effizienz bei einer NCS-Struktur, auf eine Eigentümerstruktur mit einem kontrollierenden Anteilseigner fallen. Der Unternehmenseigner kann im Rahmen einer One-Share-One-Vote-Struktur die Unternehmenskontrolle durch die Anteilsmehrheit halten. Er kann aber auch die Stimmrechte von den Cash Flow-Rechten durch Pyramidenstrukturen, Dual-Class-Aktienstrukturen (Stamm- und Vorzugsaktien) und Überkreuzbeteiligungen halten.

---

545 Vgl. Bebchuk (1999); siehe auch Zingales (1995b).

546 Vgl. Bebchuk (1999); La Porta et al. (1999). Lamba/Stapledon zeigen anhand des Beispiels von Australien, dass die Höhe der Sondervorteile es auch ermöglichen, die Eigentümerstruktur von Unternehmen innerhalb eines Landes zu erklären. Vgl. Lamba/Stapledon (2001).

IV. 3.3 Bewertungsrelevanz eines Mehrheitsaktionärs

IV. 3.3.1 Hypothesen zur Bewertungsrelevanz eines Mehrheitsaktionärs

Die Auswirkung eines Mehrheitsaktionärs auf den Unternehmenswert ist ein intensiv untersuchtes Thema. Im Folgenden werden die wichtigsten Hypothesen und Argumente dargestellt.[547]

IV. 3.3.1.1 Interessenkonvergenzhypothese

Die *Interessenkonvergenzhypothese* geht davon aus, dass ein Großaktionär aufgrund seines großen finanziellen Engagements einen besonderen Anreiz hat, das Management des Unternehmens, an dem er die Beteiligung hält, zu kontrollieren (*Anreizeffekt/Incentive Effect/Alignment Effect*).[548] Er unterliegt zudem nicht, im Gegensatz zu Minderheitsaktionären, dem Trittbrettfahrerproblem. Für einen Großaktionär stehen Kosten und Nutzen der Kontrollausübung in einem angemesseneren Verhältnis als für Minderheitsaktionäre, da hohen Stimmrechtsanteilen auch hohe Cash Flow-Ansprüche gegenüber stehen. Die Kontrollanstrengungen bewirken niedrigere Agency-Kosten und wirken sich positiv auf die Unternehmensperformance aus. „Investors with large ownership stakes have strong incentives to maximize their firms' value and are able to collect information and oversee managers, and so can help overcome one of the principal-agent problems in the modern corporation - that of conflicts of interest between shareholders and managers."[549]

Es lässt sich aber nicht allgemeingültig klären, ab welcher Beteiligungshöhe sich die Wahrnehmung von Kontrolle lohnt, da unterschiedliche Einflussfaktoren wie die Kosten der Kontrollausübung, der diskretionäre Handlungsspielraum des Managements und die Wirksamkeit anderer Kontrollmechanismen diesen Wert beeinflussen.[550]

---

[547] Ruhwedel stellt noch weitere Hypothesen zur Erklärung von Kapitalblöcken dar. Vgl. Ruhwedel (2003), S. 98-102.
[548] Vgl. Shleifer/Vishny (1997a), S. 754; Ruhwedel (2003), S. 88; Gompers/Ishii/Metrick (2004).
[549] Claessens et al. (2002), S. 2741.
[550] Vgl. Ruhwedel (2003), S. 90.

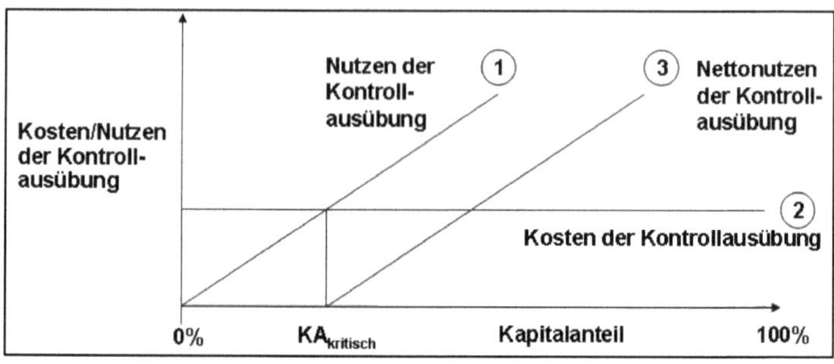

Abbildung 23: **Anreizstruktur bei der Interessenkonvergenzhypothese**[551]

Die Abbildung zeigt die Anreizstruktur eines Aktionärs in Abhängigkeit vom gehaltenen Kapitalanteil. Dabei geht man davon aus, dass die Kontrollkosten unabhängig von der Höhe des Kapitalanteils sind. Die Ausübung der Kontrollaktivitäten lohnt sich erst ab dem Kapitalanteil $KA_{kritisch}$, da dann der Nutzen die Kosten übersteigt. Der Nettonutzen aus der Kontrollausübung (3) ergibt sich durch Abzug der Kontrollkosten (2) von dem Nutzen der Kontrollausübung (1).

IV. 3.3.1.2 Ausbeutungshypothese

Im Gegensatz zu diesen positiven Auswirkungen eines Großaktionärs auf den Unternehmenswert, von dem auch Kleinaktionäre profitieren, steht die *Ausbeutungshypothese*, die die Ausübung der Unternehmenskontrolle durch den Großaktionär zur Realisierung von Sondervorteilen behandelt (*Verschanzungseffekt/Entrenchment Effect*).[552] Der Großaktionär hat durch seinen großen Kapitalanteil neben der Möglichkeit, Kontrolle auszuüben, auch die Gelegenheit, durch die Einflussnahme auf die Geschäftspolitik Sondervorteile zu erzielen. Dieses Verhalten wirkt sich negativ auf den Unternehmenswert aus Sicht aller Aktionäre aus. Betroffen sind von diesem Verhalten aber insbesondere die Minderheitsaktionäre, da der Großaktionär anstelle von Cash Flows Sondervorteile erzielt.

Sofern die Realisierung von Sondervorteilen mit Kosten verbunden ist, muss die Durchführung wertsteigernder Handlungen (Kontrollmaßnahmen) mit der Erzielung

[551] Ruhwedel (2003), S. 89 in Anlehnung an Geldmacher (2000), S. 65.
[552] Vgl. Ruhwedel (2003), S. 92 ff. Siehe auch: Shleifer/Vishny (1989); Gompers/Ishii/Metrick (2004).

von Sondervorteilen abgewogen werden.[553] Die Handlungen zur Erzielung von Sondervorteilen sind aus Sicht des Großaktionärs solange vorteilhaft, wie die daraus resultierende Wertminderung des Unternehmens den erzielten Wert aus den Sondervorteilen nicht überkompensiert.[554]

IV. 3.3.1.3 Nichtlinearitätshypothese

Die *Nichtlinearitätshypothese* beschreibt eine nichtlineare Beziehung zwischen dem Kapitalanteil des Großaktionärs und dem Unternehmenswert. Sie ist eine Kombination von *Interessenkonvergenz-* und *Ausbeutungshypothese.*[555] Dieser Ansatz berücksichtigt den Trade-off eines Großaktionärs zwischen der Möglichkeit, Sondervorteile zu erzielen und Kontrolltätigkeiten auszuüben. Die Kapitalkonzentration eines Großaktionärs ist demnach nicht nur positiv oder negativ zu beurteilen, sondern ist abhängig von der Höhe des Kapitalanteils. Der Zusammenhang zwischen der Kapitalbündelung des Großaktionärs und dem Unternehmenswert ist folglich nicht-monoton, da bei bestimmten Beteiligungsgrößen die Vorteile aus den Sondervorteilen die der Kontrollaktivitäten überwiegen.

IV. 3.3.1.4 Endogenitätshypothese

Gemäß seiner *Endogenitätshypothese* erwartet DEMSETZ hingegen keine Auswirkung des Konzentrationsgrades der Eigentümerstruktur auf den Wert.[556] DEMSETZ/LEHN argumentieren wie folgt: „We expect no such relationship (between concentration and profit rate). A decision by shareholders to alter the ownership structure of their firm from concentrated to diffuse should be a decision made in awareness of its consequences for loosening control over professional management. The higher cost and reduced profit that would be associated with this loosening in owner control should be offset by lower capital acquisition costs or other profit-enhancing aspects of diffuse ownership if shareholders choose to broaden ownership.“[557] Demnach hat die Eigentümerstruktur keinen Einfluss auf die Profitabilität und den Wert eines Unter-

[553] Vgl. Cronqvist/Nilsson (2003), S. 696 m.w.N.
[554] Vgl. Ruhwedel (2003), S. 94.
[555] Vgl. Ruhwedel (2003), S. 96.
[556] Vgl. Demsetz (1983).
[557] Demsetz/Lehn (1985), S. 1174.

nehmens. Die Eigentümerstruktur ist vielmehr das Ergebnis eines Wettbewerbsprozesses.[558] Die Eigentümerstruktur ergibt sich in Abhängigkeit von der unternehmensindividuellen (Agency-)Kostenstruktur.[559] Dabei wird der Unternehmenswert durch ein effizientes Management aller Kosten gesteigert und nicht durch die Minimierung der Agency-Kosten.[560] Diese stellen vielmehr normale Kosten dar, im Sinne einer nicht-pekuniären Entlohnung des Managements.

IV. 3.3.2 Empirie zur Bewertungsrelevanz eines Mehrheitsaktionärs

Nach Auswertung mehrerer empirischer Studien, die sich mit den Auswirkungen der Anteilskonzentration auf den Unternehmenserfolg befasst haben, kommt BOTT zu dem Schluss, dass von der Anteilskonzentration positive Effekte ausgehen.[561] Dabei kommt insbesondere Aktionären mit Anteilen im Bereich von 25-50% eine hohe Bedeutung zu.[562]

CLARK/WÓJCIK haben hingegen einen signifikant negativen Zusammenhang zwischen der Eigentümerkonzentration und der Aktienrendite ausgemacht.[563] In der Untersuchung von LEHMANN/WEIGAND wurde ein negativer Zusammenhang zwischen der Eigentümerkonzentration und der Unternehmensprofitabilität beobachtet.[564] Dieser Zusammenhang ist bei nicht-börsennotierten Unternehmen besonders ausgeprägt.

CLAESSENS ET AL. haben dementgegen einen nichtlinearen Zusammenhang zwischen dem Kapitalanteil des Großaktionärs und dem Unternehmenswert bei ostasiatischen Unternehmen beobachtet (*Nichtlinearitätshypothese*).[565] Nach ihrer Untersuchung ist ein positiver Einfluss kleiner und großer Kapitalbündelungen auf den Unternehmenswert (Markt-Buchwert-Verhältnis) festzustellen.[566] Bei Großaktionären mittlerer

---

558 Vgl. Demsetz (1983), S. 377.
559 Vgl. Demsetz (1983), S. 385.
560 Vgl. Demsetz (1983), S. 384f.
561 Vgl. Bott (2002), S. 137 ff.; so auch Vieweg et al. (2003), S. 66 m.w.N. Siehe zu Studien, die den Zusammenhang zwischen der Aktionärsstruktur und der Unternehmensperformance untersucht haben, die Auswertungen und Zusammenfassungen von Bott (2002), S. 108 ff. und Ruhwedel (2003), S. 142 ff.
562 Vgl. Bott (2002), S. 146.
563 Vgl. Clark/Wójcik (2005).
564 Vgl. Lehmann/Weigand (2000).
565 Vgl. Claessens et al. (2002), S. 2755.
566 So auch Ruhwedel (2003), S. 98.

Größe ergibt sich hingegen ein negativer Einfluss auf den Unternehmenswert. Anfangs steigt der Unternehmenswert mit steigendem Cash Flow-Anteil des Großaktionärs (*Anreizeffekt*). Eine Beteiligung eines Großaktionärs zwischen 41 und 50% bewirkt hingegen eine signifikante Verringerung des Unternehmenswerts im Vergleich zu einem Anteil von 36 bis 40% (*Verschanzungseffekt*). Bei einer Beteiligung von 51 bis 55% steigt der Wert wieder an, um dann ab einer Beteiligungsschwelle von 55% wieder zu fallen. Auch GEDAJLOVIC/SHAPIRO stellen am Beispiel von Deutschland einen nichtlinearen Zusammenhang zwischen dem Kapitalanteil des größten Aktionärs und der Gesamtkapitalrendite fest.[567] Bis zu einem Kapitalanteil von 70% ist der Einfluss von Blockbildungen negativ. Danach wird er jedoch signifikant positiv.

Weitere Untersuchungen sind darüber hinaus zu dem Schluss gekommen, dass sich mehrere Großaktionäre in einem Unternehmen positiv auf den Unternehmenswert auswirken.[568]

Eine aktuelle Untersuchung von GOVERNANCEMETRICS INTERNATIONAL hat festgestellt, dass Unternehmen, bei denen ein Aktionär mindestens 50% der Stimmrechte besitzt, ein durchschnittliches Corporate Governance-Rating aufweisen, das unter dem durchschnittlichen Rating liegt und somit schlechter ausfällt.[569] Unternehmen, die ein schlechteres Rating aufgewiesen haben, schnitten auch schlechter an der Börse ab. Es wird gefolgert, dass insbesondere bei diesen Unternehmen viel Raum für die Verbesserungen der Corporate Governance besteht. Diese Unternehmen zeichnen sich im Vergleich zu Unternehmen mit einem breit gestreuten Aktionärskreis durch einen Mangel an unabhängigen Aufsichtsratsmitgliedern, einem höheren Anteil an unterschiedlichen Aktiengattungen, einem Mangel an Governance-Kommittees (die die unternehmensindividuelle Corporate Governance auf ihre Ordnungsmäßigkeit hin untersuchen und die Einhaltung der Aktionärsrechte überwachen) und häufigen related-party Transaktionen zwischen dem Unternehmen und dem kontrollierenden Aktionär aus.

---

567 Vgl. Gedajlovic/Shapiro (1998), S. 546f.
568 Vgl. Bennedsen/Wolfenzon (2000); Edwards/Weichenrieder (2004); Maury/Pajuste (2005).
569 Vgl. GovernanceMetrics International (2005).

	Unternehmen mit einem Kontrollaktionär	Unternehmen mit breit gestreutem Aktionärskreis
Unabhängige Aufsichtsratsmitglieder	45,7%	61,0%
Unterschiedliche Aktiengattungen	28,1%	3,8%
Kein Governance-Kommittee	43,5%	20,8%
Häufige related-party Transaktionen	20,2%	9,0%

***Tabelle 5:* Auffälligkeiten bei Unternehmen mit einem Mehrheitseigner**[570]

IV. 3.3.3 Einschätzungen von Finanzanalysten zur Bewertungsrelevanz eines Mehrheitsaktionärs

In der durchgeführten Analystenbefragung wurde untersucht, ob Analysten bei Bewertungen berücksichtigen, ob ein Unternehmen einen Mehrheitsaktionär (Mehrheit der Stimmrechte) hat. Die Hälfte der antwortenden Analysten schätzt diese Frage als bewertungsrelevant ein.

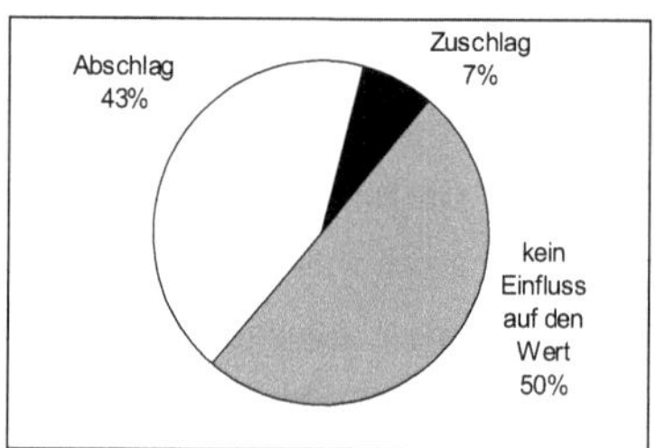

***Abbildung 24:* Wie berücksichtigen Sie bei Unternehmensbewertungen, wenn ein Unternehmen einen Aktionär hat, der die Mehrheit der Stimmrechte bei einem Unternehmen besitzt?**

Von 28 zu dieser Frage abgegebenen Antworten sieht die Hälfte der Analysten eine Bewertungsrelevanz einer solchen Konstellation.[571] Von 43% der Analysten wird im Durchschnitt ein Abschlag in Höhe von 10,9% angesetzt.[572] Der Abschlag wird dabei entweder auf den vorläufigen Unternehmenswert, Anteilswert oder den Cash Flow veranschlagt.

[570] Vgl. GovernanceMetrics International (2005).

[571] Zwei Analysten berücksichtigen bei Bewertungen die Situation, dass ein Unternehmen einen Aktionär hat, der die Mehrheit der Stimmrechte bei einem Unternehmen besitzt, mit einem Zuschlag, der auf den ermittelten Unternehmenswert berechnet wird. Den Erläuterungen ist zu entnehmen, dass aus dem Gesichtspunkt eines Mehrheitsaktionärs argumentiert wird, dessen Position mit einem Zuschlag zu bewerten ist.

[572] Der Berechnung des durchschnittlichen Abschlags liegen 8 Antworten zugrunde.

Als Ursachen für die Verwendung eines Abschlags in dem Fall, dass ein Unternehmen einen Aktionär hat, der die Mehrheit der Stimmrechte bei einem Unternehmen besitzt, wurden genannt, dass die Möglichkeit fehlt oder nur gering ist, die Unternehmenspolitik beeinflussen zu können, und dass der Mehrheitseigner den Shareholder Value mindern kann. Im gleichen Sinne wird auch geäußert, dass der Mehrheitsaktionär oft nicht die Interessen der Minderheitsaktionäre verfolgt.

Neben den genannten Antworten, die die Verwendung eines Bewertungsabschlags rechtfertigen, äußern sich einige Analysten aber auch dahingehend, dass sie die genannten negativen Werteffekte mit möglichen positiven Effekten abwägen. Als ein positiver Aspekt wird genannt, dass Minderheitsaktionäre ausgekauft werden können, was üblicherweise zu Werten über dem Marktwert stattfindet. Auch wird geäußert, dass die Einschätzung des Werteinflusses letztendlich von der Zielsetzung des Mehrheitsaktionärs abhängt, womit implizit gesagt wird, dass auch Situationen vorstellbar sind, in denen auch Minderheitsaktionäre von einem Kontrollaktionär profitieren können.

Folglich wird von der Mehrheit der Analysten die Gefahr, dass der Mehrheitsaktionär Sondervorteile zu Lasten der Minderheitsaktionäre erzielt, als größer beurteilt als die Möglichkeit, dass der Mehrheitsaktionär seinen Einfluss auf die Unternehmenspolitik dazu nutzt, stärkere Kontrolle über das Management auszuüben, um die Unternehmenspolitik zum Vorteil aller Aktionäre zu beeinflussen. Die Befragungsergebnisse zeigen, dass der Aspekt von Bewertungsrelevanz ist und sich tendenziell negativ auf den Unternehmenswert auswirkt.

IV. 3.4 Bewertungsrelevanz des Streuungsgrads der Unternehmensanteile

Weiterhin wurden Analysten danach gefragt, ob sie bei Bewertungen die Streuung der Aktien (Free Float-Faktor) berücksichtigen. Das Kriterium des Free Float betrifft sowohl die Eigentümerstruktur als auch die Marktliquidität (*Liquidity-Control Trade-off*).[573] Ein höherer Free Float kann zu einer höheren Marktliquidität führen und damit niedrigere Transaktionskosten bewirken. Demgegenüber stehen mögliche Kontroll-

---

[573] Siehe zum Liquidity-Control Trade-off: Bolton/v. Thadden (1998a); Bolton/v. Thadden (1998b); Maug (1998).

defizite, da das Management als Folge des Trittbrettfahrerproblems keiner effektiven Kontrolle mehr ausgesetzt ist.

Der Streubesitzanteil wird von der DEUTSCHEN BÖRSE wie folgt ermittelt:[574] Als Festbesitz gelten alle Anteile eines Anteilseigners, die kumuliert mindestens 5% des auf eine Aktiengattung entfallenden Grundkapitals einer Gesellschaft ausmachen und die, unabhängig von der Höhe der Beteiligung, einer gesetzlichen oder vertraglichen Sperrfrist von mindestens sechs Monaten hinsichtlich ihrer Veräußerung durch den Anteilseigner unterliegen. Nicht als Festbesitz gelten hingegen alle Anteile, die von Vermögensverwaltern und Treuhandgesellschaften, Fonds und Pensionsfonds und Kapitalanlagegesellschaften oder ausländischen Investmentgesellschaften in ihrem jeweiligen Sondervermögen mit kurzfristigen Anlagestrategien gehalten werden, sofern der Anteil 25% des Grundkapitals der Gesellschaft nicht überschreitet.

Der Streubesitzanteil ist für die Zusammensetzung der Börsenindizes der DEUTSCHEN BÖRSE relevant.[575] Die DEUTSCHE BÖRSE hat im Juni 2002 die Indexberechnung auf die Free Float-Gewichtung umgestellt, so dass für die Berechnung der Marktkapitalisierung nur noch ausschließlich die handelbaren Aktien herangezogen werden. Darüber hinaus wurde die Trennung der verschiedenen Aktiengattungen in den Indizes vorgenommen, wobei jeweils nur die größere bzw. liquidere Gattung in einen Auswahlindex aufgenommen wird.

In der Analystenbefragung wurde untersucht, ob Finanzanalysten dem Streuungsgrad der Anteile eine Bewertungsrelevanz beimessen. Es hat sich gezeigt, dass das bei der Hälfte der Analysten (von insgesamt 28 Antworten) der Fall ist.

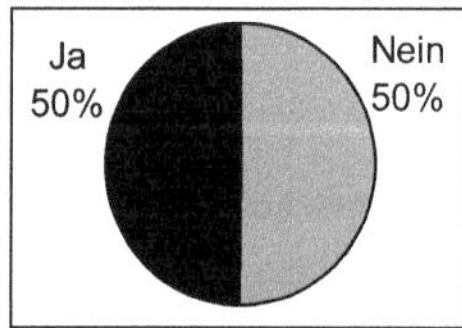

Abbildung 25: **Berücksichtigen Sie die Streuung der Aktien (Free Float-Faktor) bei Bewertungen?**

[574] Vgl. Deutsche Börse (2005), S. 11.
[575] Vgl. Deutsche Börse (2005), S. 11.

Die Erläuterungen der Analysten zeigen, dass bei einem geringen Free Float in der Regel ein Abschlag auf den Wert vorgenommen wird. Ein geringer Free Float erhöht das Risiko, dass Großaktionäre ihren Einfluss besser geltend machen können. Als positiv wird ein hoher Free Float beurteilt. Ein hoher Free Float wirkt sich insbesondere bei Unternehmen, die als Übernahmekandidaten gehandelt werden, vorteilhaft aus. Auch erhöht sich die Wahrscheinlichkeit der Indexaufnahme, was ebenfalls als positiv eingeschätzt wird.

IV. 3.5 Schlussfolgerungen zur Bewertungsrelevanz der Eigentümerkonzentration

Für die Eigentümerkonzentration können sowohl Bewertungseffekte auf den Anteilswert als auch auf den Unternehmenswert ausgemacht werden. Dabei haben sich die Beteiligungsgrenzen, die das Gesellschaftsrecht vorgibt, als relevant für den Wert herausgestellt. Eine bedeutende Ursache für diesen Bewertungseinfluss von Beteiligungsgrenzen sind Sondervorteile, die durch den Einfluss auf ein Unternehmen und unter Ausschluss der restlichen Aktionäre erzielt werden können. Auf dieser Grundlage werden z.T. auch Minderheitsabschläge und Kontrollzuschläge gerechtfertigt.

Die Untersuchungen über den Bewertungseinfluss von Mehrheitsaktionären weisen ein sehr heterogenes Bild auf, da sowohl wertsteigernde Effekte aufgrund besserer Monitoringmöglichkeiten als auch wertsenkende Effekte infolge der Erzielung von Sondervorteilen ausgemacht werden können. Neben den Bewertungskonsequenzen aus der Erzielung von Sondervorteilen und der Monitoringtätigkeit sind auch mögliche Auswirkungen aus einer eingeschränkten Marktliquidität und eingeschränkter Diversifikationsmöglichkeiten für die Kapitalkosten zu bedenken.

Sofern hingegen die Eigentümerstruktur atomistisch ist, haben die Aktionäre nur eingeschränkte Möglichkeiten und auch nur einen geringen Anreiz, dem eigennützigen Handeln des Managements Einhalt zu gebieten. Den dadurch erlittenen Nachteilen stehen aber die Vorteile aus einer guten Diversifikation und einer hohen Marktliquidität gegenüber. Folglich ist der Aspekt der Eigentümerkonzentration unter einem Trade-off von Sondervorteilen mit der Anteilsdiversifikation und der Marktliquidität zu beurteilen.

IV. 4 Eigentümeridentität und Unternehmenswert

IV. 4.1 Die Bedeutung der Eigentümeridentität für den Unternehmenswert

Neben der Bedeutung der Eigentümerkonzentration hat sich auch ein Bewusstsein dafür gebildet, dass die Identität der Hauptgesellschafter für Aktienanlagen von Bedeutung sein kann. Unterstützung für diese Vermutung gibt die empirische Untersuchung von BARCLAY/HOLDERNESS, die feststellen, dass sich bei Paketverkäufen von Aktien typischerweise nicht der Konzentrationsgrad der Eigentümerstruktur ändert, sondern ausschließlich die Identität des Paketaktionärs.[576] Da sich signifikante Kursreaktionen gezeigt haben, ist davon auszugehen, dass die Identität der Aktionäre für die Marktteilnehmer eine relevante Information ist. Auch SHORT betont die Bedeutung der Eigentümeridentität: „The assumption that all external shareholders are equally concerned with profit maximization, and furthermore, are able to force management to pursue this goal is overly simplistic and ignores the differing incentives the various external shareholders will face."[577]

VIEWEG ET AL. betonen die tendenziell positive Wirkung der Eigentümerkonzentration auf die Unternehmensperformance für Deutschland.[578] Sie sehen aber auch eine starke Abhängigkeit des Effekts von der Aktionärsidentität. Die verschiedenen Großaktionärstypen weisen eine unterschiedlich stark ausgeprägte Aktionärskontrolle auf und haben unterschiedlich starke Anreize, Sondervorteile zu realisieren.[579]

IV. 4.2 Bewertungseinfluss ausgewählter Eigentümergruppen

Im Folgenden werden verschiedene Aktionärsidentitäten auf ihre Bewertungsrelevanz hin analysiert. Zu diesem Zweck wurde im Rahmen der durchgeführten Analystenbefragung dieser Aspekt näher untersucht. Dazu ist eine Einstufung der Eigentümergruppen in: Familien/Privatpersonen, Management, Staat/Länder/Kommunen, Institutionelle Investoren (ohne Banken/Versicherungen), Banken und Versicherungen und Industrie- und Dienstleistungsunternehmen vorgenommen worden.

---

[576] Vgl. Barclay/Holderness (1991), S. 870.
[577] Short (1994), S. 228.
[578] Vgl. Vieweg et al. (2003), S. 66 m.w.N.
[579] Vgl. Ruhwedel (2003), S. 103f m.w.N.

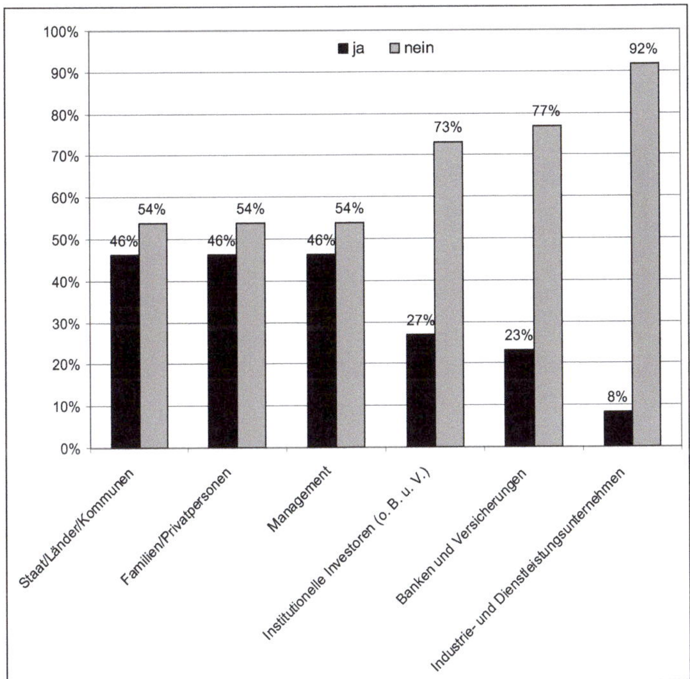

Abbildung 26: **Berücksichtigen Sie bei Bewertungen die Möglichkeit der Einflussnahme von Aktionären folgender Identitäten auf die Unternehmenspolitik?**

Das Bild, das sich auf Grundlage von 26 abgegebenen Analystenantworten ergibt, zeigt, dass in der Bewertungspraxis durch Finanzanalysten keine Eigentümergruppe in der Mehrheit der Fälle als bewertungsrelevant angesehen wird. Es zeigt sich aber auch, dass deutliche Unterschiede zwischen den einzelnen Eigentümergruppen wahrgenommen werden. Der größte Stellenwert wird dabei Staat/Länder/Kommunen, Familien/Privatpersonen und dem Management beigemessen.

Die folgende Grafik ermöglicht es, die Richtung des Bewertungseinflusses der Eigentümergruppen in positiv und negativ einzustufen. Die Werte zeigen die Anzahl der jeweils abgegebenen Antworten in absoluten Werten.

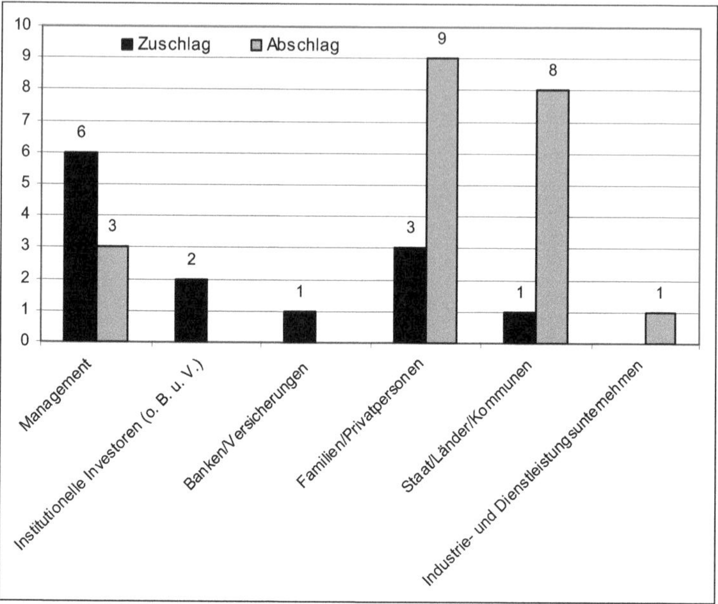

Abbildung 27: **Berücksichtigen Sie bei Bewertungen die Möglichkeit der Einflussnahme von Aktionären folgender Identitäten auf die Unternehmenspolitik mit einem Zuschlag oder Abschlag?**

Die Grafik zeigt, dass insbesondere eine Beteiligung und Einflussnahme des Managements als überwiegend vorteilhaft für den Unternehmenswert beurteilt wird. Demgegenüber werden hohe Beteiligungen von Familien und Privatpersonen und von Staat, Ländern und Kommunen als überwiegend negativ beurteilt.

In den weitergehenden Erläuterungen der Analysten wird betont, dass die Interessenlage der einzelnen Aktionäre berücksichtigt werden muss und dass es keine systematische Vorgehensweise gibt, wie bestimmte Konstellationen bei Bewertungen zu quantifizieren sind. So können bestimmte Aktionärsgruppen die Unternehmenspolitik sowohl positiv als auch negativ beeinflussen. Genannt wurden insbesondere das Management und Familien, bei denen sich der ausgeübte Einfluss sowohl positiv als auch negativ auswirken kann. Es wird jeweils eine Einzelfallbetrachtung vorgenommen, um zu einem abschließenden Urteil zu kommen.

Im Folgenden wird die Bewertungsrelevanz von Familien/Privatpersonen, Management, Staat/Länder/Kommunen, institutionelle Investoren, Banken und Versicherungen anhand der Theorie und Empirie untersucht. Bei den Analystenantworten wird nur auf die Antworten zum Management, zu Familien/Privatpersonen und zu Staat/ Länder/Kommunen weiter eingegangen, da die Anzahl der Antworten zu institutionellen Investoren, Banken/Versicherungen und Industrie- und Dienstleistungsunternehmen zu gering ist, um aussagekräftige Ergebnisse zu erzielen.[580]

IV. 4.3 Der Bewertungseinfluss von Familien und Privatpersonen

IV. 4.3.1 Empirische Ergebnisse zur Bewertung von Familienunternehmen und Unternehmen mit einflussreichen Privatpersonen

Bei den bewertungsrelevanten Eigentümergruppen stehen insbesondere Familienunternehmen und Privatpersonen, die einen maßgeblichen Einfluss auf die Unternehmensgeschicke ausüben, im Vordergrund. Jüngste Studien haben gezeigt, dass Aktien von börsennotierten Familienunternehmen, in denen der Gründer oder dessen Nachkommen eine gewichtige Rolle spielen, durchschnittlich eine bessere Performance aufweisen als die wichtigen Börsenindizes.[581]

In der Studie von HASLER wurden Gesellschaften untersucht, an denen die Familie mindestens 25% der Anteile hält, an denen der Gründer oder seine Nachkommen die Unternehmensführung maßgeblich beeinflussen und die dem Prime Standard der Deutschen Börse angehören.[582] Es hat sich gezeigt, dass seit dem Jahr 1990 die, gemessen an der Marktkapitalisierung, 50 größten börsennotierten Familienunternehmen sich jährlich um 6,8% besser als der DAX entwickelt haben.[583] Die durchschnittliche Performance dieser Unternehmen lag im genannten Zeitraum bei 16,3% pro Jahr im Gegensatz zu 9,5% des DAX, 7,4% des MDAX und 3,4% des SDAX. Diese Werte verringern sich zwar deutlich, wenn der bedeutendste Wert, die SAP

---

580 Vgl. zu den Zielsetzungen und den Kontrollanreizen von Nichtfinanzunternehmen, insbesondere von Industrie- und Dienstleistungsunternehmen: Bott (2002), S. 56-59. Ruhwedel kommt zu dem Schluss, dass Industrieunternehmen als Großaktionäre den Unternehmenserfolg positiv beeinflussen. Vgl. Ruhwedel (2003), S. 262.

581 Vgl. Hasler (2004); Bühler et al. (2004).

582 Vgl. Hasler (2004).

583 Vgl. Hasler (2004), S. 3f.

AG, aus dieser Auswertung herausgenommen wird. Dann bleibt aber dennoch ein Vorsprung von 1,5% gegenüber dem DAX bestehen.

Auch die Studie von BÜHLER ET AL., die die Performance von Familienunternehmen an der Schweizer Börse untersucht hat, weist positive Ergebnisse zur Performance familiengeführter Unternehmen auf. Aktien von Familienunternehmen haben den Gesamtmarkt der Schweizer Börse im Zeitraum von Anfang 1990 bis Ende 2004 mit einer um rund 41% besseren Kursentwicklung übertroffen.[584] Abzüglich der Familienunternehmen, die auch in die Performanceermittlung des Gesamtmarktes einfließen, erhöht sich der Performanceunterschied auf rund 71% im genannten Zeitraum.

AMIT/VILLALONGA haben beobachtet, dass Familien-Management Wert schafft, solange der Unternehmensgründer den Posten des Vorstandsvorsitzenden (CEO) oder als Vorsitzender des Aufsichtsrats (Board Chairman) mit einem angeheuerten Nicht-Familienmitglied als Vorstandsvorsitzenden einnimmt.[585] ANDERSON/REEB zeigen, dass Familienunternehmen eine bessere Performance als Nicht-Familienunternehmen erzielen.[586] Die Beteiligung der Familie des Unternehmensgründers an dem Unternehmen schafft Wert, wenn der Unternehmensgründer oder seine Nachfahren als Vorstandsvorsitzende (CEO) fungieren. EHRHARDT/NOWAK/WEBER zeigen auf, dass Familienunternehmen hinsichtlich ihrer Gesamtkapitalrendite eine Überperformance im Vergleich zu den nicht familiendominierten Unternehmen aufweisen.[587]

Diesen Beobachtungen stehen die Untersuchungsergebnisse von DASKE/EHRHARDT entgegen, die festgestellt haben, dass die Sondervorteile in Familienunternehmen besonders hoch ausfallen.[588]

---

[584] Vgl. Bühler et al. (2004).
[585] Vgl. Villalonga/Amit (2006).
[586] Vgl. Anderson/Reeb (2003).
[587] Vgl. Ehrhardt/Nowak/Weber (2004).
[588] Vgl. Daske/Ehrhardt (2002), S. 194f.

IV. 4.3.2 Erklärungsansätze für die Bewertungseffekte von Familienunternehmen und Unternehmen mit einflussreichen Privatpersonen

Als eine Ursache für die beobachtete Outperformance familiengeführter Unternehmen werden die weitaus geringeren Zielkonflikte in einem gründergeführten Unternehmen im Gegensatz zu einem managergeführten Unternehmen genannt.[589] Es wird ein ausgeprägter Konsens zwischen den persönlichen Zielen der Eigentümer gesehen: der Steigerung des persönlichen Vermögens, den unternehmerischen Zielen, der Erhöhung der Profitabilität und der Verbesserung des Marktanteils.[590]

Familiengeführte Unternehmen zeichnen sich in der Regel durch die Personalunion von Vorstand oder Aufsichtsratsvorsitz und Eigentümern aus der Gründerfamilie bzw. deren Nachkommen aus.[591] Die Unternehmensleitung verfügt auch oft über ein umfangreiches Know How. Die Eigentümer-Manager weisen meistens eine hohe Bindung und Loyalität zum Unternehmen und ein ausgeprägtes Entrepreneur-Verhalten auf. Diese Unternehmen zeichnen sich weiterhin durch kürzere Entscheidungswege, schnellere Reaktionszeiten und eine geringere Bürokratie aus.[592]

Es wird aber auch angemerkt, dass der Einfluss des Firmengründers kontraproduktiv sein kann, wenn sich die Eigenschaften, die für den Erfolg des Unternehmens von Bedeutung waren, wie Zielstrebigkeit, Durchsetzungsvermögen und Ehrgeiz sich in ihr Gegenteil verkehren, wie z.B. Starrsinn, Beratungsresistenz und die Unfähigkeit, sich veränderten Marktbedingungen anpassen zu können.[593] Auch kann ein Mangel an professionellen Führungsqualitäten die Performance eines Unternehmens negativ beeinflussen. Problematisch sind weiterhin fehlende Nachfolgeregelungen oder Streitigkeiten innerhalb der Familie.[594]

Weitere Gründe für die Outperformance familiengeführter Unternehmen können sein, dass weniger risikofreudige Engagements eingegangen werden, dass sie sich mehr auf eine Nische fokussieren, dass sie langfristige Pläne aufstellen und bestrebt sind,

---

[589] Vgl. Hasler (2004), S. 5.
[590] Vgl. Hasler (2004), S. 5.
[591] Vgl. Lange (2005), S. 2586.
[592] Vgl. Lange (2005), S. 2586.
[593] Vgl. Hasler (2004), S. 6.

ihre Marktstellung kontinuierlich auszubauen.[595] Auch sind die Gewinne von Familienunternehmen stabiler als die von Nicht-Familienunternehmen.[596] Da ein großer Teil des Familienvermögens im Unternehmen investiert ist, wird eine effektive Risikodiversifikation schwierig.[597] Folglich darf die langfristige Unternehmensstrategie das investierte Familienvermögen nicht gefährden.

IV. 4.3.3 Einschätzungen von Finanzanalysten zur Bewertungsrelevanz der Einflussnahme von Familien und Privatpersonen

Die Analysten, die einen negativen Bewertungseinfluss von Familien und Privatpersonen sehen, wenden in dem Fall, dass Familien und Privatpersonen an einem Unternehmen beteiligt sind und Einfluss ausüben können, bei Bewertungen im Durchschnitt einen Abschlag in Höhe von 7,9% an. Drei Analysten beurteilen die beschriebene Situation hingegen als positiv und wenden einen Zuschlag an, der im Durchschnitt 10% beträgt. Die Zu- und Abschläge werden von den Analysten entweder auf den vorläufigen Unternehmens- oder Anteilswert, den Marktwert oder die Cash Flows angewendet. Es wurde auch geäußert, dass die Beurteilung von der Struktur abhängig ist, so dass die Beteiligung von Familien und Privatpersonen sowohl positiv als auch negativ eingeschätzt werden kann.

Als Ursachen für die beschriebenen Einschätzungen wurden genannt, dass bei Kontrollausübung durch Familien das Risiko von Nepotismus besteht, so dass der Kontrolleinfluss zum Eigennutz der Familie verwendet wird, statt der Zielsetzung der Minderheitsaktionäre, nämlich der Unternehmenswertmaximierung, zu dienen. Die entscheidende Frage ist, ob die Interessen der kontrollausübenden Personen oder Familien mit denen der übrigen Aktionäre übereinstimmen.

---

[594] Vgl. Lange (2005), S. 2588.
[595] Vgl. Hasler (2004), S. 5.
[596] Vgl. Bühler et al. (2004), S. 14.
[597] Vgl. Heaney/Holmén (2005).

IV. 4.4 Der Bewertungseinfluss des Managements als Aktionär

IV. 4.4.1 Empirische Ergebnisse zum Einfluss der Managementbeteiligung auf den Unternehmenswert

Neben Familienbeteiligungen genießen auch die Auswirkungen von Managementbeteiligungen auf den Unternehmenswert in der Literatur eine hohe Aufmerksamkeit. Empirische Studien haben gezeigt, dass eine Beteiligung des Managements am Unternehmen einen positiven Einfluss auf die Unternehmensleistung (*Anreizeffekt*) hat (Interessenkonvergenz), wohingegen eine zu hohe Beteiligung zu schlechteren Ergebnissen führt (*Verschanzungseffekt*).[598] Folglich urteilen DENIS/MCCONNELL: „(...) the ultimate effect of managerial ownership on firm value depends upon the trade-off between the alignment and entrenchment effects."[599] MORCK/SHLEIFER/VISHNY haben beobachtet, dass Tobin's Q ansteigt, wenn der vom Management gehaltene Anteil von 0% auf 5% steigt.[600] Bei einer Beteiligung des Managements bis hin zu 25% fällt Tobin's Q, wohingegen es ab 25% wieder ansteigt. Das Ansteigen von Tobin's Q stützt den *Anreizeffekt*. Die Verringerung von Tobin's Q hingegen unterstützt den *Verschanzungseffekt*.[601]

Das Corporate Governance-Rating Unternehmen GOVERNANCEMETRICS INTERNATIONAL hat in einer Studie die Bedeutung des Beteiligungsbesitzes des Managements (Directors and Officers) auf den Total Return (Wertsteigerung + Dividenden) eines Unternehmens untersucht.[602] Dabei betont es die Bedeutung der Managementbeteiligung am Unternehmen: „One of the hallmarks of good corporate governance is significant share ownership by Directors and Officers of the company."[603] Es hat sich ein deutlicher Zusammenhang zwischen diesem Kriterium und dem Total Return herausgestellt. Der Total Return fällt bei Unternehmen, die eine höhere Managementbeteiligung aufweisen, deutlich höher aus. Den höchsten Total Return erzielen

598 Vgl. McConnell/Servaes (1990); Holderness/Kroszner/Sheehan (1999); Müller/Spitz (2001), S. 1, 25.
599 Denis/McConnell (2003), S. 3.
600 Vgl. Morck/Shleifer/Vishny (1988).
601 Vgl. Morck/Shleifer/Vishny (1988); Müller/Spitz (2001), S. 1.
602 Vgl. GovernanceMetrics International (2004), S. 7.
603 GovernanceMetrics International (2004), S. 7.

die Unternehmen, die durch das Management durch eine Beteiligung von mehr als 50% kontrolliert werden.

IV. 4.4.2 Erklärungsansätze zum Einfluss der Managementbeteiligung auf den Unternehmenswert

JENSEN/MECKLING haben in einem Modell die Beziehung zwischen dem Anteilsbesitz des Managements und dem Unternehmenswert dargestellt.[604] Dabei führt die Aufnahme eines externen Eigenkapitalgebers ohne Geschäftsführungsbefugnis für den ursprünglichen Alleingesellschafter zu dem Anreiz, Sondervorteile aus dem Unternehmen zu realisieren, da er die dadurch entstehenden Kosten nur noch anteilig tragen muss. Den Nutzen aus den Sondervorteilen erzielt er hingegen allein. Mit steigender Beteiligung des externen Gesellschafters steigt der Reiz für den ursprünglichen Alleingesellschafter, Sondervorteile zu realisieren. Als Umkehrschluss kann aus dieser Beobachtung gezogen werden, dass mit steigendem Anteilsbesitz des Managements der Umfang der Abweichung von der Marktwertmaximierung sinkt, da sich die Interessen zwischen dem Management und den übrigen Aktionären annähern (*Interessenkonvergenzhypothese*). Dem Modell zufolge besteht ein streng monotoner Zusammenhang zwischen der Beteiligung des Managements und dem Unternehmens. Je höher die Beteiligung des Managements ist, desto höher ist der Unternehmenswert.[605]

Zu einem vergleichbaren Ergebnis kam auch die Studie von ANG/COLE/LIN, die zeigt, dass die Agency-Kosten deutlich höher sind, wenn das Unternehmen durch außenstehende Manager ohne Eigenkapitalanteil am Unternehmen geleitet wird, im Gegensatz zu Insidern, also Managern mit einem Eigenkapitalanteil am Unternehmen.[606]

Die Managerbeteiligung an einem Unternehmen führt i.d.R. aber auch dazu, dass Manager neben ihrem Beschäftigungsrisiko auch noch ein erhöhtes Vermögensrisiko

---

[604] Vgl. Jensen/Meckling (1976), S. 312-330.

[605] Entgegengesetzt äußert sich Demsetz: „It is clearly an error to suppose that a firm managed by its only owner comes closest to the profit-maximizing firm postulated in the model firm of economic theory." Demsetz (1983), S. 383.

[606] Vgl. Ang/Cole/Lin (2000), S. 81.

tragen müssen, so dass sie unterdiversifiziert sind.[607] Sie können daher bestrebt sein, das Unternehmensrisiko durch Diversifikation der Geschäftstätigkeit zu senken oder weniger riskante Investitionen zu tätigen.

IV. 4.4.3 Einschätzungen von Finanzanalysten zur Bewertungsrelevanz einer Managementbeteiligung

Die Analysten, die bei einer möglichen Einflussnahme des Managements als Aktionär auf die Unternehmenspolitik einen Bewertungszuschlag anwenden, kommen im Durchschnitt zu einem Bewertungszuschlag von 7,5%. Der Zuschlag wird von den befragten Analysten entweder auf den vorläufigen Unternehmenswert, Anteilswert, Marktwert oder Cash Flow angewendet. Als Grund dafür, dass ein Zuschlag verwendet wird, wird genannt, dass die Interessen des Managements mit denen des Unternehmens übereinstimmen, dass also keine Interessendivergenz zwischen dem Management und den restlichen Aktionären vorliegt.

Die Analysten, die einen Bewertungsabschlag verwenden, setzen einen durchschnittlichen Abschlag in Höhe von 7,5% an. Es wurde geäußert, dass die Einschätzung von der Struktur abhängig ist, worunter verstanden werden kann, dass zum einen die Möglichkeit der tatsächlichen Einflussnahme eingeschätzt werden muss und dass zum anderen sicher auch die Beweggründe einer Managementbeteiligung beurteilt werden müssen.

IV. 4.5 Der Bewertungseinfluss von Staat, Ländern und Kommunen

IV. 4.5.1 Der Einfluss einer Beteiligung von Staat, Ländern und Kommunen auf den Unternehmenswert

Die Untersuchung der Auswirkungen von privatem und öffentlichem Besitz an Unternehmen hat zu der Beobachtung geführt, dass öffentliche Unternehmen i.d.R. sehr ineffizient wirtschaften, wobei die Ineffizienz das Ergebnis politischen Drucks durch

[607] Vgl. Amihud/Lev (1981), S. 606; Coffee (1988), S. 82f; May (1995); siehe Kapitel III. 1.4.2.3.

Politiker ist, die das Unternehmen kontrollieren.[608] Ein Beispiel dafür ist, dass die meisten öffentlichen Unternehmen durch Politiker dazu angehalten werden, mehr Arbeitnehmer zu beschäftigen, als es unter Effizienzgesichtspunkten sinnvoll wäre, um den eigenen Stimmenanteil bei Wahlen zu erhöhen. So zählen zu den Nutznießern der übermäßigen Beschäftigtenzahl oft politische Unterstützer der jeweiligen Regierung. Darüber hinaus zeichnen sich diese Arbeitsplätze oft auch durch eine über dem Marktdurchschnitt liegende Bezahlung aus.[609] Als weiterer Kritikpunkt an öffentlichen Unternehmen wird genannt, dass sie oft Produkte herstellen, die von Politikern gewünscht werden, statt von den Konsumenten nachgefragt zu werden (z.B. die Concorde).[610]

Als ein markantes Beispiel dafür, wie ein staatlicher Mehrheitsaktionär die Unternehmenspolitik im Gegensatz zu den Interessen der Minderheitsaktionäre beeinflussen kann, ist der Fall der russischen Fluglinie Aeroflot zu nennen.[611] An Aeroflot ist der russische Staat mit einem 51%-Anteil beteiligt. Das Management von Aeroflot beabsichtigte, die Fluggesellschaft zu modernisieren und das internationale Image zu verbessern. Daher war beabsichtigt, westliche Flugzeuge anzuschaffen, um dem Sicherheitsbedürfnis westlicher Kunden gerecht zu werden. Der russische Staat als Mehrheitsaktionär blockierte hingegen die Umsetzung dieser Maßnahme, da er ebenfalls an der russischen Flugzeugindustrie beteiligt ist und ein Interesse daran hat, die wirtschaftliche Zukunft dieses Bereichs zu sichern. Als Konsequenz wurde nur eine geringe Anzahl westlicher Flugzeuge gekauft. Folglich subventioniert der russische Staat seinen eigenen Flugzeugbausektor auf Kosten von Aeroflot und seinen Minderheitsaktionären.

Effizienzsteigerungen lassen sich in diesen Unternehmen durch Privatisierungen erzielen.[612] So ist auch unter Finanzanalysten ein Konsens dahingehend auszumachen, dass ein Rückzug des Staates als positiv für den Börsenkurs beurteilt wird.[613] Empirische Untersuchungen über die Auswirkungen von Unternehmensprivatisierun-

---

[608] Vgl. Böbel/Dirrheimer (1984), S. 173; Kaulmann (1987), S. 193 ff.; Picot/Kaulmann (1989); Shleifer/Vishny (1994), S. 995; Shleifer (1998), S. 148.
[609] Vgl. Shleifer/Vishny (1994), S. 996.
[610] Vgl. Shleifer/Vishny (1994), S. 996.
[611] Vgl. Dallas (2004b), S. 43.
[612] Vgl. Shleifer/Vishny (1994), S. 996 m.w.N.
[613] Vgl. o.V. (2004).

gen haben gezeigt, dass Privatisierungen zu starken Performancesteigerungen der Unternehmen führen.[614] Die Unternehmen konnten nach der Privatisierung ihre Umsätze steigern, erhöhten ihre Rentabilität und Effizienz.

IV. 4.5.2 Einschätzungen von Finanzanalysten zur Bewertungsrelevanz einer Beteiligung von Staat, Ländern und Kommunen

Die schlechteste Beurteilung der befragten Finanzanalysten hat die Situation erfahren, in der Staat, Länder oder Kommunen Einfluss auf die Unternehmenspolitik ausüben können. Die antwortenden Analysten, die diese Konstellation als negativ für den Unternehmenswert beurteilen, verwenden im Durchschnitt einen Abschlag in Höhe von 9,3%, den sie entweder auf den vorläufigen Unternehmens-, Anteils- oder Marktwert anwenden.

Als Gründe für das schlechte Abschneiden von Staat, Ländern oder Kommunen als Unternehmer wurden genannt, dass Politiker, die „keine Ahnung von Wirtschaft" haben, mitreden, dass die Möglichkeit der Kostenreduktion eingeschränkt ist, dass der Staat ein schlechter Unternehmer ist und dass die interne Kontrolle als eingeschränkt gesehen wird.

IV. 4.6 Der Bewertungseinfluss von institutionellen Investoren

IV. 4.6.1 Motivation und Einflussnahme institutioneller Investoren

Institutionelle Investoren zeichnen sich dadurch aus, dass die Beteiligung an anderen Unternehmen Bestandteil ihres operativen Geschäfts ist.[615] Sie verfolgen mit der Beteiligung keine strategischen Ziele in der Form, dass sie beispielsweise die unternehmerischen Ressourcen zu nutzen beabsichtigen.

Die Einflussnahme institutioneller Investoren auf Unternehmen ist international unterschiedlich ausgeprägt. In Deutschland ist erst in den letzten Jahren ein Wandel zu

[614] Vgl. Megginson/Nash/v. Radenborgh (1994); Boubakri/Cosset (1998); D'Souza/Megginson (1999); Gerke/Mager/Jesswein (2006).

[615] Vgl. Ruhwedel (2003), S. 40 m.w.N.

beobachten und ein zunehmender Aktivismus institutioneller Investoren auszumachen. Das zunehmende Engagement institutioneller Investoren ist u.a. dem Engagement von Investoren aus den USA oder Großbritannien zuzuschreiben.[616] Diese Investoren (u.a. Venture Capital Gesellschaften, Private Equity Fonds und Hedge Funds) weisen oft eine *Unterdiversifikation* ihres Portfolios auf.[617]

Ein starker Aktivismus geht auch von Seiten privater Pensionsfonds aus. Pensionsfonds und andere institutionelle Anleger üben oft einen aktiven Einfluss auf die Unternehmen aus (*Voice*), anstatt die Anteile an Unternehmen, mit deren Unternehmenspolitik sie nicht zufrieden sind, zu verkaufen (*Exit-Option*) (*Wall Street Rule*).[618] Diese Option kann auch für größere Anleger versperrt sein, da sie beim Verkauf größerer Aktienpakete mit erheblichen Kurseinbußen rechnen müssen.

IV. 4.6.2 Die Anlagepolitik von CalPERS

Der weltweit größte Pensionsfonds CALPERS lässt die Ausgestaltung der unternehmensindividuellen Corporate Governance in seine Investitionsentscheidungen einfließen. Dazu wurden Corporate Governance-Prinzipien erarbeitet, mittels derer die Unternehmenspolitik überprüft wird.[619] CALPERS bewirtschaftet sein Anlageportfolio nicht passiv, sondern übt aktiv Einfluss auf die Zielunternehmen aus.[620] Durch Verbesserungen in der Corporate Governance bei Unternehmen auf der CalPERS Focus List wurde ein deutlicher Wertsteigerungseffekt erzielt (CalPERS Effect).[621] Die Fokusliste beinhaltet Unternehmen mit strategischen Problemen oder Managementproblemen. Der Shareholderaktivismus von CALPERS betrifft insbesondere die Bereiche: Unabhängigkeit des Aufsichtsrats, Evaluation des Aufsichtsrats, Entlohnungsstruktur für das Management und Eigenschaften der Aufsichtsratsmitglieder.

---

616 Siehe zum Hedge Fund-Aktivismus: Kahan/Rock (2006); Klein/Zur (2006).

617 Vgl. Jones/Rhodes-Kropf (2004); Kaserer/Diller (2006), S. 119f; Kahan/Rock (2006), S. 36.

618 Vgl. Hirschman (1974); Coffee (1991), S. 1288.

619 www.calpers-governance.org/principles/.

620 „CalPERS is not simply a passive holder of stock. We are a "shareowner," and take seriously the responsibility that comes with company ownership." www.calpers-governance.org/forumhome.asp.

621 Vgl. zur Vorgehensweise von CalPERS: Anson/Whlte/Ho (2003); www.calpers-governance.org. Vgl. zum Corporate Governance-Engagement des amerikanischen Pensionsfonds TIAA-CREF: Carleton/Nelson/Weisbach (1998); www.tiaa-cref.org/governance. Vgl. zum Shareholder-Aktivismus des Council of Institutional Investors: Opler/Sokobin (1995); Caton/Goh/Donaldson (2001).

Die aktive Portfoliopolitik von CALPERS ist in mehreren empirischen Studien auf ihren Erfolg hin untersucht worden. Für den Zeitraum von 1987-1992, den Zeitraum, bevor CALPERS aktiv wurde, hat sich eine deutliche Unterperformance der untersuchten Unternehmen gezeigt.[622] In den folgenden fünf Jahren hingegen, als CALPERS aktiv handelte, wurde der S&P 500-Index von diesen Unternehmen mit 41% übertroffen. Auch ANSON/WHITE/HO haben empirisch gezeigt, dass im Zeitraum von 1992-2001 die CALPERS Focus List zu deutlichen Wertsteigerungseffekten für die Aktionäre der betroffenen Unternehmen geführt hat.[623]

Nach Veröffentlichung der Liste der Zielunternehmen konnte ein positiver Ankündigungseffekt festgestellt werden.[624] Die erzielten Renditen sind von CALPERS öffentlich beobachtbarem Aktivismus abhängig.[625] Solange das Management hingegen nicht öffentlich unter Druck gesetzt wird, kann der Investor keinen Mehrwert aus dem Aktivismus ziehen. Die Entwicklung des Aktienkurses des Zielunternehmens nach dem Eingreifen von CALPERS ist abhängig vom Erfolg der Monitoringaktivitäten (Veränderung der Governance-Struktur).[626] Bei Unternehmen, die die Empfehlungen von CALPERS nicht umsetzten, waren signifikant negative Renditen zu verzeichnen. Folglich ist Aktionärsaktivismus nur dann vorteilhaft, wenn der Aktionär die Corporate Governance-Struktur erfolgreich verändern kann.

Im Gegensatz zu diesen Studien konnten WAHAL und NELSON keine langfristigen abnormalen Renditen feststellen, nachdem Pensionsfonds aktiv wurden.[627] Dieses Ergebnis stellt den positiven Effekt von Shareholder Aktivismus durch Pensionsfonds auf die Unternehmensperformance in Frage.

IV. 4.7 Der Bewertungseinfluss von Banken und Versicherungen

Die Einflussnahme von Banken auf Unternehmen, insbesondere in Deutschland, ist vielschichtig. Sie können als Aktionäre, Kreditgeber, Emissionsbanken, Aufsichtsrats-

---

[622] Vgl. Nesbitt (1994).
[623] Vgl. Anson/White/Ho (2003).
[624] Vgl. English/Smythe/McNeil (2004).
[625] Vgl. Crutchley/Hudson/Jensen (1998).
[626] Vgl. M. Smith (1996).
[627] Vgl. Wahal (1996); Nelson (2006). Auch Del Guercio/Hawkins fanden nur geringe Anzeichen für einen Effekt bei der Veröffentlichung der CalPERS Focus List. Vgl. Del Guercio/Hawkins (1999).

mitglieder, Stimmrechtsvertreter der Depotkunden bei Hauptversammlungen und Partner oder Eigner von Kapitalanlagegesellschaften auftreten.[628]

Die Zielsetzung von Banken orientiert sich u.a. an der Existenz von komparativen Kontrollvorteilen und möglichen Interessenkonflikten.[629] Sofern Banken aufgrund ihrer vielfältigen Beziehungen zu Unternehmen über einen besseren Zugang zu kontrollrelevanten Informationen verfügen, bestehen komparative Kontrollvorteile, die für eine marktwertmaximierende Verhaltensweise von Banken sprechen können. Dabei geht man davon aus, dass relativ geringe Beteiligungen einen Kontrollanreiz vermitteln können und dass die erforderlichen Informationen nahezu kostenlos erhältlich sind. Sofern die Bank als Eigen- und Fremdkapitalgeber fungiert, ist von einer leichteren Durchsetzbarkeit von Kontrollmaßnahmen auszugehen.

Im Gegensatz dazu kann auch vermutet werden, dass die verschiedenen Einflussmöglichkeiten zu Interessenkonflikten führen können und sich folglich auf die Kontrolltätigkeit auswirken.[630] Beispielsweise könnte die Bank ihre Position als Aktionär nutzen, um auf eine risikoaverse Unternehmenspolitik hinzuwirken, um damit die Gläubigerposition abzusichern. Auch wird vermutet, dass der Bankeneinfluss zu einer höheren Kreditquote führt, dass für Bankleistungen ein überhöhtes Entgelt durchgesetzt wird und dass Banken ein höheres Interesse am Wachstum der Unternehmen haben, damit gleichzeitig das Kreditvolumen wächst.[631] Zudem können Banken bestrebt sein, einen Börsengang des Unternehmens zu verhindern, um die dominante Position als Kapitalgeber zu erhalten.

Aus den zahlreichen durchgeführten empirischen Untersuchungen über die Auswirkungen der Kontrolle durch Banken auf den Unternehmenserfolg zieht BOTT das Fazit, dass die empirischen Studien ein gemischtes Bild über die Erfolgswirkung des

---

[628] Vgl. Bott (2002), S. 50.
[629] Vgl. Bott (2002), S. 52.
[630] Vgl. Bott (2002), S. 52f.
[631] Vgl. Mülbert (1998), S. 478; Bott (2002), S. 53. Demgegenüber ziehen Vieweg et al. den Schluss, dass der Bankeneinfluss sich eher negativ auf die Bankkredite auswirkt. Vgl. Vieweg et al. (2003), S. 70 m.w.N.

Anteilsbesitzes von Banken abgeben, dass aber tendenziell ein positiver Zusammenhang ausgemacht werden kann.[632]

Auch bei Versicherungen muss zwischen den komparativen Kontrollvorteilen und möglichen Interessenkonflikten unterschieden werden. Komparative Kontrollvorteile dieser Eigentümergruppe können sein, dass ein besserer Zugang zu unternehmensrelevanten Informationen vorhanden ist sowie dass Synergieeffekte in der Kontrollausübung bestehen, die sich aus dem Halten einer Vielzahl von Beteiligungen ergeben können.[633] Interessenkonflikte können bei Versicherungen dann vorliegen, wenn die eigene Geschäftstätigkeit betroffen ist, z.B. durch den Abschluss überteuerter oder unnötiger Verträge.[634] Auch könnten Kontrollaktivitäten unterlassen werden, um nicht bei Geschäftsabschlüssen übergangen zu werden.

IV. 4.8 Schlussfolgerungen zur Bewertungsrelevanz der Eigentümeridentität

Die Untersuchungsergebnisse belegen, dass die Identität eines Aktionärs Bedeutung für das Kontrollpotential und den Kontrollanreiz gegenüber dem Management hat. Es zeigt sich, dass nicht alle Aktionäre die Wertmaximierung anstreben, sondern dass auch Zielsetzungen wie politische Maßgaben, Familientradition und die Erzielung von Sondervorteilen verfolgt werden können. Darüber hinaus können die verschiedenen Aktionärsgruppen unterschiedliche Risikoeinstellungen besitzen, die sich auf die Risikoträchtigkeit der Unternehmenspolitik auswirken können.

Die folgende Abbildung zeigt auf Grundlage der dargestellten Ausführungen übersichtsartig mögliche Faktoren, wie einflussreiche Eigentümergruppierungen den Unternehmenswert beeinflussen können. Dabei wird zwischen dem Einfluss auf die finanziellen Überschüsse und auf die Kapitalkosten unterschieden.

---

632 Vgl. Bott (2002), S. 132; so auch Vieweg et al. (2003), S. 69. Siehe zu den durchgeführten empirischen Untersuchungen zum Zusammenhang zwischen dem Anteilsbesitz von Banken und dem Unternehmenserfolg: Bott (2002), S. 129f.

633 Vgl. Bott (2002), S. 44f.

634 Vgl. Bott (2002), S. 46.

Beteiligungsbesitz folgender Eigentümergruppen:	Einfluss auf finanzielle Überschüsse	Einfluss auf Kapitalkosten
Familienunternehmen und Privatpersonen	hohe Sondervorteile (-); geringe Zielkonflikte (+)	geringe Diversifikation des Familienvermögens; unsystematisches Risiko im Familienportfolio (-); Interesse an einer risikoarmen Investitionspolitik
Management	Anreizeffekt (+); Verschanzungseffekt (-)	geringe Diversifikation des Anlagevermögens und Employment Risk; unsystematisches Risiko im Portfolio (-); Interesse an einer risikoarmen Investitionspolitik
Staat, Länder und Kommunen	politische Interessen (-)	
Institutionelle Investoren	Monitoringaktivitäten (+)	u.U. geringe Diversifikation des Anlagevermögens; unsystematisches Risiko im Portfolio (-)
Banken und Versicherungen	Monitoringaktivitäten (+)	u.U. Interesse an einer risikoarmen Unternehmenspolitik, sofern die Bank auch als Gläubiger fungiert (+)
	überteuerte Bankleistungen oder Versicherungsverträge (-)	überhöhte Kreditquote; Steuervorteil durch tax shield (+); höheres Insolvenzrisiko (-); risikoärmere Unternehmenspolitik

werterhöhend = (+) wertsenkend = (-)

Abbildung 28: **Einflussfaktoren der Eigentümeridentität auf den Unternehmenswert**[635]

[635] Siehe zu den Steuervorteilen durch das Tax Shield: Kapitel V. 1.3.1.

IV. 5 Eigentümerkomplexität und Unternehmenswert

IV. 5.1 Bewertungsrelevanz der Eigentümerkomplexität

IV. 5.1.1 Maßnahmen zur Trennung von Kapitalanteil und Stimmanteil

Bei der Eigentümerkomplexität liegt eine Divergenz zwischen Kapitalanteil und Stimmanteil eines Aktionärs vor.[636] Zahlreiche Maßnahmen können dazu beitragen, eine solche Divergenz herzustellen.[637]

Das zugrunde liegende Prinzip baut darauf auf, den Anteil der Investoren zu erhöhen, die bereit sind, Kapital zur Verfügung zu stellen, ohne Kontrollrechte zu beanspruchen. Durch das Auseinanderfallen der Stimmrechte und Kapitalanteile sinkt der Anreiz, das Management zu kontrollieren. In den Vordergrund rückt dagegen die Absicht des kontrollierenden Aktionärs, Sondervorteile zu realisieren.

Die folgende Abbildung zeigt übersichtsartig eine Reihe von Maßnahmen zur Trennung von Kapitalanteil und Stimmanteil eines Unternehmens samt ihrem Verbreitungsgrad und den Begrenzungen ihrer Anwendbarkeit.

---

[636] Vgl. Hoffmann-Burchardi (1999), S. 3, 23; Wolfenzon (1999); Bebchuk/Kraakman/Triantis (2000).

[637] Vgl. zu Ursachen, die zu einem Auseinanderfallen von Stimmrechts- und Kapitalanteil führen können: Ruhwedel (2003), S. 107 ff.

Maßnahme	Folge	Verbreitung in der Praxis	Begrenzungen	Rechtliche Grundlagen
Vorzugsaktien	Aufnahme von Eigenkapital ohne Kontrollrechte abzugeben	Alle AGs können Vorzugsaktien ausgeben; Immer weniger Unternehmen haben Vorzugsaktien	Der nominelle Wert von Vorzugsaktien darf den der Stammaktien nicht übersteigen	§§ 11 Abs. 1, 12 Abs. 1 S. 2; 139-141 AktG
Mehrstimmrechte	Ermöglichen einen überproportionalen Stimmrechtseinfluss	Nur noch vereinzelt vorhanden	Verbot, sofern nicht von HV beschlossen	§ 12 Abs. 2 AktG; § 5 EGAktG
Stimmbegrenzungen/Höchststimmrechte	Bewirken einen unterproportionalen Stimmrechtseinfluss		In der Praxis leicht zu umgehen	Gesellschaftsvertrag; Verbot für nicht börsennotierte Unternehmen § 134 Abs. 1 S. 2 AktG
Depotstimmrecht	Bewirken einen überproportionalen Stimmrechtseinfluss insbesondere von Banken	In allen AGs möglich. Weit verbreitet durch Banken, insbesondere in börsennotierten Unternehmen mit hohem Streubesitz	Stimmanweisungen müssen beachtet werden; in der Regel werden aber keine vorgegeben	§ 135 AktG
Große Anteilsblöcke	Bewirken insbesondere bei Erreichen bestimmter Beteiligungsschwellen einen entscheidenden Stimmrechtseinfluss	Weit verbreitet	Bestimmte Maßnahmen zu Lasten von Minderheitsaktionären erfordern 75% der Stimmen in der HV	
Pyramiden	Ermöglichen einen überproportionalen Stimmrechtseinfluss	Weit verbreitet	Keine Beschränkungen; möglicherweise hohe Verwaltungskosten	
Überkreuzbeteiligungen	Reduzierung des Streubesitzanteils	Weit verbreitet	Mindestens drei Gesellschaften sind notwendig, um Stimmbegrenzungen zu umgehen	
Beherrschungsvertrag	Die Leitung des Unternehmens wird einem anderen Unternehmen unterstellt	Weit verbreitet	Erfordert 75% der Stimmen der HV	§ 291 AktG
Personelle Verschachtelungen	Kann Großaktionären einen überproportionalen Einfluss ermöglichen	Weit verbreitet	Setzt sich gegenseitig unterstützende Blocks in der HV voraus	

Abbildung 29: **Maßnahmen, die eine Divergenz zwischen dem Kapital- und Stimmanteil bewirken**[638]

IV. 5.1.2 Bewertungseffekte der Verteilung der Kapitalanteile und Stimmrechte

Die folgende Grafik zeigt die vermeintlich bewertungsrelevanten Auswirkungen verschiedener Konstellationen bei der Verteilung der Kapitalanteile und Stimmrechte eines Unternehmens.

[638] Vgl. Becht/Böhmer (1999), S. 15f, 55, Tab. 9.

	Stimmrechte im Streubesitz	Stimmrechtsbündelung
Kapital im Streubesitz	(I.) **Vorteile:** -Liquidität -Risikostreuung (Diversifikation) -Geringe Kapitalkosten **Nachteile:** -Mangel an direkter Kontrolle (Trittbrettfahrerproblem) **Folgen:** -Gesellschafter-Manager-Konflikt -Übernahmen sind möglich -Management- oder Marktkontrolle	(II.) **Vorteile:** -Direkte Kontrolle/Monitoring -Liquidität -Risikostreuung (Diversifikation) -Geringe Kapitalkosten **Nachteile:** -Kollusionsgefahr Manager/Blockholder -Erzielung von Sondervorteilen **Folgen:** -Minderheits-/Mehrheitsaktionär-Konflikt -keine Übernahmen möglich
Kapital in konzentriertem Besitz	(III.) **Vorteile:** -Schutz kleiner Anteilseigner durch Stimmrechtsbeschränkungen **Nachteile:** -Mangel an Kontrolle des Managements -geringe Liquidität -geringe Diversifikationsmöglichkeiten -hohe Kapitalkosten **Folgen:** -Gesellschafter-Manager-Konflikt -Schwierigkeit von Übernahmen	(IV.) **Vorteile:** -Direkte Kontrolle/Monitoring **Nachteile:** -geringe Liquidität -geringe Diversifikationsmöglichkeiten -Erzielung von Sondervorteilen -hohe Kapitalkosten **Folgen:** -schwache Manager, schwache Minderheitsaktionäre -Minderheits-/Mehrheitsaktionär-Konflikt

***Abbildung 30:* Trade-offs bei Kombinationen von Kapital- und Stimmrechtsanteilen**[639]

Bei der Kombination von Kapital- und Stimmrechten im Streubesitz (Quadrant I) ist der Anreiz, direkte Kontrolle auszuüben, gering, da bei Streubesitz mit weit verbreiteten Stimmrechten die Mittel, direkte Kontrolle auszuüben, nicht gegeben sind.[640] Als Folgen dieser Kombination sind das Trittbrettfahrerproblem und die Abwesenheit in Hauptversammlungen (Absentismus) zu beobachten. Sollten auch noch Mittel zur Abwehr von Übernahmen gegeben sein, dann besitzen Manager eine sehr starke Position und können ihre eigenen Zielsetzungen verfolgen. Vorteile von Streubesitz sind eine hohe Anteilsliquidität, gute Risikodiversifikationsmöglichkeiten und folglich geringe Eigenkapitalkosten.

Durch Vorzugsaktien, Mehrstimmrechte und Eigenkapitalpyramiden kann die Stimmrechtsmacht konzentriert werden, ohne gleichzeitig den Anteilsbesitz zu konzentrieren (Quadrant II). Im diesem Fall ist hohe Liquidität und Risikostreuung, gepaart mit der Möglichkeit direkter Kontrolle gegeben. Diese Konstellation birgt aber auch

[639] Vgl. Becht (1997), S. 25; Becht/Mayer (2001); Gugler (2001), S. 5.
[640] Vgl. Gugler (2001), S. 6.

die Gefahr, dass der kontrollierende Großaktionär einen unterproportionalen Anteil am Ergebnis erzielt mit der Folge, dass er andere Formen von Kompensation sucht. Höchststimmrechte (verboten für nicht-börsennotierte Unternehmen nach § 134 Abs. 1 S. 2 AktG) können dazu führen, dass bei konzentriertem Anteilsbesitz keine konzentrierte Stimmrechtsmacht vorliegt (Quadrant III).[641]

Das Management kann durch konzentrierte Besitzverhältnisse, gepaart mit Stimmrechtskonzentration (Quadrant IV), gut kontrolliert werden.[642] Mehrheitsanteilseigner haben dabei den Anreiz und die Möglichkeit, Manager zu kontrollieren, da die Cash Flow- und die Kontrollinteressen parallel laufen. Als nachteilig bei dieser Konstellation erweist sich, dass konzentrierter Anteilsbesitz die Diversifikationsmöglichkeiten und die Liquidität verringert. Undiversifizierte risikoaverse Eigner setzen oft auf suboptimal riskante Investitionen und erzielen suboptimale Erträge. Eine konzentrierte Stimmrechtsmacht erhöht darüber hinaus die Wahrscheinlichkeit, dass die Großaktionäre oder Mehrheitseigner mit dem Management auf Kosten der Minderheitsaktionäre zusammen arbeiten.

Die Ausführungen zeigen, dass das Verhältnis zwischen der Struktur (Eigentümerstruktur und Corporate Governance), durch die das Unternehmen geführt wird, und dem Unternehmensergebnis mehrdeutig ist.[643]

In mehreren empirischen Studien wurde der Einfluss der Höhe der Kapitalrechte (Cash Flow-Rechte) und der Kontrollrechte (Stimmrechte) eines Großaktionärs auf den Marktwert von Unternehmen untersucht.[644] Dabei konnte grundsätzlich ein positiver Zusammenhang zwischen den Kapitalrechten des Hauptaktionärs und dem Marktwert ausgemacht werden. Folglich führt ein höherer Anteil an den Kapitalrechten dazu, dass der Kontrollanreiz für den Hauptaktionär steigt. Bei einem hohen Kontrolleinfluss von Hauptaktionären im Verhältnis zu ihren Dividendenrechten ist hingegen mit einer Verschlechterung der Unternehmensperformance zu rechnen. Folglich nutzen Großaktionäre ihren Einfluss, um Sondervorteile zu Lasten der Minderheitsaktionäre zu erzielen.

---

[641] Vgl. Gugler (2001), S. 6.
[642] Vgl. Gugler (2001), S. 6.
[643] Vgl. Gugler (2001), S. 7.
[644] Vgl. Claessens et al. (2002); Edwards/Weichenrieder (2004); Gompers/Ishii/Metrick (2004).

IV. 5.1.3 Einschätzungen von Finanzanalysten zur Bewertungsrelevanz der Eigentümerkomplexität

Im Rahmen der Untersuchung ist gefragt worden, ob gegenseitige Beteiligungen von Unternehmen (Überkreuzbeteiligungen, Ringverflechtungen) oder Pyramidenbeteiligungsstrukturen für Analysten bei Unternehmensbewertungen von Relevanz sind. Von 38% der antwortenden Analysten wurde mit Ja geantwortet. 62% der Analysten berücksichtigen dieses Kriterium hingegen nicht. Folglich misst die überwiegende Mehrheit der Analysten diesem Kriterium keine Bedeutung bei.[645]

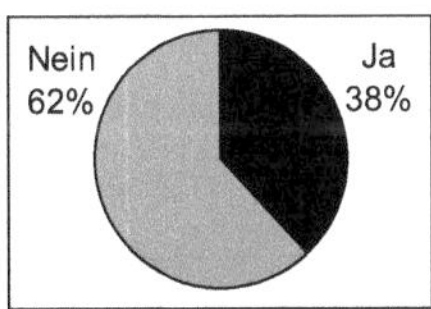

Abbildung 31: **Berücksichtigen Sie gegenseitige Beteiligungen von Unternehmen (Überkreuzbeteiligungen, Ringverflechtungen) oder Pyramidenbeteiligungsstrukturen bei Unternehmensbewertungen?**

Die Antworten der Analysten, die die Eigentümerkomplexität bei Bewertungen berücksichtigen, ermöglichen keine Aussage über die relevanten Kriterien und Konstellationen und die Quantifizierung des Werteinflusses. Sie äußerten, dass zwar eine Abschätzung der Interessenlage vorgenommen wird, dass aber keine Quantifizierung möglich ist. Der Einfluss wird als negativ beurteilt, sofern sich daraus Risiken für Minderheitsaktionäre ergeben.

[645] Die Frage wurde von 24 Analysten beantwortet.

IV. 5.2 Der Einfluss von Vorzugsaktien auf den Unternehmenswert

IV. 5.2.1 Rechtliche Grundlagen von Vorzugsaktien

Gemäß § 11 S. 1 AktG können Aktien verschiedene Rechte gewähren, namentlich bei der Verteilung des Gewinns und des Gesellschaftsvermögens. Stammaktien können an einer Börse gelistet werden und vermitteln ein Stimmrecht pro Anteil (§§ 12 Abs. 1 S. 1, 134 Abs. 1 S. 1 AktG). Vorzugsaktien können ebenfalls börsennotiert sein, vermitteln aber kein Stimmrecht, es sein denn, der Vorzugsbetrag wird in einem Jahr nicht oder nicht vollständig gezahlt und der Rückstand wird im nächsten Jahr nicht neben dem vollen Vorzug dieses Jahres nachgezahlt (§ 140 AktG). § 141 AktG nennt weitere Ausnahmen, bei denen der Stimmrechtsausschluss bei Vorzugsaktien nicht greift. Vorzugsaktien dürfen gemäß § 139 Abs. 2 AktG nur bis zur Hälfte des Grundkapitals ausgegeben werden. Vorzugsaktien sind grundsätzlich im Rahmen der Regelungen des § 12 Abs. 1 und der §§ 139-141 AktG frei gestaltbar.

Der Vorzug kann darin bestehen, dass die Vorzugsaktionäre ihre Dividende zuerst erhalten oder dass sie eine höhere Dividende erzielen. Der Dividendenvorzug bedeutet, dass die Vorzugsaktionäre eine Priorität gegenüber den Stammaktionären bei der Ausschüttung des Bilanzgewinns haben, was zur Folge hat, dass die in der Satzung bestimmte Dividende zuerst an die Vorzugsaktionäre auszuschütten ist, bevor eine Ausschüttung an die übrigen Aktionäre erfolgen darf.[646] Neben der Dividendenpriorität kann in der Satzung auch eine Mehrdividende vorgesehen werden, was die Regel zu sein scheint.[647]

IV. 5.2.2 Theorie und Empirie zum Einfluss von Vorzugsaktien auf den Unternehmenswert

Wenn Großaktionäre in der Lage sind, das Management effektiv zu kontrollieren, kann die Bildung von Anteilsblöcken im Interesse aller Aktionäre sein, da sie die Reichtumsverschiebung zugunsten des Managements verhindern kann und somit den Zahlungsstrom, der für Ausschüttungen an die Aktionäre zur Verfügung steht,

---

[646] Vgl. Hüffer (2006), § 139 Rn. 6.

[647] Vgl. Bezzenberger (1991), S. 39, 53; Hüffer (2006), § 139 Rn. 8.

erhöht.[648] Das kann für die Ausgabe von Vorzugsaktien sprechen, da sie die Effizienz des Monitorings durch eine überproportionale Erhöhung des Stimmrechtsanteils gegenüber dem Kapitalanteil steigern können. Von der leichter auszuübenden Kontrolle durch die Stammaktionäre profitieren sowohl die Stamm- als auch die Vorzugsaktionäre, da durch die erhöhte Effizienz des Monitorings die Agency-Kosten, die durch Handlungsdelegation entstehen, verringert werden können, so dass der gesamte Unternehmenswert steigt. Die Emission von Vorzugsaktien unterstützt somit die durch die Bildung von Anteilsblöcken angestrebte Substitution eines institutionellen Aktionärsschutzes.[649] Dementsprechend weisen Unternehmen, die Vorzugsaktien emittiert haben, eine signifikant größere Blockbildung auf als Unternehmen, die nur stimmberechtigtes Eigenkapital haben.[650]

Problematisch bei der Bildung großer Stimmrechtsanteile durch die Emission von Vorzugsaktien ist aber, dass der Anreiz zu einem effizienten Monitoring eingeschränkt wird.[651] Die Emission von Vorzugsaktien führt dazu, dass einzelne Aktionäre über Stimmrechtsanteile verfügen, die ihren Kapitalanteil übersteigen. Der Anreiz zur effizienten Überwachung des Managements resultiert nicht aus den Kontrollrechten, sondern aus den Cash Flow-Ansprüchen.[652] Wenn aber die Stimmrechte und Kapitalanteile auseinanderfallen, ist dieser Anreiz nicht mehr in dem beschriebenen Umfang gegeben.[653] Ein Stammaktionär, dessen relativ großem Stimmrechtsanteil Cash Flows in einem geringeren Maße gegenüber stehen, wird sich nicht durch eine aktive Kontrolle des Managements auszeichnen, sofern für ihn die Möglichkeit besteht, Sondervorteile zu realisieren.[654]

Für einen positiven Bewertungseffekt des One-Share-One-Vote-Prinzips im Vergleich zur Ausgabe von Vorzugsaktien spricht die empirische Beobachtung, dass die Vereinigung der Aktiengattungen (Vorzugs- und Stammaktien) eines Unternehmens zu einer einzigen Aktiengattung (Stammaktien) üblicherweise zu einem Anstieg des

[648] Vgl. Jensen/Meckling (1976), S. 312f; Pellens/Hillebrandt (2001), S. 60.
[649] Vgl. Pellens/Hillebrandt (2001), S. 60.
[650] Vgl. Becht/Böhmer (1999), S. 3.
[651] Vgl. Shleifer/Vishny (1997a), S. 754; Bebchuk (1999), S. 28f.
[652] Vgl. Grossman/Hart (1988); Harris/Raviv (1988).
[653] Vgl. Bebchuk (1999). Harris/Raviv verwenden den Begriff der „cheap votes", der für den Erwerb von Unternehmensanteilen steht, die die Ausübung von Kontrolle ermöglichen, aber nur unterproportional auf Änderungen der Cash Flows reagieren. Vgl. Harris/Raviv (1989), S. 256.
[654] Vgl. Zingales (1994), S. 126; Shleifer/Vishny (1997a), S. 758; Cronqvist/Nilsson (2003), S. 699.

Marktwertes dieses Unternehmens führt.[655] DITTMANN/ULBRICHT konnten einen durch die Vereinigung der Aktiengattungen verursachten durchschnittlichen Anstieg der Marktkapitalisierung in Höhe von 4% für deutsche Unternehmen feststellen.[656] Dennoch lassen sich in empirischen Studien aber auch z.T. wertsteigernde Effekte von Vorzugsaktien auf den Unternehmenswert ausmachen.[657]

IV. 5.2.3 Einschätzungen von Finanzanalysten zur Bewertungsrelevanz von Vorzugsaktien

Bei der durchgeführten Untersuchung sind Finanzanalysten danach gefragt worden, wie sie Vorzugsaktien ohne Stimmrecht bei Unternehmensbewertungen berücksichtigen. Als Ergebnis auf diese Frage hat die Hälfte der Analysten geantwortet, dass sie keinen Einfluss von Vorzugsaktien auf den Unternehmenswert sehen.[658] Die andere Hälfte hingegen veranschlagt einen Abschlag auf den Wert.

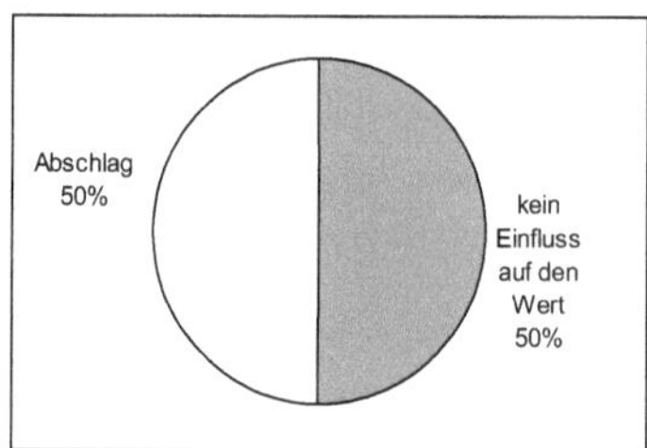

***Abbildung 32:* Wie berücksichtigen Sie bei Bewertungen den Einfluss von Vorzugsaktien ohne Stimmrecht auf den Unternehmenswert?**

Die Analysten, die einen Abschlag bei Bewertungen ansetzen, sehen im Durchschnitt einen Abschlag von 10,3% vor.[659] Der Abschlag wird entweder auf den vorläufigen Unternehmenswert oder auf den vorläufigen Anteilswert angewendet.

---

655 Vgl. Dittmann/Ulbricht (2005); Pajuste (2005).

656 Vgl. Dittmann/Ulbricht (2005).

657 Vgl. Pajuste (2005), S. 5 m.w.N. Einen wertsteigernden Effekt durch die Ausgabe von unterschiedlichen Aktiengattungen konnten z.B. Dimitrov/Jain (2004) beobachten. Sie kommen zu dem Schluss, dass die Ausgabe von Vorzugsaktien zur Finanzierung von wertsteigernden Investitionsmöglichkeiten dient.

658 Die Frage ist von insgesamt 26 Analysten beantwortet worden.

659 Der Berechnung des durchschnittlichen Abschlags für den Einfluss von Vorzugsaktien auf den Unternehmenswert liegen 9 Antworten zugrunde.

Als Gründe für die Verwendung eines Abschlags wurden genannt, dass das Stimmrecht fehlt und somit die Einflussmöglichkeiten von Aktionären eingeschränkt sind. Auch gilt die Übernahmephantasie als eingeschränkt. Zudem werden eine Verkomplizierung der Struktur, die eine geringere Transparenz und Liquidität zur Folge hat, und eine Verkomplizierung des Verhältnisses von Stimmrechten und Dividenden gesehen. Der Bewertungseinfluss wird als abhängig von der Kompensation, also einer möglichen höheren Dividende von Vorzugsaktien und von der Anzahl der ausgegebenen Vorzugsaktien beurteilt.

Die Antworten weisen darauf hin, dass die den empirischen Untersuchungen zu entnehmende negative Bewertungstendenz von den Analysten, die dem Aspekt eine Bedeutung bei Bewertungen beimessen, geteilt wird.

IV. 5.3 Der Kursunterschied zwischen Stamm- und Vorzugsaktien

IV. 5.3.1 Theoretische Herleitung eines Bewertungsunterschieds zwischen Stamm- und Vorzugsaktien

Auf Aktienmärkten werden Zahlungsanwartschaften gehandelt, die nach der klassischen Finanzierungstheorie für die Bepreisung eines Wertpapiers maßgeblich sind. Demnach ermittelt sich der Bewertungsunterschied von Stamm- und Vorzugsaktien nach dem Dividendendiskontierungsmodell durch den Barwert der mit dem Besitz der Aktie verbundenen erwarteten künftigen Zahlungen, insbesondere Dividenden. Die Kursdifferenz lässt sich danach wie folgt herleiten:[660]

$$\text{Kurs}_{\text{Vorzüge}} - \text{Kurs}_{\text{Stämme}} = \left(\frac{Mehrdiv.}{i} - Mehrdiv.* \sum_{t=1|n_t>0}^{\infty} \frac{1}{(1+i)^{t}} \right) + \left(Dividendenvorzug * \sum_{t=1|n_t>0}^{\infty} \frac{1}{(1+i)^{t+n_t}} \right)$$

i = einheitlicher Diskontierungsfaktor

n_t = erwartete Anzahl der Perioden, bis die Zahlung des in Periode t fälligen Dividendenvorzugs nachgeholt wird (bei erwartetem Ausfall des Dividendenvorzugs gilt $n_t > 0$; sonst gilt $n_t = 0$)

660 Vgl. Daske/Ehrhardt (2002), S. 188.

Bei ausreichendem Bilanzgewinn entspricht die Dividende der Vorzugsaktie der Dividende der Stammaktien zuzüglich einer Mehrdividende und möglicher Nachzahlungen des Dividendenvorzugs. Die Formel besagt, dass die ewige Rente der Mehrdividende ($Mehrdiv.$) und die Nachzahlbarkeit des Dividendenvorzugs einen positiven Einfluss auf den Kursunterschied haben.

IV. 5.3.2 Internationale empirische Ergebnisse zum Kursunterschied zwischen Beteiligungspapieren mit unterschiedlichen Stimmrechten

Im Gegensatz zur theoretischen Herleitung des Kursunterschieds zwischen Stamm- und Vorzugsaktien steht die empirische Erkenntnis, dass Stammaktien an Börsen regelmäßig höher notiert werden als Vorzugsaktien. Eine Reihe empirischer Studien hat ergeben, dass das Stimmrecht in einer Reihe von Ländern zwischen 5,4% und 81,5% des Werts eines Anteils ausmacht.

Studie	Untersuchungszeitraum	Anzahl der Gesellschaften	Aktienmarkt	Durchschnittliche Preisdifferenz
Levy (1982)	1974-1980	25	Israel	45,50%
Lease/McConnell/Mikkelson (1983)	1940-1978	26	USA	5,40%
Megginson (1990)	1955-1982	152	Großbritannien	13,30%
Bergström/Rydqvist (1992)	1983-1990	65	Schweden	15,20%
Zingales (1994)	1987-1990	96	Italien	81,50%
Smith/Amoako-Adu (1995)	1981-1986	81	Kanada	7,80%
Smith/Amoako-Adu (1995)	1988-1992	81	Kanada	19,30%
Muus (1998)	1986-1996	25	Frankreich	51,35%
Chung/Kim (1999)	1992-1993	119	Korea	10,00%
Hoffmann-Burchardi (1999)	1988-1997	88	Deutschland	26,34%
Jung/Wachtler (2001)	1998-2000	40	Deutschland	9,56%
Daske/Ehrhardt (2002)	1956-1998	101	Deutschland	17,20%

***Tabelle 6:* Studien zur Ermittlung des Kursunterschieds zwischen Beteiligungspapieren mit unterschiedlichen Stimmrechten**

IV. 5.3.3 Der Einfluss des Stimmrechts auf den Kursunterschied zwischen Stamm- und Vorzugsaktien

In einer Reihe empirischer Studien ist versucht worden, die Einflussfaktoren für den Kursunterschied zwischen Stamm- und Vorzugsaktien zu ermitteln.[661] Ein wesentlicher Faktor für den Kursunterschied ist der Wert des Stimmrechts.[662] Dieser variiert zwischen verschiedenen Aktionärsstrukturen. Der Wert des Stimmrechts besteht aus zwei Faktoren, den Vorteilen, die durch das Stimmrecht selbst bestehen, und der Wahrscheinlichkeit, dass das Stimmrecht zu einem Wechsel in der Kontrollmehrheit führt.[663] Demnach scheint die Möglichkeit, Einfluss auf die Unternehmenspolitik nehmen zu können mit der damit verbundenen Möglichkeit, Sondervorteile realisieren zu können, die Kursbildung von Stamm- und Vorzugsaktien entscheidend mitzuprägen.[664] Auch der prozentuale Anteil der Vorzugsaktien wirkt sich positiv auf den Kursunterschied aus. Der höhere Stimmrechtsanteil, der mit einer Stammaktie erworben werden kann, je mehr Vorzugsaktien emittiert werden, scheint damit ausschlaggebend zu sein.[665] Als negativer Effekt, also einen den Kursunterschied verringernden Effekt, hat sich die höhere Liquidität der Vorzugsaktien herausgestellt.

Die Höhe eines Stimmrechtszuschlags wird durch die Wahrscheinlichkeit beeinflusst, dass ein Unternehmen vor einem Kontrollwechsel steht. Unternehmen, die sich in Übernahmeverhandlungen bzw. -kämpfen befinden, weisen demnach eine deutlich höhere Stimmrechtsprämie auf als Unternehmen, die nicht von Übernahmespekulationen betroffen sind.[666] Somit stellt der Stimmrechtszuschlag nur eine Schätzung des Kontrollwerts dar. Der Stimmrechtswert variiert damit nicht nur zwischen verschiedenen Unternehmen, sondern auch in Abhängigkeit von der Wahrscheinlichkeit eines Kontrollwechsels. Auch erfolgt keine Abgrenzung zwischen dem Stimmrechtszuschlag und einem möglichen Abschlag für geringe Aktienliquidität.

---

[661] Vgl. übersichtsartig: Pellens/Hillebrandt (2001), S. 63.
[662] Vgl. Daske/Ehrhardt (2002), S. 179.
[663] Vgl. Hoffmann-Burchardi (1999), S. 3 m.w.N.; Becht/Bolton/Röell (2005), S. 43-45.
[664] Vgl. Shleifer/Vishny (1997a), S. 759; Wenger/Hecker (2004), S. 266f. Siehe auch Dittmann, der die Sondervorteile anhand des Renditeunterschieds zwischen Stamm- und Vorzusaktien misst. Vgl. Dittmann (2003).
[665] Vgl. Pellens/Hillebrandt (2001), S. 64.
[666] Vgl. Zingales (1995a), S. 1047; Smith/Amoako-Adu (1995), S. 233f; Rydqvist (1996), S. 1421-1424.

Effizienzsteigerungen, die durch die Erlangung der Kontrollmehrheit infolge des Erwerbs der Stammaktien erzielt werden, dienen hingegen nicht zur Erklärung des Kursunterschieds. Von den durch die Effizienzsteigerung erwirtschafteten höheren Cash Flows profitieren sowohl die Stamm- als auch die Vorzugsaktionäre.[667]

IV. 5.3.4 Der Einfluss der Eigentümerkonzentration und -identität auf den Kursunterschied zwischen Stamm- und Vorzugsaktien

Die Höhe des Kursunterschieds zwischen Stamm- und Vorzugsaktien wird im Wesentlichen durch den Wert des Stimmrechts bestimmt. Einen positiven Einfluss auf den Stimmrechtswert haben sowohl potentielle Koalitionsmöglichkeiten der Minderheitsaktionäre als auch das Vorhandensein eines Großaktionärs mit Stimmrechtsanteilen zwischen 25% und 75%. Ursächlich dafür sind die mit den Beteiligungsschwellen 25% (Blockade von Satzungsänderungen; § 179 Abs. 2 AktG), 50% (Fällen von Mehrheitsentscheidungen; § 133 Abs. 1 AktG) und 75% (Bewerkstelligen von Satzungsänderungen; § 179 Abs. 2 AktG) verbundenen Rechte.[668]

Bei Gesellschaften, bei denen sich weniger als 25% der Stammaktien im Streubesitz befinden, ist die Kursdifferenz sehr gering.[669] Bei Gesellschaften hingegen, bei denen sich die Stammaktien zu mehr als 25% oder mehr als 50% im Streubesitz befinden, ist eine deutlich höhere Kursdifferenz auszumachen.[670] Ein Minderheitsaktionär kann bei dieser Struktur durch ein Vetorecht Entscheidungen des Großaktionärs beeinflussen.[671] Folge können Koalitionen zwischen dem Mehrheitsaktionär und Minderheitsaktionären sein, so dass auch Minderheitsaktionäre mit Stammaktien an den Sondervorteilen des Mehrheitsaktionärs teilhaben können.[672] Dieser Erklärungsansatz kann einen positiven Stimmrechtswert auch für Gesellschaften im Mehrheitsbesitz begründen. Bei einer Stimmrechtskonzentration von über 75% ist eine signifikante Reduzierung des Kursunterschieds zu beobachten.[673] Dennoch ist auch bei

---

[667] Vgl. Hartmann-Wendels/v. Hinten (1989), S. 280; Rothauge/Menkhoff/Krahnen (1994), S. 240.
[668] Vgl. Becht (1997); Becht/Mayer (2001); Vieweg et al. (2003), S. 57; Becht/Böhmer (2003).
[669] Vgl. Jung/Wachtler (2001), S. 518.
[670] Vgl. Jung/Wachtler (2001), S. 518.
[671] Vgl. Hanouna/Sarin/Shapiro (2001), S. 7; Daske/Ehrhardt (2002), S. 180.
[672] Vgl. Zwiebel (1995).
[673] Vgl. Daske/Ehrhardt (2002), S. 195.

Stimmrechtskonzentrationen von über 75% ein hoher durchschnittlicher Kursaufschlag auszumachen.[674]

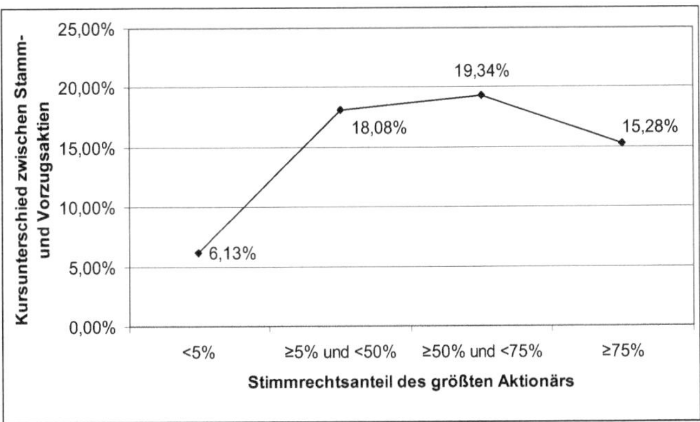

***Abbildung 33:* Kursdifferenzen zwischen Stamm- und Vorzugsaktien bei unterschiedlichen Stimmrechtsanteilen des größten Aktionärs**[675]

Darüber hinaus erhöht gleichverteilter Eigentumsbesitz die Wahrscheinlichkeit für einen Bieterwettbewerb, so dass der Wert außenstehender Stimmrechte zunimmt.[676] Demnach ist auch bei mittleren Stimmrechtskonzentrationen der Kursaufschlag am höchsten.[677] Unternehmen mit einem oder mehreren Großaktionären weisen eine höhere Stimmrechtsprämie auf als Unternehmen im Streubesitz.[678] Die Stimmrechtsprämie ist besonders hoch, wenn zwei Aktionäre einen vergleichbar großen Stimmrechtsanteil an einer Gesellschaft innehaben.[679]

Es ist auch eine Abhängigkeit des Kursunterschieds zwischen Stamm- und Vorzugsaktien von der Eigentümeridentität festgestellt worden.[680] Bei Familienunternehmen

674 Vgl. Weber/Berg/Kruse (1992), S. 584; Daske/Ehrhardt (2002), S. 191.
675 Die Werte sind der Studie von Daske/Ehrhardt entnommen. Vgl. Daske/Ehrhardt (2002), S. 195. Die Beobachtungen beziehen sich auf die Kursaufschläge zum Jahresende 1970, 1974, 1978, 1982, 1986, 1990, 1994 und 1998, da nur für diese Zeitpunkte sowohl Marktwerte als auch Aktionärsstrukturangaben vorhanden waren.
676 Vgl. Rydqvist (1996), S. 1424.
677 Vgl. Daske/Ehrhardt (2002), S. 195.
678 Vgl. Pellens/Hillebrandt (2001), S. 64.
679 Vgl. Zingales (1994), S. 127; Rydqvist (1996), S. 1424.
680 Vgl. Fatemi/Krahnen (2000), S. 52f; Daske/Ehrhardt (2002), S. 194.

wurden im Mittel die größten Kursaufschläge beobachtet, woraus geschlossen werden kann, dass dort die größten Sondervorteile bestehen.[681]

Auch bei anderen Eigentümergruppen zeigen sich deutliche Differenzen im Kursunterschied. Die folgende Grafik veranschaulicht den Kursaufschlag der Stammaktie nach Identität des größten Aktionärs bzw. bei Streubesitz.

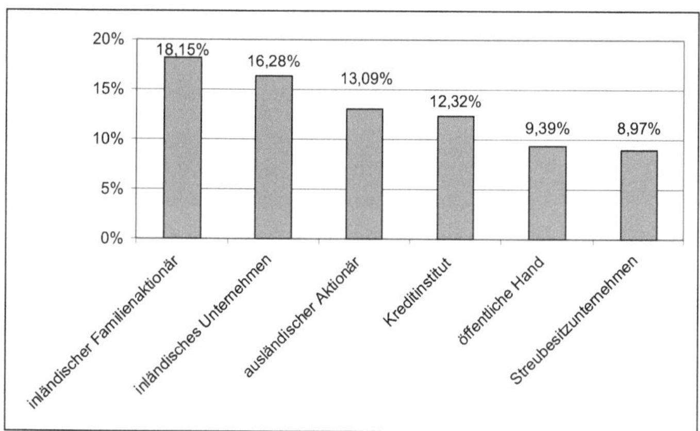

Abbildung 34: **Kursdifferenzen zwischen Stamm- und Vorzugsaktien in Abhängigkeit von der Identität des größten Aktionärs**[682]

IV. 5.3.5 Auswirkungen der Marktliquidität auf den Kursunterschied zwischen Stamm- und Vorzugsaktien

Ein Ergebnis der Untersuchung von DASKE/EHRHARDT lautet, dass die Zugehörigkeit einer Aktiengattung zum DAX oder MDAX keinen maßgeblichen Einfluss auf den Kursaufschlag der Stammaktien erkennen lässt.[683] HOFFMANN-BURCHARDI hat dagegen ermittelt, dass der Preisunterschied zwischen Stamm- und Vorzugsaktien um 27% sinkt, wenn die Vorzugsaktie im DAX oder MDAX notiert ist, was auf die Nachfrage- und Liquiditätswirkungen zurückgeführt werden kann.[684]

[681] Vgl. Daske/Ehrhardt (2002), S. 194.

[682] Die Werte sind der Studie von Daske/Ehrhardt entnommen. Vgl. Daske/Ehrhardt (2002), S. 194. Dabei beziehen sich die Beobachtungen auf die Kursaufschläge zum Jahresende 1958-1998 (alle 4 Jahre), da nur für diese Zeitpunkte Aktionärsstrukturangaben vorhanden waren.

[683] Vgl. Daske/Ehrhardt (2002), S. 198.

[684] Vgl. Hoffmann-Burchardi (1999), S. 14.

Auch in anderen Studien wird ein Zusammenhang zwischen dem Kursunterschied zwischen Stamm- und Vorzugsaktien und der Liquidität der Aktiengattungen vermutet.[685] Der Kursunterschied wird dabei nicht dem fehlenden Stimmrecht, sondern dem geringeren Umsatzvolumen bei den Vorzugsaktien zugeschrieben, aus dem sich höhere Transaktionskosten für den Anleger ergeben.[686] Eine höhere Aktiennachfrage führt zu einer statistisch signifikanten Erhöhung des Bewertungsaufschlags von Stammaktien gegenüber Vorzugsaktien.[687] KRUSE/BERG/WEBER haben einen sehr starken Einfluss der relativen Marktaktivität auf die Höhe des Kursunterschieds zwischen Stamm- und Vorzugsaktien festgestellt.[688] Dabei bezeichnet die relative Marktaktivität die Differenz aus dem Verhältnis des frei gehandelten Stammaktien- zum Vorzugskapital und dem Verhältnis der durchschnittlichen Umsätze in Stamm- und Vorzugsaktien.

IV. 5.3.6 Sonstige Einflussfaktoren auf den Kursunterschied zwischen Stamm- und Vorzugsaktien

Der durchschnittliche Kursunterschied zwischen Stamm- und Vorzugsaktien unterliegt starken Schwankungen im Zeitablauf.[689] Dabei scheint das Zinsniveau und die Entwicklung des allgemeinen Börsenniveaus die Höhe der durchschnittlichen Kursdifferenz zu beeinflussen.[690] In Phasen allgemein steigender Börsenkurse scheint sich die Kursdifferenz zugunsten der Stammaktien erheblich zu vergrößern.[691] Ursache dafür kann sein, dass die relative Sicherheit der Vorzugsdividende im Vergleich zur normalen Dividende für Aktionäre in Phasen guter Konjunktur eine geringere Bedeutung hat. Bei schwacher Konjunktur hingegen gewinnt die Mehrdividende im Verhältnis zur Gesamtdividende an Bedeutung, so dass die Kursdifferenz der Stammaktie gegenüber der Vorzugsaktie bei schlechter konjunktureller Lage eher sinken dürfte. Die Kursdifferenz zwischen Stamm- und Vorzugsaktien wächst mit dem relativen Marktwert (Kurs/Nennwert), was sich vermutlich dadurch erklären lässt, dass die Bedeutung der Mehrdividende bei einem steigenden relativen Markt-

---

685 Vgl. Fatemi/Krahnen (2000).
686 Vgl. Klein (1981), S. 142.
687 Vgl. Daske/Ehrhardt (2002), S. 198.
688 Vgl. Kruse/Berg/Weber (1993), S. 29.
689 Vgl. Weber/Berg/Kruse (1992), S. 584.
690 Vgl. Kruse/Berg/Weber (1993), S. 25.
691 Vgl. Jung/Wachtler (2001), S. 516 m.w.N.

wert zurückgeht.[692] Der relative Kursaufschlag der Stammaktie gegenüber der Vorzugsaktie nimmt ab, je näher der Hauptversammlungs- bzw. Dividendenzahlungstermin rückt.[693] Daraus lässt sich schließen, dass der Wert des Dividendenvorzugs stärker zunimmt als der des Stimmrechts, welches, mit Ausnahme von Unternehmensübernahmen, nur bei Hauptversammlungen von Nutzen ist.

Neben den aufgeführten rationalen Gründen für den beobachteten Kursunterschied wird aber auch vermutet, dass irrationale Gründe ursächlich für die Beobachtung sein können. DOERKS führt den Kursunterschied im Wesentlichen auf eine „psychologische Hemmschwelle" gegenüber Vorzugsaktien zurück.[694] BINZ/SORG vermuten die Ursachen der Kursdifferenz zugunsten von Stammaktien „stark im irrationalen Bereich".[695]

IV. 5.3.7 Aktuelle Entwicklungen zum Kursunterschied zwischen Stamm- und Vorzugsaktien

In den letzten Jahren ist eine Entwicklung zu beobachten, dass immer mehr Unternehmen ihre Vorzugsaktien abschaffen.[696] Möglichkeiten dazu sind ein Aktienrückkaufprogramm, Umwandlung der Vorzugsaktien in Stammaktien und die Einziehung von Vorzugsaktien.

Als Ursache für die Abschaffung von Vorzugsaktien werden u.a. der scheinbar ungerechtfertigte Kursunterschied zwischen Stamm- und Vorzugsaktien sowie der Wunsch nach Gleichbehandlung aller Eigenkapitalgeber (One-Share-One-Vote-Prinzip) genannt.[697] Die Unternehmen, die in letzter Zeit ihre Vorzugsaktien in Stammaktien umgewandelt haben, versprechen sich von diesem Schritt günstigere Konstellationen im Finanzmarkt, indem sich das Gewicht der Gesellschaft im Aktienindex erhöht, wodurch wiederum die Börsenkapitalisierung und die Marktliquidität steigen,

[692] Vgl. Kruse/Berg/Weber (1993), S. 30.
[693] Vgl. Doerks (1992), S. 66 ff., 235.
[694] Vgl. Doerks (1992), S. 264.
[695] Vgl. Binz/Sorg (1994), S. 996.
[696] Vgl. Hillebrandt/Schremper (2001), S. 533; Pellens/Hillebrandt (2001), S. 57.
[697] Vgl. Hillebrandt/Schremper (2001), S. 533.

da die Anzahl der frei gehandelten Aktien durch die Maßnahme ansteigt.[698] Daraus folgt auch eine gesteigerte Aufmerksamkeit des Marktes und der Analysten. Die Stärkung der Position im Aktienindex ist insbesondere für die regelmäßig stattfindenden Überprüfungen der Indexgewichtungen und -zusammensetzungen von Bedeutung. Zur Beurteilung der Indexgewichtungen wird von der Deutschen Börse nur eine Aktiengattung berücksichtigt. Darüber hinaus wird durch die Umwandlung eine gesteigerte Attraktivität der nun stimmberechtigten Aktie für institutionelle und insbesondere ausländische Investoren erwartet.

Im Zuge der positiven Entwicklung der Corporate Governance in Deutschland in den letzten Jahren, die zu einer Stärkung der Rechte von Minderheitsaktionären geführt hat, geht man davon aus, dass sich die Sondervorteile, die die Mehrheitsaktionäre realisieren, verringert haben.[699] Als Anzeichen dafür wird die Verringerung des Kursunterschieds zwischen Stamm- und Vorzugsaktien gesehen.

IV. 5.3.8 Die Bewertung von Stamm- und Vorzugsaktien für Abfindungszwecke

Die dargestellten Untersuchungsergebnisse haben gezeigt, dass der Kursunterschied zwischen Stamm- und Vorzugsaktien zu einem bedeutenden Anteil auf das bei Vorzugsaktien fehlende Stimmrecht zurückzuführen ist. Der Wert eines Stimmrechts wiederum wird zu einem wesentlichen Teil dem Einfluss des Stammaktionärs auf die Unternehmenspolitik zugeordnet, um Sondervorteile zum Nutzen der kontrollausübenden Aktionäre zu erzielen. Ein solcher Zusammenhang stellt die in der Rechtsprechung etablierte Regel einer unterschiedlichen Bewertung von Stamm- und Vorzugsaktien in Frage, bei der üblicherweise der Kursunterschied zwischen beiden Aktiengattungen zur Abfindungsbemessung Verwendung findet.[700] Ursächlich für diese Würdigung seitens der Rechtsprechung ist die durch die Stammaktie gewährte Herrschaftsmacht, die als wertbildender Faktor anerkannt wird.

---

[698] Vgl. Krones AG (2004); Fresenius Medical Care AG (2005); Rhön-Klinikum AG (2005); Rheinmetall AG (2005); o.V. (2005).

[699] Vgl. Schmidt (2003), S. 33.

[700] Vgl. zur Rechtsprechung: Piltz (1994), S. 238; Jung/Wachtler (2001), S. 519; Großfeld (2002), S. 235; Emmerich (2005), § 305 Rn. 75a.

WIECHERS äußert, dass Vorzugsaktien, bei denen der Nachteil beim Stimmrecht durch einen Vorzug bei der Gewinnverteilung ausgeglichen wird, für Abfindungszwecke den Aktien mit Normalausstattung gleichzusetzen sind, solange aus Sicht der Beteiligten zwischen dem Vorteil aus der Gewinnverwendung und dem Nachteil aus dem fehlenden Stimmrecht kein gravierendes Missverhältnis besteht.[701]

Diesen Auffassungen steht das Argument entgegen, dass die Sondervorteile, die durch das Stimmrecht erzielt werden, nicht ausschließlich in die Ertragswertermittlung eines Stammaktionärs für Abfindungszwecke einzubeziehen sind.[702] Vielmehr gilt es, eine Gleichbehandlung der Aktionäre zu gewährleisten. Im Fall unterschiedlicher Aktiengattungen kann daher eine abweichende Bewertung nur durch Unterschiede in der Gewinnverteilung und den Liquidationserlösen und bei Unterschieden in der Risikostruktur und Liquidität gerechtfertigt werden.

Es kann sich daher im Abfindungsfall anbieten, sofern beide Aktiengattungen börsennotiert sind und Stammaktien höher als Vorzugsaktien notieren, für Vorzugsaktien denselben Wert wie für Stammaktien anzusetzen, da andernfalls durch die Erlangung von Sondervorteilen ein Vorteil aus einem rechtswidrigen Verhalten erzielt wird. Dabei gilt es aber, Liquiditätsunterschiede zwischen beiden Aktiengattungen zu berücksichtigen.[703] Bei fehlender Börsennotierung bietet es sich an, den Kursunterschied zwischen den Aktiengattungen anhand des Dividendendiskontierungsmodells zu ermitteln. Dabei ergibt sich der Kursunterschied aus der Differenz der Barwerte der Dividendenzahlungen für die jeweilige Aktiengattung, die insbesondere aus der Mehrdividende und dem Dividendenvorzug besteht.[704] Liquiditätsunterschiede sind dabei zu berücksichtigen.

---

[701] Vgl. Wiechers (2005), S. 465.

[702] Siehe dazu die Ausführungen zur Berücksichtigung von Sondervorteilen bei der objektivierten Unternehmensbewertung in Kapitel VII. 2.3.1

[703] Siehe dazu Kapitel VII. 3.8.

[704] Vgl. zum Dividendendiskontierungsmodell: Daske/Ehrhardt (2002), S. 188.

IV. 5.4 Schlussfolgerungen zur Bewertungsrelevanz der Eigentümerkomplexität

Zahlreiche Mechanismen erlauben die Erhöhung der Eigentümerkomplexität. Bei diesen Konstellationen kann die Erzielung hoher Sondervorteile beobachtet werden, was sich insbesondere durch die empirischen Ergebnisse zum Kursunterschied zwischen Stamm- und Vorzugsaktien verdeutlichen lässt. Dem steht aber entgegen, dass eine hohe Eigentümerkomplexität die Ausübung von Monitoringaktivitäten erleichtert, da der Erwerb einer Mehrheitsbeteiligung erleichtert wird. In der Summe beider Effekte lässt sich aber i.d.R. ein wertverringernder Effekt ausmachen. Die Mechanismen zur Erhöhung der Eigentümerkomplexität ermöglichen es den Anteilseignern, die von diesen Mechanismen Gebrauch machen, von einer größeren Diversifikation und geringeren Liquiditätseinbußen zu profitieren als bei einem konzentrierten Anteilsbesitz bei einer einheitlichen Aktienstruktur.

V. Die Bewertungsimplikationen des Marktes für Unternehmenskontrolle

V. 1 Der Markt für Unternehmenskontrolle

V. 1.1 Definition des Begriffs Kontrolle

Bei der Definition des Begriffs Kontrolle muss zwischen der juristischen und ökonomischen Sichtweise unterschieden werden.[705] Rechtliche Definitionen finden sich im Aktiengesetz (§§ 15 ff. AktG), Wertpapierhandelsgesetz (§ 22 WpHG) und im Wertpapiererwerbs- und Übernahmegesetz (§ 29 Abs. 2 WpÜG). In der wirtschaftswissenschaftlichen Literatur unterscheiden u.a. BERLE/MEANS fünf Arten von Kontrolle: Kontrolle durch fast vollständigen Anteilsbesitz, Kontrolle durch mehrheitlichen Anteilsbesitz, Kontrolle der Stimmenmehrheit durch rechtliche Konstrukte (u.a. Pyramidenstrukturen, Vorzugs- und Mehrstimmrechtsaktien, Voting Trusts), Minderheitskontrolle und Managerkontrolle.[706] Unter Kontrolle verstehen sie die Macht eines Einzelnen oder einer Gruppe, die Unternehmensleitung zu bestimmen. So äußern sich auch JENSEN/RUBACK: „We define corporate control as the rights to determine the management of corporate resources - that is, the rights to hire, fire and set the compensation of top-level managers (…).“[707]

V. 1.2 Funktionsweise des Marktes für Unternehmenskontrolle

Die Bedeutung des Marktes für Unternehmenskontrolle basiert auf der Agency-Theorie. Der Markt für Unternehmenskontrolle stellt einen Mechanismus zur Kontrolle des Managements, insbesondere in Unternehmen mit einer breiten Anteilsstreuung dar, in denen die Anteilseigner dem Trittbrettfahrerproblem unterliegen.[708] Minderheitsaktionäre mit einem diversifizierten Portfolio neigen dazu, sich nicht in die Unternehmenspolitik einzumischen und auf eine sinkende Rentabilität eines Unternehmens, an dem sie eine Beteiligung halten, mit dem Verkauf des Anteils zu reagieren. Diese Verhaltensweise ermöglicht es dem Management, opportunistisch zu handeln.

---

[705] Vgl. Bott (2002), S. 15. Siehe zu weiteren Definitionen von Unternehmenskontrolle: Geldmacher (2000), S. 110.

[706] Vgl. Berle/Means (1932), S. 69-90.

[707] Jensen/Ruback (1983), S. 6; siehe auch Jarrell/Brickley/Netter (1988), S. 51.

[708] Vgl. Adams (1989), S. 333.

Der Markt für Unternehmenskontrolle stellt einen Kontrollmechanismus dar, der insbesondere dann greift, wenn die alternativen internen und externen Kontrollmechanismen ihre Wirkung nicht hinreichend erfüllt haben. FAMA bezeichnet den Markt für Unternehmenkontrolle demnach als „discipline of last resort“.[709] „(D)er Markt für Unternehmenskontrolle (gewährt) den Aktionären (...) die Möglichkeit, konsumbetontes, machthungriges, phantasieloses, uninteressiertes oder auf andere Weise unfähiges Management von den Schalthebeln des Unternehmens entfernen zu können.“[710]

Die These der disziplinierenden, die Herrschaft der Manager beschränkenden Wirkung des Marktes für Unternehmenskontrolle wurde von MANNE beschrieben.[711] Er vertritt die Auffassung, dass Übernahmen für die Ablösung schwacher Vorstände sorgen und dazu führen, dass ein besseres Management die Unternehmensleitung übernimmt (*Disziplinierungshypothese*). Daher spornen Übernahmen Vorstände von börsennotierten Unternehmen in Streubesitz zu besseren Leistungen an. Folglich wirken sich Übernahmen disziplinierend auf das Management aus.

MANNE äußert sich wie folgt: „The lower the stock price, relative to what it could be with more efficient management, the more attractive the take-over becomes to those who believe that they can manage the company more efficiently.“[712] Ein ineffizient arbeitendes Management disponiert demnach die Unternehmensressourcen unter der Zielsetzung der Marktwertmaximierung suboptimal. Diese Unternehmenspolitik bewirkt im Vergleich zu Referenzunternehmen oder zum Markt überproportional sinkende bzw. unterproportional steigende Aktienkurse. Je größer die Wertdifferenz zwischen dem Unternehmen und dem Referenzmaßstab ist, desto größer fällt das Wertsteigerungspotential aus, das durch ein effizienter arbeitendes Management erzielt werden kann. Bei dieser These wird eine enge Beziehung zwischen den Leistungen des Managements und der Aktienkursentwicklung unterstellt.[713] Folglich wirkt sich unter diesen Bedingungen der Markt für Unternehmenskontrolle senkend auf die Agency-Kosten aus.

---

[709] Fama (1980), S. 295.
[710] Adams (1989), S. 333.
[711] Vgl. Manne (1965); siehe auch Marris (1963); Burkart/Panunzi (2006), S. 4f.
[712] Manne (1965), S. 113.
[713] Vgl. Manne (1965), S. 112. Kritisch zum Markt für Unternehmenskontrolle: Reul (1991), S. 128 ff.

Ein friktionslos funktionierender Markt für Unternehmenskontrolle kann somit die Überwindung der aus der Trennung von Eigentum und Verfügungsmacht resultierenden Probleme ermöglichen, indem es als Instrument zur Lösung der Interessenkonflikte zwischen den Aktionären und dem Management dient.[714] Schon die Möglichkeit einer feindlichen Übernahme müsste die Manager zu einem effizienten Umgang mit den ihnen zur Verfügung gestellten Ressourcen veranlassen. Die Funktionsfähigkeit des Marktes für Unternehmenskontrolle setzt daher einen liquiden und effizienten Kapitalmarkt voraus.

Für die Disziplinierungsfunktion des Marktes für Unternehmenskontrolle spricht das Untersuchungsergebnis von MITCHELL/LEHN.[715] Sie haben empirisch gezeigt, dass der Markt für Unternehmenskontrolle die Absicht von Managern, Unternehmensimperien zu schaffen, verringert, da wertverringernde Akquisitionen dazu führen, dass die Wahrscheinlichkeit steigt, dass das Unternehmen übernommen wird.

GROSSMAN/HART fragen hingegen, warum die Aktionäre ihre Anteile an einen Raider, der das Unternehmen übernehmen möchte, verkaufen sollten.[716] Sie haben keinen Anreiz, ihre Aktien zu einem niedrigen Kurs abzugeben, da sie vermuten, dass der Kurs unter dem neuen Management steigen wird. Sie werden erst dann zum Verkauf bereit sein, wenn der angebotene Preis dem zukünftigen Preis unter der neuen Unternehmenspolitik entspricht. Unter dieser Bedingung besteht aber kein Anreiz mehr für einen Käufer, das Unternehmen zu erwerben. Daher erfolgt ein Übernahmeangebot nur bei heterogenen Erwartungen.

V. 1.3 Motive für Unternehmensübernahmen

V. 1.3.1 Wertsteigernde Übernahmemotive

Die idealtypische Funktion des Marktes für Unternehmenskontrolle dient der Disziplinierung des Managements, nämlich der Verringerung des Interessengegensatzes zwischen Aktionären und dem Management.[717] Dieses Ziel kann z.B. durch einen

[714] Vgl. Geldmacher (2000), S. 108f.
[715] Vgl. Mitchell/Lehn (1990).
[716] Vgl. Grossman/Hart (1980), S. 42f.
[717] Vgl. Flassak (1995), S. 161f.

höheren Anreiz des Managements zur Steigerung der Profitabilität oder durch eine bessere Qualifikation erreicht werden. Der Interessengegensatz zwischen den Aktionären und dem Management kann im Fall einer Übernahme des Unternehmens durch einen Aktionär, der zugleich die Geschäfte führt, ganz aufgehoben werden. Auch kann ein neuer Kontrollaktionär über bessere Monitoringfähigkeiten oder -anreize verfügen.

Als weiteres Motiv wird die Erzielung von Synergieeffekten bei Übernahmen genannt.[718] Nach diesem Motiv kann das Management die Übernahme eines Unternehmens anstreben, um Synergiepotentiale aus der Verbindung beider Unternehmen zu realisieren. Synergieeffekte können sowohl im leistungswirtschaftlichen als auch im finanzwirtschaftlichen Bereich erlangt werden.

Im leistungswirtschaftlichen Bereich können u.U. Betriebsgrößen- oder Transaktionskostenvorteile in Einkauf, Produktion, Forschung und Entwicklung und im Vertrieb erzielt werden. Durch Betriebsvergrößerungen können möglicherweise Größenvorteile (Economies of scale) realisiert werden.[719] Die gemeinsame Nutzung eines verwandten Produktionsverfahrens kann eine kostengünstigere Produktion durch Verbundvorteile (Economies of scope) ermöglichen.[720] Die leistungswirtschaftlichen Synergien können zu höheren Cash Flows führen, da sie es dem Unternehmen ermöglichen, die Erträge aus den bestehenden Vermögensgegenständen zu erhöhen und/oder das Wachstum zu steigern.[721]

Synergien im finanzwirtschaftlichen Bereich können sich ergeben durch eine niedrigere Volatilität, höhere Verschuldungsmöglichkeiten, durch die Erzielung von Steuervorteilen und durch die Schaffung eines internen Kapitalmarktes.[722] Diese Finanzsynergien können sich sowohl in höheren Cash Flows als auch in niedrigeren Kapitalkosten widerspiegeln.[723]

---

[718] Vgl. Jensen/Ruback (1983), S. 25; Flassak (1995), S. 170 ff.; Geldmacher (2000), S. 141f; Kuhner/Maltry (2006), S. 16f.
[719] Vgl. Kuhner/Maltry (2006), S. 16.
[720] Vgl. Teece (1980).
[721] Vgl. Damodaran (2005c), S. 4.
[722] Vgl. Damodaran (2005c), S. 4f.

Durch die Kombination zweier Unternehmen infolge einer Übernahme können die Erträge stabilisiert werden, sofern die Cash Flows des erwerbenden und des erworbenen Unternehmens nicht vollständig miteinander korrellieren (z.B. durch den Erwerb eines Unternehmens aus einer anderen Branche), so dass die Risikoträchtigkeit der Unternehmenstätigkeit sinkt. Da die Verringerung der Volatilität aber lediglich das *unsystematische Risiko* senkt, ist von keinem Einfluss auf die Kapitalkosten auszugehen.[724] Der Betafaktor nach einer Übernahme ergibt sich hingegen aus dem gewichteten Durchschnitt der Betas der beiden Unternehmen.

Durch die Stabilisierung der Erträge infolge der Kombination zweier Unternehmen kann allerdings ein höherer Verschuldungsgrad ermöglicht werden, da die Erträge vorhersagbarer werden.[725] Folglich kann mehr Fremdkapital aufgenommen werden als bei zwei einzelnen Unternehmen. Dadurch wird ein Steuervorteil für das kombinierte Unternehmen erzielt, der sich senkend auf die Kapitalkosten auswirkt (tax shield).[726] Das Tax Shield beschreibt den Steuervorteil, der sich aus dem Besitz eines fremdfinanzierten Unternehmens im Vergleich zum Besitz eines ansonsten identischen, jedoch unverschuldeten Unternehmens bei gleichzeitiger privater Verschuldung ergibt.[727] Der Steuervorteil resultiert dabei aus der steuerlichen Abzugsfähigkeit der Fremdkapitalzinsen.

Dieser Beobachtung steht aber auch der Effekt gegenüber, dass das Fremdkapital der bisherigen Einzelunternehmen nun risikoärmer wird.[728] Da das Fremdkapital der Einzelunternehmen aber noch vor der Übernahme aufgenommen worden ist, erzielen die Gläubiger einen Gewinn dadurch, dass das Rückzahlungsrisiko sinkt. Das kombinierte Unternehmen hat daher zu hohe Fremdkapitalkosten. Sofern keine Neuverhandlung der Fremdkapitalzinsen erfolgt, steigt der Wert des Fremdkapitals auf Kosten des Eigenkapitals.

---

[723] Vgl. Damodaran (2005c), S. 4; siehe zur Einbindung von Finanzsynergien in das Unternehmensbewertungskalkül: Butz (2002).
[724] Vgl. Damodaran (2005c), S. 22f.
[725] Vgl. Lewellen (1971); Leland/Skarabot (2003).
[726] Vgl. Kapitel VII. 3.6.1.
[727] Vgl. Kuhner/Maltry (2006), S. 184.
[728] Vgl. Damodaran (2005c), S. 27.

Weitere Steuervorteile können sich aus Abschreibungsmöglichkeiten für die erworbenen Vermögensgegenstände und aus der Nutzung von Verlusten ergeben.[729] Wenn ein Unternehmen, das Verluste erzielt, mit einem Unternehmen, das Gewinne erzielt, kombiniert wird, dann können die Verluste gegen die Gewinne gegengerechnet werden, so dass keine Steuerschuld entsteht.

Darüber hinaus kann durch die Kombination eines Unternehmens mit einem hohen Liquiditätsbestand und geringen Investitionsmöglichkeiten mit einem Unternehmen mit hoch rentablen Investitionsprojekten, aber nur einem geringen Liquiditätsbestand, ein interner Kapitalmarkt geschaffen werden, der höhere Erträge für das kombinierte Unternehmen ermöglicht.[730]

Auch kann die Erhöhung der Marktmacht angestrebt werden.[731] Eine Übernahme kann die Aufhebung von Konkurrenzbeziehungen zwischen Unternehmen zur Folge haben, so dass die Marktmacht erhöht werden kann, die die Erzielung von Monopolgewinnen ermöglicht.

Die Übernahme der Unternehmenskontrolle kann auch mit der Absicht verfolgt werden, das Unternehmen zu restrukturieren. Eine Restrukturierung kann u.a. bei Konglomeraten mit dem Ziel betrieben werden, einen möglichen *Diversifikationsabschlag* zu reduzieren.[732] Eine Aufspaltung des Konglomerats kann folglich zu Restrukturierungsgewinnen führen.[733] Dementsprechend konnte auch beobachtet werden, dass Kontrolltransaktionen oft zu einer Reduzierung der Diversifikation der Geschäftsfelder führen.[734] Demnach führt der Erwerb eines diversifizierten Unternehmens oft zu einer stärkeren Fokussierung des erworbenen Unternehmens. Dabei werden die Unternehmensteile verkauft, die ohne Einbindung in den Konzern ertragreicher geführt werden können.

---

[729] Vgl. Majd/Myers (1986); Damodaran (2005c), S. 24.
[730] Vgl. Stein (1997); Billet/Mauer (2000); siehe zu den Nachteilen eines internen Kapitalmarkts: Scharfstein/Stein (2000).
[731] Vgl. Jensen (1984), S. 114; Reul (1991), S. 188 ff.; Bittlingmayer (2000), S. 729; Geldmacher (2000), S. 143f; Kuhner/Maltry (2006), S. 19.
[732] Vgl. Bühner (1990); Lang/Stulz (1994); Berger/Ofek (1995); Servaes (1996); Laeven/Levine (2005), S. 5 m.w.N.; siehe Kapitel IV. 2.2.
[733] Vgl. John/Ofek (1995); Comment/Jarrell (1995); Gillan/Kensinger/Martin (2000).
[734] Vgl. Denis/Denis/Sarin (1997), S. 150 ff.; Berger/Ofek (1999).

SHLEIFER/SUMMERS vertreten die These, dass die Aktionärsgewinne bei feindlichen Übernahmen zu einem Großteil aus dem Bruch von impliziten Verträgen mit den Stakeholdergruppen, also insbesondere den Lieferanten und den Beschäftigten, statt aus gesteigerter Rentabilität resultieren.[735]

Die Restrukturierung kann auch weitere Maßnahmen zur strukturellen und strategischen Neuausrichtung des Unternehmens beinhalten. Diese Maßnahmen können es ermöglichen, festgefahrene Unternehmensstrukturen aufzubrechen. „Takeovers generally occur because changing technology or market conditions require a major restructuring of corporate assets, and it is easier for new top-level managers with a fresh view of the business and no ties with current employees or communities to make such changes."[736]

V. 1.3.2 Nicht-wertsteigernde Übernahmemotive

Neben genannten Übernahmemotiven, die im Einklang mit der aus Aktionärssicht wünschenswerten Unternehmenswertsteigerung stehen, können Übernahmen auch aus persönlichen Motiven der Manager verfolgt werden. Dabei sind insbesondere die Neigung zu Überinvestitionen durch Manager (Empire Building), die Free Cash Flow-Problematik nach JENSEN, die Hybris-Hypothese von ROLL und divergierende Risikoeinschätzungen („risk aversion differential" zwischen der Risikoneigung eines diversifizierten Anlegers und eines Managers) zu nennen.[737]

ROLL erklärt Übernahmen als Folge von Hybris (*Hybris Hypothese*).[738] Bei dieser Hypothese geht man davon aus, dass das Management der Bietergesellschaft seine Fähigkeit hinsichtlich des Zielunternehmens überschätzt, da es annimmt das Zielunternehmen effizienter bewirtschaften zu können als das amtierende Management des Zielunternehmens. Daher ist das Management der Bietergesellschaft bereit, hohe Prämien zur Erlangung der Unternehmenskontrolle zu zahlen. Die Selbstüberschätzung des Managements des Bieterunternehmens führt dazu, dass die Barwerte der

735 Vgl. Shleifer/Summers (1988), S. 53.
736 Jensen (1988), S. 23.
737 Vgl. Amihud/Lev (1981); Jensen (1986a); Jensen (1986b); Roll (1986); Stulz (1990); Geldmacher (2000), S. 144-149.
738 Vgl. Roll (1986).

künftigen Cash Flows aus dem Zielunternehmen geringer sind als der Preis, den das Management zu zahlen bereit ist. Folglich erzielen die Aktionäre des übernehmenden Unternehmens Verluste und die Aktionäre der Zielgesellschaft Gewinne aus der Übernahme.

Ein weiteres Akquisitionsmotiv kann die Ausbeutung von Minderheitsaktionären sein. Dabei kauft der Erwerber die Anteilsmehrheit, um das Vermögen des erworbenen Unternehmens und somit der Minderheitsaktionäre umzuverteilen.[739] Diese Vorgehensweise ermöglicht eine Erhöhung der Rentabilität des Kaufs. Typische Ausbeutungshandlungen sind der Transfer des Unternehmensvermögens oder von Lieferungen zu niedrigen konzerninternen Verrechnungspreisen oder die konzerninterne Kreditvergabe zu nicht marktgerechten Konditionen.

V. 1.3.3 Bewertungsaspekte des Marktes für Unternehmenskontrolle

Die folgende Abbildung zeigt auf Grundlage der dargestellten Übernahmemotive übersichtsartig mögliche Bewertungseffekte von Unternehmensübernahmen. Dabei wird zwischen dem Bewertungseinfluss auf die finanziellen Überschüsse und den Kapitalkosten unterschieden.

[739] Vgl. Reul (1991), S. 197 ff.; Flassak (1995), S. 181; Geldmacher (2000), S. 149 ff.

Bewertungsaspekte des Marktes für Unternehmenskontrolle		
Motive	**Bewertungsfolgen**	**Einfluss auf finanzielle Überschüsse / Kapitalkosten**
wertsteigernde Motive		
Disziplinierung des Managements	Senkung der Agency-Kosten	erhöht finanzielle Überschüsse
leistungswirtschaftliche Synergien		
Economies of scale	Betriebsgrößen- oder Transaktionskosten-vorteile	erhöht finanzielle Überschüsse
Economies of scope	kostengünstigere Produktion	erhöht finanzielle Überschüsse
finanzwirtschaftliche Synergien		
Stabilisierung der Erträge	geringere Volatilität	senkt Risiko
Geringeres Konkursrisiko	höhere Verschuldungsmöglichkeit (tax shield)	senkt Kapitalkosten
Steuervorteile	Abschreibungsmöglichkeiten; Verlustnutzung	Steuerersparnis
Interner Kapitalmarkt	rentabler Kapitaleinsatz; Nutzung von rentablen Investitionsprojekten	erhöht finanzielle Überschüsse
Erhöhung der Marktmacht	Erzielung von Monopolgewinnen	erhöht finanzielle Überschüsse
Restrukturierung	Fokussierung des Unternehmens (u.a. Einschränkung von Quersubventionierungen und Überinvestitionen)	erhöht finanzielle Überschüsse; Fokussierung kann Volatilität erhöhen
Bruch von impliziten Verträgen	Senkung der Kosten zu Lasten von Lieferanten und Beschäftigten	erhöht finanzielle Überschüsse
nicht-wertsteigernde Motive		
persönliche Motive der Manager	divergierende Risikoeinschätzungen der Manager und der Aktionäre (Empire Building); Ausdehnung der Unternehmensaktivitäten führt zur Stabilisierung der Erträge	ermöglicht Sondervorteile; Diversifikation kann Volatilität senken
	Free Cash Flow-Problematik; suboptimaler Kapitaleinsatz	Generierung suboptimaler Erträge
	Hybris-Hypothese	Zahlung überhöhter Übernahmeprämien
Ausbeutung von Minderheitsaktionären	Erzielung von Sondervorteilen durch den Mehrheitsaktionär	senkt finanzielle Überschüsse und erhöht den Anteilswert des Mehrheitsaktionärs

Abbildung 35: **Bewertungsaspekte des Marktes für Unternehmenskontrolle**

V. 1.4 Techniken zur Erlangung der Unternehmenskontrolle

Der Austausch des amtierenden Managements kann mittels verschiedener Methoden erreicht werden. Dabei ist grundsätzlich die Erlangung der Unternehmenskontrolle erforderlich. Durch die Änderung der Eigentümerstruktur wird eine Änderung der Einflussmöglichkeiten auf der Hauptversammlung der Gesellschaft bewirkt, so dass eine Umgestaltung des Managements möglich wird. Die Unternehmenskontrolle kann durch die folgenden Methoden erlangt werden:[740]

[740] Vgl. Flassak (1995), S. 150-158; Bittlingmayer (2000), S. 727f; Geldmacher (2000), S. 121-132.

- *Erwerb über die Börse:* Die Unternehmenskontrolle kann durch den Kauf von Unternehmensanteilen des Zielunternehmens an der Börse erlangt werden. Ohne gesetzliche Regelung wird der Erwerber so viele Aktien an der Börse erwerben wie möglich, bevor die Nachricht über die beabsichtigte Kontrollübernahme bekannt wird. Bei Bekanntwerden der Nachricht muss der potentielle Erwerber mit steigenden Kursen rechnen. Nach § 21 Abs. 1 WpHG hat der Erwerber das Erreichen der 3%, 5%, 10%, 15%, 20%, 25%, 30%, 50% oder 75% Beteiligungsschwelle an den Stimmrechten einer börsennotierten Gesellschaft, die zum amtlichen Handel zugelassen ist (§ 21 Abs. 2 WpHG), mitzuteilen. Darüber hinaus sind nach deutschem Recht die Regelungen des WpÜG zu beachten, nach dem bei Geboten, die auf die Kontrolle abzielen (30% Beteiligungsschwelle nach § 29 Abs. 2 WpÜG), ein Übernahmeangebot abzugeben ist (Übernahmeangebot §§ 29-34 WpÜG).

- *Pakethandel:* Die Unternehmenskontrolle kann auch über den außerbörslichen Erwerb eines Anteilspakets erlangt werden. Dabei wird regelmäßig beobachtet, dass solche Anteilspakete mit einem Aufschlag zum Börsenkurs gehandelt werden.

- *Öffentliches Übernahmeangebot:* Ein potentieller Erwerber kann ein Übernahmeangebot aussprechen, indem er allen Anteilseignern den Erwerb der Aktien des Zielunternehmens zu einen festen Betrag pro Aktie offeriert (Übernahmeangebot §§ 29-34 WpÜG).

- *Übernahmeverhandlungen:* Ein Unternehmenserwerb kann auch durch Verhandlungen mit dem amtierenden Management des Zielunternehmens erlangt werden (Fusion/Verschmelzung gem. §§ 2-122 UmwG). Die Verschmelzung kann im Wege der Aufnahme durch Übertragung des Vermögens eines Rechtsträgers auf einen anderen bestehenden Rechtsträger oder im Wege der Neugründung durch Übertragung der Vermögen zweier oder mehrerer Rechtsträger auf einen neuen Rechtsträger erfolgen. Notwendige Voraussetzung der Fusion ist die Zustimmung der Anteilsinhaber der beteiligten Rechtsträger (§ 13 UmwG). Die Fusion beruht demnach auf einem beidseitig einvernehmlichen Vorgehen, so dass eine freundliche Übernahme vorliegt.

- *Proxy Contest:* Bei einem Proxy Contest (Wettbewerb um Leihstimmen) versucht der potentielle Übernehmer die übrigen Aktionäre zu überzeugen, mit ihm für die Ablösung des amtierenden Managements zu stimmen. Die Maßnahme ermöglicht es dem Bieter den Erwerb weiterer Aktien unter zusätzlicher Zahlung eines Kursaufschlags zu vermeiden.

V. 1.5 Der Pakethandel

V. 1.5.1 Empirische Erkenntnisse zum Pakethandel

Der Handel von Anteilspaketen bzw. der Erwerb der Anteile eines Unternehmens infolge eines Übernahmeangebots findet regelmäßig zu Preisen statt, die oberhalb der an der Börse gehandelten Aktienkurse liegen.[741] Diese *Paketzuschläge* stellen den Gegenwert für die Erlangung der Kontrolle über die Unternehmensressourcen dar.

In regelmäßigen Abständen werden in den USA Statistiken über angebotene Zuschläge bei Käufen/Verkäufen von Unternehmensanteilen angefertigt. MERGERSTAT erfasst dabei Werte von Transaktionen, bei denen mindestens 10% des Eigenkapitals übertragen werden, wobei der Kaufpreis mindestens US-$ 1 Mio. betragen muss und mindestens eine Vertragspartei aus den USA stammt. Die Zuschläge wurden errechnet durch Division des Angebotspreises pro Anteil durch den Marktpreis fünf Tage vor der Ankündigung der Transaktion. Bei den erfassten Werten wurden die negativen Werte zur Berechnung des Durchschnitts herausgerechnet.

Angebotene Zuschläge bei Anteilstransaktionen		
Jahr	Durchschnitt	Anzahl
1990	42,0%	175
1991	35,1%	137
1992	41,0%	142
1993	38,7%	173
1994	41,9%	260
1995	44,7%	324
1996	36,6%	381
1997	35,7%	487
1998	40,7%	512
1999	43,3%	723
2000	49,2%	574

***Tabelle 7:* Angebotene Zuschläge bei Anteilstransaktionen**[742]

[741] Vgl. Barclay/Holderness (1989); Barclay/Holderness (1991); Bebchuk (1994).
[742] Vgl. Mergerstat (2001), S. 24; Gaughan (2002), S. 527.

Zusätzlich zu diesen Daten werden auch die durchschnittlichen Angebote für kontrollvermittelnde Anteilspakete (der Erwerb von mehr als 50% der Unternehmensanteile) und für Minderheitsanteilspakete (der Erwerb von 10-50% der Unternehmensanteile) ermittelt. Dabei werden wiederum negative Werte ausgeschlossen.

	1997 Anzahl	1998 Anzahl	1999 Anzahl	2000 Anzahl
Kontrollvermittelndes Anteilspaket	35,9% 480	40,7% 506	43,5% 707	49,1% 560
Minderheitsanteile	22,4% 7	39,5% 6	33,0% 16	53,8% 14

***Tabelle 8:* Durchschnittlich angebotene Zuschläge für kontrollvermittelnde Anteilspakete und Minderheitsanteilspakete**[743]

Diese Daten zeigen, dass kontrollvermittelnde Anteile i.d.R. einen erheblich höheren Wert als Minderheitsanteile aufweisen. Folglich zeigen diese Werte, dass die Unternehmenskontrolle für den Kontrollaktionär Vorteile ermöglicht, von denen er die Minderheitsaktionäre ausschließen kann.

V. 1.5.2 Erklärungsansätze für Paketzuschläge

Gezahlte *Paketzuschläge*, die sich aus der Differenz zwischen dem ausgehandelten Preis bei einem Pakethandel sowie der Summe der Einzelwerte der einzelnen Aktien ergeben, werden neben dem Kursunterschied zwischen Stamm- und Vorzugsaktien als Indikator für die Existenz und die Höhe von Sondervorteilen genannt.[744]

Dieser *Paketzuschlag* kann, neben den dargestellten Übernahmemotiven, u.a. für die erzielbaren Sondervorteile des Erwerbers durch die Ausübung der Unternehmenskontrolle stehen.[745] BARCLAY/HOLDERNESS argumentieren bezüglich der Einpreisung von Sondervorteilen wie folgt:[746] Der Aktienkurs reflektiert den Barwert des Zahlungsstroms eines Unternehmens an die Aktionäre gemäß dem Verhältnis ihrer

[743] Vgl. Mergerstat (2001), S. 26; Gaughan (2002), S. 521. Der Zuschlag für Minderheitsanteile im Jahr 2000 schließt eine Transaktion ein, bei der ein Zuschlag von 329,4% gezahlt wurde. Bei Ausschluss dieses Zuschlags beträgt der durchschnittliche Zuschlag für ein Minderheitsanteilspaket 32,6% statt 53,8%.

[744] Vgl. Barclay/Holderness (1989); Bebchuk (1999), S. 24; Hanouna/Sarin/Shapiro (2001); Dyck/Zingales (2004), S. 538.

[745] Vgl. Bebchuk (1999), S. 24.

[746] Vgl. Barclay/Holderness (1989), S. 372-374.

Beteiligung. Der Besitzerwechsel eines Aktienpakets kann den Aktienkurs verändern, z.B. wenn die Marktteilnehmer antizipieren, dass der neue Paketaktionär die Unternehmensleitung intensiver überwacht. Der neue Aktienkurs entspricht dann dem Barwert des Zahlungsstroms an die Aktionäre, der unter dem neuen Paketaktionär erwartet wird. Ein rationaler Marktteilnehmer ist nur dann bereit, mehr zu zahlen als für börsengehandelte Minderheitsanteile, wenn er weitere Erträge erzielt, von denen er die anderen Aktionäre ausschließen kann. Die Differenz zwischen diesem Preis und dem Börsenkurs ist dann ein Maßstab für den Wert der Sondervorteile. Dabei sind auch die Kosten, die durch das Halten von Anteilspaketen entstehen (geringere Liquidität, geringere Diversifikation), zu beachten. Auch können inhomogene Erwartungen, Aufsichtsratstantiemen und Informationsasymmetrien Ursachen für Paketzuschläge sein.[747]

V. 1.6 Folgen von Übernahmen

Eine Übernahme der Unternehmenskontrolle durch einen anderen Aktionär als den bisherigen Kontrollinhaber bewirkt grundsätzlich eine Veränderung der Eigentümerstruktur, die sowohl die Identität als auch die Konzentration betreffen kann. BARCLAY/ HOLDERNESS haben den Handel von Aktienpaketen untersucht, die i.d.R. nur zur Änderung der Eigentümeridentität des Paketaktionärs führt.[748] Die Eigentümerkonzentration bleibt hingegen bestehen. Pakettransaktionen können durch die Veränderung der Aktionärsidentität Änderungen in der Expertise und in den Anreizen eines bedeutenden Entscheidungsträgers im Unternehmen zur Folge haben. Diese Veränderung kann den Unternehmenswert auf die gezeigten Weisen (Übernahmemotive) beeinflussen. Paketaktionäre können unterschiedliche Manager- oder Kontrollfähigkeiten haben und somit die Unternehmenspolitik beeinflussen. Sie können darüber hinaus auch Synergiepotentiale zur Verfügung stellen. Auch können Paketaktionäre einen unterschiedlichen Anreiz haben, den Unternehmenswert zu steigern.

Neben verschiedenen Effekten infolge der Veränderung der Eigentümeridentität kann auch eine Änderung der Eigentümerkonzentration z.B. durch ein öffentliches Übernahmeangebot oder durch Übernahmeverhandlungen erfolgen. Die daraus resultie-

---

[747] Vgl. Stützel (1960), S. 962-966; Barclay/Holderness (1989), S. 373-376, 391-383.
[748] Vgl. Barclay/Holderness (1991), S. 870.

renden bewertungsrelevanten Effekte können sich auf die Bewertung des Unternehmens auswirken.[749]

Die empirischen Untersuchungen zu Unternehmensübernahmen zeigen, dass die Aktionäre der Zielunternehmen sowohl kurz- als auch langfristig deutliche Überrenditen im Zusammenhang mit Unternehmensübernahmen erzielen.[750] Hingegen ist der Werteffekt für die Aktionäre der Bietergesellschaft nahezu neutral.[751] Übernahmen steigern daher i.d.R. den Gesamtwert aus der übernommenen Gesellschaft und der übernehmenden Gesellschaft.[752]

Studie	Stichprobenumfang	Stichprobenzeitraum	Ereignisperiode	CAAR Bietergesellschaft	CAAR Zielgesellschaft	Rechtsform
kurzfristige Kapitalmarktreaktionen			in Tagen			
Bradley/Desai/Kim	236	1963-1984	-5; +5	0,97%	31,77%	Übernahmeangebot
Huang/Walkling	74	1977-1982	-1; 0	-	27,50%	Übernahmeangebot
Jarrell/Poulsen	770	1963-1986	-20; +20	1,29%	28,99%	Übernahmeangebot
Walker	48	1980-1996	-2; +2	0,51%	-	Übernahmeangebot
Dennis/McConnell	132	1962-1980	-1; 0	-0,12%	8,56%	Fusion
Dennis/McConnell	132	1962-1980	-6; +6	3,24%	-	Fusion
Huang/Walkling	101	1977-1982	-1; 0	-	22,60%	Fusion
Akhigbe/Borde/Whyte	192	1987-1996	-1; 0	-	17,40%	Fusion
Walker	230	1980-1996	-2; +2	1,13%	-	Fusion
langfristige Kapitalmarktreaktionen						
Loughran/Vijh	135	1970-1989	+1 Tag; +5 Jahre	43,00%	126,90%	Übernahmeangebot
Rau/Vermaelen	278	1980-1991	+1; +36 Monate	8,85%	-	Übernahmeangebot
Bühner	90	1973-1985	-24; +24 Monate	-9,38%	27,09%	Fusion
Agrawal/Jaffe/Mandelker	1164	1955-1987	+1; +60 Monate	-10,26%	-	Fusion
Loughran/Vijh	788	1970-1989	+1 Tag; +5 Jahre	-15,90%	29,60%	Fusion
Rau/Vermaelen	709	1980-1991	+1; +36 Monate	-4,04%	-	Fusion

CAAR = cumulative average abnormal return

***Tabelle 9:* Empirische Befunde über den Erfolg von Übernahmen**[753]

Der übliche Kursanstieg der Zielunternehmen, der zum Anstieg des Gesamtwerts aus dem übernehmenden und dem übernommenen Unternehmen führen kann, erlaubt die Interpretation, dass, sofern Märkte effizient sind, der Kursanstieg den erwarteten zukünftigen Mehrwert aus der gestiegenen Profitabilität beider Unterneh-

[749] Siehe Kapitel IV. 3.

[750] Vgl. Bittlingmayer (2000), S. 742f m.w.N.; Geldmacher (2000), S. 164; Kuhner/Maltry (2006), S. 22-26 m.w.N. Bott kommt hingegen zu dem Schluss, dass die Aktionäre der Zielunternehmen kurzfristig hohe positive Überrenditen erzielen. Auf langfristige Sicht sind die Ergebnisse hingegen nicht so eindeutig. Vgl. Bott (2002), S. 125 m.w.N.

[751] Vgl. Jensen/Ruback (1983); Gerke/Garz/Oerke (1995); Bittlingmayer (2000), S. 744; Geldmacher (2000), S. 164; Bott (2002), S. 124; Kuhner/Maltry (2006), S. 22-26.

[752] Vgl. Shleifer/Vishny (1997a), S. 756; Bittlingmayer (2000), S. 742.

[753] Siehe neben den angegebenen Studien auch die Übersichten bei Kuhner/Maltry (2006), S. 22-25.

men widerspiegelt. Demnach überwiegt die Umsetzung wertsteigernder Übernahmemotive die Umsetzung nicht-wertsteigernder Übernahmemotive.

V. 2 Übernahmewahrscheinlichkeit und der Unternehmens- und Anteilswert

V. 2.1 Einfluss der Übernahmewahrscheinlichkeit auf den Unternehmens- und Anteilswert

Die dargelegten Übernahmemotive und die empirischen Erkenntnisse über die Folgen von Unternehmensübernahmen lassen vermuten, dass der Kapitalmarkt bei Unternehmen, die einer hohen Übernahmewahrscheinlichkeit ausgesetzt sind, mögliche Bewertungseffekte antizipiert. Übt der Markt für Unternehmenskontrolle eine latente Übernahmebedrohung aus, so besteht ein Druck auf die Manager, eine rentable Unternehmenspolitik zu verfolgen, um nicht die eigene Position im Unternehmen zu gefährden.[754] NUTTALL hat dementsprechend beobachtet, dass die Produktivität von potentiellen Zielgesellschaften durch eine Übernahmegefahr positiv beeinflusst wird.[755] Er zeigt aber auch, dass das Investitionsniveau absinkt und dass bei den Dividendenzahlungen ein insignifikanter Anstieg auszumachen ist.

Im Folgenden wird untersucht, wann eine hohe Übernahmewahrscheinlichkeit besteht und wie sich die Übernahmewahrscheinlichkeit auf den Wert auswirkt. In der durchgeführten Befragung wurde nach dem Einfluss einer hohen Übernahmewahrscheinlichkeit eines Unternehmens durch ein anderes Unternehmen auf den Unternehmens-/Anteilswert gefragt. Bei insgesamt 28 abgegebenen Antworten auf diese Frage hat sich folgendes Bild ergeben:

[754] Vgl. Scharfstein (1988); Geldmacher (2000), S. 108; Burkart/Panunzi (2006), S. 9 ff.
[755] Vgl. Nuttall (1999a).

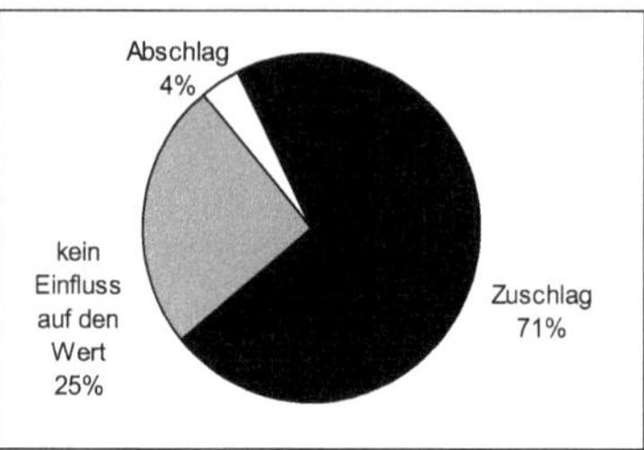

Abbildung 36: **Wie berücksichtigen Sie bei Bewertungen den Einfluss einer hohen Übernahmewahrscheinlichkeit des Unternehmens durch ein anderes Unternehmen auf den Unternehmens-/Anteilswert?**

Das Ergebnis zeigt, dass die überwiegende Mehrheit der Finanzanalysten einer hohen Übernahmewahrscheinlichkeit eines Unternehmens einen Wert beimisst.[756] Die Analysten, die einen Bewertungszuschlag bei einer hohen Übernahmewahrscheinlichkeit vornehmen, wenden im Durchschnitt einen Zuschlag in Höhe von 12,1% an, der entweder auf den vorläufigen Unternehmenswert, den Anteilswert oder den Cash Flow angewendet wird.[757]

Ein Grund zur Verwendung eines Zuschlags bei einer hohen Übernahmewahrscheinlichkeit eines Unternehmens ist die Erfahrung, dass üblicherweise Prämien bei Unternehmensübernahmen gezahlt werden (strategische Prämie). Auch neigen Investoren dazu, für ihr Übernahmeziel zu „überzahlen". Weiterhin wurde genannt, dass die Erzielung von Synergien durch den Erwerber einen Zuschlag bei der Bewertung rechtfertigt. Die Höhe der Prämie ist abhängig von der Wahrscheinlichkeit und der Zeitnähe der Übernahme. Folglich antizipieren Analysten bei einer hohen Übernahmewahrscheinlichkeit mögliche Wertsteigerungen durch Unternehmensübernahmen in ihren Kursprognosen.

---

[756] Bei der Antwort, dass ein Abschlag bei einer hohen Übernahmewahrscheinlichkeit vorzunehmen ist, liegt aufgrund der gegebenen Erläuterung die Vermutung nahe, dass die Antwort zu der vorherigen Frage (Frage 5, Vinkulierung) abgegeben werden sollte. Es soll demnach ein Abschlag vorgenommen werden, da eine Behinderung des freien Kapitalverkehrs gesehen wird.

[757] Der Ermittlung des durchschnittlichen Zuschlags liegen 14 Antworten zugrunde.

V. 2.2 Kriterien einer hohen Übernahmewahrscheinlichkeit

Mit der Frage danach, wann eine hohe Wahrscheinlichkeit besteht, dass ein Unternehmen ein Übernahmeziel wird, haben sich mehrere Studien befasst. NUTTALL zeigt in seiner Untersuchung, dass die Wahrscheinlichkeit für ein Unternehmen, ein Übernahmeziel zu werden, mit zunehmendem Verschuldungsgrad (financial distress motive; Konkursgefahr) und der Verbreitung von Übernahmespekulationen steigt.[758] Die steigende Übernahmewahrscheinlichkeit aufgrund der Veröffentlichung von Übernahmespekulationen durch die Presse lässt vermuten, dass dadurch entscheidungsnützliche Informationen verbreitet werden. Gerüchte über die Übernahmewahrscheinlichkeit führen dabei oft zu erfolgreichen Übernahmeangeboten.

PINKOWITZ hat empirisch untersucht, ob Unternehmen mit hohen Liquiditätsbeständen einer höhereren Übernahmewahrscheinlichkeit unterliegen als Unternehmen mit geringem Liquiditätsbestand.[759] JENSEN argumentiert, dass Unternehmen mit einem hohen Liquiditätsbestand einer hohen Wahrscheinlichkeit ausgesetzt sind, ein Übernahmeziel zu werden.[760] PINKOWITZ kann aber diesen Zusammenhang empirisch nicht bestätigen, sondern es hat sich genau das Gegenteil gezeigt.[761] Hohe Liquiditätsbestände dienen demnach als Abwehrmittel gegen Übernahmeangebote.

Auch unterliegen Unternehmen, die erst kurz an der Börse sind, einer höheren Wahrscheinlichkeit, übernommen zu werden als etablierte Unternehmen.[762] NORTH weist darüber hinaus auf, dass bei Unternehmen mit einer geringen Insider- bzw. Managerbeteiligungsquote die Wahrscheinlichkeit höher ist, ein Übernahmeziel zu werden.[763]

Bei guter Performance sinkt die Wahrscheinlichkeit, ein Übernahmeziel zu werden.[764] Übernahmeziele weisen demnach meistens eine schlechte Performance vor dem Übernahmeangebot auf, was die Vermutung nahe legt, dass die internen Kontrollme-

[758] Vgl. Nuttall (1999b).
[759] Vgl. Pinkowitz (2000).
[760] Vgl. Jensen (1986a).
[761] Vgl. Pinkowitz (2000), S. 1f.
[762] Vgl. Nuttall (1999b).
[763] Vgl. North (2001).
[764] Vgl. Nuttall (1999b).

chanismen bei diesen Unternehmen nicht wirken.[765] Dieses Ergebnis zeigt, dass der Markt für Unternehmenskontrolle als externer Kontrollmechanismus schlecht wirtschaftende Unternehmen als Übernahmeziele auswählt, was für die Disziplinierungsfunktion von feindlichen Übernahmen spricht.[766]

Weiterhin wird eine zunehmende Unternehmensgröße als Kriterium dafür gesehen, dass sich die Übernahmewahrscheinlichkeit verringert.[767] NUTTALL folgert, dass die Unternehmensgröße als Übernahmehindernis fungiert.[768] BERGER/OFEK zeigen, dass Unternehmen, die einen hohen *Diversifikationsabschlag* aufgrund ihrer Tätigkeit in verschiedenen Geschäftsfeldern aufweisen, einer höheren Übernahmewahrscheinlichkeit ausgesetzt sind.[769]

Unternehmen, die Ziel freundlicher Übernahmen werden, zeichnen sich insbesondere durch drei Motive aus: Finanzielle Schwierigkeiten (Übernahmen als günstigere Maßnahme zur Neuorganisation der Unternehmenskontrolle als im Konkursfall), finanzielle Synergien (Übernahmen als Mittel zur Reduzierung von Finanzierungsschwierigkeiten) und der Börsengang als ein Mittel, durch das die Unternehmenseigner günstigere Bedingungen zum Verkauf ihres Unternehmen erhalten.[770]

Die angeschriebenen Analysten wurden nach den Kriterien gefragt, die aus ihrer Sicht für eine hohe Übernahmewahrscheinlichkeit sprechen. In der folgenden Aufstellung ist eine Kategorisierung der genannten Antworten vorgenommen worden, wobei sowohl Übereinstimmungen mit den vorher genannten Übernahmegründen als auch Abweichungen davon ausgemacht werden können.

---

[765] Vgl. Hasbrouck (1985); Palepu (1986); Morck/Shleifer/Vishny (1989); Martin/McConnell (1991); Weir (1997).
[766] Vgl. Weir (1997); Nuttall (1999b).
[767] Vgl. Hasbrouck (1985); Palepu (1986); Ambrose/Megginson (1992).
[768] Vgl. Nuttall (1999b).
[769] Vgl. Berger/Ofek (1996).
[770] Vgl. Zingales (1995b).

Übernahmegründe	Einzelantworten	Anzahl der Antworten
Aktionärsstruktur	Aktionärsstruktur, Großaktionäre sind Finanzinvestoren, Verkaufswillige Großaktionäre, Paketumplatzierungen	4
Bewertungsniveau	Günstige Bewertung, Unternehmenswert	3
Geschäftstätigkeit	Branchenzugehörigkeit, Ausrichtung der Geschäftstätigkeit, Kenntnisse über das Unternehmen und das Geschäft	3
Technologie	must-have technology, Hohe Kompetenz in einem Nischensektor	3
Wachstumsmöglichkeiten	Unterbewertete Wachstumsmöglichkeiten, Hohes Wachstum, Fehlendes Kapital zum Wachstum	3
Anfragen/Mitteilungen	Anfragen von Unternehmen, Nachrichten a. d. Unternehmen	2
Free Float	Hoher Free Float	2
Hoher Liquiditätsbestand	Hoher Cash Bestand	2
Übernahmen im Sektor	Übernahmen innerhalb des Sektors	2
Wettbewerbsintensität	Wettbewerb im Sektor, Marktstruktur	2
Abwehrmaßnahmen	Keine Abwehrmaßnahmen	1
Nachfolgeproblematik	Kein Nachfolger	1
Steuerliche Gründe	Steuerliche Vorteile	1
Synergieeffekte	Sinnvolle Kombination mit potentiellem Käufer	1
Unternehmensgröße	Kleiner Player	1

***Abbildung 37:* Gründe für eine hohe Übernahmewahrscheinlichkeit**

Die Aufstellung der Analystenantworten zur Frage, wann eine hohe Übernahmewahrscheinlichkeit vorliegt, zeigt, dass es zusätzlich zu den dargestellten Untersuchungsergebnissen vielfältige Gründe gibt, wann ein Zuschlag für eine hohe Übernahmewahrscheinlichkeit bei der Bewertung angesetzt werden kann.[771]

V. 3 Abwehrmaßnahmen gegen Unternehmensübernahmen

V. 3.1 Theorie und Empirie zu Abwehrmaßnahmen gegen Unternehmensübernahmen

V. 3.1.1 Empirische Ergebnisse zur Wirkung von Abwehrmaßnahmen

Die Funktionsfähigkeit des Marktes für Unternehmenskontrolle steht im Zentrum mehrerer aktueller empirischer Corporate Governance-Studien. GOMPERS/ISHII/METRICK, BEBCHUK/COHEN/FERRELL und CREMERS/NAIR konnten deutliche Bewertungseffekte bei Einschränkung der Funktionsfähigkeit dieses externen Kontrollmechanismus durch Abwehrmaßnahmen gegen Übernahmen aufzeigen.[772] Dabei wurde ein negativer Zusammenhang zwischen den untersuchten Abwehrmaßnahmen und dem Unternehmenswert, den Aktienrenditen oder dem Betriebsergebnis festgestellt. Es lässt sich folgern, dass Abwehrmechanismen die Funktionsfähigkeit des Marktes für Unternehmenskontrolle einschränken und damit auch den Anreiz des Managements, den Unternehmenswert zu maximieren, abschwächen (*Verschanzungseffekt*).[773]

Abwehrmaßnahmen können eine Verzögerung eines Übernahmeangebots bewirken und führen daher zu einer Erhöhung der Übernahmekosten, so dass sich die Übernahmewahrscheinlichkeit verringert.[774] Darüber hinaus stärken Abwehrmechanismen die Macht des Managements zu Lasten der Anteilseigner, indem sie vor Unternehmensübernahmen schützen.[775] Abwehrmaßnahmen helfen Managern auch, eine Entlohnung, die über dem Marktniveau liegt, zu erhalten.[776]

In der Untersuchung von GARVEY/HANKA wurde darüber hinaus gezeigt, dass Unternehmen, die durch Abwehrmaßnahmen geschützt sind, die Fremdkapitalquote senken, wohingegen Unternehmen ohne Abwehrmaßnahmen sich gegenteilig verhalten.[777] Dieses Ergebnis wird so interpretiert, dass Abwehrmaßnahmen dazu führen, dass Manager geringerer Kontrolle ausgesetzt sind und daher opportunistisch handeln können. Der Schutz vor Übernahmen erlaubt es Managern, die Verschuldung des Unternehmens zu reduzieren, so dass das Konkursrisiko sinkt und das Kapital des Unternehmens freier einsetzbar ist. Die Folge dieser Handlung ist aber auch, dass die Steuer- und Agency-Vorteile (tax shield; Disziplinierungswirkung der Verschuldung), die mit der Verschuldung verbunden sind, nicht erzielt werden können.[778]

FERREIRA/LAUX konnten weiterhin einen Zusammenhang zwischen der Corporate Governance eines Unternehmens, die sie anhand der in einem Unternehmen vorhandenen Abwehrmaßnahmen beurteilen, und dem idiosynkratischen d.h. *unsystema-*

---

[771] Siehe zu weiteren Gründen, die die Attraktivität eines Unternehmens als Übernahmeziel erhöhen können v. Buddenbrock (1999), S. 285.

[772] Vgl. Gompers/Ishii/Metrick (2003); Bebchuk/Cohen/Ferrell (2004); Cremers/Nair (2005).

[773] Vgl. Daines/Klausner (2001), S. 84; Masulis/Wang/Xie (2006).

[774] Vgl. Field/Karpoff (2002); Bebchuk/Coates/Subramanian (2002).

[775] Vgl. zu möglichen Beweggründen für die Einführung von Abwehrmaßnahmen in Unternehmenssatzungen: Bebchuk (2003).

[776] Vgl. Borokhovich/Brunarski/Parrino (1997); Bertrand/Mullainathan (2003).

[777] Vgl. Garvey/Hanka (1999).

tischen Risiko ausmachen.[779] Abwehrmaßnahmen beeinflussen den Anreiz, aufgrund von privaten Informationen zu spekulieren. Die Handelsaktivitäten wiederum verursachen höhere Aktienkursschwankungen. Die Volatilität ist tendenziell auf die Verarbeitung privater Informationen während der Handelszeit zurückzuführen.[780] Weniger Abwehrmaßnahmen gegen Übernahmen ermutigen zur Ansammlung privater Informationen und führen zu höheren Handelsaktivitäten auf Grundlage privater Informationen. Dieser Zusammenhang wird u.a. damit erklärt, dass weniger Abwehrmaßnahmen bewirken können, dass die Wahrscheinlichkeit einer Übernahme steigt, so dass Händler einen größeren Anreiz haben, auf eine Übernahme zu spekulieren.[781] Es konnte darüber hinaus empirisch eine starke negative Beziehung zwischen den Abwehrmaßnahmen und dem *unsystematischen Risiko* von US-amerikanischen Aktien ausgemacht werden. Das Hauptergebnis der Studie von FERREIRA/LAUX lautet demnach, dass Abwehrmaßnahmen negativ mit dem *unsystematischen Risiko* korrelieren. Auch wurde gezeigt, dass eine hohe Rechnungslegungstransparenz den Handel aufgrund privater Informationen verringert. Eine geringe Anzahl von Unternehmensinsidern im Aufsichtsrat und eine höhere Transparenz der Rechnungslegung führen zu einem geringeren *unsystematischen Risiko*. Der firmenspezifische Informationsfluss ist demnach eine Hauptursache für *unsystematisches Risiko*.

V. 3.1.2 Systematisierung der Effekte von Abwehrmaßnahmen

Die Auswirkungen von Abwehrmaßnahmen können in drei Effekten zusammengefasst werden:[782]

- *Managementverhalten und –anreiz:* Abwehrmaßnahmen, die vor einer Auswechslung des Managements schützen, können beeinflussen, wie das aktuelle Management das Unternehmen führt, was wiederum die Profitabilität des Unternehmens betrifft. So können Abwehrmaßnahmen die Aktionäre durch Schwächung der Disziplinierungsfunktion, d.h. die Gefahr für Manager, ausgewechselt zu werden,

---

778 Vgl. Garvey/Hanka (1999), S. 542.

779 Vgl. Ferreira/Laux (2005).

780 Vgl. French/Roll (1986).

781 Vgl. Ambrose/Megginson (1992). Siehe Ferreira/Laux (2005), S. 1f zu weiteren Erklärungsansätzen zum Zusammenhang zwischen Abwehrmaßnahmen und der Ansammlung von privaten Informationen.

782 Vgl. Bebchuk/Cohen (2005), S. 414f.

schädigen. Folglich können Manager die Realisierung von Sondervorteilen ausweiten. Abwehrmaßnahmen können aber auch zu Vorteilen für die Aktionäre führen, indem sie es dem Management ermöglichen, profitable langfristige Projekte zu verfolgen und verhindern, dass das Management schädliche Handlungen unternimmt, nur um die Übernahmewahrscheinlichkeit zu reduzieren.

- *Übernahmewahrscheinlichkeit:* Abwehrmaßnahmen können die Aktionäre schädigen, indem das Management Ressourcen aufwendet, um feindliche Übernahmen zu verhindern, und indem es potentielle Übernehmer entmutigt, nach Zielunternehmen zu suchen und Übernahmeangebote zu unterbreiten. Ein Schutz vor Übernahmen kann aber auch zu Vorteilen für die Aktionäre führen, indem ein loyales Management, aufgrund seiner privaten Informationen, unangemessene Übernahmeangebote ablehnt und indem es potentiellen Übernahmezielen die Möglichkeit gibt, nach attraktiven Übernehmern zu suchen.

- *Übernahmeprämie:* Ein Schutz vor Übernahmen kann Aktionären dabei behilflich sein, die Verhandlungsposition des amtierenden Managements zu stärken, damit es höhere Übernahmeprämien erzielen kann. Ein Schaden für das Management kann aber dann entstehen, wenn das Management Abwehrmaßnahmen in Übernahmeverhandlungen dazu benutzt, um zusätzliche Zahlungen für das Management zu erzielen, statt höhere Übernahmeprämien auszuhandeln.

Folglich lassen sich sowohl negative als auch positive Effekte von Abwehrmaßnahmen gegen Übernahmen ausmachen.[783] In den empirischen Studien ist aber eine Tendenz dahingehend zu beobachten, dass Verteidigungsmaßnahmen gegen Unternehmensübernahmen sich negativ auf die Wohlfahrtsposition der Anteilseigner auswirken.[784] Abwehrmaßnahmen werden dabei als als tendenziell kursmindernd eingeschätzt, da sie vom Kapitalmarkt als Hindernis für eine freie Kursentwicklung gesehen werden.[785]

---

783 Vgl. Daines/Klausner (2001), S. 85.

784 Vgl. Daines/Klausner (2001), S. 84 m.w.N.; Kuhner/Schilling (2002), S. 467 m.w.N.; Bebchuk/Cohen (2005); Masulis/Wang/Xie (2006).

785 Vgl. Yamaguchi (2005), S. 74.

V. 3.2 Verbreitete Abwehrmaßnahmen in Deutschland

Im Folgenden werden präventive Abwehrmaßnahmen gegen Übernahmen betrachtet.[786] Eine in Deutschland verbreitete Abwehrmaßnahme gegen Unternehmensübernahmen ist die Ausgabe von Vorzugsaktien ohne Stimmrecht. Diese Maßnahme erleichtert es einem Großaktionär, die Kontrolle über das Unternehmen zu halten. Zudem wirkt sich die Ausgabe von Vorzugsaktien für potentielle Unternehmenserwerber verteuernd aus, da der Bieter nach deutschem Übernahmerecht sein Angebot auch auf diese Aktien erstrecken muss (Unzulässigkeit von Teilangeboten gem. § 32 WpÜG).

Nach deutschem Recht besteht auch die Möglichkeit, in der Unternehmenssatzung von Aktiengesellschaften die Vinkulierung von Namensaktien (§ 68 Abs. 2 AktG) vorzusehen.[787] Demnach kann die Satzung einer Gesellschaft die Übertragung von Namensaktien an die Zustimmung der Gesellschaft binden, die durch den Vorstand erteilt wird. Die Satzung kann jedoch auch bestimmen, dass der Aufsichtsrat oder die Hauptversammlung über die Erteilung der Zustimmung beschließt, wobei die Satzung Gründe bestimmen kann, aus denen die Zustimmung verweigert werden darf. In der Praxis besteht aber die Möglichkeit der Umgehung der Vinkulierung, z.B. durch Stimmbindungsverträge, Stimmrechtsvollmachten und Treuhandkonstruktionen.[788] Diese Konstruktionen ermöglichen zwar nicht die Übertragung der Namensaktien, so dass die Mitgliedschaft beim bisherigen Aktionär bleibt.[789] Sofern aber durch diese Konstruktionen die Stimmrechte zugunsten des Bieters ausgeübt werden, kann der Bieter die Vinkulierungsklausel durch einen satzungsändernden Beschluss aufheben oder sich durch die Neubesetzung des Aufsichtsrats und damit auch des Vorstands seinen Anteilserwerb genehmigen lassen. Die Umgehung ist hingegen unzulässig, wenn sie den objektiv erkennbaren Zweck der Vinkulierungsklausel umgeht.

---

[786] Siehe zu Ad-hoc-Abwehrmaßnahmen: Yamaguchi (2005), S. 168-274.

[787] Eine Studie des DAI zeigt, dass die Vinkulierung von Namensaktien in Deutschland bei einer Reihe größerer Aktiengesellschaften verbreitet ist (z.B. Allianz AG, Lufthansa AG). Insgesamt werden 20 börsennotierte Aktiengesellschaften genannt. Vgl. DAI (2001), S. 2. Siehe zu den rechtlichen Grundlagen und der Verbreitung von vinkulierten Namensaktien in Deutschland: Krause (2002), S. 138; Yamaguchi (2005), S. 96 ff.

[788] Vgl. Lutter/Grunewald (1989); Sieveking/Technau (1989); Yamaguchi (2005), S. 100f m.w.N.

Darüber hinaus kann die Wahrscheinlichkeit einer Übernahme von Unternehmen durch wechselseitige Beteiligungen zweier Unternehmen verringert werden, da so der Streubesitzanteil verringert wird.[790]

Die folgende Abbildung zeigt die gebräuchlichsten präventiven Abwehrmaßnahmen gegen Übernahmen in Deutschland mit ihrem Verbreitungsgrad, den Folgen ihrer Verwendung und den gesetzlichen Grundlagen.

[789] Vgl. Yamaguchi (2005), S. 101.
[790] Vgl. Krause (2002), S. 140.

Präventive Abwehrmaßnahmen in Deutschland			
Maßnahme	**Verbreitung**	**Folge**	**Rechtsnorm**
Wechselseitige Beteiligungen zwischen nahestehenden Unternehmen und Banken und Versicherungen	Verringerung in den letzten Jahren	Reduzierung des Streubesitzanteils	§ 19 AktG
Ringförmige wechselseitige Beteiligungen u.a. unter Beteiligung von Banken und Versicherungen	Verringerung in den letzten Jahren	Reduzierung des Streubesitzanteils	§§ 16, 17 AktG
Vinkulierung von Namensaktien	Die Verbreitung vinkulierter Namensaktien wird in Deutschland auf ein Drittel aller AGs geschätzt	Einfluss auf Zusammensetzung des Aktionärskreises; Die Übertragung vinkulierter Aktien ist mit der Versagung der Zustimmung unwirksam; Schutz vor feindlichen Übernahmen (für börsennotierte und nicht-börsennotierte Gesellschaften)	§ 68 Abs. 2 AktG
Höchststimmrechtsaktien	Durch KonTraG für börsennotierte Gesellschaften abgeschafft (Ausnahme VW AG durch VW-Gesetz); nur noch für nicht-börsennotierte Gesellschaften i.S.v. § 3 Abs. 2 AktG zulässig	Beschränkung des Stimmrechts durch Festsetzung eines Höchstbetrags oder durch Abstufungen	§ 134 Abs. 1 S. 2 AktG
Vorzugsaktien ohne Stimmrecht	Verringerung in den letzten Jahren; dennoch bei vielen deutschen AGs verbreitet	Aufnahme von Eigenkapital ohne Änderung der Beteiligungsstruktur; Verteuerung einer Übernahme (§ 32 WpÜG)	§§ 12 Abs. 1 S. 2, 139 ff. AktG
Stimmbindungsvertrag	Insbesondere in Familiengesellschaften	Verpflichtung eines Gesellschafters, seine Stimme in einem bestimmten Sinn auszuüben; Stimmbindung gegen feindliche Übernahme möglich	Umkehrschluss aus §§ 136 Abs. 2, 405 Abs. 3 Nr. 6 und 7 AktG
Erschwerung der Neubesetzung des Managements	Für alle AGs zutreffend	Unkooperatives Verhalten des amtierenden Managements	§§ 84 Abs. 3 S. 2, 103 Abs. 1 S. 1, 2 AktG; § 76 BetrVG; § 23 MitbestG; § 11 Abs. 2 MontanMitbestG
Stock Options und Belegschaftsaktien	Die Gewährung von Stock Options und Belegschaftsaktien ist gemäß §§ 71 Abs. 2 S. 1, 192 Abs. 3 S. 1 AktG auf 10% beschränkt	Erschwerung der Übernahme, sofern die Optionsberechtigten ihre Optionsrechte während des Übernahmeverfahrens ausüben und das Übernahmeangebot ebenso wie die Inhaber von Belegschaftsaktien nicht annehmen	§§ 71 Abs. 1 Nr. 2 und 8, 192 Abs. 2 Nr. 3, 202 Abs. 4 AktG
Erhöhung der Mehrheitserfordernisse für Satzungsänderung		Gefährdet die Umsetzung der Unternehmensstrategie eines Übernehmers	§ 179 Abs. 2 S. 2 AktG

Abbildung 38: **Gebräuchliche präventive Abwehrmaßnahmen gegen Übernahmen in Deutschland**[791]

[791] Vgl. Yamaguchi (2005), S. 73-167; siehe auch Krause (2002), S. 137 ff.

V. 3.3 Einschätzungen von Finanzanalysten zum Einfluss der Aktienvinkulierung auf den Unternehmenswert

In der durchgeführten Befragung von Finanzanalysten wurde nach dem Einfluss der in der Satzung mancher Unternehmen vorgesehenen Vinkulierung der Aktien auf den Unternehmens-/Anteilswert gefragt. Rund 64% der antwortenden Analysten (insgesamt 25 Antworten zu dieser Frage) messen der Vinkulierung von Aktien keine Bedeutung für den Unternehmens- bzw. Anteilswert bei. 36% der Analysten sehen hingegen eine Bewertungsrelevanz in Form eines Abschlags auf den Unternehmens- bzw. Anteilswert.[792]

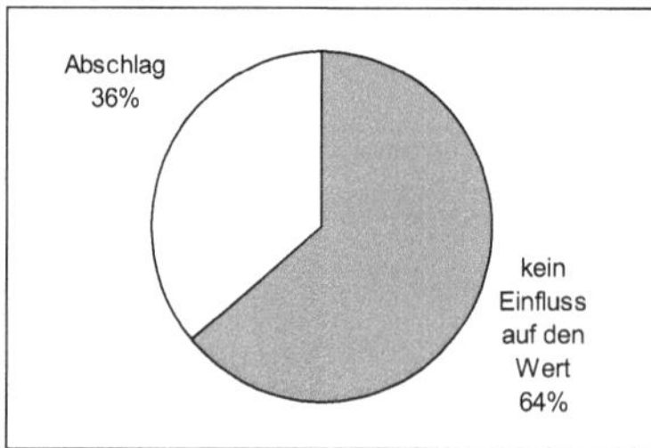

Abbildung 39: **Wie berücksichtigen Sie bei Bewertungen den Einfluss der in der Satzung mancher Unternehmen vorgesehenen Vinkulierung der Aktien auf den Unternehmens-/Anteilswert?**

Die Analysten, die einen Bewertungsabschlag bei Aktienvinkulierungen vorsehen, nehmen im Durchschnitt einen Abschlag in Höhe von 9,6% vor, der entweder auf den vorläufigen Unternehmens- oder Anteilswert veranschlagt wird.[793]

Als Gründe für die Anwendung eines Bewertungsabschlags wurden genannt, dass die Vinkulierung die Attraktivität einer Aktie verringert. So wird die Liquidität, also die Möglichkeit, Aktien frei handeln zu können, eingeschränkt. Auch ist die Übernahmewahrscheinlichkeit geringer. Zudem wird die Gefahr gesehen, dass Vinkulierungen

[792] Von den antwortenden Analysten, die eine Bewertungsrelevanz von Aktienvinkulierungen sehen, stammen 89% aus dem Ausland. Das kann an den im Ausland geltenden Gesetzen und der Rechtspraxis liegen, die womöglich der Vinkulierung eine größere Bedeutung beimessen, als es im deutschen Gesellschaftsrecht der Fall ist.

[793] Der Ermittlung des durchschnittlichen Abschlags liegen 7 Antworten zugrunde.

das Management selbstzufrieden werden lassen, so dass sie sich nicht mehr unbedingt der Maximierung des Unternehmenswertes verpflichtet fühlen.

V. 4 Fazit zu den Bewertungseffekten des Marktes für Unternehmenskontrolle

Der Markt für Unternehmenskontrolle ermöglicht die Umsetzung einer Reihe von Übernahmemotiven, die sowohl wertsteigernd als auch wertverringernd wirken können und die üblicherweise mit einer Veränderung der Eigentümerstruktur verbunden sind. Die positive Beurteilung einer hohen Übernahmewahrscheinlichkeit und die empirischen Studien, die zeigen, dass Übernahmen i.d.R. den Gesamtwert aus der übernommenen Gesellschaft und der übernehmenden Gesellschaft steigern, weisen darauf hin, dass sich die Realisierung dieser Übernahmemotive überwiegend positiv auf den Unternehmenswert auswirkt. Dabei dürfen aber auch mögliche negative Übernahmefolgen nicht ausgeblendet werden. Für die positiven Bewertungsfolgen von Übernahmen bzw. einer hohen Übernahmewahrscheinlichkeit sprechen auch die tendenziell negativen empirischen Ergebnisse über die Auswirkungen von Verteidigungsmaßnahmen gegen Unternehmensübernahmen auf die Wohlfahrtsposition der Anteilseigner, wobei aber auch positive Effekte von Abwehrmaßnahmen gegen Übernahmen ausgemacht werden können.

VI. Die Bewertungsimplikationen der Marktliquidität

VI. 1 Corporate Governance und die Marktliquidität

VI. 1.1 Die Bedeutung der Marktliquidität für die Corporate Governance

In den letzten Jahren ist auf den internationalen Finanzmärkten eine sichtbare Tendenz hin zur Institutionalisierung und als Folge daraus zu mehr Kontrollaktivitäten auszumachen.[794] Ursächlich dafür ist die Delegierung privater Ersparnisse an professionelle Kapitalanleger, die zu einer Konzentration von Aktienbesitz in den Portfolios der institutionellen Investoren geführt hat.

Die Kontrolle des Managements erfolgt aber auch oft durch Kauf- und Verkaufsentscheidungen von Unternehmensanteilen statt durch direkte Einflussnahme auf Managemententscheidungen (*Wall Street Rule*).[795] COFFEE führt dazu aus: „The often-repeated `Wall Street Rule` expresses the basic equilibrium that until recently prevailed: dissatisfied investors could sell, but they could not effectively challenge management. (...) The basic notion underlying the `Wall Street Rule` was that institutions should support and vote with management – or sell their shares."[796] Voraussetzung für den Verkauf von Unternehmensanteilen und insbesondere von Anteilspaketen ist die Liquidität der Finanzmärkte.

Eine hohe Liquidität kann aber auch einen reduzierten Anreiz zu einer ressourcenverzehrenden aktiven Unternehmenskontrolle im Rahmen der Corporate Governance zur Folge haben.[797] Daher muss möglicherweise eine Abwägung zwischen Liquidität und Kontrollmaßnahmen vorgenommen werden. Dieser Trade-off zwischen Marktliquidität und Unternehmenskontrolle stellt eine Anwendung der Wahl zwischen *Exit* (Liquidität) und *Voice* (Kontrollaktivitäten) dar (*Liquidity-Control Trade-off* bzw. *Monitoring-Liquidity Trade-off*).[798]

---

[794] Vgl. Steiger (2000), S. 22; Kuhner (2004), S. 278.
[795] Vgl. Kuhner (2004), S. 277.
[796] Coffee (1991), S. 1288.
[797] Vgl. Coffee (1991), S. 1329; Steiger (1998), S. 3.
[798] Vgl. Hirschman (1974); Steiger (1998), S. 4; Maug (1998); Becht (1999); Becht/Bolton/Röell (2005), S. 17 ff. „Thus, the famous generalization of Berle and Means that the modern public corporation produced the separation of ownership and control can be translated in the deeper and more accu-

Es kann aber auch bezweifelt werden, dass der Aktienverkauf eine effektive Kontrollfunktion darstellt. Durch sinkende Aktienkurse werden vielmehr die Aktionäre selbst, statt das Management, sanktioniert.[799] Ein Aktionär, der ein ineffizientes Managementverhalten aufdeckt, kann sich nur durch den Verkauf vor einem Vermögensverlust schützen, wenn er neben den Kontrollaktivitäten, die mit einem erheblichen Aufwand verbunden sind, auch einen Informationsvorsprung vor dem Markt besitzt. Nur dann wird es ihm gelingen, seine Anteile zu verkaufen, bevor der volle Missmanagementabschlag im Aktienkurs inbegriffen ist. Ziel des Aktionärs ist es bei diesem Verhalten, nicht das Management zu sanktionieren, sondern den Verlust aus den Anteilen auf Kosten schlechter informierter Aktionäre möglichst gering zu halten. Die *Exit-Option* steht damit auf informationseffizienten Märkten insbesondere den Aktionären zur Verfügung, die über einen Informationsvorsprung verfügen (z.B. Investmentfonds, Versicherungen). Für Minderheitsaktionäre, welche nur über die öffentlich zugänglichen Informationen verfügen und für die sich eine eigene Informationsbeschaffung und -auswertung aus Kostengründen nicht lohnt, ist daher die *Exit-Option* sinnlos, da uninformierte Aktionäre ein ineffizientes Managementverhalten erst realisieren, wenn der Aktienkurs bereits den Missmanagementabschlag beinhaltet. Folglich können sie durch einen Aktienverkauf ihre ökonomische Position nicht verbessern. Bei der Veräußerung der Anteile durch die besser informierten Aktionäre, die i.d.R. institutionelle Anleger sind, wird zudem bewirkt, dass gerade die Aktionäre verloren gehen, die eine effektive Kontrolle des Managements durch Ausübung der *Voice-Option* bewirken können.[800]

Neben dem beschriebenen möglichen Zusammenhang zwischen der Kontrollausübung und der Marktliquidität besteht ein Zusammenhang zwischen der Marktliquidität auf dem Sekundärmarkt und der Eigentümerstruktur.[801] Vorteilhaft auf die Liquidität wirkt sich eine breite Anteilseignerstruktur aus (hoher Free Float). Negativ wirken sich auf die Liquidität hingegen eine steigende Anzahl von Langzeitinvestoren aus. HEFLIN/SHAW haben demzufolge beobachtet, dass die Geld-Brief-Spanne ansteigt, wenn der Anteil der durch Großaktionäre (die 5% oder mehr Anteile an einem

---

rate statement that public shareholders in the modern corporation purchased liquidity at the cost of control." Coffee (1991), S. 1328f.

[799] Vgl. E. Löffler (1991), S. 163.

[800] Vgl. E. Löffler (1991), S. 165.

[801] Vgl. Becht/Bolton/Röell (2005), S. 50.

Unternehmen besitzen) gehaltenen Aktien an einem Unternehmen ansteigt, so dass die Liquidität der Aktien sinkt.[802] Eine große Anzahl von Insideraktionären ermöglicht wiederum eine bessere Unternehmenskontrolle. Folglich ist zwischen besserer Unternehmenskontrolle und der verringerten Liquidität abzuwägen.

BROCKMAN/CHUNG haben das Verhältnis von Anlegerschutz auf Länderebene und Marktliquidität auf Unternehmensebene untersucht.[803] Sie vermuten, dass geringer Anlegerschutz zu einer breiteren Geld-Brief-Spanne und einer geringeren Markttiefe führt. Sie gehen somit von einem inversen Verhältnis zwischen der Qualität des Anlegerschutzes und den Liquiditätskosten aus. Als Ursache dafür wird genannt, dass geringerer Anlegerschutz nicht dazu beiträgt, die *Informationsasymmetrie* zu minimieren. Guter Anlegerschutz hingegen verringert die *Informationsasymmetrie* und reduziert somit die Wahrscheinlichkeit, gegen besser informierte Marktteilnehmer zu handeln.[804] Unter solchen Bedingungen entstehen Händlern geringe Kosten, so dass sie geringe Geld-Brief-Spannen und eine große Markttiefe zur Verfügung stellen.

Folglich lassen sich vielfältige Wechselbeziehungen zwischen der Eigentümerstruktur, den Kontrollaktivitäten, dem Anlegerschutz und der Marktliquidität ausmachen, so dass eine hohe Relevanz der Liquidität für die Corporate Governance-Thematik angenommen wird.

VI. 1.2 Marktliquidität und Fungibilität

Zentrale Voraussetzungen für die Marktfähigkeit von Ressourcen sind die *Fungibilität* und die *Marktliquidität*. „Liquidity is what markets are all about. Their function is to facilitate the transfer of goods and assets between buyers and sellers, reducing the friction and costs involved in transactions."[805] Die Berücksichtigung der Möglichkeit der Veräußerung stellt neben dem Ertrag und dem Risiko einen weiteren Bestandteil des Zielsystems des Bewertungssubjekts dar.

---

802 Vgl. Heflin/Shaw (2000), S. 621, 634.
803 Vgl. Brockman/Chung (2003).
804 Vgl. zum diesem Zusammenhang auch: Sarin/Shastri/Shastri (2000); Heflin/Shaw (2000).
805 Amihud/Mendelson (1988), S. 369.

Im Folgenden wird der Begriff der *Fungibilität* für die Möglichkeit verwendet, einen Anteil an der Börse handeln zu können. Der *Liquiditätsgrad* beschreibt dagegen die Liquidität, die für börsennotierte Anteile vorliegt.

Die im Folgenden behandelte Liquidität eines Finanzmarktes ist von der ebenfalls als Liquidität bezeichneten Fähigkeit der Unternehmung, die zu einem Zeitpunkt fälligen Zahlungsverpflichtungen erfüllen zu können, abzugrenzen.

VI. 2 Der Fungibilitätsausgleich

VI. 2.1 Notwendigkeit eines Fungibilitätsausgleichs

Der Unternehmens- bzw. Anteilswert kann um einen *Fungibilitätsabschlag* reduziert werden, da die Beteiligung an einem Unternehmen i.d.R. schwieriger zu veräußern ist als etwa festverzinsliche Wertpapiere, bzw. weil nicht marktgängige Anteile schwieriger zu veräußern sind als börsengehandelte Anteile.[806] Somit können *Fungibilitätsabschläge* bei nicht marktgängigen Anteilen berücksichtigt werden, wenn der Referenzwert ein liquider Anteil ist.[807] Streng genommen handelt es sich nicht um ein Problem der Unternehmensbewertung, sondern der Anteilsbewertung, da die Fungibilität eines Anteils nicht vom Wert des betreffenden Unternehmens abhängt, sondern von der Umlauffähigkeit des Anteils.[808]

Es geht im Kern um die Frage, wie schnell ein Anteil veräußert werden kann, ohne dass dem Anteilseigner bedeutende Transaktionskosten entstehen oder dass er Preiszugeständnisse eingehen muss.[809] Bei geringer Fungibilität fehlt hingegen die Möglichkeit, einen Anteil umgehend veräußern zu können. In dieser Situation ist die Chance für einen Investor eingeschränkt, sein Kapital besser einsetzen zu können, um höhere Renditen zu erzielen.

---

[806] Vgl. Moxter (1991), S. 159 ff.; IDW (2002), S. 105.
[807] Vgl. Sanfleber-Decher (1992), S. 603; Buchner (1995), S. 411, 413; Pratt/Reilly/Schweihs (2000), S. 391-423; K. Nowak (2000), S. 167f; Peemöller/Meister/Beckmann (2002), S. 205.
[808] Vgl. Steck (1998), S. 463.
[809] Vgl. Bajaj et al. (2001), S. 90.

Eine theoretisch bestehende Wiederverkaufsabsicht des potentiellen Unternehmenskäufers wird von MOXTER für notwendig gehalten, um einen *Fungibilitätsabschlag* rechtfertigen zu können, da bei gegebener Wiederverkaufsabsicht ein höheres Risiko besteht als bei einem festverzinslichen Wertpapier mit unendlicher Laufzeit.[810]

VI. 2.2 Einschätzungen von Finanzanalysten zum Einfluss der Fungibilität auf den Unternehmenswert

In Deutschland besteht im Gegensatz zu den USA das Problem, dass eine unmittelbare Ableitung von *Fungibilitätsabschlägen* aus Marktdaten aufgrund fehlender empirischer Studien nicht möglich ist, da der Kapitalmarkt in Deutschland nicht so weit wie in den USA entwickelt ist, so dass es an Daten von Vergleichstransaktionen mangelt, und weil die Preise, zu denen Transaktionen durchgeführt werden, oft nicht bekannt gegeben werden.[811] Um das Forschungsdefizit in diesem Bereich zu verringern, ist im Rahmen der durchgeführten Befragung von Finanzanalysten nach der Verwendung von *Fungibilitätsabschlägen/-zuschlägen* gefragt worden.

Dabei zeigt sich, dass 65% der antwortenden Analysten (bei insgesamt 26 Antworten zu dieser Frage) bei einer fehlenden Fungibilität von Aktien einer nicht-börsennotierten Gesellschaft eine Bewertungsrelevanz für den Unternehmens- bzw. Anteilswert sehen. Rund 35% messen der fehlenden Fungibilität keine Bewertungsrelevanz bei. Bei dieser Frage gilt es auch zu bedenken, dass nicht alle Analysten nicht-börsennotierte Unternehmen bewerten.

---

[810] Vgl. Moxter (1991), S. 160f.
[811] Vgl. Helbling (1998), S. 141.

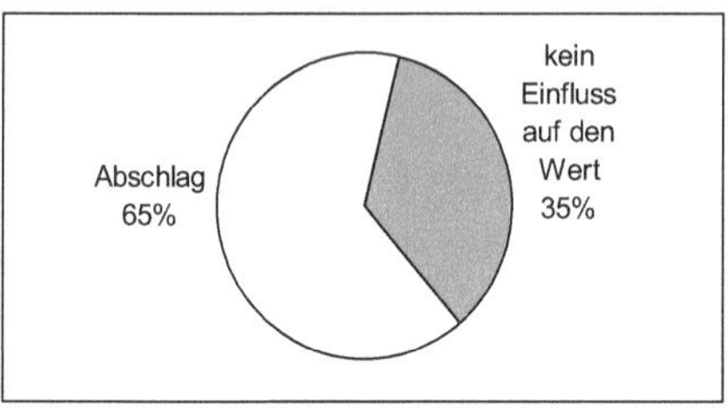

Abbildung 40: **Wie berücksichtigen Sie bei Bewertungen den Einfluss einer fehlenden Fungibilität (Handelbarkeit) von Aktien auf den Unternehmens-/Anteilswert einer nicht-börsennotierten Gesellschaft?**

Im Durchschnitt wird von den Analysten, die dieses Kriterium berücksichtigen, ein Abschlag in Höhe von 17,7% angesetzt, der entweder auf den vorläufigen Unternehmenswert, Anteilswert, Cash Flow oder durch Anpassung des Kapitalisierungszinssatzes angewendet wird.[812]

Als Gründe für die Anwendung eines Abschlags wurden genannt, dass ein Investor beim Verkauf damit rechnen muss, nicht den vollen Marktpreis zu erzielen, und dass die fehlende *Exit*-Möglichkeit ein zusätzliches Risiko bedeutet. Ein höherer Risikofaktor wird dadurch erklärt, dass im Fall widriger Entwicklungen in einem Unternehmen die fehlende Fungibilität einen schnellen Ausstieg aus dem Unternehmen verhindert. Als Hauptproblem der fehlenden Handelbarkeit wird somit die fehlende Flexibilität gesehen. Weiterhin wird die Anwendung eines Abschlags durch die Erfahrungen der Vergangenheit begründet.

Um Anhaltspunkte für die Höhe der verwendeten Abschläge für fehlende Fungibilität in Deutschland zu geben, sind außerdem die Antworten von deutschen Analysten separat ausgewertet worden. Der ermittelte durchschnittliche Abschlag beträgt 17,2%, der entweder auf den vorläufigen Unternehmenswert, Anteilswert, Cash Flow oder durch Anpassung des Kapitalisierungszinssatzes angewendet wird.[813]

[812] Der Berechnung des durchschnittlichen Abschlags liegen 16 Antworten zugrunde.
[813] Der Berechnung lagen die Antworten von 9 Analysten aus Deutschland zugrunde.

VI. 3 Die Wertpapierliquidität

VI. 3.1 Begriffsdefinition der Wertpapierliquidität

„Ein perfekt liquides Wertpapier kann jederzeit ohne Kurseinfluß ge- und verkauft werden."[814] Da reale Wertpapiere nicht perfekt liquide sind, dient die Liquiditätsmessung dazu, festzustellen, wie stark ein Wertpapier von der perfekten Liquidität entfernt ist. Die Liquidität eines Wertpapiermarktes ist ein Maß dafür, wie leicht oder schwer die Veräußerung oder der Erwerb von Wertpapieren ist.[815]

Die Liquidität kann anhand der folgenden Dimensionen gemessen werden:[816]

- *Markttiefe* (Mengenkomponente; Fähigkeit eines Marktes, weitere Transaktionswünsche in der Nähe des aktuellen Kurses ausführen zu können)
- *Marktbreite* (Kostenkomponente; Möglichkeit, größere Transaktionsvolumina handeln zu können, ohne größere Kursauf- und -abschläge hinnehmen zu müssen)
- *Marktsofortigkeit* (Zeitkomponente; erforderlicher Zeitraum, um am Markt eine Transaktion eines bestimmten Volumens zu realisieren) und
- *Markterholungsfähigkeit* (Gleichgewichtskomponente; Zeitraum, in dem der Markt ein neues Gleichgewicht findet, wenn vorher große Preisschwankungen aufgetreten sind).

Zu den Kosten, die durch Transaktionen auf Kapitalmärkten entstehen, zählen AMIHUD/MENDELSON die Geld-Brief-Spanne, die Marktbeeinflussungskosten, die Such- und Verzögerungskosten und die direkten Handelskosten.[817]

- Die *Geld-Brief-Spanne* ist die Differenz zwischen dem (niedrigsten) Preis, zu dem ein Anleger in einem gegebenen Zeitpunkt Aktien kaufen kann (Briefkurs), und dem (höchsten) Preis, zu dem er Aktien verkaufen kann (Geldkurs).[818] Sie wird durch Market-Maker oder limitierte Order bestimmt und stellt einen wichtigen Bestandteil der Transaktionskosten, die Investoren zu tragen haben, dar. Die Geld-

---

[814] Kempf (1998), S. 299.
[815] Vgl. Theissen (1998), S. 1.
[816] Vgl. Grossman/Miller (1988), S. 617; Theissen (1998), S. 2; Longstaff (1999), S. 4.
[817] Vgl. Amihud/Mendelson (1991), S. 235.
[818] Vgl. Demsetz (1968); Amihud/Mendelson (1986).

Brief-Spanne steht somit für den Markteinfluss eines Kauf-/Verkaufauftrages mit einer Standardgröße.

- Die *Marktbeeinflussungskosten* stellen hingegen den Preisabschlag für einen großen Verkaufsauftrag oder den Preisaufschlag für einen großen Kaufauftrag dar, die neben der Geld-Brief-Spanne anfallen.
- Die *Such- und Verzögerungskosten* entstehen, wenn ein Händler nach besseren Preisen als den angebotenen sucht oder wenn er einen Käufer für ein großes Anteilspaket sucht, um die Marktbeeinflussungskosten zu reduzieren. Anstelle der ersten beiden Kostenkomponenten fallen dabei zusätzliche Such- und Verzögerungskosten in Form von direkten Kosten und eines höheren Risikos durch die Verzögerung der Transaktion an.
- Die *direkten Handelskosten* beinhalten Gebühren und Steuern.

Zwischen den genannten Kostenkomponenten besteht eine hohe Korrelation. Bei Anteilen, die mit hohen Geld-Brief-Spannen gehandelt werden, besteht ein großer Markteinfluss, und es fallen oft hohe Handelskommissionen und hohe Such- und Verzögerungskosten an.[819] Auch können die einzelnen Kostenkomponenten gegeneinander substituiert werden, indem z.B. größere Händler gesucht werden, was die Marktbeeinflussung durch große Transaktionen verringert, aber auch die Gebühren und die Such- und Verzögerungskosten erhöht.

VI. 3.2 Bewertungseinfluss der Wertpapierliquidität

Die obigen Ausführungen zeigen die Notwendigkeit, die Liquidität bei der Bewertung von Anteilen zu berücksichtigen. Liquide Anteile bieten den Investoren eine höhere Flexibilität. Eine hohe Liquidität ermöglicht auch erst die dynamische Anpassung eines Portfolios an neue Gegebenheiten.[820]

Mehrere Studien haben empirisch den Zusammenhang zwischen der erwarteten Rendite und der Liquidität eines Wertpapiers aufgezeigt.[821] Demnach sinkt die erwartete Rendite, so dass die Kapitalkosten sinken, wenn die Liquidität eines Wert-

---

[819] Vgl. Amihud/Mendelson (1991), S. 235f.
[820] Vgl. Kuhner (1998), S. 82.
[821] Vgl. u.a. Eleswarapu (1997); Atkins/Dyl (1997); Brennan/Chordia/Subrahmanyam (1998).

papiers steigt.[822] Investoren berücksichtigen bei ihren Kaufentscheidungen alle Transaktionskosten, welche umso höher sind, je niedriger die Liquidität ist. Daher ist die Zahlungsbereitschaft für weniger liquide Aktien niedriger bzw. die Renditeforderung höher.

CHORDIA/ROLL/SUBRAHMANYAM haben dargelegt, dass die Liquidität eines Wertpapiers nicht nur isoliert betrachtet werden darf, sondern dass das Liquiditätsrisiko eines Wertpapiers von einem marktweiten Liquiditätsrisiko abhängig ist.[823] „Liquidity is more than just an attribute of a single asset. Individual liquidity measures co-move with each other."[824] Folglich sind die Aktienrenditen auch von einem *Liquiditäts-Risikofaktor* abhängig. PASTOR/STAMBAUGH argumentieren, dass Liquidität ein *systematischer Risikofaktor* ist.[825]

VI. 3.3 Liquiditätsmaße

Im Folgenden werden die drei bedeutendsten Liquiditätskriterien, die auch für die durchgeführte Befragung von Bedeutung sind, diskutiert: die Geld-Brief-Spanne, das Handelsvolumen und die Liquiditätsrate.[826]

VI. 3.3.1 Die Geld-Brief-Spanne

Die Geld-Brief-Spanne (bid-ask-spread) bezeichnet die Differenz zwischen dem niedrigsten Briefkurs und dem höchsten Geldkurs.[827] Sofern der Mittelwert der Reservationspreis ist, gibt die halbe Geld-Brief-Spanne die Kosten der Illiquidität pro gehandelter Einheit wieder.[828]

---

[822] Vgl. Amihud/Mendelson (1986), S. 246; Amihud/Mendelson (2000).
[823] Vgl. Chordia/Roll/Subrahmanyam (2000); Brockman/Chung (2002); Pastor/Stambaugh (2003).
[824] Chordia/Roll/Subrahmanyam (2000), S. 26.
[825] Vgl. Pastor/Stambaugh (2003); siehe auch: Huberman/Halka (2001); Hasbrouck/Seppi (2001); Sadka (2003); Kempf/Mayston (2006).
[826] Vgl. zu weiteren Liquiditätsmaßen: Brunner (1996); Kempf (1998).
[827] Vgl. Demsetz (1968); Amihud/Mendelson (1986).
[828] Vgl. Kempf (1998), S. 305; siehe auch Grossman/Miller (1988), S. 628; Brunner (1996), S. 27 ff.

Sie kann anhand folgender Formel errechnet werden:[829]

$$Geld - Brief - Spanne = \frac{Q_B(t) - Q_G(t)}{2}$$

Q_B = Briefkurs $\qquad$ Q_G =Geldkurs

Je kleiner die Geld-Brief-Spanne ist, desto liquider ist das Wertpapier. Dieses Maß ist unabhängig davon, ob Transaktionen stattfinden. Nachteilig ist hingegen, dass Transaktionsgrößen vernachlässigt werden. Die Geld-Brief-Spanne ermöglicht es nicht, die Kosten der Illiquidität zu messen, wenn das gewünschte Handelsvolumen größer als die quotierte Menge ist.

VI. 3.3.2 Das Handelsvolumen

Das Handelsvolumen misst die Anzahl der in einem bestimmten Zeitraum t gehandelten Wertpapiere x.[830]

$$Handelsvolumen = \sum_{t=1}^{T} |x(t)|$$

Das Handelsvolumen misst die Liquidität anhand des Umsatzes, versucht aber nicht den Preisabschlag bzw. -zuschlag zu messen. Ein Wertpapier ist demnach umso liquider, je größer das Handelsvolumen in einem Zeitraum ist, wobei das Volumen sowohl in Geldeinheiten als auch in Stückzahlen gemessen werden kann.

Dem Handelsvolumen als Liquiditätsmaß liegt folgende Annahme zugrunde: je geringer der Preiszuschlag bzw. -abschlag einer Order ist, desto eher sind Investoren zu finden, die bereit sind, in diesem Wertpapier zu handeln. Je mehr Investoren wiederum mit diesem Wertpapier handeln, desto höher ist das beobachtbare Handelsvolumen. Demnach steht das Handelsvolumen stellvertretend für die Liquidität eines Wertpapiers. Empirisch konnte dieser Zusammenhang zwischen hohem Handelsvolumen und hoher Liquidität nicht abschließend be- oder widerlegt werden.[831] KEMPF

---

[829] Kempf (1998), S. 305. Der Formel liegt die Annahme zugrunde, dass der Reservationspreis der Midquote entspricht.

[830] Vgl. Kempf (1998), S. 307.

[831] Vgl. Kempf (1998), S. 307 m.w.N.

bezweifelt die theoretische Eignung des Handelsvolumens als Liquiditätsmaß, da eine Vielzahl von Faktoren beeinflusst, ob ein Investor mit einem Wertpapier handelt.[832]

VI. 3.3.3 Die Liquiditätsrate

Die Liquiditätsrate berechnet sich mittels des Verhältnisses von Handelsvolumen zu absoluter Preisänderung.[833] Sie wird durch folgende Formel ermittelt:[834]

$$Liquiditätsrate = \frac{\sum_{t=1}^{T} |x(t)|}{|P(t) - P(0)|}$$

x = Größe einer Order P = Preis

Sie beschreibt, wieviel Handelsvolumen erforderlich ist, um den Wertpapierpreis um eine Einheit zu verändern. BERNSTEIN bezeichnet die Liquiditätsrate als „most popular measure of liquidity in use in the marketplace."[835]

Am Konzept der Liquiditätsrate wird u.a. kritisiert, dass nicht danach unterschieden wird, wodurch Preisänderungen induziert werden, also ob Preisänderungen aufgrund von Informationen oder aufgrund von Illiquidität verursacht werden.[836] Weiterhin ist dieses Kriterium vergangenheitsorientiert.

VI. 3.4 Einschätzungen von Finanzanalysten zum Einfluss der Marktliquidität auf den Unternehmenswert

In der durchgeführten Untersuchung wurden Finanzanalysten gefragt, anhand welchen Kriteriums sie die Marktliquidität einer Aktie bei Bewertungen berücksichti-

---

[832] Vgl. Kempf (1998), S. 307.
[833] Vgl. Bernstein (1987), S. 57f; Grossman/Miller (1988), S. 630; Kempf (1998), S. 307.
[834] Vgl. Kempf (1998), S. 307.
[835] Bernstein (1987), S. 57.
[836] Vgl. Grossman/Miller (1988), S. 630; Brunner (1996), S. 20; Kempf (1998), S. 303f, 307.

gen.[837] Dabei hat sich das Handelsvolumen als das mit Abstand wichtigste Kriterium herausgestellt.[838]

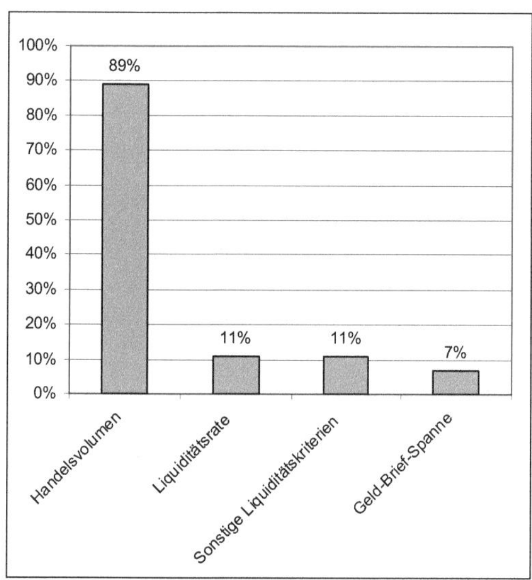

***Abbildung 41:* Anhand welchen Kriteriums berücksichtigen Sie bei Bewertungen die Marktliquidität einer Aktie?**

Weitergehend wurde danach gefragt, wie Finanzanalysten den Einfluss einer niedrigen Marktliquidität auf den Unternehmens- und Anteilswert berücksichtigen.

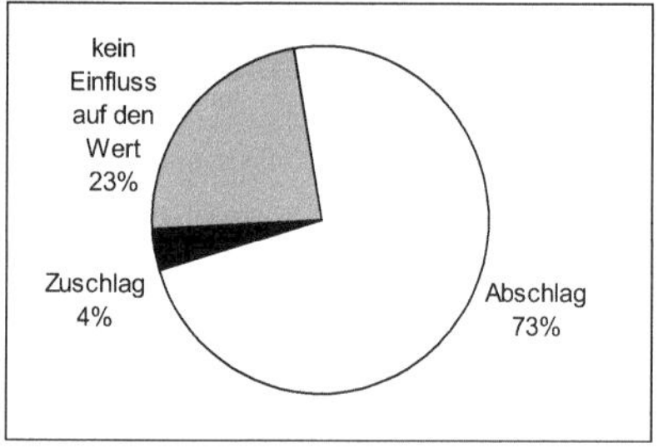

***Abbildung 42:* Wie berücksichtigen Sie bei Bewertungen den Einfluss einer niedrigen Marktliquidität einer Aktie auf den Unternehmens-/Anteilswert?**

837 Mehrfachnennungen waren möglich. Die Frage wurde von 28 Analysten beantwortet.

838 Als sonstige Liquiditätskriterien wurden genannt: Free Float, Prozentsatz des handelbaren Wertes, Schnelligkeit.

Von 26 abgegebenen Antworten entfielen 73% der Antworten auf Abschlag. Die Antwort, die einen Zuschlag vorsieht, wendet ihn auf die Kapitalkosten an, was ebenfalls wertverringernd wirkt. Demnach lässt sich der Schluss ziehen, dass eine niedrige Marktliquidität einer Aktie aus Sicht von Analysten wertverringernd wirkt.

Die Analysten, die einen Abschlag auf den Wert vorsehen, setzen im Durchschnitt einen Abschlag von 12,6% für niedrige Marktliquidität an, der entweder auf den vorläufigen Unternehmenswert, Anteilswert, Cash Flow oder durch Anpassung des Kapitalisierungszinssatzes angewendet wird.[839]

Als Gründe für die Verwendung eines Wertabschlags bei niedriger Marktliquidität wurden genannt, dass Investoren nicht zu jedem Zeitpunkt, zu dem sie es beabsichtigen, sich aus dem Wert desinvestieren können, und dass nicht alle potentiellen Investoren auch jederzeit den Wert kaufen können. Auch wird ein höheres Risiko für Investoren gesehen, die im Fall negativer Entwicklungen im Unternehmen nicht desinvestieren können. Weiterhin werden die Erfahrungswerte der Vergangenheit angeführt, aufgrund derer ein Abschlag gerechtfertigt erscheint. Eine geringe Marktliquidität hält darüber hinaus institutionelle Investoren von Investments in solche Werte ab. Auch müssen Investoren mit Abschlägen beim Verkauf großer Positionen rechnen.

Weitergehend wurde nach den Kriterien gefragt, bei denen Analysten eine niedrige Marktliquidität als gegeben ansehen.

[839] Der Berechnung des durchschnittlichen Abschlags für eine niedrige Marktliquidität liegen 18 Antworten zugrunde.

Kriterien niedriger Marktliquidität		
Kriterium		**Höhe**
Umsatz	Tagesumsatz	< 10.000 Aktien < 1% des Free Floats < 50.000 Euro < 0,2 Mio. Euro < 1 Mio. Euro
	Monatsumsatz	nur wenige 100 Stück
	Jahresumsatz	< 30% des Aktienkapitals
Größe des Unternehmens	Geringe Größe	< 100 Mio. $ Marktkapitalisierung
	Kleine Unternehmen	
Eigentümerstruktur	Starker Insiderbesitz	
	Kontrollierte Unternehmen	
	Geringer Free Float	
Geringe Analysten Coverage		
relative Beurteilung anhand folgender Berechnung: **Durchschnittlicher Umsatz/ausstehende Aktien**		
Bei Mangel von Geld-/Brief-Seiten, auf denen gehandelt werden kann		

Abbildung 43: **Analystenantworten zu Kriterien niedriger Marktliquidität**[840]

Die genannten Antworten, nach denen aus Sicht der Finanzanalysten eine niedrige Marktliquidität vorliegt, lassen kein eindeutiges Kriterium erkennen, das zur Beurteilung bei Unternehmensbewertungen herangezogen werden kann. Dennoch zeigen die Ergebnisse, dass die Marktliquidität bei Bewertungen ein wichtiges Kriterium ist, das anhand des Einzelfalls zu würdigen ist.

Die obigen Ausführungen, die die Bewertungsrelevanz der Marktliquidität und Fungibilität zeigen, werden im anschließenden Kapitel, das sich mit den Bewertungsimplikationen von Corporate Governance für die Unternehmensbewertung befasst, abgeschlossen.[841] Dabei wird den Fragen nachgegangen, wie sich der Aspekt in das Bewertungskalkül integrieren lässt und ob er bei rechtlichen Unternehmensbewertungen zu erfassen ist.

[840] Die Antworten sind im Wesentlichen Einzelantworten der Analysten. Siehe zum Zusammenhang zwischen der Analysten Coverage und der Liquidität: Irvine (2003).

[841] Vgl. Kapitel VII. 3.8.

VII. Bewertungsimplikationen von Corporate Governance für die Unternehmensbewertung

VII. 1 Hauptaspekte des Zusammenhangs zwischen Corporate Governance und dem Unternehmenswert

Die dargestellten Ausführungen, die den Zusammenhang zwischen Corporate Governance und der Unternehmensbewertung untersucht haben, weisen unterschiedliche Effekte auf. Dabei kann sowohl ein Einfluss der Corporate Governance-Struktur auf die finanziellen Überschüsse als auch auf den Kapitalisierungszinssatz ausgemacht werden. Es lassen sich die folgenden Hauptaspekte festhalten:

- *Kontrollaspekt:* Der Kontrollaspekt besagt, dass das Management durch Großaktionäre intensiver kontrolliert werden kann als bei einer atomistischen Eigentümerstruktur, so dass die Möglichkeiten für das Management, opportunistisch zu handeln und somit die finanziellen Überschüsse zu reduzieren, eingeschränkt werden. Großaktionäre haben die Fähigkeit und den Anreiz, das Management zu kontrollieren, und können somit das Trittbrettfahrerproblem überwinden.

- *Sondervorteilsaspekt:* Der Sondervorteilsaspekt beinhaltet die Überlegung, dass Unternehmensinsider (Großaktionäre und Management) die außenstehenden Aktionäre schädigen können, indem sie Sondervorteile aus dem Unternehmen zu Lasten der Minderheitsaktionäre erzielen und folglich die finanziellen Überschüsse reduzieren. Unternehmensinsider verfolgen das Ziel, den Wert ihres Anteils an einem Unternehmen zu maximieren, sei es durch Ausschüttungen aus dem Unternehmen oder in Form von Sondervorteilen, die sie alleine, unter Ausschluss der Minderheitsaktionäre, erzielen können. Dabei ist ein kollusives Verhalten von Insideraktionären und dem Management anzunehmen.

- *Diversifikationsaspekt:* Ein großer Anteil an einem Unternehmen, der sowohl eine bessere Kontrolle des Managements zulässt als auch die Erzielung von Sondervorteilen ermöglicht, erfordert von den Insideraktionären, dass sie undiversifizierbares unsystematisches Risiko tragen müssen, was zu höheren Kapitalkosten führt.

- *Investitionsentscheidungsaspekt:* Da Insideraktionäre bei einem konzentrierten Anteilsbesitz oft einem unsystematischen Risiko ausgesetzt sind, haben sie einen Anreiz, für das Unternehmen, an dem sie eine große Beteiligung halten, eine risikoärmere Investitionspolitik zu verfolgen, als es diversifizierte Aktionäre tun würden, um ihr Gesamtrisiko zu senken. Ein Großaktionär kann durch die Kontrolle über ein Unternehmen und der dadurch ermöglichten Ausrichtung des Unternehmens an seinen Zielsetzungen die Unsicherheit und damit das Risiko bezüglich der zukünftigen Cash Flows reduzieren. Ein starkes Management neigt dazu, insbesondere wenn es unterdiversifiziert ist (Vermögens- und Beschäftigungsrisiko), die Unternehmenstätigkeit auszudehnen, um sein Risiko zu senken.

- *Informationsasymmetrieaspekt:* Private Informationen der Insideraktionäre über das Unternehmen erhöhen das Risiko für die uninformierten Investoren. Besser informierte Investoren können, im Gegensatz zu den schlechtinformierten Aktionären, ihr Portfolio an neue Informationen anpassen. Die uninformierten Investoren tragen daher ein systematisches Risiko.

- *Liquiditätsaspekt:* Eine breite Streuung der Unternehmensanteile führt zu einer höheren Marktliquidität der Anteile, so dass die Liquiditätskosten gering ausfallen. Bei einem konzentrierten Anteilsbesitz ist hingegen mit hohen Liquiditätskosten zu rechnen. Darüber hinaus trägt die Offenlegung von Unternehmensinformationen zum Abbau von Informationsasymmetrien bei, so dass die Kapitalmarktakteure eine höhere Bereitschaft zeigen, Wertpapiere zu handeln. Folglich wird der Kapitalmarkt liquider, so dass die Liquiditätskosten sinken.

Diese Wirkungsmechanismen werden für Anteilsbewertungen in der folgenden Übersicht dargestellt. Es zeigt sich, dass bei Defiziten in der unternehmensspezifischen Corporate Governance eine Unterscheidung zwischen Minderheits- und Großaktionären bei der subjektiven Anteilsbewertung vorzunehmen ist.

Bewertungsperspektive bei der Anteilsbewertung		Risikoneigung	Eigentümerstruktur: Großaktionär vorhanden – Einfluss auf Cash Flows	Eigentümerstruktur: Großaktionär vorhanden – Einfluss auf Kapitalisierungszinssatz	Eigentümerstruktur: atomistische Eigentümerstruktur – Einfluss auf Cash Flows	Eigentümerstruktur: atomistische Eigentümerstruktur – Einfluss auf Kapitalisierungszinssatz
	Minderheitsaktionär	Risikoneutral gegenüber diversifizierbarem Risiko	Gute Kontrolle des Managements; weniger Agency-Kosten des Managements (+)	gute Diversifikation im Portfolio des Minderheitsaktionärs	Geringe Kontrolle des Managements; Wertverringerung durch Agency-Kosten des Managements (-)	gute Diversifikation im Portfolio des Minderheitsaktionärs
			Erzielung von Sondervorteilen durch den Großaktionär zu Lasten der Minderheitsaktionäre (-)	geringe Marktliquidität, da der Großaktionär den Free-Float verringert (-)		hohe Marktliquidität, da hoher Free-Float
				mögliche Senkung des Risikos durch Großaktionär (+)		
				höhere Kapitalkosten, da Informationsasymmetrie zu Lasten des Minderheitsaktionärs herrscht (-)		
	Großaktionär	Risikoavers gegenüber diversifizierbarem Risiko, da suboptimal diversifiziertes Portfolio	Gute Kontrolle des Managements; weniger Agency-Kosten des Managements (+)	geringe Diversifikation im Portfolio des Großaktionärs; unsystematisches Risiko (-)		
			Erzielung von Sondervorteilen zu Lasten der Minderheitsaktionäre (+)	mögliche Senkung des Risikos durch Großaktionär (+)		
				geringe Marktliquidität, da der Großaktionär den Free-Float verringert (-)		

werterhöhend = (+) **wertsenkend = (-)**

Abbildung 44: **Corporate Governance-bedingte Bewertungsaspekte bei der Anteilsbewertung**

Subsumierend dargestellt, sind die Bewertungseffekte von Corporate Governance im Wesentlichen ein Zusammenspiel aus den Monitoringeffekten, der Erlangung von Sondervorteilen durch einen Teil der Aktionäre und durch das Management, den Auswirkungen des durch die Corporate Governance-Struktur beeinflussten Diversifikationsgrades des Unternehmens und der Anteilseigner, der Informationsasymmetrie und der Marktliquidität der Anteile.

Die Bewertungsfolgen aus den dargestellten Wirkungsweisen unterschiedlicher Konstellationen in der Corporate Governance-Struktur, insbesondere der Eigentümerstruktur, werden im Folgenden näher untersucht. Dabei wird eine Differenzierung zwischen der Ermittlung subjektiver Entscheidungswerte und objektivierter Unternehmenswerte vorgenommen. Darüber hinaus wird zwischen dem Einfluss der Corporate Governance-Struktur auf die finanziellen Überschüsse und auf die Risikostruktur differenziert. Bei der Risikostruktur wird zudem zwischen dem *systematischen* und dem *unsystematischen Risiko* unterschieden.

VII. 2 Die Berücksichtigung des Einflusses der Corporate Governance-Struktur auf die erwarteten Cash Flows

VII. 2.1 Der Einfluss von Sondervorteilen auf die Cash Flows

Bei der Bewertung gilt es zu beachten, dass Unternehmensinsider, aufgrund ihres Informationsvorsprungs und der Möglichkeit, zuerst auf die durch das Unternehmen generierten Geldströme zuzugreifen, zahlreiche Gelegenheiten haben, Sondervorteile zu erzielen und somit die potentiellen Zahlungsüberschüsse des Unternehmens zu kürzen.[842] Im Folgenden wird angenommen, dass die Sondervorteile sowohl durch das Management als auch durch einen Großaktionär erzielt werden können, wobei eine Trennung schwierig ist, da oft von einem kollusiven Verhalten des Managements und des Großaktionärs ausgegangen werden kann. So können Großaktionäre i.d.R. nur durch das Handeln des Managements zu Sondervorteilen gelangen und die Minderheitsaktionäre schädigen. Ebenso ist das Management auf den Großaktionär angewiesen, um seine Position im Unternehmen zu halten.

Folglich ist zu untersuchen, welche Sondervorteile Unternehmensinsider erzielen, wie sie den Unternehmenswert und die Anteilswerte von Minderheits- und Großaktionären beeinflussen und wie die Erzielung von Sondervorteilen im Rahmen der Ermittlung von subjektiven Entscheidungswerten und objektivierten Unternehmenswerten zu würdigen ist.

---

[842] Vgl. Roe (2002), S. 15; Ehrhardt/Nowak (2003), S. 9; Wackerbarth (2005a), S. 704.

VII. 2.2 Die Berücksichtigung von Sondervorteilen bei der Ermittlung von subjektiven Entscheidungswerten

Bei der Ermittlung subjektiver Entscheidungswerte sind individuelle auftraggeberbezogene Konzepte bzw. Annahmen zugrunde zu legen, so dass auch strukturverändernde Vorhaben sowie bereits erkannte und realisierbare Möglichkeiten zu berücksichtigen sind, die nicht Bestandteil des zum Bewertungsstichtag dokumentierten Unternehmenskonzepts sind.[843] Daher bestimmt üblicherweise der Barwert der finanziellen Überschüsse aus der rentabelsten Nutzung des Betriebs, die unter den voraussichtlichen individuellen Verhältnissen des Erwerbers möglich ist, dessen subjektiven Wert.

Anhaltspunkte für mögliche Wertsteigerungspotentiale bieten die in dieser Arbeit dargestellten Übernahmekriterien und -motive.[844] Dabei gilt es, bezüglich der Einschätzung über die Realisierbarkeit von strukturverändernden Vorhaben, auch mögliche Änderungshindernisse zu beachten (z.B. Erschwerung der Neubesetzung des Managements, Erhöhung der Mehrheitserfordernisse für Satzungsänderungen).[845]

Auch ist im Rahmen der Ermittlung des subjektiven Werts eines Unternehmensanteils u.a. die Höhe der Anteilsquote und der mit ihr verbundene Einfluss des Anteilseigners auf die Unternehmenspolitik sowie erwartete Synergieeffekte, Besteuerungsfolgen, Alternativanlagemöglichkeiten und die Risikoeinstellung, zu berücksichtigen.[846]

Sofern nun ein Erwerber von Unternehmensanteilen beabsichtigt, Anteile zu kaufen, die keinen Mehrheitseinfluss vermitteln, sind nur die erwarteten zukünftigen Ertragsüberschüsse einzubeziehen, die bereits durch opportunistische Handlungen des Managements und durch Sondervorteile des Mehrheitsaktionärs reduziert sind.

Ist der Anlass für die Ermittlung subjektiver Entscheidungswerte hingegen der Erwerb einer Anteilsmehrheit an einem Unternehmen oder eines ganzen Unterneh-

[843] Vgl. IDW (2005), S. 699, Tz. 4.4.3.1.
[844] Vgl. Kapitel V. 1.3; V. 2.2.
[845] Vgl. dazu die in Deutschland üblichen Übernahmehindernisse: Kapitel V. 3.2.
[846] Vgl. IDW (2002), S. 15.

mens, so können auch die übertragbaren Sondervorteile in die Ermittlung der Obergrenze der Konzessionsbereitschaft einbezogen werden.[847] Bei Übernahme der Mehrheit an dem Unternehmen können durch eine Änderung der Unternehmenspolitik die Sondervorteile z.T. in Cash Flows umgewandelt werden. Folglich besteht die Obergrenze der Konzessionsbereitschaft in diesem Fall aus dem Barwert der Cash Flows zuzüglich des Barwerts der Sondervorteile.[848]

VII. 2.3 Die Berücksichtigung von Sondervorteilen bei der Ermittlung von objektivierten Unternehmenswerten

VII. 2.3.1 Sondervorteile und der objektivierte Unternehmenswert

VII. 2.3.1.1 Grundlagen des objektivierten Unternehmenswerts

Der objektivierte Unternehmenswert wird von der Rechtsprechung als maßgeblich angesehen, um u.a. den Abfindungsbetrag für den Verlust der Mitgliedschaftsrechte nach den §§ 305 und 320b AktG zu ermitteln.[849] Dabei erfolgt eine Bewertung zum „vollen" Wert, „wahren" Wert bzw. „wirklichen" Wert.[850] Es ist der Grenzpreis zu ermitteln, zu dem die außenstehenden Aktionäre ohne wirtschaftliche Nachteile aus der Aktiengesellschaft ausscheiden können.[851] Angemessen ist nur der an diesen Grundsätzen ausgerichtete volle Wert. Das dabei i.d.R. verwendete Bewertungsverfahren ist die Ertragswertmethode.[852] Die Ergebnisse der Unternehmensbewertung sind auf Aktien umzurechnen. Dabei ist gemäß § 53a AktG von der grundsätzlichen Gleichbehandlung der Aktionäre, unabhängig von ihrer Beteiligungshöhe, auszugehen.[853] *Minderheitsabschläge* oder *–zuschläge* werden abgelehnt, da sie gegen § 53a AktG verstoßen.[854]

---

[847] Vgl. zur Identifikation und Bewertung der Sondervorteile Kapitel VII. 2.3.2.

[848] Siehe auch Stützel (1960), S. 965.

[849] Vgl. Piltz (1994), S. 94; Lausterer (1997), S. 84; IDW (2002), S. 14.

[850] Vgl. Piltz (2001), S. 190f, 193 ff.; Hüttemann (2001), S. 457; Emmerich (2005), § 305 Rn. 37; Hüffer (2006), § 305 Rn. 18.

[851] Vgl. Hüffer (2006), § 305 Rn. 18 m.w.N.

[852] Vgl. Piltz (2005), S. 783; Emmerich (2005), § 305 Rn. 52 ff.

[853] Vgl. Emmerich (2005), § 305 Rn. 75; Peemöller (2005), S. 21.

[854] Vgl. Kort (1999), S. 412 ff.; Bilda (2000), § 305 Rn. 86; IDW (2002), S. 16, 40; Emmerich (2005), § 305 Rn. 75 m.w.N.; Hüffer (2006), § 305 Rn. 24.

Nach Definition des IDW stellt der objektivierte Unternehmenswert einen typisierten und intersubjektiv nachprüfbaren Zukunftserfolgswert aus der Perspektive einer inländischen, unbeschränkt steuerpflichtigen natürlichen Person als Anteilseigner dar, der sich bei Fortführung des Unternehmens in unverändertem Konzept und mit allen realistischen Zukunftserwartungen im Rahmen der Marktchancen, -risiken und finanziellen Möglichkeiten des Unternehmens sowie sonstigen Einflussfaktoren ergibt.[855]

VII. 2.3.1.2 Probleme bei der Ermittlung des objektivierten Unternehmenswerts

Probleme bei der Abfindungsbemessung nach dem objektivierten Unternehmenswert können dadurch entstehen, dass ein Aktionär bereits vor Abschluss des Unternehmensvertrags regelmäßig über die erforderliche Mehrheit in dem Unternehmen verfügt, so dass er die Besetzung des Aufsichtsrats bestimmen kann.[856] Das ermöglicht ihm wiederum, die Unternehmenspolitik maßgeblich zu beeinflussen, so dass der Mehrheitsaktionär durch eine zeitweilig schlechte Geschäftspolitik den Abfindungsbetrag nach unten manipulieren kann. Darüber hinaus kann das Unternehmenskonzept vor der Verkaufsentscheidung die Erlangung von Sondervorteilen durch den Mehrheitsaktionär beinhalten, so dass der Wert um die Höhe der Sondervorteile gemindert ist.[857]

Bei objektivierten Unternehmensbewertungen ist von einem rechtmäßigen Verhalten des Mehrheitsgesellschafters bzw. der von ihm eingesetzten Organe auszugehen und anzunehmen, dass sie ihre Verpflichtung gegenüber der Gesellschaft erfüllen.[858] Eine aus den dargestellten Problemen resultierende Höherbewertung einer Mehr

[855] Vgl. IDW (2005), S. 696, Tz. 4.4.2.

[856] Vgl. Drukarczyk (1973), S. 364; Hüttemann (1998), S. 586; Komp (2002), S. 138.

[857] Vgl. Drukarczyk (1973), S. 361; Ränsch (1984), S. 206.

[858] Vgl. Meilicke (1975), S. 56; Komp (2002), S. 137, 403. So auch im Abfindungsrecht Delawares: „Behavior that reflects a violation of fiduciary duties should not be permitted to lower the fair value that petitioners receive in appraisal." Hamermesh/Wachter (2005), S. 140f. „*Expropriation value* arises from the ability to expropriate wealth from minority shareholders through fraud, theft, or breach of fiduciary duties, such as freeze-outs at a clearly unfair price or payment of excessive compensation." Coates (1999), S. 1275. Hamermesh/Wachter äußern, dass diese Art von Sondervorteilen, die einen Verstoß gegen das geltende Recht darstellen, für Abfindungszwecke dem Wert hinzuzurechnen sind. Problematisch ist hingegen die Frage, ob auch Vorteile, die ein Großaktionär zu Lasten von Minderheitsaktionären erzielt, die aber keine Verletzung des geltenden Rechts darstellen, zum Zweck der Abfindungsbemessung hinzuzurechnen sind. Vgl. Hamermesh/Wachter (2005), S. 140 Fn. 91. „Expropriation value also arises in "gray areas" where behavior that is currently permitted, or at least tolerated, likely would be condemned if it could be policed costlessly." Coates (1999), S. 1275.

heitsbeteiligung und ein Abschlag auf die Minderheitsbeteiligung aufgrund von Sondervorteilen stellen einen Verstoß gegen gesellschaftsrechtliche Normen dar und sind im Rahmen der objektivierten Unternehmensbewertung zu korrigieren.[859]

In der Praxis herrscht aber ein gravierendes Informationsproblem vor, da auch ein Gutachter Probleme dabei haben dürfte, die Informationslücke zwischen Minderheits- und Mehrheitsaktionären aufzudecken.[860] Einen Beitrag zur Senkung der *Informationsasymmetrie* können die Corporate Governance-Ratings bieten.[861]

Maßstab für die Ermittlung objektivierter Unternehmenswerte ist folglich ein Unternehmen, bei dem eine *Gleichbehandlung der Aktionäre* gewährleistet wird (*mitgliedschaftliche Treuepflicht*) und bei dem sich die *Organe rechtmäßig verhalten* (*organschaftliche Treuepflicht*).[862]

VII. 2.3.1.3 Die Erfassung von Sondervorteilen bei der objektivierten Unternehmensbewertung

Fraglich ist nur, ob die Sondervorteile tatsächlich bei der Ertragswertermittlung bereinigt werden. Ein Großteil der Sondervorteile wird vermutlich nicht erkannt (Hidden Action).[863] Die Gefahr, dass die Sondervorteile nicht in die Ertragswertermittlung einfließen, besteht insbesondere dann, wenn Vergangenheitserfolgswerte der Ertragswertberechnung als repräsentativ für die künftigen Erfolge zugrunde gelegt werden.[864] Ursächlich dafür ist, dass die Vergangenheitserfolgswerte die Sondervorteile des Mehrheitsaktionärs meist nicht erfassen.

Die Einbeziehung von Sondervorteilen in den objektivierten Unternehmenswert kann durch die Ermittlung des Werts eines fiktiven Alleingesellschafters gewährleistet wer-

---

[859] Vgl. Meilicke (1975), S. 56; Ränsch (1984), S. 207; Komp (2002), S. 400 ff.
[860] Vgl. Drukarczyk (1973), S. 359; Gansweid (1977), S. 335; Ränsch (1984), S. 206; Hüttemann (2003), S. 159.
[861] Vgl. Balling/Holm/Poulsen (2005); Kapitel III. 1.7.
[862] Vgl. Kapitel III. 2.3.2.4.
[863] Vgl. Reul (1991), S. 199f; Ehrhardt/Nowak (2002), S. 339. Weder im IDW Standard S 1 noch im WP-Handbuch wird im Zusammenhang mit der Unternehmensbewertung auf die Sondervorteile, die ein Mehrheitsaktionär zum Nachteil von Minderheitsaktionären erzielt, hingewiesen. Vgl. Komp (2002), S. 403.
[864] Vgl. Komp (2002), S. 403.

den.[865] Dieser Alleingesellschafter hat keine Absicht, Zahlungsströme in Form von Sondervorteilen zu vereinnahmen, da er auch die vollen Kosten der Sondervorteile tragen würde. Zur Ermittlung des Anteilswerts eines Minderheitsaktionärs bietet es sich dabei an, die indirekte Methode zu verwenden, bei der zuerst der Eigenkapitalwert eines hypothetischen Alleingesellschafters ermittelt wird. Der Anteilswert stellt dann den quotalen Anteil an dem derart ermittelten Unternehmenswert dar. Diese Vorgehensweise ermöglicht die Gleichbehandlung der Aktionäre bei der Abfindungsbemessung.

Dabei muss aber auch konstatiert werden, dass in der Bewertungspraxis die Ermittlung eines Unternehmenswerts eines fiktiven Alleingesellschafters äußerst schwierig ist, da Ermittlungsschwierigkeiten infolge von Opportunismus und Informationsasymmetrie bestehen. Zur Milderung dieses Problems werden im Folgenden notwendige Bereinigungsmaßnahmen dargestellt, die die Ermittlung des Werts eines fiktiven Alleingesellschafters ermöglichen sollen und damit dazu beitragen, die dargestellten Corporate Governance-Defizite bei Unternehmensbewertungen zu korrigieren.

VII. 2.3.2 Prognose der künftigen finanziellen Überschüsse

VII. 2.3.2.1 Vorgehensweise bei der Prognose der künftigen finanziellen Überschüsse

Ein Kernproblem bei Unternehmensbewertungen stellt die Prognose der finanziellen Überschüsse aus dem betriebsnotwendigen Vermögen dar.[866] Dazu sind eine umfangreiche Informationsbeschaffung sowie darauf aufbauende vergangenheits-, stichtags- und zukunftsorientierte Unternehmensanalysen vorzunehmen. Die vergangenheits- und stichtagsbezogenen Informationen dienen dabei als Grundlage für die Schätzung der zukünftigen Entwicklung.

Aufbauend auf der Vergangenheitsanalyse erfolgt die Prognose der künftigen finanziellen Überschüsse.[867] Dabei ist eine Analyse der erwarteten leistungs- und finanz-

---

865 Vgl. Hecker (2000), S. 98.
866 Vgl. IDW (2005), S. 701, Tz. 5; Kuhner (2006b).
867 Vgl. Pfleger (1996), S. 633f; IDW (2005), S. 701f, Tz. 5.

wirtschaftlichen Entwicklungen des Unternehmens erforderlich. Die Planung der voraussichtlichen Entwicklung der finanziellen Überschüsse erfolgt in der Regel in zwei Phasen. In der ersten Phase (Detailplanungsphase), in der die voraussichtliche Entwicklung der finanziellen Überschüsse plausibler beurteilt und sicherer prognostiziert werden kann als für die späteren Jahre, werden die zahlreichen Einflussgrößen meist einzeln zur Prognose der finanziellen Überschüsse veranschlagt. Diese Phase umfasst einen Zeitraum von drei bis fünf Jahren. In der zweiten Phase wird, aufbauend auf der Detailplanung der ersten Phase, eine langfristige Fortschreibung von Trendentwicklungen vorgenommen.

VII. 2.3.2.2 Bereinigung der Vergangenheitserfolgsrechnung

VII. 2.3.2.2.1 Ursachen der Ergebnisbereinigung

Bei der Vergangenheitsanalyse greift man überlicherweise auf die Jahresabschlüsse der letzten drei bis fünf Jahre vor dem Bewertungsstichtag zurück. Um die Erfolgsursachen der Vergangenheit zu erkennen, sind die Vergangenheitsergebnisse zu bereinigen. Die Bereinigung erfolgt insbesondere für die folgenden Tatbestände:[868]

- Eliminierung der Aufwendungen und Erträge des nicht betriebsnotwendigen Vermögens
- Bereinigung zur Ermittlung eines periodengerechten Erfolgsausweises
- Bereinigung zum Ausgleich ausgeübter Bilanzierungswahlrechte
- Bereinigung um personenbezogene und andere spezifische Erfolgsfaktoren (u.a. angemessener Unternehmerlohn, Abgrenzung betriebliche/private Sphäre)
- Erfassung von Folgeänderungen vorgenommener Bereinigungsvorgänge.

Ergänzend dazu sind auch Bereinigungen, bedingt durch die spezifische Corporate Governance-Struktur eines Unternehmens, vorzunehmen. Die Bereinigungsmaßnahmen sind erforderlich, um das tatsächliche wirtschaftliche Ergebnis eines Unternehmens zu ermitteln. Bei diesen Bereinigungen sind Einflussnahmen von Seiten des herrschenden Unternehmens bzw. Mehrheitsaktionärs zu eliminieren, die zu verdeckten Vorteilszuwendungen an bestimmte Aktionäre oder das Management füh-

---

[868] Vgl. Pfleger (1996), S. 631f; IDW (2002), S. 56-59; IDW (2005), S. 706, Tz. 7.2.2.1.

ren, wie z.B. die Erfolgswirkungen aus besonderen Einkaufs- und Absatzbeziehungen im Rahmen eines Konzernverbunds oder aufgrund besonderer persönlicher Gegebenheiten.[869] Beispiele für Erfolgsverlagerungen im Konzern sind:[870]

- Verrechnung von Waren und Dienstleistungen aller Art zu Preisen, die vom Marktpreis abweichen
- Konzerninterne Kreditgewährung zu nicht Marktzins entsprechenden Zinssätzen
- Ansatz von konzerninternen Sacheinlagen zu einer vom Verkehrswert abweichenden Bewertung
- Konzerninterne Vermietung von Anlagevermögen oder konzerninternes Leasing zu nicht marktgerechten Konditionen
- Umlenkung von Geschäftschancen der abhängigen Gesellschaft auf das herrschende Unternehmen.

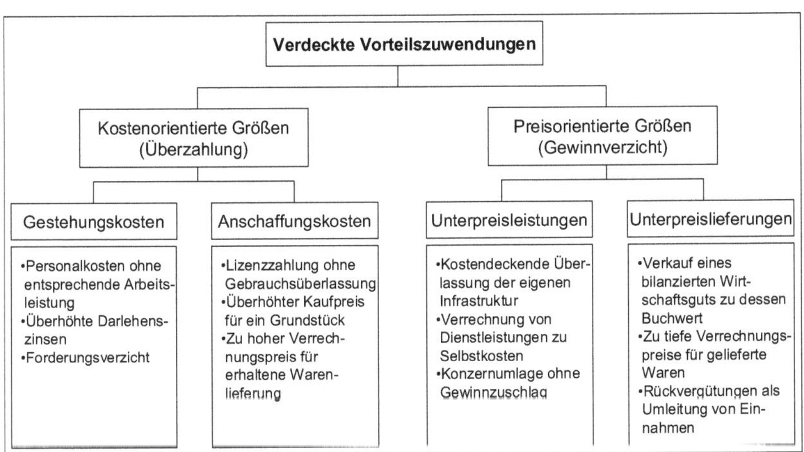

***Abbildung 45:* Beispiele verdeckter Vorteilszuwendungen im Konzern**[871]

Auch die Rechtsprechung sieht vor, dass „künstliche Gewinnbeeinflussungen“ z.B. durch die Festsetzung von unangemessenen Verrechnungspreisen zu eliminieren

869 Vgl. Gansweid (1977), S. 338; Pfleger (1996), S. 632; IDW (2002), S. 59; IDW (2005), S. 706, Tz. 7.2.2.1. Siehe zum Problembereich der gewinnverschiebenden Insichgeschäfte im Konzern u.a. Wackerbarth (2005b), S. 562 ff.

870 Vgl. Meichelbeck (1998), S. 215; Dinstuhl (2003), S. 265; Habersack (2005), § 311 Rn. 46-51.

871 Vgl. Theisen (2000), S. 466.

sind.[872] Damit wird bezweckt, die Einflüsse aus Abhängigkeitsverhältnissen zu neutralisieren. Die Korrektur der Erfolgsrechnung stellt nicht eine bloße Bereinigung der Vergangenheitserfolge dar, sondern dient im Rahmen der Ermittlung eines objektivierten Unternehmenswerts auch dazu, einen Teil der zu erwartenden Auswirkungen aus einer Unternehmensübertragung zu berücksichtigen.[873]

VII. 2.3.2.2.2 Möglichkeiten der Aufdeckung von Ergebnisverlagerungen

Aufgrund der Parallelität der Problematik zum Steuer- und Konzernrecht bietet es sich an, sofern vorhanden, den Abhängigkeitsbericht und die Ergebnisse steuerlicher Betriebsprüfungen für Bewertungsbereinigungen zu verwenden.[874] Problematisch ist dabei, dass die Betriebsprüfungen i.d.R. Zeiträume betreffen, die oft weit vor dem Bewertungsstichtag liegen.

Im faktischen Konzern besteht gemäß § 312 AktG die Verpflichtung zur Aufstellung eines Abhängigkeitsberichts, in dem über die Beziehungen der abhängigen Gesellschaft zu verbundenen Unternehmen berichtet wird. Dabei ist festzustellen, ob der Gesellschaft entgegen § 311 AktG Nachteile zugefügt wurden, ohne dass ein Nachteilsausgleich erfolgt ist. Gemäß § 312 Abs. 1 AktG sind in dem Bericht alle Rechtsgeschäfte, welche die Gesellschaft im vergangenen Geschäftsjahr mit dem herrschenden Unternehmen oder einem mit ihm verbundenen Unternehmen oder auf Veranlassung oder im Interesse dieser Unternehmung vorgenommen hat, und alle anderen Maßnahmen, die sie auf Veranlassung oder im Interesse dieser Unternehmen im vergangenen Geschäftsjahr getroffen oder unterlassen hat, aufzuführen. Der Bewertungsgutachter kann sich aufgrund der Prüfungspflicht des Abhängigkeitsberichts (§ 313 AktG) durch einen Abschlussprüfer auf die Richtigkeit der vom Vorstand in den Abhängigkeitsbericht aufgenommenen Rechtsgeschäfte und Maßnahmen und deren Beurteilung, ob der Vorstand einer fiktiv unabhängigen Gesellschaft ebenso gehandelt hätte, verlassen.[875] Hingegen ist die Prüfung des Abhängigkeitsberichts auf Vollständigkeit nicht Bestandteil des gesetzlichen Prüfungsauftrags. Daher bietet

[872] Vgl. Piltz (1994), S. 152, 202; Piltz (2005), S. 787.
[873] Vgl. Popp (2005), S. 127.
[874] Vgl. Wiedemann/Fleischer (1998), S. 957; Meichelbeck (1998), S. 218.
[875] Vgl. Meichelbeck (1998), S. 219; IDW (2006), S. 712 Rn. 988 ff.; 703 Rn. 953; siehe zu Kritikpunkten an den Regelungen zum Nachteilsausgleich: Schenk (1997), S. 656f.

der Abhängigkeitsbericht lediglich Anhaltspunkte zur Erfassung von Ergebnisverlagerungen im Konzernverbund. Im Eingliederungs- und Vertragskonzern entfällt hingegen die Verpflichtung zur Erstellung eines Abhängigkeitsberichts (§§ 311 Abs. 1 S. 1, 316, 323 Abs. 1 S. 1 AktG).

Die erforderlichen Informationen zur Feststellung von Geschäftsvorfällen mit nahe stehenden Personen und Unternehmen, zur Beurteilung der Angemessenheit dieser Geschäftsvorfälle und zur Aufdeckung von Gewinnverlagerungen können auch im Rahmen einer Due Diligence gewonnen werden.[876]

VII. 2.3.2.2.3 Maßstäbe zur Ergebnisbereinigung

Im Folgenden werden Problembereiche der Corporate Governance ausgeführt, die bei Bewertungen durch Bereinigungen der Vergangenheitserfolgsrechnung zur Planung der künftigen finanziellen Überschüsse zu berücksichtigen sind. Die Bereinigungen erfordern einen Maßstab, anhand dessen es möglich ist, die Angemessenheit der Vertragsbeziehungen zu beurteilen. Dabei stellt sich die Frage nach dem fairen Verrechnungspreis.[877]

Einen vergleichbaren Ansatz verfolgt die Regelung des § 311 AktG, nach der im faktischen Konzern eine Verpflichtung zum Ausgleich etwaiger Nachteile zwischen Mutter- und Tochterunternehmen im Konzern besteht. Ansätze zur Ermittlung des Nachteilsausgleichs bieten die steuerlichen Regelungen der Verrechnungspreisgrundsätze, der *verdeckten Gewinnausschüttung* (§ 8 Abs. 3 S. 2 KStG) und des § 1 AStG, der eine Berichtigung der Einkünfte eines Steuerpflichtigen aus Geschäftsbeziehungen zum Ausland mit einer ihm nahe stehenden Person vorsieht, sofern die

[876] Vgl. Meichelbeck (1998), S. 219; IDW (2002), S. 1002. Siehe zur Feststellung von Beziehungen zu nahe stehenden Personen und der Geschäftsvorfälle mit nahe stehenden Personen im Rahmen der Abschlussprüfung den IDW Prüfungsstandard PS 255. Vgl. IDW (2003).

[877] Vgl. Ehrhardt/Nowak (2002), S. 339. „Educated economists can legitimately disagree on what is the "fair" transfer price of a certain asset or product. As a result, small deviations from the "fair" transfer price might be difficult or impossible to prove in court. If these small deviations are applied to large volume trade, however, they can easily generate sizeable private benefits. Similarly, it is easy to disagree over who is the best provider of an asset or product when the relationship might involve considerations of quality and price." Dyck/Zingales (2004), S. 540.

vereinbarten Bedingungen von denen abweichen, die voneinander unabhängige Dritte vereinbart hätten.[878]

Die genannten steuerlichen Regelungen dienen zur Ermittlung des tatsächlichen wirtschaftlichen Ergebnisses. *Verdeckte Gewinnausschüttungen* (§ 8 Abs. 3 S. 2 KStG) durch *Vermögensminderungen* (z.B. überhöhtes Gehalt) oder *verhinderte Vermögensmehrungen* (z.B. Gewährung eines zinslosen Darlehens, Verkauf von Wirtschaftsgütern zu marktunüblich niedrigen Preisen), die durch das Gesellschaftsverhältnis veranlasst sind, führen dazu, dass eine Körperschaft einen zu niedrigen Jahresüberschuss ausweist.[879] Dabei ist eine *verdeckte Gewinnausschüttung* in Höhe der Differenz zwischen dem vereinbarten Entgelt und dem Entgelt anzunehmen, das ein ordentlicher und gewissenhafter Geschäftsleiter für Leistungen des Gesellschafters gezahlt bzw. für Leistungen der Kapitalgesellschaft gefordert hätte.[880] Als Konsequenz der Unangemessenheit sind diese *verdeckten Gewinnausschüttungen* dem Einkommen der Körperschaft zwecks Steuerberechnung hinzuzurechnen.

Bei Betriebsprüfungen werden insbesondere steuerliche Überprüfungen der internationalen Einkommens- und Vermögensabgrenzungen und der Einkommensverwendung vorgenommen. Beurteilungsmaßstab der Angemessenheit ist überlicherweise der *Fremdvergleichsgrundsatz* (*dealing at arm's length-Prinzip*). Dem Fremdvergleich liegt die Frage zugrunde, ob ein ordentlicher und gewissenhafter Geschäftsleiter einer unabhängigen Gesellschaft das fragliche Rechtsgeschäft zu denselben Bedingungen abgeschlossen hätte.[881]

---

[878] Vgl. IDW (2006), S. 708 Rn. 972; siehe zur Kommentierung von § 1 AStG Flick/Wassermeyer/Baumhoff (2006).
[879] Vgl. Tipke/Lang (2005), S. 407.
[880] Vgl. BFH I R 137/73 v. 19.3.1975.
[881] Vgl. Wiedemann/Fleischer (1998), S. 963.

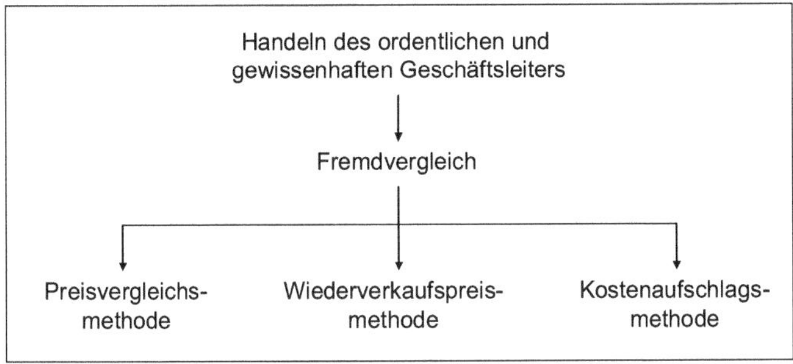

Abbildung 46: **Standardverrechnungspreismethoden**[882]

Zur Bestimmung des angemessenen Verrechnungspreises haben sich in der Praxis drei Methoden herausgebildet, die auch für Unternehmensbewertungszwecke Verwendung finden können:[883]

- Die *Preisvergleichsmethode* zieht Marktpreise als Maßstab für die innerkonzernlichen Leistungsverrechnungen heran. Dabei wird zwischen dem inneren und dem äußeren Preisvergleich unterschieden. Der innere Preisvergleich stellt einen Vergleich mit Marktpreisen, die ein Konzernunternehmen mit fremden Dritten vereinbart hat, an. Der äußere Preisvergleich sieht einen Vergleich mit Marktpreisen vor, die anhand von Börsennotierungen, branchenüblichen Preisen oder Abschlüssen unter voneinander unabhängigen Dritten festgestellt werden.

- Die *Wiederverkaufspreismethode (Absatzpreismethode)* ist anwendbar, wenn ein verbundenes Unternehmen einem nahe stehenden Unternehmen Lieferungen und Leistungen erbringt und diese Lieferungen danach an Fremde weiterveräußert werden. Der Marktpreis ergibt sich dabei durch retrograde Ermittlung aus dem Wiederverkaufspreis gegenüber Fremden im Wege der Spannenrückrechnung. Dabei wird von dem Verkaufspreis ausgegangen, der einem unabhängigen Dritten für die Endleistung in Rechnung gestellt würde. Der angemessene Verrechnungspreis wird durch Subtraktion bestimmt:

[882] Vgl. Breithecker (1999), S. 328.
[883] Vgl. Baumhoff (1998), S. 339-342; Meichelbeck (1998), S. 219; Wiedemann/Fleischer (1998), S. 963; Sieker (1998), S. 930-934; Theisen (2000), S. 468, 587 ff.; 604-606 m.w.N.; IDW (2006), S. 707-712 Rn. 972-988.

Marktpreis bei Wiederverkauf an Fremde
- marktübliche Handelsspanne des Wiederverkäufers
= angemessener Verrechnungspreis

- Die *Kostenaufschlagsmethode* zieht den Selbstkostenpreis zuzüglich eines angemessenen Gewinnzuschlags zur Ermittlung des angemessenen Verrechnungspreises heran. Die Kosten sollen dabei anhand von Kalkulationsmethoden ermittelt werden, die der Liefernde oder Leistende auch seiner Preispolitik gegenüber Fremden zugrunde legt bzw. die betriebswirtschaftlichen Grundsätzen entsprechen.

Die folgende Grafik zeigt auf, welche dieser Verrechnungspreismethoden zur Bestimmung der angemessenen Gegenleistung für bestimmte Leistungsarten verwendet werden.

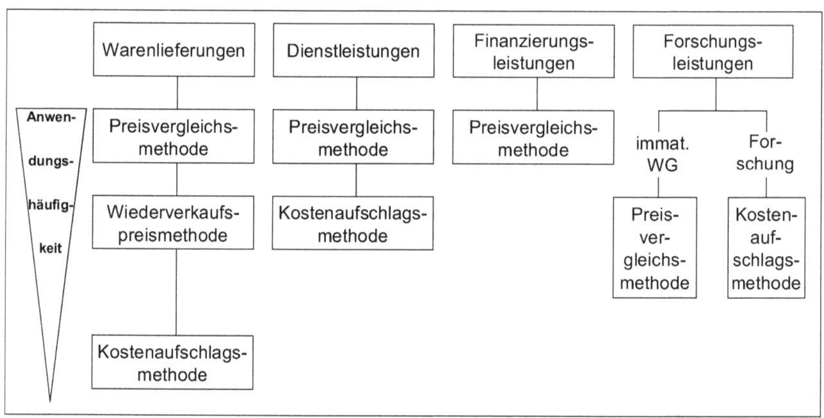

***Abbildung 47:* Verrechnungspreismethoden für ausgewählte Leistungsarten**[884]

VII. 2.3.2.2.4 Probleme bei der Ergebnisbereinigung

Trotz der umfangreichen Literatur und Rechtsprechung zur Verrechnungspreisgestaltung stellt sich deren Verwendung in der Praxis im Steuer- und Gesellschaftsrecht als überaus schwierig dar und bietet demnach weiterhin gewisse Spielräume, die ein

[884] Vgl. Breithecker (1999), S. 330.

Konzernunternehmen bzw. ein Mehrheitsaktionär zum eigenen Vorteil und zum Nachteil der Finanzbehörden und Minderheitsgesellschafter ausnutzen kann.[885] Als problematisch stellt sich bei der Ermittlung von Verrechnungspreisen insbesondere dar, dass ihre Anwendung nur selten zu eindeutigen Ergebnissen führt, so dass oft nur Bandbreiten des angemessenen Preises festgestellt werden können.[886]

Eine weitere Schwierigkeit neben der Bestimmung des fairen Verrechnungspreises besteht bei der Erfassung nicht-pekuniärer Sondervorteile. Sie sind schwer auszumachen, oft nicht quantifizierbar und nicht objektivierbar, so dass sie im Weiteren ausgeblendet werden. Im Folgenden werden pekuniäre Sondervorteile, die sich durch eine hohe Übertragbarkeit im Fall eines Kaufs auszeichnen, näher untersucht.[887] EHRHARDT/NOWAK beschreiben diese Sondervorteile als Self-Dealing Transaktionen, die finanzielle Vorteile darstellen und direkt aus einem Vermögenstransfer vom Unternehmen zu denjenigen, die das Unternehmen kontrollieren, resultieren.[888] Sie sehen diese Handlungen als Diebstahl an: „i.e., this is really "stealing" money from the other shareholders."[889]

Wie im Folgenden dargelegt wird, sind auch dem DEUTSCHEN CORPORATE GOVERNANCE KODEX bewertungsrelevante Aspekte und Angemessenheitsmaßstäbe zu entnehmen. Der Kodex trägt u.a. dazu bei, Lücken in der *organschaftlichen Treuepflicht* zu schließen.[890] Er beinhaltet die folgenden Themenbereiche: Aktionäre und Hauptversammlung, Zusammenwirken von Vorstand und Aufsichtsrat, Vorstand, Aufsichtsrat, Transparenz und Rechnungslegung und Abschlussprüfung.[891] Als problematisch ist hingegen anzusehen, dass der Kodex sich hauptsächlich auf die Zusammenarbeit zwischen Aufsichtsrat und Vorstand fixiert, statt die Kontrolle von Großaktionären ausreichend zu beachten.[892] Dabei stellt dieser Problembereich einen wesentlichen Aspekt der Corporate Governance-Thematik dar.

[885] Vgl. Wiedemann/Fleischer (1998), S. 964, 976.
[886] Vgl. Baumhoff (2005).
[887] Vgl. Ehrhardt/Nowak (2003), S. 8f; Kapitel III. 2.3.2.2.
[888] Vgl. Ehrhardt/Nowak (2003), S. 8.
[889] Ehrhardt/Nowak (2003), S. 8.
[890] Vgl. Fleischer (2003), S. 1045.
[891] Vgl. Deutscher Corporate Governance Kodex (2007).

Im Folgenden werden nun wesentliche Corporate Governance-Problembereiche beleuchtet und im Hinblick auf notwendige Bereinigungsmaßnahmen untersucht.

VII. 2.3.2.3 Unangemessene Entlohnung des Managements

Nach § 87 Abs. 1 AktG hat der Aufsichtsrat bei der Festsetzung der Gesamtbezüge des einzelnen Vorstandsmitglieds dafür zu sorgen, dass die Gesamtbezüge in einem angemessenen Verhältnis zu den Aufgaben des Vorstandsmitglieds und zur Lage der Gesellschaft stehen.[893] Eine Konkretisierung des Angemessenheitserfordernisses ist dem DEUTSCHEN CORPORATE GOVERNANCE KODEX zu entnehmen.[894] Demnach bilden insbesondere die Aufgaben des jeweiligen Vorstandsmitglieds, seine persönliche Leistung, die Leistung des Vorstands sowie die wirtschaftliche Lage, der Erfolg und die Zukunftsaussichten des Unternehmens unter Berücksichtigung seines Vergleichsumfelds Kriterien für die Angemessenheit der Vergütung.[895] Dabei umfasst die Gesamtvergütung der Vorstandsmitglieder die monetären Vergütungsteile, die Versorgungszusagen, die sonstigen Zusagen, insbesondere für den Fall der Beendigung der Tätigkeit, Nebenleistungen jeder Art und Leistungen von Dritten, die im Hinblick auf die Vorstandstätigkeit zugesagt oder im Geschäftsjahr gewährt wurden.[896] Die monetären Vergütungsteile der Vorstandsmitglieder sollen dabei fixe und variable Bestandteile umfassen, die alle für sich und insgesamt angemessen sein müssen.

Diese Regelung dient dem Schutz der Gesellschaft, ihrer Aktionäre und Gläubiger vor übermäßig hohen Bezügen.[897] Die Regelung des § 87 Abs. 1 AktG gilt aber als

[892] Vgl. Wackerbarth (2005a), S. 709. Auch Albach kritisiert, dass es bemerkenswert ist, dass der Deutsche Corporate Governance Kodex das Wort „Kleinaktionär" und „Minderheitsrechte" nicht kennt. Vgl. Albach (2003), S. 373.

[893] Vgl. Thüsing (2003a); ders. (2003b); Kort (2005) und Fleischer (2005b) zur Angemessenheit von Vorstandsvergütungen gemäß § 87 AktG und dem Deutschen Corporate Governance Kodex und unter Berücksichtigung neuer Entwicklungen infolge des Mannesmann-Urteils. Siehe auch Lutter (2003) und Spindler (2004) zur Vorstandsvergütung und ihren Schranken.

[894] Vgl. Deutscher Corporate Governance Kodex (2007), Tz. 4.2.2 bis 4.2.4.

[895] Vgl. Deutscher Corporate Governance Kodex (2007), Tz. 4.2.2. Die Problematik der Managemententlohnung für die Corporate Governance beschreibt das CFA Institute wie folgt: „The manner in which executive management is compensated can affect Shareowner value in a number of ways. A flawed compensation program may encourage executives to make decisions that generate additional compensation to them through short-term gains, rather than implement an appropriate strategy that focuses on long-term growth. It also could dilute the ownership positions of existing Shareowners. On the other hand, an appropriately designed program can create incentives for Company executives to generate positive results for Shareowners." CFA Institute (2005), S. 26.

[896] Vgl. Deutscher Corporate Governance Kodex (2007), Tz. 4.2.3.

[897] Vgl. Fleischer (2005b), S. 1279.

ein *dead letter law*, also ein totes Recht, das in den Büchern steht, aber die Praxis nicht beeinflusst.[898] Eine gesetzliche Konkretisierung des Angemessenheitserfordernisses gilt als kaum möglich.[899] Letztlich gilt die Marktüblichkeit als Maßstab für Angemessenheit.

Neben Vorgaben zur Vergütung des Vorstands sind auch Regelungen zur Vergütung der Aufsichtsratsmitglieder vorgesehen (§ 113 AktG; Deutscher Corporate Governance Kodex Tz. 5.4.7).[900] Dabei wird die Vergütung der Aufsichtsratsmitglieder durch Beschluss der Hauptversammlung oder in der Satzung festgelegt. Sie muss der Verantwortung und dem Tätigkeitsumfang der Aufsichtsratsmitglieder gerecht werden und die wirtschaftliche Lage und den Erfolg des Unternehmens berücksichtigen.

In den letzten Jahren war ein steiler Anstieg der Managerbezüge zu verzeichnen.[901] Hinzu kommt die Beobachtung, dass die stark angestiegenen Vorstandsbezüge oft mit schlechten Ergebnissen und stark sinkenden Börsenkursen einhergehen.[902] Daher stellt sich die Frage, ob diese Entwicklung auf Marktversagen zurückzuführen ist oder ob sie sich innerhalb des marktlichen Modellrahmens erklären lässt.[903] Dieser Aspekt ist Gegenstand einer umfangreichen Diskussion, die noch kein abschließendes Urteil erlaubt.[904]

---

[898] Vgl. Thüsing (2003a), S. 1612.

[899] Vgl. Spindler (2004), S. 41; Kort (2005), S. 336; Fleischer (2005b), S. 1281.

[900] Vgl. Mäger (1999); Peltzer (2004), S. 111; Ringleb et al. (2005), S. 239 ff. Siehe zur Gestaltung der Aufsichtsratsvergütung das Modell von Towers Perrin und dem Deutschen Aktieninstitut: DAI (2003).

[901] Vgl. Adams (2002); Bebchuk/Fried (2004), S. 61 ff.; Fleischer (2005b), S. 1279.

[902] Vgl. Peltzer (2004), S. 59.

[903] Vgl. Fleischer (2005b), S. 1279.

[904] Vgl. Adams (2002) und Bebchuk/Fried (2004), S. 61 ff. sehen die Entwicklung als ein Zeichen von Marktversagen bzw. ein Versagen der Unternehmenskontrollstrukturen. Kaserer/Wagner zeigen, dass das Vergütungsniveau umso höher ausfällt, je größer der Streubesitz ist. Zudem war der Anstieg in der Vorstandsvergütung während der neunziger Jahre bei Unternehmen mit hohem Streubesitz deutlich höher als bei Unternehmen mit niedrigem Streubesitz. Sie kommen zu dem Schluss, dass die Festsetzung der Vergütungsstrukturen das Ergebnis eines Prinzipal-Agenten-Konflikts ist. Vgl. Kaserer/Wagner (2004). Auch Core/Holthausen/Larcker haben ermittelt, dass Unternehmen mit einer schwachen Corporate Governance den CEO höher bezahlen. Vgl. Core/Holthausen/Larcker (1999). Kritisch äußern sich dazu hingegen Snyder (2003) und Gordon (2005). Heron/Lie konnten in ihrer Untersuchung zeigen, dass viele Unternehmen den in den Optionen garantierten Aktienpreis nachträglich bestimmt haben. Durch diese Methode werden hohe sichere Gewinne für die Manager erzielt, die unabhängig von der eigenen Leistung sind, da der Marktpreis bereits zum Zeitpunkt der Vergabe der Option bereits über dem Optionspreis lag. Vgl. Heron/Lie (2006). Albach weist darüber hinaus auf die Problematik überhöhter Gehälter in der kleinen Aktien-

Die Problematik der Transparenz und Angemessenheit von Vorstandsvergütungen wird im VorstOG aus dem Jahr 2005 behandelt, das alle börsennotierten Kapitalgesellschaften zu einer detaillierten Offenlegung der Vorstandsbezüge zwingt.[905] Damit soll u.a. die Beurteilung der Angemessenheit der Vergütung nach § 87 Abs. 1 AktG erleichtert werden, und es soll ein Druck ausgeübt werden, der zu einer Disziplinierung der Manager führt und eine leistungsorientierte Anreizsetzung bewirkt.[906] Der Einzelausweis der Vorstandsvergütung kann dazu beitragen, die Kontrollfunktion der Aktionäre zu stärken, um der Problematik beizukommen, dass bei Gehaltsverhandlungen zwischen Aufsichtsrat und Vorstandsmitgliedern zuweilen ein natürlicher Interessengegensatz fehlt (back scratching).[907] Hingegen wurden weiterreichende Vorschläge, die dem steilen Anstieg der Vorstandsbezüge durch gesetzliche Obergrenzen Einhalt gebieten wollen, mit Stillschweigen abgewiesen.[908] Das VorstOG weist auf ein Misstrauen gegenüber den aktienrechtlichen Institutionen hin, da die Regelung des § 87 Abs. 1 AktG nicht auszureichen erscheint, um die Gesamtbezüge in einem angemessenen Verhältnis zu den Aufgaben des Vorstandsmitglieds und zur Lage der Gesellschaft zu halten.[909] Darüber hinaus wird die Kodexempfehlung (Deutscher Corporate Governance Kodex Tz. 4.2.2 bis 4.2.4) in den Hintergrund treten.

PELTZER betont aber, dass es ein Irrtum wäre anzunehmen, „die Gewährung exzessiver Vergütung sei nicht justiziabel."[910] Die Angemessenheit nach § 87 AktG ist ein unbestimmter Rechtsbegriff. Über die Frage, ob die Gesamtbezüge angemessen sind, hat demnach der Richter zu entscheiden.[911] Die Angemessenheit der Vergütung kann unter Zuhilfenahme steuerlicher Vergleichsgrößen oder von Gehaltsstudien, die einen Überblick über die marktübliche Vergütung verschaffen, beurteilt werden.[912] Steuerliche Maßstäbe zur Angemessenheit der Vergütung liefert die Recht-

---

gesellschaft hin, bei der der Vorstand und Aufsichtsrat so eng zusammenarbeiten, dass faktisch ein Board-System vorliegt. Vgl. Albach (2003), S. 372.

905 Vgl. Fleischer (2005c); Fallgatter (2006).

906 Kritisch zur Zielsetzung, dass die Vergütungstransparenz die Vergütungshöhe (senkend) beeinflusst, äußert sich Fallgatter (2006), S. 208f.

907 Vgl. Thüsing (2003b), S. 466; Fleischer (2005c), S. 1612.

908 Vgl. Fleischer (2005c), S. 1611.

909 Vgl. Fallgatter (2006), S. 209.

910 Peltzer (2004), S. 60; siehe auch Fleischer (2005b), S. 1282; Lücke (2005), S. 697.

911 Vgl. Peltzer (2004), S. 60.

912 Vgl. Erhart/Lücke (2007), S. 185. Die Problematik der Angemessenheit der Managementvergütung wird auch von den Corporate Governance-Ratingagenturen als Ratingkriterium erfasst. Die Ratingagentur The Corporate Library stellt mehrere Gehaltsaspekte heraus, die das Rating negativ beeinflussen: ein CEO Grundgehalt von über einer Mio. $; ein CEO Bonus, der das Doppelte des

sprechung zur *verdeckten Gewinnausschüttung* für GmbH-Geschäftsführer (§ 8 Abs. 3 S. 2 KStG), die aber bis jetzt noch nicht auf § 87 Abs. 1 AktG übertragen worden sind.[913] Als Beurteilungsmaßstab für die Angemessenheit der Gesamtbezüge eines Gesellschafter-Geschäftsführers bietet sich auch das steuerrechtliche Prüfungsschema der Finanzverwaltung an, wobei eine Prüfung danach erfolgt, ob die Vergütungsbestandteile dem Grunde nach und der Höhe nach als durch das Gesellschaftsverhältnis veranlasst anzusehen sind.[914] Der BUNDESFINANZHOF befürwortet hingegen eine Einzelfallbeurteilung durch Schätzung statt einer pauschalierenden Beurteilung der Vergütung.[915] Der Bereich des Angemessenen kann sich demnach auf eine Bandbreite von Beträgen erstrecken. Unangemessen sind danach nur diejenigen Beträge, die den oberen Rand dieser Bandbreite übersteigen.

Fremdvergleichsmaßstäbe bieten auch marktbezogene Vergütungsvergleiche (z.B. BBE-Studien, Kienbaum-Gehaltsstrukturuntersuchungen), die auch bei gerichtlichen und außergerichtlichen Auseinandersetzungen Verwendung finden.[916] Bei diesen Untersuchungen konnten folgende bedeutende Determinanten der Vergütungsbemessung für die Festbezüge ermittelt werden: die Unternehmensgröße, die Ertragslage und der hierarchische Rang. Auch haben sich Tantiemeregelungen und die Zahlung bestimmter betrieblicher Zusatzleistungen etabliert. Die Kienbaum-Untersuchungen konnten auch bestimmte typische Verhältnisgrößen ermitteln, die sich über einen langen Zeitraum kaum verändert haben, so z.B. zwischen den monetären Gesamtbezügen der leitenden Angestellten und denen der Geschäftsführer mit einem Verhältnis von 1:2.[917]

Jahresgehalts beträgt; eine sinkende Anzahl der durch den CEO gehaltenen Aktien; exzessive Anzahl von Stock Options in der Hand des CEO; hohe Vergütungszahlungen für Steuern oder Freizeitaktivitäten. „Broadly speaking, compensation policies and practices that reward management with little regard for shareholder interests indicate a weak, ineffective board. Policies that tie both short- and long-term management compensation closely to shareholder returns suggest a strong, effective board." www.thecorporatelibrary.com.

[913] Vgl. Thüsing (2003a), S. 1612; Spindler (2004), S. 41; Fleischer (2005b), S. 1283; Erhart/Lücke (2007).

[914] Vgl. BMF-Schreiben v. 14.10.2002 - IV A 2 - S 2742 - 62/02.

[915] Vgl. BFH I R 24/02 v. 4.6.2003.

[916] Vgl. Tänzer (2004); Erhart/Lücke (2007), S. 185; Janssen (2007).

[917] Vgl. Evers/Grätz/Näser (1997), S. 92.

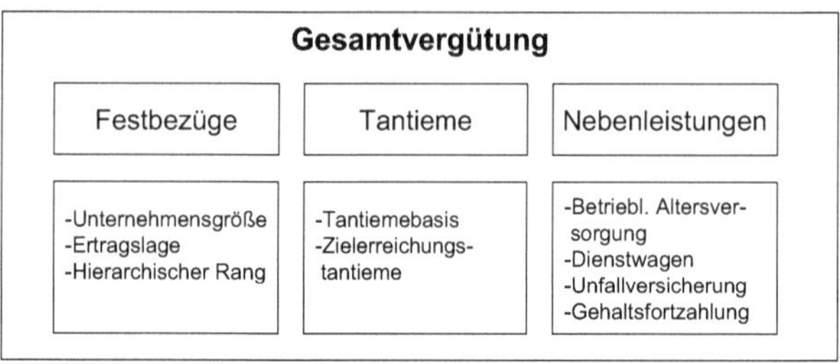

Abbildung 48: **Determinanten der Vergütungsbemessung**[918]

Die obigen Ausführungen zeigen, dass die Angemessenheit der Vergütung ein wesentlicher Problembereich der Corporate Governance-Thematik ist und damit auch bei Unternehmensbewertungen, sofern eine Unangemessenheit der Vergütung festgestellt wurde, zu bereinigen ist. Es wurden mehrere Kriterien und Beurteilungsmaßstäbe dargestellt, die eine Einzelfallwürdigung zur Angemessenheit der Vergütung ermöglichen. Dabei ist eine ergebniserhöhende Hinzurechnung der überhöhten Vergütungsbestandteile vorzunehmen.

VII. 2.3.2.4 Betriebsfremde Nutzung bzw. Aneignung von betrieblichen Ressourcen

Die Nutzung betrieblicher Ressourcen für private Zwecke der Unternehmensinsider bewirkt, dass diese Ressourcen nicht zur Generierung von unternehmerischen Erträgen zur Verfügung stehen.[919] Dabei gilt es, zwischen einseitig in Anspruch genommenen Sach-, Dienst- oder Nutzungsleistungen und einvernehmlich gewährten Zusatzleistungen zu unterscheiden.[920] Als treuwidrig kann u.a. die unentgeltliche Heranziehung von Angestellten der Gesellschaft für private Bauarbeiten, die Möblierung der Privatvilla auf Firmenkosten oder die Privatnutzung des Dienstwagens oder von Firmenflugzeugen gewertet werden.[921]

Daher kann die betriebsfremde Nutzung bzw. Aneignung von betrieblichen Ressourcen eine Übervorteilung der Aktionäre, insbesondere der Minderheitsaktionäre be-

[918] Vgl. Tänzer (2004).
[919] Vgl. CFA Institute (2005), S. 25.
[920] Vgl. Fleischer (2003), S. 1056.
[921] Vgl. Yermack (2005) zu den Auswirkungen der Nutzung von Firmenflugzeugen zu privaten Zwecken des Managements auf den Marktwert von Unternehmen.

deuten, die im Rahmen der Bereinigung der Erfolgsrechnung zu korrigieren ist, so dass eine Gleichbehandlung aller Aktionäre gewährleistet wird. Dabei gilt es die Vorgänge zu identifizieren, bei denen Unternehmensressourcen betriebsfremd genutzt bzw. angeeignet werden und die Auswirkungen dieser Handlungen zu quantifizieren. Dabei ist die erzielbare Vergütung für die Nutzung oder Überlassung maßgeblich, die anhand der folgenden Grundsätze zu bemessen ist.

Bei Warenlieferungen werden als Verrechnungspreise die Preise angesehen, die fremde Dritte für Leistungen gleichartiger Güter in vergleichbaren Mengen vereinbart hätten. Dabei findet üblicherweise die *Preisvergleichsmethode* Anwendung.[922] Auch bei marktgängigen Dienstleistungen findet üblicherweise die *Preisvergleichsmethode* Verwendung.[923] Sofern Dienstleistungen hingegen nicht marktgängig und nicht weiterveräußerbar sind, wird die *Kostenaufschlagsmethode* angewendet.

Auch bei einer Überlassung von immateriellen Wirtschaftsgütern (z.B. Patenten, Gebrauchsmustern, Warenzeichen und Know How) ohne angemessenes Entgelt liegt eine Übervorteilung der Minderheitsaktionäre vor, die anhand des *Fremdvergleichsgrundsatzes* zu quantifizieren ist.[924] Sofern diese Rechte allein bzw. gesondert übertragen werden können, kommt die *Preisvergleichsmethode* in Betracht. Sofern bei immateriellen Wirtschaftsgütern vergleichbare Marktdaten nicht verfügbar sind, wird die *Kostenaufschlagsmethode* angewendet oder auf die individuellen Nutzenerwartungen abgestellt, wobei eine Ermittlung des Werts anhand der zukünftigen Ertragschancen erfolgt.

VII. 2.3.2.5 Eigengeschäfte mit der Gesellschaft

Bei Eigengeschäften des Managements oder eines Großaktionärs mit der Gesellschaft (Related-Party Transactions) besteht die Gefahr der Selbstbedienung auf

[922] Vgl. Günkel (1996), S. 846; Wiedemann/Fleischer (1998), S. 973f.
[923] Vgl. Baumhoff (1994), S. 37-40; Günkel (1996), S. 846; Sieker (1998), S. 946; Wiedemann/Fleischer (1998), S. 974.
[924] Vgl. Günkel (1996), S. 847; Wiedemann/Fleischer (1998), S. 975f.

Kosten der Gesellschaft.[925] Typische Eigengeschäfte des Managements oder eines Großaktionärs mit dem Unternehmen sind:[926]

- Lieferung von Waren oder Erbringung von Dienstleistungen durch das Management oder einen Aktionär an das Unternehmen bzw. durch das Unternehmen an einen Aktionär oder das Management
- Leasing von Vermögensgegenständen vom Unternehmen durch das Management oder einen Aktionär bzw. durch das Unternehmen an einen Aktionär oder das Management
- Die Zahlung von Lizenzgebühren für die Nutzung immaterieller Wirtschaftsgüter durch das Unternehmen an das Management oder einen Aktionär.

Diese Eigengeschäfte ermöglichen durch eine Preisgestaltung, die nicht den *Fremdvergleichsgrundsätzen* entspricht, eine Bereicherungsmöglichkeit für das Management bzw. für Großaktionäre. Trotz der Selbstbedienungsgefahr des Managements und der Aktionäre auf Kosten der Gesellschaft hat sich in Deutschland kein generelles Verbot von Eigengeschäften durchgesetzt, da Geschäfte zwischen der Gesellschaft und den Geschäftsleitern auch im Gesellschaftsinteresse sein können, z.B. wenn der Geschäftsleiter über ein wichtiges Patent oder ein wertvolles Grundstück verfügt oder ein benötigtes Darlehen zur Verfügung stellt.[927]

Der DEUTSCHE CORPORATE GOVERNANCE KODEX sieht vor, dass alle Geschäfte zwischen dem Unternehmen einerseits und den Vorstandsmitgliedern sowie ihnen nahe stehenden Personen oder ihnen persönlich nahe stehenden Unternehmungen andererseits branchenüblichen Standards zu entsprechen haben.[928] Folglich müssen Eigengeschäfte des Geschäftsführers mit der Gesellschaft fair und angemessen sein (*dealing at arm's length-Prinzip*).[929] Die Gesellschaft soll sich nicht anders verhalten, als ob auf der anderen Seite ein unabhängiger Dritter stünde.[930] Das Geschäft soll

[925] Vgl. Fleischer (2003), S. 1051 ff.; Albach (2003), S. 372; CFA Institute (2005), S. 16f.
[926] Vgl. Lamba/Stapledon (2001), S. 20.
[927] Vgl. Fleischer (2003), S. 1051 ff.
[928] Vgl. Deutscher Corporate Governance Kodex (2007), Tz. 4.3.4.
[929] Vgl. Fleischer (2003), S. 1052; Peltzer (2004), S. 81.
[930] Vgl. Peltzer (2004), S. 81; Ringleb et al. äußern hingegen, dass die Geschäfte der Vorstandsmitglieder mit dem Unternehmen branchenüblichen Standards entsprechen sollen, nicht aber Standards wie unter unbeteiligten Dritten gleichen sollen. Damit will der Kodex etablierte Vorzugsbedingungen, die das Unternehmen seinen Organen und Mitarbeitern einräumt, auch weiterhin möglich sein lassen. Vgl. Ringleb et al. (2005), S. 200.

also nur abgeschlossen werden, wenn die Gesellschaft daran Interesse hat und wenn die Konditionen marktüblich sind. Sofern das Eigengeschäft dem *Fremdvergleich* hingegen nicht standhält, liegt eine *Treuepflichtverletzung* vor.[931]

Bei der Ermittlung der Erfolgsrechnung ist daher der Betrag, der nicht branchenüblichen Standards entspricht, werterhöhend zu erfassen. Dabei bietet es sich an, auf die Ermittlungsmethoden zur Bestimmung der angemessenen Verrechnungspreise gemäß dem *Fremdvergleichsgrundsatz* zurückzugreifen. Dabei ist, in Abhängigkeit vom Gegenstand des Eigengeschäfts (Warenlieferungen, Dienstleistungen, Finanzierungsleistungen, immaterielle Wirtschaftsgüter), auf die im Rahmen der betriebsfremden Nutzung bzw. Aneignung von betrieblichen Ressourcen dargestellten Verrechnungspreismethoden zurückzugreifen.

VII. 2.3.2.6 Die Vergabe vergünstigter Darlehen durch das Unternehmen

Die Regelung der §§ 89 Abs. 1 und 115 Abs. 1 AktG (Deutscher Corporate Governance Kodex Tz. 3.9), die die Kreditgewährung an Vorstandsmitglieder und Aufsichtsratsmitglieder von einer Einwilligung des Aufsichtsrats abhängig macht, dient dazu, Missständen entgegenzuwirken, die bei der Kreditgewährung auftreten können, insbesondere in Hinblick auf die Verzinsung und die Rückzahlungsmodalitäten.[932]

Ausländische Studien haben gezeigt, dass die Vergabe von Krediten an das Management oder an Großaktionäre oft zu Zinssätzen erfolgt, die unterhalb des Marktzinses liegen.[933] Als Folge der gravierenden Auswirkungen der exzessiven Kreditgewährung an Manager in den USA ist im Sarbanes-Oxley Act aus dem Jahr 2002 die Vergabe von Krediten an das Management mit wenigen Ausnahmen untersagt worden.[934] Diese Regelung ist auch von deutschen Unternehmen mit einer Börsennotierung in den USA zu beachten.

---

[931] Vgl. Fleischer (2003), S. 1052.

[932] Vgl. Fleischer (2003), S. 1054; Fleischer (2004); Peltzer (2004), S. 82; Ringleb et al. (2005), S. 139 ff.

[933] Vgl. La Porta/López-de-Silanes/Zamarripa (2003), S. 231; Kahle/Shastri (2004), S. 791; Grinstein/ Palvia (2006), S. 2.

Die Vergabe von Krediten an das Management zu vergünstigten Konditionen wird auf Mängel in der Corporate Governance zurückgeführt. Es konnte gezeigt werden, dass bei Unternehmen mit einer geringen Eigentümerkonzentration und die sich einem schwachen Wettbewerb ausgesetzt sehen, die Wahrscheinlichkeit höher ist, dass Kredite an das Management vergeben werden.[935] Folglich sind Agency-Konflikte eine Ursache für die Kreditvergabe an das Management. Die Kreditvergabe an das Management stellt sich daher als eine Form des Eigengeschäfts dar, mittels dessen Manager Sondervorteile erlangen können, ohne auf die Zustimmung der Aktionäre angewiesen zu sein.[936]

Diese Ausführungen zeigen, dass die Vergabe vergünstigter Darlehen durch das Unternehmen an das Management oder einen Großaktionär im Rahmen der Bereinigung der Erfolgsrechnung zu berücksichtigen ist, indem der entstandene Zinsverlust dem Ergebnis hinzuzurechnen ist. Anhaltspunkte, um die Angemessenheit der Zinshöhe zu überprüfen, bieten die Verrechnungspreisstandards. Sie sehen den am Geldmarkt geforderten Zins als Anhaltspunkt vor.[937] Dabei ist eine Bandbreite für den angemessenen Zins zwischen den banküblichen Habenzinsen als Untergrenze und den banküblichen Sollzinsen als Obergrenze zulässig. Die Prüfung des Einzelfalls umfasst insbesondere die Kredithöhe und Laufzeit, Art und Zweck des Kredits und die Sicherheiten und Kreditwürdigkeit des Schuldners.

VII. 2.3.2.7 Wettbewerbsverbot und Geschäftschancenlehre

Dem Geschäftsführer ist es als Ausfluss der *Treuepflicht* entsprechend den § 88 AktG und §§ 112, 113 HGB untersagt, im Tätigkeitsbereich der Gesellschaft Geschäfte zu machen oder sich an einer gleichartigen Gesellschaft mit Geschäftsführungsbefugnissen zu beteiligen (Wettbewerbsverbot). Auch der DEUTSCHE CORPORATE GOVERNANCE KODEX betont, dass Vorstandsmitglieder während ihrer Tätigkeit für das Unternehmen einem umfassenden Wettbewerbsverbot unterliegen.[938] Im weiteren Sinne umfasst dies auch die Pflicht, Erwerbschancen einer Gesellschaft nur für

---

[934] Vgl. Sec. 402 des Sarbanes-Oxley Act of 2002.
[935] Vgl. Grinstein/Palvia (2006), S. 3f.
[936] Vgl. Grinstein/Palvia (2006), S. 2f.
[937] Vgl. Günkel (1996), S. 847; Wiedemann/Fleischer (1998), S. 975; Sieker (1998), S. 945.
[938] Vgl. Deutscher Corporate Governance Kodex (2007), Tz. 4.3.1.

die Gesellschaft wahrzunehmen und nicht für sich persönlich oder zugunsten Dritter auszunützen.[939] Auch unterliegen Unternehmen, die über einen beherrschenden Einfluss auf ein anderes Unternehmen verfügen, aufgrund der *Treuepflicht* einem Wettbewerbsverbot.[940]

Der Geschäftsführer und ein beherrschender Aktionär haben demnach bei ihrer Tätigkeit allein das Wohl der Gesellschaft zu verfolgen, so dass sie sämtliche aus ihrer Position fließenden Einwirkungsmöglichkeiten und Insiderkenntnisse nicht zum eigenen Vorteil ausnutzen dürfen.[941] Sofern gegen dieses Verbot verstoßen wird, kann die Gesellschaft Schadenersatz fordern bzw. kann verlangen, dass die für eigene Rechnung gemachten Geschäfte als für Rechnung der Gesellschaft eingegangen gelten und die aus Geschäften für fremde Rechnung bezogene Vergütung herausgegeben wird oder der Anspruch auf die Vergütung abgetreten wird (§ 88 Abs. 2 AktG).

Folglich ist bei Bewertungen zu untersuchen, ob es dementsprechende Verstöße gegen das Wettbewerbsverbot oder die Geschäftschancenlehre gegeben hat, durch die nicht alle Geschäftschancen zum Vorteil der Gesellschaft genutzt worden sind. Die dadurch entstandenen Einbußen sind bei der Bewertung werterhöhend zu berücksichtigen.

Unter steuerlichen Gesichtspunkten liegt bei einem Verstoß gegen ein Wettbewerbsverbot eine *verhinderte Vermögensmehrung* vor, sofern der Gesellschaft aufgrund der Tätigkeit des Gesellschafters ein Schadenersatzanspruch zusteht, der aber nicht von der Gesellschaft geltend gemacht wird, oder wenn der Gesellschafter eine Geschäftschance der Gesellschaft für sich nutzt, für die die Gesellschaft von einem Dritten ein Entgelt verlangen würde.[942]

Da ein tatsächlicher Fremdvergleich für Geschäftschancen aufgrund mangelnder Vergleichstransaktionen nicht durchgeführt werden kann, ist für die Bewertung ein

---

939 Vgl. Fleischer (1999), S. 1249; Fleischer (2003), S. 1054; Peltzer (2004), S. 78f, 80; Ringleb et al. (2005), S. 194f; Deutscher Corporate Governance Kodex (2007), Tz. 4.3.3, 5.5.1.
940 Vgl. Burgard (2000), S. 1051.
941 Vgl. Fleischer (1999), S. 1250.
942 Vgl. Tipke/Lang (2005), S. 412.

hypothetischer Fremdvergleich vorzunehmen.[943] Dabei ist auf die zukünftigen, kapitalisierten Gewinnauswirkungen der Geschäftschancen abzustellen.

VII. 2.3.2.8 Die Annahme von Zuwendungen Dritter

Eine treuwidrige Handlung eines Geschäftsführers liegt auch vor, wenn er sich anlässlich eines Vertragsschlusses für die Gesellschaft Provisionen versprechen lässt, Schmiergelder entgegen nimmt oder Vorzugspreise für sich aushandelt.[944] In diesem Sinne fordert auch der DEUTSCHE CORPORATE GOVERNANCE KODEX, dass Vorstandsmitglieder und Mitarbeiter im Zusammenhang mit ihrer Tätigkeit weder für sich noch für andere Personen von Dritten Zuwendungen oder sonstige Vorteile fordern oder annehmen dürfen oder Dritten ungerechtfertigte Vorteile gewähren dürfen.[945]

Sofern derartige treuwidrige Handlungen aufgedeckt werden können, sind die dadurch entstandenen Ertragseinbußen dem Ergebnis hinzuzurechnen, so dass die Konsequenzen dieser Handlungen sich nicht negativ auf den Unternehmenswert auswirken.

VII. 2.3.2.9 Bereinigung der Erfolgsrechnung

Die ausgeführten Problembereiche der Corporate Governance, die eine Übervorteilung der Minderheitsaktionäre bzw. aller Aktionäre bewirken können, indem das Management oder ein Großaktionär Kontrolldefizite zum eigenen Vorteil nutzen, sind im Rahmen des hier entwickelten Ansatzes in der Zählergröße im Unternehmensbewertungskalkül zu erfassen. Dabei kann anhand des folgenden Schemas vorgegangen werden:

[943] Vgl. Ditz (2006), S. 1628.
[944] Vgl. Fleischer (2003), S. 1056; Peltzer (2004), S. 79f; Ringleb et al. (2005), S. 195 ff.
[945] Vgl. Deutscher Corporate Governance Kodex (2007), Tz. 4.3.2.

Veränderungen	2003	2004	2005	2006
Ausgewiesener Gewinn	400	430	450	470
Korrekturposten				
Bereinigung der Umsatzerlöse um entgangene Erlöse (i.H.v. 13) aus der Lieferung von Waren zu vergünstigten Preisen	+13	+13	+13	+13
Bereinigung der sonstigen betrieblichen Erträge um entgangene Erträge (i.H.v. 3) aus der betriebsfremden Nutzung betrieblicher Ressourcen	+3	+3	+3	+3
Bereinigung der sonstigen betrieblichen Erträge um die Vergünstigung (i.H.v. 11) aus dem Vermögensverkauf zu vergünstigten Preisen	+11	+11	+11	+11
Bereinigung des Materialaufwands um unangemessene Bestandteile (i.H.v. 10) infolge des Erwerbs zu überhöhten Preisen	+10	+10	+10	+10
Bereinigung des Personalaufwands um unangemessene Vergütungsbestandteile (i.H.v. 15)	+15	+15	+15	+15
Bereinigung der Zinserträge um den Zinsverlust (i.H.v. 8) aus vergünstigten Darlehen an das Management oder den Großaktionär	+8	+8	+8	+8
bereinigtes Betriebsergebnis/Jahresüberschuss	+460	+490	+510	+530

***Abbildung 49:* Beispielhafte Bereinigung des Betriebsergebnisses**[946]

Eine alternative Möglichkeit, um die Bereinigungsmaßnahmen bei objektivierten Unternehmensbewertungen vorzunehmen, bietet das Abfindungsrecht des US-Bundesstaates Delaware. Dieses wird im Folgenden dargestellt und daraufhin analysiert, ob es Methoden und Prinzipien bietet, die die deutsche Bewertungspraxis bereichern können, insbesondere unter dem Gesichtspunkt der pauschalen Erfassung von Agency-Kosten bei Unternehmensbewertungen.

VII. 2.3.3 Berücksichtigung von Sondervorteilen im Abfindungsrecht Delawares

VII. 2.3.3.1 Die Abfindungsbemessung in der Rechtsprechung Delawares

Das Gesellschaftsrecht des US-Bundesstaates Delaware hat einen besonders hohen Stellenwert in den USA, da in ihm mehr als 50% der US-amerikanischen Publikumsgesellschaften inkorporiert sind und mehr als 60% der Fortune 500 Unternehmen.[947] Daher besteht auch eine umfangreiche und weit entwickelte Rechtsprechung zur Abfindungsbemessung.

---

[946] Vgl. Helbling (1998), S. 360; Henselmann (2005), S. 7f.
[947] Vgl. zum Stellwert des Gesellschaftsrechts Delawares und zu seinen Ursachen: Greenfield (2004).

Das Recht des US-Bundesstaates Delaware sieht üblicherweise zur Bemessung von Abfindungsbeträgen für ausscheidende Aktionäre eine Bewertung ihrer Anteile anhand von DCF-Verfahren und bzw. oder unter Verwendung von Multiplikatoren zur Bestimmung des Marktwertes der Unternehmensanteile vor.[948] Bei der dadurch erfolgenden Wertbestimmung von Minderheitsanteilen ist von einem Abschlag für die fehlende Möglichkeit der Einflussnahme auf die Unternehmenspolitik (*discounts for lack of control*) abzusehen.[949]

Da Börsenkurse aber üblicherweise einen Minderheitsabschlag beinhalten (*implicit minority discount*), wird bei der Wertermittlung auf Grundlage von Vergleichswerten unter Zuhilfenahme börsenkursbasierter Multiplikatoren, die i.d.R. auf Grundlage von EBITDA Multiplikatoren erfolgt, ein Zuschlag zum Ausgleich dieses impliziten Minderheitsabschlags befürwortet (*control premium*).[950] Folglich ist bei einer marktbasierten Bewertung eine Korrektur des Werts um einen Zuschlag vorzunehmen, um den Gesamtunternehmenswert zu ermitteln und somit eine gleichmäßige Bewertung von Minderheits- und Mehrheitsanteilen zu gewährleisten.[951]

Der DCF-Wert wird hingegen als ein Wert angesehen, der den vollen Wert darstellt und daher keiner Korrekturen durch Zu- und Abschläge bedarf (*pro rata value*). Ursächlich dafür ist, dass mittels der DCF-Verfahren zuerst der Gesamtwert eines Unternehmens ermittelt wird, aus dem dann anteilig der Beteiligungswert abgeleitet wird.

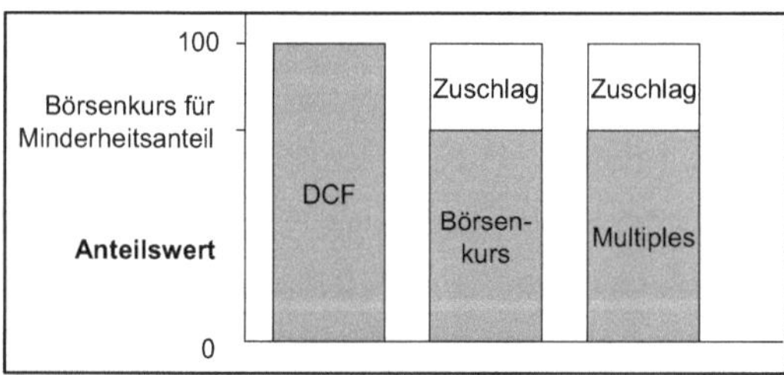

***Abbildung 50:* Verhältnis vom DCF-Wert zum Börsenkurs**

---

[948] Vgl. Matthews (2006), S. 48f.
[949] Vgl. Wertheimer (1998), S. 644, 654; Margolin/Kursh (2005), S. 433.
[950] Vgl. Wertheimer (1998), S. 646 ff.; Carney/Heimendinger (2003), S. 848; Margolin/Kursh (2005), S. 416; Matthews (2006), S. 47f; Hamermesh/Wachter (2007), S. 4.
[951] Vgl. Wertheimer (1998), S. 648f. Dieser Zuschlag ist vom Kontrollzuschlag bei der Bewertung von Mehrheitsanteilen zu unterscheiden. Vgl. Kapitel IV. 3.1.3.

Dieser Vorgehensweise liegt der Gedanke zugrunde, dass der *Fair Value* zum Zweck der Abfindungsbemessung dem anteiligen Wert des Unternehmenswerts unter einem fiktiven Alleingesellschafter entspricht.[952] Folglich müssen die Agency-Kosten, die bei einem Verkauf von Anteilen an dem Unternehmen entstehen, da das Management sein Kalkül verändert, in den Wert einberechnet werden.[953] Der *Fair Value*, der im Rahmen des Abfindungsverfahrens verwendet wird, wird so definiert, dass er den Wert eines Unternehmens darstellt, das keine Agency-Kosten aufweist.[954] Ein Minderheitsanteil ist daher der quotale Anteil des Werts eines fiktiven Alleingesellschafters ohne Agency-Kosten. Durch diese Maßgaben soll verhindert werden, dass opportunistisches Verhalten des Mehrheitsgesellschafters zu einer Übervorteilung der Minderheitsgesellschafter führt.

Die Anwendung der beschriebenen Bewertungsgrundsätze des Abfindungsrechts Delawares kommt aber auch nicht ohne die Verwendung von Schätzgrößen aus.[955] So wird der zu ermittelnde Zuschlag zum Ausgleich der Agency-Kosten, denen Minderheitsaktionäre ausgesetzt sind, i.d.R. durch die Differenz zwischen dem Aktienkurs für Anteile in kontrollvermittelnden Anteilspaketen (*Paketzuschlag*) und dem Marktpreis für Minderheitsanteile kurz vor Ankündigung des Kaufs bemessen. Folglich wird auf Transaktionen, bei denen eine Kontrollmehrheit erworben wird, zurückgegriffen, da sich aus diesen Fällen der Wert einer 100%-Beteiligung ableiten lässt. Dabei wird i.d.R. auf die von MERGERSTAT dokumentierten Paketzuschläge für das Jahr, in dem die Abfindungsbemessung erfolgt, Bezug genommen, wobei insbesondere versucht wird, auf Transaktionen zurückzugreifen, die branchengleiche Unternehmen betroffen haben.[956] Die so ermittelte Differenz kann die Höhe der Agency-Kosten insofern über- oder unterschätzen, als sie sowohl Synergieeffekte (Überschätzung) als auch einen möglichen Ankündigungseffekt einer anstehenden Übernahme (Unterschätzung) eingepreist hat. Ein Ankündigungseffekt kann zu einer Unterschätzung des Zuschlags führen, wenn der Preis vor Ankündigung der Übernahme bereits Übernahmeerwartungen beinhaltet.

[952] Vgl. Margolin/Kursh (2005), S. 434.
[953] Vgl. Kapitel III. 2.2.2.
[954] „Fair value must be defined as the value of a firm in the absence of managerial agency costs; the minority interest's *pro rata* share of a 100% equity interest." Margolin/Kursh (2005), S. 434.
[955] Vgl. Margolin/Kursh (2005), S. 435.

Die Urteile der letzten Jahre weisen eine Spanne für diesen Zuschlag (*control premium*) von 15 bis 30% auf, wobei mehrheitlich eine pauschale Anpassung des Minderheitswerts um einen Zuschlag von 30% vorgenommen wurde.[957]

Da die gesetzliche Regelung zur Bestimmung des *Fair Value* die Aussage enthält, dass Wertsteigerungen aus der Transaktion, die Anlass der Bewertung ist, bei der Ermittlung des *Fair Value* unberücksichtigt bleiben müssen, sind Synergieeffekte bei der Wertbestimmung auszuschließen.[958] Sofern nun die Beeinflussung des *Paketzuschlags* durch Synergieeffekte angenommen wird, ist der Zuschlag um die Höhe dieser Synergieeffekte zu reduzieren.[959]

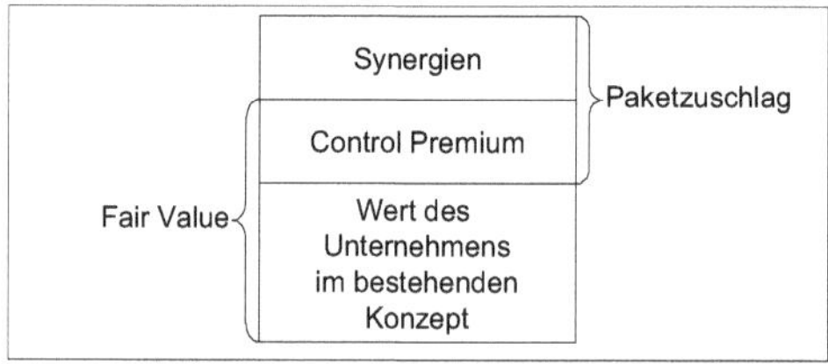

***Abbildung 51:* Bestandteile des Paketzuschlags und des Fair Value**

VII. 2.3.3.2 Kritik an der Abfindungsbemessung nach dem Recht Delawares

Die Praxis der Abfindungsbemessung in Delaware hat aber auch Kritik erfahren. Ein Gegenargument von CARNEY/HEIMENDINGER gegen die Verwendung von *Control Premia* lautet, dass ein Minderheitsaktionär, der abgefunden wird, eine faire Kompensation erhält, wenn er eine Abfindung zugesprochen bekommt, die auf der Bewertung

956 Vgl. Agranoff v. Miller, 791 A.2d (Del. Ch. 2001); siehe Kapitel V. 1.5.1.

957 Vgl. Matthews (2006), S. 46f; Hamermesh/Wachter (2007), S. 4. „(...) recent appraisal cases that correct the valuation for a minority discount by adding back a premium "that spreads the value of control over all shares equally" consistently use a 30% adjustment." Doft & Co. v. Travelocity.com Inc., 2004 WL 1152338 (Del. Ch.) m.w.N. In dem genannten Urteil wurde sogar eine Bewertung nach den DCF-Verfahren verworfen und durch eine Bewertung auf Grundlage der Comparable Company Method, also einer marktwertvergleichenden Vorgehensweise unter Verwendung von EBITDA und Price-to-Earnings Multiplikatoren, ersetzt. Auf dieser Grundlage wurde ein Wert pro Anteil von $25,20 ermittelt, der um einen Zuschlag von 30% erhöht wurde, so dass der endgültige Anteilswert $32,76 betrug.

958 „(T)he Court shall appraise the shares, determining their fair value exclusive of any element of value arising from the accomplishment or expectation of the merger or consolidation, together with a fair rate of interest, if any, to be paid upon the amount determined to be the fair value. In determining such fair value, the Court shall take into account all relevant factors (...)." Sec. 262 (h) Delaware General Corporation Law.

959 Siehe zur Bewertung von Synergieeffekten: Damodaran (2005c).

eines Minderheitsanteils aufbaut, der auf dem Markt einen *Minderheitsabschlag* erfahren hat.[960] Eine Abfindung dieser Höhe erlaubt es dem Minderheitsaktionär, einen ebenfalls um einen Minderheitsabschlag reduzierten Anteil eines anderen Unternehmens zu erwerben, so dass er keine Einbußen erleidet.

Auch HAMERMESH/WACHTER kritisieren die Anwendung von *Control Premia*.[961] Sie argumentieren, dass Anteile nicht zu einem Kurs verkauft werden können, der die Agency-Kosten nicht berücksichtigt. Folglich würde der *Fair Value*, der die Agency-Kosten beinhaltet, zu einem unverhofften Gewinn (windfall profit) für Minderheitsaktionäre führen. Als Ursache für diesen Windfall Profit sehen sie, dass ein Alleingesellschafter-Manager, der sein Unternehmen oder Teile des Unternehmens verkauft, die Unternehmensanteile auch nur mit einem Abschlag verkaufen kann, der die Agency-Kosten berücksichtigt. Wenn das Unternehmen nun wieder durch diesen ursprünglichen Alleingesellschafter zurückgekauft wird (going private), würde eine Abfindung der Minderheitsaktionäre zum *Fair Value*, der die Agency-Kosten berücksichtigt, einen Windfall Profit für die Minderheitsaktionäre bedeuten, da sie die Anteile mit einem Abschlag für die Agency-Kosten erworben hatten. Demgegenüber äußern MARGOLIN/KURSH, dass Minderheitsabschläge, die die Erwartungen über zukünftige Agency-Kosten widerspiegeln, bei der Abfindungsbemessung ausgeschlossen werden müssen, um das Versprechen des Unternehmens auf höhere Aktienkurse einzuhalten.[962]

VII. 2.3.3.3 Schlussfolgerungen für die Abfindungsbemessung in Deutschland

In der Diskussion um die Abfindungsbemessung nach dem Recht Delawares wird der Frage nachgegangen, ob es ausreicht, dass ein Mehrheitsaktionär den Minderheitsaktionär nur an den Erträgen des Unternehmens teilhaben lässt, die bereits um die Agency-Kosten gemindert sind, da er bei Erwerb des Anteils auch nur einen Preis in dieser Höhe gezahlt hat. Auch erlaubt die Abfindung zu einem um einen Minderheitsabschlag reduzierten Wert dem Minderheitsaktionär, Anteile an anderen Unter-

[960] Vgl. Carney/Heimendinger (2003), S. 880.
[961] Vgl. Hamermesh/Wachter (2005), S. 145.
[962] „Since minority discounts result from expectations of future agency costs, appraisal must exclude such discounts to enforce the promises by which the corporation induces higher stock prices." Margolin/Kursh (2005), S. 434.

nehmen zu erwerben, die ebenfalls mit einem Minderheitsabschlag versehen sind. Dem entgegengesetzt stellt sich die Frage, ob der Minderheitsaktionär trotzdem Anspruch auf die vollen anteiligen Erträge hat, die seiner Beteiligungsquote entsprechen, so dass er auch an den Agency-Kosten zu beteiligen ist.

In der Abfindungspraxis Delawares wird durch die Anwendung des *Control Premiums* auf den Börsenkurs oder auf Vergleichswerte anderer Unternehmen die Beteiligung des Minderheitsaktionärs an den Sondervorteilen bejaht. Diese Beurteilung ist in Anbetracht der *Treuepflichten* im deutschen Recht und der Maßgabe, dass ein voller Wert zu ermitteln ist, auch in der Abfindungsbemessung nach deutschem Recht anzuwenden.

Nach Rechtsprechung des BUNDESVERFASSUNGSGERICHTS sind Börsenkurse bei einigen Unternehmensbewertungsanlässen (§§ 304, 305, 320b AktG) als Wertuntergrenze zu berücksichtigen.[963] Die Abfindung muss so bemessen sein, dass die Minderheitsaktionäre nicht weniger erhalten, als sie bei einer freien Deinvestitionsentscheidung zum Zeitpunkt des Unternehmensvertrags oder der Eingliederung erlangt hätten.[964] Diese Maßgabe gilt hingegen nicht, wenn der Börsenkurs z.B. bei fehlender Marktgängigkeit oder Manipulation des Börsenkurses nicht dem Verkehrswert der Aktien entspricht.[965] Beim Heranziehen des Börsenkurses ist stets auf einen geeigneten Durchschnittskurs abzustellen, wobei die Länge und der Endzeitpunkt des Referenzzeitraums grundsätzlich von den konkreten Gegebenheiten des Einzelfalls abhängen.

Das BUNDESVERFASSUNGSGERICHT sieht auch vor, dass von dem herrschenden Unternehmen tatsächlich gezahlte Preise (*Paketzuschläge*) für Aktien der abhängigen Gesellschaft bei der Bewertung des Anteilseigentums unberücksichtigt bleiben, da diesen Werten ein Bezug zum „wahren" Wert des Anteilseigentums in der Hand des Minderheitsaktionärs und zum Verkehrswert abgesprochen wird.[966] Dem entgegen-

---

963 Vgl. BVerfG 1 BvR 1613/94 v. 27.4.1999. Dieser Grundsatzentscheidung kommt im Zuge der Bindungswirkung des § 31 Abs. 1 BVerfGG Gesetzeswirkung zu.

964 Vgl. BVerfG 1 BvR 1613/94 v. 27.4.1999.

965 Vgl. BGH II ZB 15/00 v. 12.3.2001.

966 Vgl. BVerfG 1 BvR 1613/94 v. 27.4.1999. Kritisch zu dieser Auffassung äußert sich Busse von Colbe, der sich dafür ausspricht, dass man dem ohnehin schwächeren Kleinaktionär eher gerecht wird, wenn man für die Abfindung an die im Vorfeld vom Großaktionär gezahlten Preise, insbeson-

stehend sieht § 31 Abs. 4, 5 WpÜG vor, dass bei Übernahmeangeboten *Paketzuschläge*, die die im Angebot genannte Gegenleistung übersteigen, die Gegenleistung um den Unterschiedsbetrag erhöhen.

Die Ausführungen zur Abfindungsbemessung nach dem Recht Delawares zeigen, dass bei Berücksichtigung des Börsenkurses als Wertuntergrenze die Erfassung der Sondervorteile in dem Abfindungswert nicht gewährleistet ist, da Börsenkurse den Wert von Minderheitsanteilen, die bereits um die Sondervorteile gemindert sind, darstellen.[967] Daher wird angeregt, statt den Börsenkurs als Abfindungsuntergrenze festzulegen, die Wertuntergrenze als den um einen Zuschlag für die Höhe der Sondervorteile erhöhten Börsenkurs zu definieren. Dieser Zuschlag dient dazu, den vollen Anteilswert zu ermitteln, der nicht um Sondervorteile gemindert ist.

Die Differenz zwischen dem Aktienkurs, zu dem ein Anteilspaket erworben wird, und dem Marktpreis unmittelbar vor Ankündigung des Kaufs bestimmt die Höhe des *Paketzuschlags*.[968] Dabei können diese Preise die Höhe der Sondervorteile um mögliche Übernahmeeffekte (z.B. Synergieeffekte, Erhöhung der Marktmacht, Bruch impliziter Verträge), die im Fall einer Unternehmensübernahme erzielt werden können, aber auch aufgrund von Fehleinschätzungen (z.B. Hybris) überschätzen.[969] Sofern zeitnahe Vorerwerbspreise für das Unternehmen, dessen Wert ermittelt wird, nicht vorhanden sind, können alternativ auch Vergleichstransaktionen ähnlicher Unternehmen zu Hilfe genommen werden, um zu Einschätzungen über die Höhe der Sondervorteile zu gelangen.

Synergieeffekte, die die finanziellen Überschüsse aus dem Verbund zweier oder mehrerer Unternehmen, im Vergleich zu der Summe der isoliert entstehenden Überschüsse der Einzelunternehmen, erhöhen können, werden von der Bewertungspraxis zur objektivierten Unternehmensbewertung in echte und unechte Synergieeffekte kategorisiert.[970] Echte Synergieeffekte lassen sich ausschließlich durch Kooperation

dere wenn sie einen Paketzuschlag enthalten, anknüpft. Dabei ist kein Grund ersichtlich, weshalb ein Kleinaktionär an dieser Wertsteigerung nicht teilhaben sollte. Vgl. Busse von Colbe (2000), S. 1061f; Emmerich (2005), § 305 Rn. 50.

[967] Vgl. Wenger/Kaserer/Hecker (2001), S. 321, 329; Schmidt/Prigge/Suckel (2003), S. 338.

[968] Vgl. Kapitel V. 1.5.

[969] Vgl. Kapitel V. 1.3.

[970] Vgl. IDW (2002), S. 36-38; IDW (2005), S. 696f, Tz. 4.4.2.2., S. 699, Tz. 4.4.3.2.

bestimmter Unternehmen aufgrund spezifischer Eigenschaften realisieren. Sie sind bei der Ermittlung objektivierter Unternehmenswerte unbeachtlich, da sie nicht mit der Typisierung der Fortführung des Unternehmens in seinem Konzept vereinbar sind und auf den subjektiven Faktoren des speziellen Kaufinteressenten beruhen (*Stand-Alone-Prinzip*).[971] Hingegen sind echte Synergieeffekte, die im Börsenkurs bereits berücksichtigt worden sind, bei der Abfindungsbemessung zu erfassen, da der Markt insoweit eine Bewertung vorgenommen hat.[972]

Unechte Synergieeffekte lassen sich ohne Berücksichtigung der Auswirkungen aus dem Bewertungsanlass oder mit einer nahezu beliebigen Vielzahl von Partnern realisieren.[973] Sofern die synergiestiftenden Maßnahmen bereits eingeleitet oder im Unternehmenskonzept dokumentiert sind, erfolgt eine Erfassung bei objektivierten Unternehmensbewertungen. Finanzielle Überschüsse aus möglichen, aber noch nicht hinreichend konkretisierten Maßnahmen sind hingegen bei der Ermittlung objektivierter Unternehmenswerte unbeachtlich.

Einen Einblick in die Höhe von *Paketzuschlägen* für deutsche Unternehmen bietet die Untersuchung von FRANKS/MAYER.[974] Sie haben für 57 Pakettransaktionen für 38 deutsche Unternehmen im Zeitraum von 1988 bis 1997 signifikante *Paketzuschläge* ermittelt. Sie führen die *Paketzuschläge* insbesondere auf die Höhe der Sondervorteile zurück. Der *Paketzuschlag*, der an den Paketverkäufer gezahlt wird, errechnet sich aus der Differenz zwischen dem Preis für den Anteilsblock und dem Aktienkurs eine Woche, einen Monat und drei Monate vor dem Ankündigungsdatum.

---

971 Siehe zum Stand-Alone-Prinzip Mertens (1992). Das Stand-Alone-Prinzip unterstützt die gesetzgeberische Präferenz für effizienzsteigernde Unternehmenszusammenschlüsse und die Sicherung von Verfügungsrechten an unternehmerischen Ideen und Initiativen. Vgl. Kuhner (2006a), These 5. Die Meinungen in der Literatur zur Berücksichtigung von Synergieeffekten sind vielfältig. Mertens spricht sich dafür aus, dass das Stand-Alone-Prinzip für die Bewertung zusammenzuführender Unternehmen uneingeschränkt gilt. Vgl. Mertens (1992). Busse von Colbe kritisiert diese Auffassung und bevorzugt eine subjektiv als gerecht empfundene, wenn auch intersubjektiv schwer nachprüfbare Aufteilung als dienlicher für den Rechtsfrieden als eine völlige Vernachlässigung zu Lasten der schwächeren Partei. Vgl. Busse von Colbe (1994). Böcking sieht in der Orientierung am Stand-Alone-Prinzip einen Verstoß gegen die Grundsätze ordnungsmäßiger Unternehmensbewertung und befürwortet daher das Verbundberücksichtigungsprinzip. Vgl. Böcking (1994). Fleischer spricht sich für ein heuristisch geprägtes Suchverfahren, unter Berücksichtigung der zeitlichen Dimension der Verbundvorteile, der unternehmerischen Leistung der Obergesellschaft bei der Freisetzung von Synergien sowie von Konzessions- und Effizienzüberlegungen, bei der Aufteilung von Verbundvorteilen aus. Vgl. Fleischer (1997).

972 Vgl. BGH II ZB 15/00 v. 12.3.2001.

973 Vgl. IDW (2002), S. 36-38; IDW (2005), S. 696f, Tz. 4.4.2.2.

974 Vgl. Franks/Mayer (2001).

Paketzuschläge für deutsche Unternehmen				
	Größe des Anteilsblocks	1 Woche	1 Monat	3 Monate
Mittelwert	36,32%	13,85%	16,21%	9,43%
Median	33,20%	8,83%	10,51%	5,87%

Tabelle 10: **Paketzuschläge für deutsche Unternehmen**[975]

Folglich bewegen sich die *Paketzuschläge* für deutsche Unternehmen für den genannten Zeitraum zwischen 5 und 16%. Auf vergleichbare Zuschlagswerte für Kontrollanteilspakete deutscher Unternehmen kommen auch DYCK/ZINGALES mit einem Mittelwert von 10% und einem Median von 11% bei insgesamt 17 Beobachtungen.[976] Sie haben den *Paketzuschlag* als Differenz für den Aktienpreis in einem Kontrollaktienpaket und dem Börsenkurs zwei Tage nach Ankündigung der Transaktion berechnet.

Ergänzend kann auch der Kursunterschied zwischen Stamm- und Vorzugsaktien herangezogen werden, der für Deutschland, in Abhängigkeit von der Eigentümerkonzentration und -identität, eine Spanne von rund 6-26% aufweist, wobei in den letzten Jahren eine deutliche Senkung des Kursunterschieds festgestellt werden konnte.[977] Dem steht die Feststellung entgegen, dass es sich bei dem Kursunterschied um eine Preisdifferenz zwischen Minderheitsanteilen handelt, die die Höhe der Sondervorteile vermutlich unterschätzt.

Daher kann gemäß der Spanne, in der sich die meisten empirischen Ergebnisse bewegen, typisierend von einem *Paketzuschlag* für deutsche Unternehmen von 10-15% für Kontrollaktienpakete ausgegangen werden, der dem Börsenkurs hinzuzurechnen ist.

Die Übertragung der *Fair Value*-Grundsätze nach der Rechtsprechung Delawares auf die deutsche Abfindungspraxis u.a. für die Bewertungsanlässe nach §§ 304, 305, 320b AktG würde bedeuten, dass, statt den Börsenkurs als Wertuntergrenze anzusehen, ein Zuschlag auf den Börsenkurs in Höhe des *Paketzuschlags* vorzunehmen ist. Diese Vorgehensweise würde einen Abfindungswert gewährleisten, der um Agency-

---

[975] Vgl. Franks/Mayer (2001), S. 969.
[976] Vgl. Dyck/Zingales (2004), S. 551.

Kosten bereinigt ist, so dass die Minderheitsaktionäre in ihrer Position als einflusslose Aktionäre nicht geschädigt werden und ihren Anteil am vollen Unternehmenswert erhalten.

VII. 3 Die Berücksichtigung der Corporate Governance-Struktur in den Kapitalkosten

VII. 3.1 Ermittlung des Kapitalisierungszinssatzes in der Bewertungspraxis

Der Kapitalisierungszinssatz setzt sich zusammen aus dem Basiszinssatz und einem Risikozuschlag.[978] Die Bemessung dieses Basiszinssatzes orientiert sich dabei an den zu erwartenden Renditen von festverzinslichen Wertpapieren der öffentlichen Hand.[979] Das IDW empfiehlt einen Basiszinssatz von 4,25%.[980] Dieser Zinssatz beruht auf einer Schätzung des künftigen durchschnittlichen Zinsniveaus aus Zinsstrukturdaten. Der so ermittelte Basiszinssatz wird um eine typisierte Einkommensteuerbelastung von 35 % gemindert.[981]

Der Risikozuschlag wird üblicherweise mit dem CAPM auf Basis von Kapitalmarktdaten ermittelt. Die unternehmensindividuelle Risikoprämie ergibt sich dabei aus dem Produkt des unternehmensindividuellen Betafaktors mit der Marktrisikoprämie. Bei der Bewertung börsennotierter Unternehmen wird der Betafaktor zur Berechnung des Kapitalisierungszinssatzes verwendet.[982] Die dafür erforderlichen Daten werden u.a. von Finanzdienstleistern angeboten. Dabei ist die Prognoseeignung von Betafaktoren u.a. anhand der Kriterien Zukunftsausrichtung, Datenqualität, Angemessenheit im Hinblick auf die Kapitalstruktur und Übertragung ausländischer Betafaktoren im jeweiligen Einzelfall zu würdigen. Für die Marktrisikoprämie wird in der Bewertungspraxis, auf Grundlage der Empfehlungen des IDW, üblicherweise eine Bandbreite nach persönlichen Einkommensteuern von 5-6% angesetzt.[983]

---

[977] Vgl. Kapitel IV. 5.3.
[978] Vgl. IDW (2005), S. 708, Tz. 7.2.4.1.
[979] Vgl. IDW (2005), S. 708, Tz. 7.2.4.1.
[980] Vgl. Arbeitskreis Unternehmensbewertung (2005a), S. 556; Kniest (2005), S. 12; Jonas/Wieland-Blöse/Schiffahrt (2005), S. 647 ff.; Reese/Wiese (2007), S. 42.
[981] Vgl. IDW (2005), S. 698, Tz. 4.4.2.5., S. 704, Tz. 6.3.
[982] Vgl. IDW (2005), S. 709, Tz. 7.2.4.1.

Bei der Bewertung von nicht-börsennotierten Unternehmen, bei der Bewertung einzelner Unternehmenssparten oder bei der Bewertung von Unternehmen ohne eine Historie werden oft Branchenbetas bzw. Betas vergleichbarer Unternehmen zu Hilfe gezogen, die neben der Branchenzugehörigkeit weitere Ähnlichkeiten (z.B. Größe und Umsatzstruktur) mit dem zu bewertenden Unternehmen aufweisen.[984] Dieser Vorgehensweise liegt der Gedanke zugrunde, dass Branchen und Unternehmen unterschiedliche Wachstums- und Risikoprofile aufweisen.[985]

Aber auch Branchenbetas bzw. Betas vergleichbarer Unternehmen weisen deutliche Unterschiede auf, so dass davon auszugehen ist, dass sich neben der Branchenzugehörigkeit weitere Kriterien auf das Unternehmensrisiko auswirken und somit den Betafaktor beeinflussen.[986] Angesichts der Untersuchungsergebnisse der dargestellten Corporate Governance-Studien kann angenommen werden, dass die unternehmensspezifische Corporate Governance-Struktur ein weiterer Faktor zur Erklärung des Betafaktors ist bzw. Anpassungen des Betafaktors erfordert.

Die folgende Abbildung zeigt exemplarisch die Ermittlung des Kapitalisierungszinssatzes.

	2006	**2007**	**2008**	**ab 2009**
Basiszins	4,25%	4,25%	4,25%	4,25%
Typisierte Einkommensteuer (35%)	-1,49%	-1,49%	-1,49%	-1,49%
Basiszins nach Steuern	2,76%	2,76%	2,76%	2,76%
Marktrisikoprämie nach typ. Einkommensteuer	5,50%	5,50%	5,50%	5,50%
unverschuldetes Beta	1,06	1,06	1,06	1,06
Marktwert des Eigenkapitals	1.100	1.000	900	800
zinstragendes Fremdkapital	300	250	200	150
Verschuldungsgrad	0,27	0,25	0,22	0,19
verschuldetes Beta	1,35	1,33	1,30	1,26
Risikozuschlag	7,42%	7,29%	7,13%	6,92%
Kapitalisierungszins	**10,18%**	**10,05%**	**9,89%**	**9,69%**

Abbildung 52: **Beispielhafte Ermittlung des Kapitalisierungszinssatzes**[987]

[983] Vgl. Arbeitskreis Unternehmensbewertung (2005b), S. 71; siehe auch Stehle (2004), S. 921.
[984] Vgl. Maier (2001), S. 302; Timmreck (2002), S. 304.
[985] Vgl. Thiele/Cremers/Robé (2000), S. 2.
[986] Vgl. Timmreck (2002), S. 304.

VII. 3.2 Einflussfaktoren der Corporate Governance-Struktur auf die Risikostruktur eines Unternehmens

Die in dieser Arbeit dargestellten Studien weisen auf einen Einfluss der Corporate Governance-Struktur eines Unternehmens auf die Risikoposition und somit die Kapitalkosten hin. Dieser Einfluss auf den Kapitalisierungszinssatz lässt sich wiederum unterteilen in Auswirkungen auf das *systematische Risiko* und das *unsystematische Risiko*. Anpassungen der Kapitalkosten können aufgrund der dem CAPM zugrunde liegenden restriktiven Annahmen erforderlich werden, die in der Bewertungspraxis nicht erfüllt sind.

Um nun die für die Praxis erforderlichen Anpassungen vornehmen zu können, werden in der folgenden Abbildung die notwendigen Adjustierungen und ihre Bewertungstendenz dargestellt sowie darauf folgend erläutert.[988]

Einflussfaktoren der Corporate Governance-Struktur auf die Kapitalkosten		
Bewertungsaspekt	**CAPM Annahmen**	**Auswirkungen auf den Kapitalisierungszinssatz**
Hohe Risikotoleranz bzw. Risikounterschätzung von Unternehmern	Risikoaversion der Investoren	Senkung der Kapitalkosten aufgrund geringerer Risikoeinschätzung (-)
Unterdiversifikation eines Großaktionärs	Perfekte Diversifikation der Investoren	Anstieg der Kapitalkosten für Großaktionär um unsystematisches Risiko (+)
Unterdiversifizierte Großaktionäre halten einen kontrollierenden Anteil an einem Unternehmen und beeinflussen die Unternehmenspolitik	Investoren sind diversifizierte Minderheitsaktionäre	Senkung des Gesamtrisikos der zukünftigen Cash Flows durch Veranlassung einer risikoärmeren Unternehmenspolitik (-)
Unterdiversifikation des Managements bei gleichzeitig perfekter Diversifikation der Investoren	Keine Agency-Kosten des Managements	Anstieg der Kapitalkosten um Agency-Risiko aufgrund der Unternehmensdiversifikation (+)
Informationsasymmetrie zwischen Minderheits- und Mehrheitsaktionären	Symmetrische Informationsverteilung zwischen den Investoren	Anstieg der Kapitalkosten für die Minderheitsaktionäre aufgrund des Informationsrisikos (+)
Liquiditätskosten bei geringer Marktliquidität	Perfekte Teilbarkeit der Wertpapiere und transaktionskostenloser Wertpapierhandel	Anstieg der Kapitalkosten um das systematische Liquiditätsrisiko (+)

(-) = Verringerung der Kapitalkosten; Erhöhung des Unternehmenswerts
(+) = Erhöhung der Kapitalkosten; Senkung des Unternehmenswerts

Abbildung 53: **Einflussfaktoren der Corporate Governance-Struktur auf die Kapitalkosten**[989]

---

[987] Dabei wird in dem Beispiel von einem Wachstumsabschlag abgesehen. Siehe dazu IDW (2005), S. 709, Tz. 7.2.4.1. Siehe zur Anpassung des Betafaktors an das Kapitalstrukturrisiko Kapitel VII. 3.7.4.

[988] Die Abstraktionen des CAPM von bestimmten Ausprägungen realer Akteure und realer Märkte kann allerdings auch als Ausprägung des Objektivierungsgedankens gesehen werden. Die Objektivierungswirkung der CAPM-Annahmen wird dabei durch eine systematische Verzerrung der auf dieser Grundlage ermittelten Unternehmenswerte erkauft, die i.d.R. zugunsten des Abzufindenden und zu Lasten des Abfindungspflichtigen ausfällt. Sofern die Fiktionen des CAPM aufgegeben werden, läuft man Gefahr, dass sich die Ermittlung von Risikoprämien durch die notwendige einzelfallbezogene Berücksichtigung schwer zu quantifizierender Marktunvollkommenheiten und subjektiver Entscheidungsparameter ins Beliebige wandelt. Vgl. Kuhner (2006a), Thesen 12, 14.

VII. 3.3 Einfluss der Risikoneigung auf die Kapitalkosten

Nach den Annahmen des CAPM kann der Anleger je nach Grad seiner Risikoaversion die gewünschte Risikoposition durch Mischung der risikolosen Anlagemöglichkeit mit einer Anlage in das risikoeffiziente Marktportfolio erzeugen. Sofern Unternehmer aber ihr Vermögen zu einem Großteil in ihr Unternehmen investieren, können sie keine vollständige Diversifikation ihres Portfolios erzielen. Ein Argument für die Beobachtung, dass Unternehmer ihr Vermögen oft zu einem Großteil in ihr Unternehmen investiert haben, wodurch sie eine schlechte Portfoliodiversifikation hinnehmen müssen, ist, dass sie eine höhere Risikotoleranz haben als rationale Finanzinvestoren.[990] Sofern sie nun eine geringe Risikoaversion aufweisen, fallen die Nutzeneinbußen einer unzureichenden Risikodiversifikation niedrig aus, so dass die zukünftigen Cash Flows aus dem Unternehmen nicht mit einem höheren Kapitalisierungszinssatz zu diskontieren sind als eine Anlage ins Marktportfolio.

Die Messung der individuellen Risikoaversion von Investoren kann anhand von heuristischen Messverfahren (Risk Ruler) durchgeführt werden, die u.a. von Banken und Vermögensverwaltern entwickelt worden sind, um geeignete Anlageempfehlungen abgeben zu können (z.B. Befragungen, Selbsteinschätzungen, Lotterievergleiche).[991] Dabei ist der subjektiv wahrgenommene Risiko-Rendite Trade-off der besten Alternativanlage zu bestimmen. Sofern der Unternehmer das Risiko seines Unternehmens unterschätzt, ist davon auszugehen, dass er eine risikoarme Alternativanlage auswählt. Alternativ zur Vermutung, dass der Unternehmer das Risiko falsch einschätzt, kann auch angenommen werden, dass der Unternehmer in seiner Position als Manager des Unternehmens durch seine unternehmerischen Entscheidungen das Risiko z.B. durch Diversifikation in neue Geschäftsfelder begrenzen kann.[992]

Die Einschätzung über die individuelle Risikoneigung ermöglicht es, dass der Eigentümer die Alternativanlage auswählt, die nach seiner subjektiven Beurteilung ein dem Unternehmensrisiko vergleichbares Risiko aufweist. Der Kapitalisierungszinssatz kann dann anhand der erwarteten Rendite dieser Anlage bestimmt werden. Bei der

---

[989] Siehe auch Khadjavi (2005), S. 202.
[990] Vgl. Moskowitz/Vissing-Jørgensen (2002), S. 772.
[991] Vgl. Krahnen/Rieck/Theissen (1997); Spremann (2003), S. 376-380; v. Nitzsch/Rouette (2003).
[992] Vgl. Keller/Hohmann (2004), S. 208; Kapitel VII. 3.6.

objektivierten Unternehmensbewertung wird hingegen die Ermittlung eines typisierten und intersubjektiv nachprüfbaren Wertes gemäß der am Markt beobachteten Risikoprämie angestrebt, so dass von Unterschieden in der Risikoneigung abzusehen ist.

VII. 3.4 Einfluss der Unterdiversifikation auf die Kapitalkosten

VII. 3.4.1 Bewertungsrelevanz und Erfassung des unsystematischen Risikos

Großaktionäre (z.B. Venture Capital Gesellschaften, Private Equity Fonds, Hedge Funds, Familienunternehmen), die einen Großteil ihres Vermögens in ein Unternehmen investiert haben, sind oft einem *unsystematischen Risiko* ausgesetzt, so dass sie höhere Kapitalkosten haben als breit diversifizierte Aktionäre.[993] In dieser Situation ist anzunehmen, dass das *unsystematische Risiko* durchaus eine Bewertungsrelevanz besitzt.

Das *unsystematische Risiko* kann sowohl durch einen Zuschlag auf den Kapitalisierungszinssatz als auch durch einen Abschlag auf die abzuzinsenden Zahlungsströme erfasst werden.[994] Insbesondere bei der Bewertung nicht-börsennotierter Unternehmen kann es sich anbieten, das *unsystematische Risiko* im Zähler zu erfassen, so dass es sich auf die Cash Flows auswirkt.[995] Dieser Vorschlag birgt aber das Problem, dass dafür eine Aufteilung des *Gesamtrisikos* in ein *systematisches* und ein *unsystematisches Risiko* erforderlich ist, für die aber bisher eine praktikable Lösung fehlt.[996] Bei der Erfassung des *unsystematischen Risikos* im Rahmen der Ermittlung der Eigenkapitalkosten ist darauf zu achten, dass Risiken nicht doppelt erfasst werden.[997] Sofern Risiken im Diskontierungszinssatz berücksichtigt werden, dürfen sie nicht zusätzlich durch Kürzung der abzuzinsenden Cash Flows in Ansatz gebracht werden. Da der objektivierte Unternehmenswert ein typisierter und intersubjektiv nachprüfbarer Wert ist, muss aber bei der objektivierten Unternehmensbewertung von der Berücksichtigung des *unsystematischen Risikos* abgesehen werden.

---

993 Vgl. Huddart (1993); Schildbach (1998), S. 309; Jones/Rhodes-Kropf (2004); Ernst/Schneider/Thielen (2006), S. 68; Kaserer/Diller (2006), S. 119f; Kahan/Rock (2006), S. 36.
994 Vgl. Ernst/Schneider/Thielen (2006), S. 53, 68f.
995 Vgl. v. Weizsäcker/Krempel (2004), S. 810.
996 Vgl. Obermaier/Schüler (2006), S. 29.

Im Folgenden werden mehrere heuristische Methoden zur Ermittlung und Erfassung des *unsystematischen Risikos* bzw. des *Gesamtrisikos* dargestellt. Dabei ist die Wahl der Bemessungsmethode insbesondere von den verfügbaren Informationen (u.a. Risikofaktoren, Eintrittswahrscheinlichkeiten) abhängig, die zur Bestimmung des *unsystematischen Risikos* anhand der einzelnen Methoden notwendig sind. Auch unterscheiden sich die Methoden im Grad der Objektivierung, so dass z.T. auf marktbasierte Werte zurückgegriffen wird (Total Beta-Ansatz), die eine hohe Objektivierung erlauben. Bei anderen Methoden erfolgt aber z.T. auch eine recht willkürliche Bewertung der unternehmensspezifischen Risikoaspekte (Risikomatrix-Ansatz). Auch bergen einige Vorgehensweisen das Risiko der Erfassung mehrerer Risikoaspekte (z.B. Unterdiversifikation und fehlende Fungibilität bei dem Venture Capital und Private Equity-Ansatz, Erfassung der Transparenz der Geschäftstätigkeit im Risikomatrix-Ansatz in Kombination mit einer möglichen separaten Erfassung eines Informationsasymmetrierisikos). Sofern das *unsystematische Risiko*, das bewertet werden soll, sich insbesondere auf einen oder wenige Aspekte beschränkt (z.B. Key Person-Discount bei einem Unternehmen, dessen Erfolg insbesondere von einer Person abhängig ist, oder Kunden- bzw. Lieferantenabhängigkeit), ist eine Methode zu bevorzugen, die die wirtschaftlichen Auswirkungen dieses Risikos abzuschätzen vermag (z.B. Kostenbemessungsansatz oder Szenarioanalyse).

VII. 3.4.2 Der Total Beta-Ansatz

Für den Fall, dass das gesamte Vermögen eines Aktionärs in ein Unternehmen investiert ist, sieht sich der Investor dem *Gesamtrisiko* ausgesetzt. Dieses *Gesamtrisiko* (*Total Beta*) lässt sich wie folgt ermitteln:[998]

$$\text{Total Beta} = \frac{MarktBeta}{\rho_{im}}$$

ρ_{im} = Korrelation zwischen der Aktie und dem Index

$$MarktBeta = \rho_{im}\frac{\sigma_i}{\sigma_m}$$

σ_i = Standardabweichung des Unternehmens *i*

σ_m = Standardabweichung des Marktindex

[997] Vgl. Ernst/Schneider/Thielen (2006), S. 68.
[998] Vgl. Damodaran (2002), Kapitel 24, S. 9.

Das *Total Beta* ist höher als das Markt Beta und hängt von der Korrelation zwischen dem Unternehmen und dem Markt ab. Je niedriger die Korrelation ausfällt, desto höher fällt das *Total Beta* aus. Sofern das Unternehmen nicht-börsennotiert ist, was bei Unternehmen, die in der Hand eines Großinvestors oder einer Familie sind, oft der Fall ist, bietet es sich an, auf Branchenbetas aus der Branche, in der das Unternehmen tätig ist, zurückzugreifen. Die folgenden Branchenbeispiele zeigen den Einfluss der *Unterdiversifikation* auf den Betafaktor.

Industrie	Unlevered Beta	Korrelation mit dem Markt	Total Beta
Bank	0,44	25.65%	1,70
Computer Software	2,26	48.57%	4,66
Electronics	1,73	48.95%	3,53
Internet	2,92	51.37%	5,68
Machinery	0,69	34.72%	1,99
Semiconductor	3,27	73.19%	4,46
Telecom. Equipment	2,84	46.63%	6,09

***Tabelle 11:* Anpassung des Betafaktors um den Einfluss der Unterdiversifikation**[999]

VII. 3.4.3 Der Venture Capital und Private Equity-Ansatz

Als alternative Ermittlungsmethode zur Erfassung des Risikos privater Unternehmen kann auch eine Anpassung der Kapitalkosten um die Differenz zwischen den historischen Renditen von Venture Capital Gesellschaften oder Private Equity Fonds und den Renditen börsennotierter Gesellschaften vorgenommen werden.[1000] Diese Differenz beinhaltet aber sowohl den Renditezuschlag für die fehlende Diversifikation als auch für die fehlende Handelbarkeit.[1001] Es besteht hingegen das Problem, dass Venture Capital Gesellschaften und Private Equity Fonds ihre Renditen nicht öffentlich bekannt geben bzw. dass nur erfolgreiche Gesellschaften ihre Renditen öffentlich mitteilen, so dass nur eine selektive Erfassung der Renditen guter Gesellschaften erfolgt.

[999] http://pages.stern.nyu.edu/~adamodar/New_Home_Page/datafile/totalbeta.html.
[1000] Vgl. Damodaran (2002), Kapitel 24, S. 11; Feldman (2005), S. 80 ff.
[1001] Vgl. Jones/Rhodes-Kropf (2004).

VII. 3.4.4 Der Risikomatrix-Ansatz

Eine pragmatische Einschätzung über das unternehmensspezifische Risiko kann auch anhand von Beurteilungen über einzelne Risikofaktoren gewonnen werden. Anhand eines solchen Kriterienkatalogs kann eine Risikomatrix erstellt werden, die einen Risikovergleich zwischen Unternehmen ermöglicht.[1002] Die folgende Abbildung zeigt ein derartiges Praxisbeispiel.

Risikokriterium	**Fragestellung**	**Beurteilung des Risikos**			**Gewichtungsfaktor**	**Gewichtete Beurteilung**
		Niedrig (1 Punkt)	Mittel (3 Punkte)	Hoch (5 Punkte)		
Stabilität der Geschäftstätigkeit	Wie lange ist das Unternehmen schon profitabel?	> 6 Jahre	4-6 Jahre	1-3 Jahre	15%	
Transparenz der Geschäftstätigkeit	Wird jährlich ein testierter Jahresabschluss angefertigt?	Ja		Nein		
Größe des Kundenstamms	Erzielt das Unternehmen mehr als 30% seiner Erträge von weniger als 5 Kunden?	Nein		Ja	25%	
Lieferantenabhängigkeit	Kann das Unternehmen die Lieferanten wechseln, ohne an Produktqualität einzubüßen oder höhere Kosten hinzunehmen?	Ja		Nein	15%	
Abhängigkeit von bestimmten Personen	Ist der Unternehmenserfolg abhängig von bestimmten Mitarbeitern, die nicht in einem bestimmten Zeitrahmen und zu Marktkonditionen ersetzt werden können?	Nein		Ja	20%	
Wettbewerbsintensität	Wie stark ist der Wettbewerb, dem das Unternehmen ausgesetzt ist?	Gering	Moderat	Intensiv	25%	

***Abbildung 54:* Unternehmensspezifische Risikomatrix**[1003]

Diese Risikomatrix erlaubt eine pragmatische Einschätzung des unternehmensspezifischen Risikos. Dabei können auch, in Abhängigkeit von der Bedeutung des Kriteriums, andere Gewichtungsfaktoren verwendet werden sowie andere oder weitere Kriterien (z.B. Abhängigkeit von bestimmten Produkten oder Alter der verwendeten Technologie) hinzugefügt werden.[1004] Die Beurteilung erlaubt dann eine pauschale Einschätzung des unternehmensspezifischen Risikos (z.B. ein Risikozuschlag von 5% bei einer Punktzahl von 4; ein Risikozuschlag von 4% bei einer Punktzahl zwischen 3 und 4).[1005] Dabei ist aber die scheinbar willkürliche Gewichtung und Risikozuschlagsbewertung als Kritikpunkt zu nennen.

[1002] Vgl. Feldman (2005), S. 80f.
[1003] Vgl. Feldman (2005), S. 81.
[1004] Vgl. Pratt/Reilly/Schweihs (2000), S. 431.
[1005] Vgl. Feldman (2005), S. 80.

VII. 3.4.5 Der Kostenbemessungsansatz

Der Kostenbemessungsansatz (cost to cure method) kann angewendet werden, wenn die *unsystematischen Risikofaktoren* identifiziert werden können und wenn die Kosten, die bei Realisierung des Risikos entstehen, bemessen werden können.[1006] Anwendbar ist dieser Ansatz u.a., um das Risiko aus einer Abhängigkeit von einer bestimmten Person zu quantifizieren. Dabei können die Kosten zugrunde gelegt werden, die dabei entstehen, wenn der bedeutende Mitarbeiter durch eine andere, vergleichbar qualifizierte Person ersetzt werden muss. Die Kapitalisierung dieser Kosten gibt dann den Key Person-Discount wieder, der in Form eines Abschlags auf den Basisunternehmenswert angewendet werden kann. Alternativ kann die Zählergröße um die zusätzlichen Kosten, die bei Realisierung des Risikos entstehen, gemindert werden.

VII. 3.4.6 Die Szenarioanalyse zur Bemessung des unsystematischen Risikos

Grundgedanke der Szenarioanalyse ist es, gezielt Szenarien zu identifizieren, die glaubwürdig, konsistent und repräsentativ sind, um zukünftige Chancen und Risiken zu erfassen.[1007] Damit wird bezweckt, die Komplexität möglicher Zukunftsentwicklungen auf wenige Verlaufspfade zu reduzieren. In der Praxis werden dabei üblicherweise zwei bis drei Alternativszenarien entwickelt: ein Worst Case-Szenario, ein Best Case-Szenario und ein Durchschnittsszenario. Die Szenarioanalyse ermöglicht die Quantifizierung des *unsystematischen Risikos*, sofern die wirtschaftlichen Auswirkungen des unsystematischen Risikoaspekts und die Wahrscheinlichkeit des Eintretens dieses Risikos abschätzbar sind.[1008]

Dieser Ansatz ermöglicht die Schätzung des Abschlags auf die Zählergröße aufgrund einer Abhängigkeit von einem Kunden. Dabei können unterschiedliche Szenarien entwickelt werden, die den Umfang des Verlusts eines Hauptkunden widerspiegeln, z.B. der Verlust des gesamten Umsatzes (Worst Case-Szenario) oder des halben Umsatzes mit einem Kunden bzw. die Herabsetzung der Preise für diesen Kunden,

[1006] Vgl. Pratt/Reilly/Schweihs (2000), S. 433f.
[1007] Vgl. Kuhner/Maltry (2006), S. 110-121; Kuhner (2006b), S. 719.
[1008] Vgl. Pratt/Reilly/Schweihs (2000), S. 434.

um ihn als Kunden zu halten. Diese Vorgehensweise, bei der die Auswirkungen der Szenarien quantifiziert werden und mit der Wahrscheinlichkeit ihres Eintretens multipliziert werden, ermöglicht die Bestimmung des *unsystematischen Risikos.*

VII. 3.4.7 Unterdiversifikation als marktweites Phänomen

Neben dem *unsystematischen Risiko*, dem Großaktionäre ausgesetzt sind, hat sich auch gezeigt, dass ein Großteil der Anleger *unterdiversifiziert* ist, so dass das *Gesamtrisiko* für sie entscheidungsrelevant ist.[1009] Ursächlich für diese Beobachtung kann sein, dass Investoren, neben psychologischen Ursachen, die ihre Entscheidungen beeinflussen, auch exogene Gründe (z.B. Transaktionskosten, unvollständige Informationen, Einschränkungen von Leerverkäufen, Steuern, Liquiditätsbeschränkungen oder eingeschränkte Teilbarkeit von Wertpapieren) dazu führen können, dass sie nicht in der Lage sind, das Marktportfolio zu halten.[1010]

Folglich müssen sich die Investoren, da sie nicht das Marktportfolio halten, um das *Gesamtrisiko* ihres Investments, statt nur um das *systematische Risiko* kümmern, um die Risikoäquivalenz des Bewertungsobjekts mit einer Alternativanlage zu gewährleisten.[1011] MALKIEL/XU sehen zur Erfassung dieses Aspekts einen Zuschlag für das *unsystematische Risiko* zusätzlich zum Betafaktor im Kapitalisierungszinssatz vor.[1012]

Neue empirische Erkenntnisse weisen auch auf eine Bedeutung des *unsystematischen Risikos* zur Erklärung von Aktienrenditen hin.[1013] Dabei konnten GOYAL/SANTA-CLARA einen positiven Zusammenhang zwischen der durchschnittlichen Volatilität von Aktien und der Rendite des Marktportfolios ermitteln.[1014] Hingegen konnten sie keinen Zusammenhang zwischen der Volatilität des Marktes und der Rendite des Marktportfolios beobachten.

1009 Vgl. Blume/Friend (1975); Statman (1987); Kelly (1995); Goetzmann/Kumar (2005); Polkovnichenko (2005).
1010 Vgl. Goetzmann/Kumar (2005); Malkiel/Xu (2006).
1011 Siehe zur Risikoäquivalenz: Kuhner/Maltry (2006), S. 90f.
1012 Vgl. Malkiel/Xu (2006), S. 6 ff.; siehe auch Levy (1978); Merton (1987).
1013 Vgl. Goyal/Santa-Clara (2003); Fu (2005); Malkiel/Xu (2006). Zu einem gegenteiligen Ergebnis kommen hingegen Ang et al. (2006).
1014 Vgl. Goyal/Santa-Clara (2003). Zu abweichenden Interpretationen der Ergebnisse von Goyal/Santa-Clara kommen hingegen Bali et al. (2005) und Wei/Zhang (2005).

VII. 3.5 Einfluss der Unternehmenskontrolle auf die Kapitalkosten

Unterdiversifizierte Großaktionäre, die in ihrem Portfolio auf das *Gesamtrisiko* achten müssen, können zur Senkung des Risikos dazu neigen, eine risikoärmere Investitionspolitik für das Unternehmen zu verfolgen, als es diversifizierte Aktionäre tun würden.[1015]

Ein Großaktionär kann durch Einflussnahme auf die unternehmerischen Entscheidungen die Unsicherheit über die Höhe der künftigen Cash Flows reduzieren.[1016] Eine Möglichkeit zur Senkung des *Gesamtrisikos* ist eine Unternehmenspolitik, die eine Diversifikation der geschäftlichen Aktivitäten in weitere Branchen vorsieht, so dass die Erträge stabilisiert werden.[1017] Auch können weniger riskante Investitionen getätigt werden. Weiterhin kann daran gedacht werden, dass das Unternehmen, an dem der Großaktionär eine Mehrheitsbeteiligung erworben hat, zu einer Konzerngesellschaft wird und dadurch insbesondere innerkonzernliche Liefer- und Leistungsbeziehungen ausführen wird. Durch diese Maßnahme kann eine Senkung der Abhängigkeit des Unternehmens von Marktrisiken bewirkt werden, die für das CAPM maßgeblich sind. Folglich ist ein Absinken des Betafaktors anzunehmen, so dass die Kapitalkosten sinken.

Der dargestellte Zusammenhang lässt die Vermutung zu, dass das Risiko bei Unternehmen, die durch einen Mehrheitsaktionär kontrolliert werden, im Verhältnis zu Vergleichsunternehmen mit einer geringeren Eigentümerkonzentration niedriger ausfällt.[1018] Daher kann ein Abschlag auf den Betafaktor im Vergleich zu Peer Group-Betas in Erwägung gezogen werden. Folglich ist bei der Bestimmung des Betafaktors die Eigentümerkonzentration zu beachten. Sofern ein Aktionär die Mehrheit der Anteile an einem Unternehmen erlangt bzw. hält und die Unternehmenspolitik an seinen unternehmerischen Zielen ausrichtet, insbesondere bei Bestehen eines Konzernverbunds, können niedrigere Betawerte als bei Betas vergleichbarer Unternehmen, die sich nicht im Mehrheitsbesitz befinden, angenommen werden.

[1015] Vgl. Himmelberg/Hubbard/Love (2002); Gadhoum/Ayadi (2003), S. 35; John/Litov/Yeung (2005), S. 7.

[1016] Vgl. Keller/Hohmann (2004), S. 208; Knoll (2005), S. 176; Khadjavi (2005), S. 200; Reuter (2007), S. 3.

[1017] Vgl. Kapitel VII. 3.6.

VII. 3.6 Einfluss der Unternehmensdiversifikation auf die Kapitalkosten

VII. 3.6.1 Einfluss der Unternehmensdiversifikation auf die Volatilität und Verschuldung

Oft haben Manager einen Großteil ihres Vermögens in das Unternehmen, in dem sie angestellt sind, investiert, wobei sie zusätzlich ein Beschäftigungsrisiko tragen, so dass sie einem *unsystematischen Risiko* ausgesetzt sind. Manager können daher bestrebt sein, das Unternehmensrisiko zu senken, indem sie das Unternehmen diversifizieren oder indem weniger riskante Investitionen getätigt werden. Durch die Kombination mehrerer Branchen in einem Unternehmen können die Erträge stabilisiert werden, sofern die Cash Flows aus den einzelnen Branchen nicht vollständig miteinander korrellieren, so dass die Risikoträchtigkeit der Unternehmenstätigkeit und damit das Ausfallrisiko sinken. Die Senkung der Volatilität durch Diversifizierung bewirkt aber lediglich eine Verringerung des *unsystematischen Risikos*, so dass in einem diversifizierten Portfolio von keinem Einfluss auf die Kapitalkosten auszugehen ist.[1019] Der Betafaktor ermittelt sich dann aus dem gewichteten Durchschnitt der Betas der kombinierten Branchen.

Die Stabilisierung der Erträge ermöglicht einen höheren Verschuldungsgrad des diversifizierten Unternehmens, da die Erträge vorhersagbarer werden. Folglich kann mehr Fremdkapital aufgenommen werden als bei zwei einzelnen Unternehmen.[1020] Dadurch wird ein Steuervorteil für das kombinierte Unternehmen erzielt, der sich im WACC Ansatz senkend auf die Kapitalkosten auswirkt (tax shield; $T -$ Steuersatz).[1021]

$$WACC = \mathrm{f} \cdot (1-T)\frac{FK}{GK} + r_{EK} \cdot \frac{EK}{GK}$$

[1018] Vgl. Gadhoum/Ayadi (2003), S. 35.
[1019] Vgl. Damodaran (2005c), S. 22f.
[1020] Vgl. Lewellen (1971); Leland/Skarabot (2003).
[1021] Vgl. Steiner/Bruns (2000), S. 228f; IDW (2002), S. 111f. Beim APV-Ansatz wird zuerst der Gesamtunternehmenswert auf Basis der Eigenkapitalkosten ermittelt. Danach erfolgt die Korrektur des durch die Art der Finanzierung und deren steuerliche Wirkung induzierten Wertbeitrags. Vgl. IDW (2002), S. 122f.

VII. 3.6.2 Berücksichtigung eines Diversifikationsabschlags

Unternehmen, die in mehreren Geschäftsfeldern tätig sind, weisen aber auch oft, im Vergleich zu fokussierten Unternehmen, einen *Diversifikationsabschlag* auf.[1022] Finanzanalysten verwenden oft einen pauschalen Wertabschlag für Konglomerate, der sich in einer Bandbreite von 10 bis 30% befindet.[1023] Empirische Untersuchungen über den *Diversifikationsabschlag* in Deutschland weisen ein sehr heterogenes Bild auf, in dem in einigen Untersuchungen ein *Diversifikationsabschlag* festgestellt worden ist, in anderen hingegen kein Effekt beobachtet werden konnte.[1024]

Der *Diversifikationsabschlag* kann als Folge reduzierter Gewinnerwartungen durch den Kapitalmarkt unter der Annahme, dass die Kapitalkosten der Konzerne mit denen der Vergleichsunternehmen übereinstimmen, interpretiert werden. LAMONT/POLK zeigen hingegen, dass auch eine systematische Beziehung zwischen dem Diversifikationsabschlag und den Kapitalmarktrenditen besteht.[1025]

Ursächlich für Unterschiede in den erwarteten Renditen können die Risikostruktur der Unternehmen, Steuern, Liquiditätsunterschiede oder Fehlbewertungen sein.[1026] Auch kann *Informationsasymmetrie* bzw. die Komplexität von diversifizierten Unternehmen dazu führen, dass Investoren und Analysten Schwierigkeiten mit der Bewertung diversifizierter Unternehmen haben und daher einen Bewertungsabschlag bzw. einen Zuschlag auf die Kapitalkosten veranschlagen.[1027] Eine weitere Folge aus der *Informationsasymmetrie*, die bei diversifizierten Unternehmen vorherrscht, können *Liquiditätseffekte* sein. Da die erhöhte Unternehmenskomplexität höhere Informationskosten verursacht, kann der Handel in Anteilen für diversifizierte Unternehmen geringer ausfallen, so dass die Liquiditätskosten ansteigen.[1028]

[1022] Vgl. Kapitel IV. 2.2.

[1023] Vgl. Heuskel (2000), S. 347; Kames (2000), S. 108 ff.; Kapitel II. 7.4.3.

[1024] Siehe zu Untersuchungen über den Diversifikationsabschlag in Deutschland: Bühner (1990); Schwetzler/Reimund (2003); Weiner (2005); Beckmann (2006); Glaser/Müller (2006). Lins/Servaes (1999) und Fauver/Houston/Naranjo (2003) konnten keinen signifikanten Diversifikationsabschlag für deutsche Unternehmen ausmachen.

[1025] Vgl. Lamont/Polk (2001).

[1026] Vgl. Lamont/Polk (2001), S. 1694.

[1027] Vgl. Capozza/Seguin (1999); Ferris/Sarin (2000); Best/Hodges/Lin (2004); Damodaran (2006), S. 29f; siehe Kapitel VII. 3.7.

[1028] Vgl. Capozza/Seguin (1999); siehe Kapitel VII. 3.8.

Daher kann im Rahmen der Ermittlung des unternehmensspezifischen Kapitalisierungszinssatzes auch ein Zuschlag für die negativen Diversifikationseffekte in Erwägung gezogen werden bzw. eine Erfassung der Diversifikationsfolgen bei der Bemessung der Bewertungskonsequenzen aus der Informationsasymmetrie bzw. der eingeschränkten Marktliquidität berücksichtigt werden. Die Erfassung des *Diversifikationsabschlags* erfolgt in der Bewertungspraxis aber üblicherweise in Form eines pauschalen Abschlags auf einen vorher ermittelten Wert. Die Höhe des Abschlags kann dabei im Einzelfall von der Ausgestaltung der Eigentümer- und Corporate Governance-Struktur abhängig sein.[1029]

Bei der objektivierten Unternehmensbewertung ist hingegen von der Berücksichtigung eines *Diversifikationsabschlags* abzusehen, da insbesondere ein Minderheitsaktionär die dafür ursächlichen Agency-Kosten nicht als einen abfindungsmindernden Bestandteil zu tragen hat. Bei der Ermittlung subjektiver Entscheidungswerte für den Erwerb einer Mehrheitsbeteiligung an einem Unternehmen können mögliche Restrukturierungsgewinne infolge einer Fokussierung des Unternehmens in die Grenzpreisermittlung mit einbezogen werden.

VII. 3.7 Einfluss der Informationsasymmetrie auf die Kapitalkosten

VII. 3.7.1 Bewertungsrelevanz des Informationsasymmetrie-Risikos

Theoretische und empirische Untersuchungen haben gezeigt, dass die Informationsqualität einen *systematischen Risikofaktor* darstellt, so dass Informationsdefizite dazu führen, dass ein Anleger, insbesondere ein Minderheitsaktionär, eine höhere Rendite fordert, um dieses Risiko zu tragen.[1030] Erklärungsansätze für diesen Zusammenhang lauten, dass eine schlechte Informationsqualität eine schlechtere Koordination zwischen dem Unternehmen und den Investoren bewirkt, was rationale Investoren dazu veranlasst, die erwarteten Cash Flows mit höheren Kapitalkosten abzuzinsen. Auch kennt der schlechter informierte Investor nicht die richtigen Gewichte der Anlagen, um eine vollständige Diversifikation herstellen zu können.

[1029] Vgl. Kapitel IV. 2.2.
[1030] Vgl. Kapitel III. 2.4.3.4.2.

Die Offenlegung von Unternehmensinformationen kann auch bewirken, dass die Kapitalmarktakteure eher zum Handeln von Wertpapieren bereit sind, so dass der Kapitalmarkt liquider wird. Die daraus resultierende erhöhte Liquidität führt zu geringeren Kapitalkosten. Für diesen Erklärungsansatz spricht auch die empirische Beobachtung, dass eine bessere Offenlegungspolitik eines Unternehmens zu geringeren Geld-Brief-Spannen führt.[1031]

Systematische Informationsrisiken können auch dadurch entstehen, dass Manager marktweit dazu neigen, insbesondere schlechte Nachrichten zu verschweigen, so dass die Anleger überwiegend von negativen statt von positiven Nachrichten überrascht werden.[1032]

Informationsdefizite können sich auf das Bewertungskalkül auswirken, indem bewertungsrelevante Informationen fehlen oder indem die vorhandenen Informationen aufgrund ihrer Komplexität schwer interpretierbar und daher nur unzureichend in das Bewertungskalkül übertragbar sind.[1033] Die Informationsdefizite aufgrund der Komplexität eines Unternehmens können mehrere Ursachen haben, u.a. die Diversifikation der Geschäftsfelder, eine komplexe Organisationsstruktur (Holdingstruktur) und die Offenlegungspolitik (Nutzung von Wahlrechten, Nutzung von komplexen Finanzinstrumenten).

VII. 3.7.2 Ermittlung der Informationsrisiken

Einen Ansatz zur Messung der Transparenz und der Offenlegungspolitik eines Unternehmens ist von STANDARD & POOR'S entwickelt worden.[1034] Sie haben einen umfangreichen Fragenkatalog entworfen, anhand dessen ein Ranking der Transparenz und Offenlegungspolitik von Unternehmen vorgenommen werden kann. Der Fragenkatalog besteht aus drei Unterkategorien, die jeweils weitere Fragen beinhalten: Beteiligungsverhältnisse und Investor Relations (28 Attribute), Finanzielle Transparenz und Informationspolitik (35 Attribute), Vorstands- und Managementstrukturen und

---

[1031] Vgl. Welker (1995).
[1032] Vgl. Damodaran (2006), S. 43.
[1033] Vgl. Feldman (2005), S. 28; Damodaran (2006).
[1034] Vgl. Cheng/Collins/Huang (2006); Damodoran (2006), S. 21f, Appendix 1.

–prozesse (35 Attribute). Dieser umfangreiche Fragenkatalog ermöglicht es jedoch nicht, direkte Bewertungsimplikationen daraus abzuleiten.

Bewertungskonsequenzen lassen sich hingegen aus einem Scoringansatz ableiten, der darauf abzielt, die Komplexität und Transparenz eines Unternehmens zu quantifizieren und mit anderen Unternehmen vergleichbar zu machen.[1035] Dabei geht man von dem Gedanken aus, dass eine höhere Unternehmenskomplexität die Einschätzung der Risikostruktur eines Unternehmens erschwert. Die folgende Abbildung stellt einen Scoringansatz dar, der direkt auf Bewertungskonsequenzen abzielt und somit dazu beitragen kann, ein mögliches Informationsrisiko aufzudecken. Die abgebildeten bewertungsrelevanten Informationsrisiken können dann, in Abhängigkeit von ihrer Bedeutung, unterschiedlich gewichtet werden, um einen Vergleich zwischen Unternehmen herstellen zu können.[1036]

[1035] Vgl. Damodaran (2006), S. 23 ff.
[1036] Vgl. dazu das Beispiel von Damodaran (2006), Appendix 2.

Bewertungsaspekt	Komplexitätsaspekt	Bewertungseinfluss
Betriebliche Erträge	1. Mehrere Geschäftsbereiche	Erschwert die Identifizierung der Einkommensquellen
	2. Einmaleffekte in Erträgen und Aufwendungen	Erschwert die Vorhersage zukünftiger Erträge
	3. Erträge aus unspezifizierten Quellen	Erschwert die Vorhersage zukünftiger Erträge
	4. Volatilität bestimmter Ertragspositionen	Erschwert die Vorhersage zukünftiger Erträge
Steuersatz	1. Einkünfte aus unterschiedlichen Regionen	Unterschiedliche Steuersätze in den Regionen
	2. Getrennte Buchhaltung für Steuern und Berichtswesen	Eingeschränkte Bedeutung des effektiven Steuersatzes aufgrund unterschiedlicher Regelungen
	3. Hauptsitz in einer Steueroase	Maßnahmen zur Reduzierung der Steuerlast erhöhen die Komplexität
	4. Volatilität des effektiven Steuersatzes	Erschwert die Vorhersage des zukünftigen Steuersatzes
Kapitalnutzung	1. Unterschiedliche Kapitalnutzung	Erschwert die Vorhersage der Kapitalnutzung
	2. Häufige und große Akquisitionen	Hat mehrjährige Konsequenzen (u.a. Bezahlung in bar oder Aktien, Goodwill, Abschreibungen)
	3. Bezahlung von Akquisitionen und Investitionen mit Aktien	Erschwert die Ermittlung der Akquisitionskosten
Working Capital	1. Unspezifizierte Vermögensgegenstände und Verbindlichkeiten	Erschwert die Identifizierung und Zuordnung der Vermögensgegenstände und Verbindlichkeiten
	2. Veränderungen im Working Capital	Erschwert die Vorhersage des Bedarfs an Working Capital
Erwartetes Wachstum	1. Außerbilanzielle Vermögensgegenstände und Verbindlichkeiten	Erschwert die Ermittlung des investierten Kapitals
	2. Geschichte der Aktienrückkäufe	Senkt das Eigenkapital und erhöht die Rendite
	3. Restrukturierungsaufwand	Erhöht die zukünftigen Erträge
	4. Akquisitionen und Goodwill	Erschwert die Messung der Kapitalrendite
	5. Veränderung der Kapitalrendite im Zeitablauf	Erschwert die Vorhersage der Kapitalrendite
Kapitalkosten	1. Mehrere Geschäftsbereiche	Veränderung der Geschäftsaktivitäten führt zu einer Veränderung von Beta
	2. Geschäftstätigkeit in Emerging Markets	Unterschiedliche Risikozuschläge für verschiedene Märkte
	3. Kein marktgehandeltes Fremdkapital	Der Marktwert des Fremdkapitals muss geschätzt werden
	4. Kein Anleihenrating	Schätzung des Ausfallrisikos wird erschwert
	5. Außerbilanzielle Verbindlichkeiten	Erschwert die Schätzung des Fremdkapitalanteils
Überkreuzbeteili-gungen	1. Beteiligungen an privaten Unternehmen	Schwierige Informationsgewinnung über private Unternehmen
	2. Beteiligungen an anderen Körperschaften (z.B. Special Purpose Entities)	Können verwendet werden, um Risiken und Verbindlichkeiten aus dem Abschluss auszulagern
Mitarbeiteroptionen	1. In der Vergangenheit gewährte Optionen	Unzureichende Informationen zur Bewertung der Optionen
	2. Laufende Optionsgewährung	Erschwert die Schätzung der zukünftigen Erträge

***Abbildung 55:* Bewertungsrelevante Informationsrisiken**[1037]

Die Bewertungskonsequenzen aus Informationsdefiziten lassen sich, wie im Folgenden gezeigt wird, sowohl durch einen Abschlag auf die Cash Flows, einen Zuschlag zum Kapitalisierungszinssatz oder durch einen pauschalen Wertabschlag berücksichtigen.[1038]

Bei der Ermittlung objektivierter Unternehmenswerte ist die informationelle Gleichbehandlung der Aktionäre anzustreben.[1039] Da PATEL/DALLAS in ihrer Untersuchung zeigen, dass Unternehmen mit geringer Transparenz und einer schlechten Offenlegungspolitik ein höheres Marktrisiko aufweisen als transparente Unternehmen, kann bei der Verwendung des Betafaktors eines intransparenten Unternehmens daran ge-

[1037] Vgl. Damodaran (2006), S. 25f.
[1038] Vgl. Damodaran (2006), S. 34 ff.

dacht werden, einen Abschlag auf den Betafaktor vorzunehmen, um ihn um das Informationsrisiko zu bereinigen.[1040]

VII. 3.7.3 Die Erfassung des Informationsasymmetrie-Risikos in den Cash Flows

Ein Abschlag auf die Cash Flows kann anhand einer Einschätzung über die Höhe der Erträge eines Unternehmens vorgenommen werden, deren Quellen sich nicht eindeutig identifizieren lassen, z.B. Erträge aus Beteiligungen an privaten Unternehmen oder anderen Körperschaften (Special Purpose Entities) oder Erträge aus nichtoperativer Geschäftstätigkeit (z.B. einmalige Geschäftsvorfälle).[1041] Die Höhe des Abschlags kann dann anhand einer Einschätzung über die Glaubwürdigkeit der Vorhersagen des Managements ermittelt werden, wobei sowohl mögliche frühere Korrekturen in der Rechnungslegung, die Stärke und Unabhängigkeit des Aufsichtsrats und eigene Erfahrungen mit dem Management beachtet werden müssen.

Dieser Ansatz ermöglicht eine gezielte Bewertung der unternehmensspezifischen Informationsdefizite. Dabei können mögliche Informationsrisiken eines Unternehmens anhand der dargestellten Bewertungsaspekte des Scoringansatzes identifiziert werden. Diese Vorgehensweise zeichnet sich durch ihre Praktikabilität aus, birgt aber aufgrund ihrer Subjektivität das Risiko von Fehleinschätzungen. Auch ist die Problematik der Doppelerfassung von Risiken sowohl in der Zähler- als auch in der Nennergröße zu beachten.

VII. 3.7.4 Die Erfassung des Informationsasymmetrie-Risikos im Kapitalisierungszinssatz

Das Informationsrisiko kann auch durch eine Erhöhung des Kapitalisierungszinssatzes bei der Bewertung berücksichtigt werden.[1042] Der Risikozuschlag für komplexe Unternehmen, die eine geringe Transparenz bieten, kann durch einen Vergleich der Renditen eines Portfolios aus komplexen Unternehmen mit einem Marktindex ermittelt werden. Dabei ist die Einschätzung der Komplexität von Unternehmen eine

---

1039 Vgl. Ringleb et al. (2005), S. 264; Deutscher Corporate Governance Kodex (2007), Tz. 6.3 S. 1.
1040 Vgl. Patel/Dallas (2002), S. 12.
1041 Vgl. Damodaran (2006), S. 34f.
1042 Vgl. Damodaran (2006), S. 35f.

schwierige Aufgabe, die aber mittels des dargestellten Scoringansatzes bewältigt werden kann. Dieser Ansatz wird der Beobachtung gerecht, dass ein Zusammenhang zwischen den Kapitalkosten und dem Informationsasymmetrie-Risiko festgestellt wurde, so dass sich eine Erfassung des Risikoaspekts im Kapitalisierungszinssatz anbietet. Die beschriebene Methode ermöglicht auch eine objektivere Vorgehensweise als bei Abschlägen auf die Cash Flows, da eine marktbasierte Beurteilung vorgenommen wird. Dennoch ist die Kategorisierung in komplexe und weniger komplexe Unternehmen nicht frei von subjektiven Einschätzungen. Auch erfordert eine solche Kategorisierung einen hohen Aufwand, da umfangreiche Informationen gesammelt werden müssen.

Auch kann, in Abhängigkeit von der Komplexität und Transparenz, ein Auf- oder Abschlag auf den Betafaktor im Vergleich zu den Betafaktoren in der Peer Group vorgenommen werden.[1043] In einer Untersuchung konnte dementsprechend auch ein Zusammenhang zwischen der Transparenz und Offenlegungspolitik eines Unternehmens und dem Marktrisiko festgestellt werden, wobei Unternehmen mit einer geringen Transparenz und einer schlechten Offenlegungspolitik ein hohes Marktrisiko aufwiesen.[1044] Da die Informationsdefizite nicht nur zwischen Unternehmen unterschiedlich ausgeprägt sind, sondern da auch Minderheitsaktionäre i.d.R. einem Informationsdefizit im Gegensatz zu Großaktionären unterliegen, kann auch ein Zuschlag für die Höhe des Informationsrisikos auf den Betafaktor für Minderheitsanteile veranschlagt werden. Als problematisch bei dieser Vorgehensweise kann sich aber die Quantifizierung des Zu- bzw. Abschlags auf den Betafaktor darstellen. Anhaltspunkte für die Wahl des Betafaktors können aber Peer Group Betas von Unternehmen bieten, die eine vergleichbare Komplexität aufweisen.

Sofern die Informationsdefizite insbesondere in den Verbindlichkeiten der Gesellschaft ausgemacht werden können, z.B. höhere außerbilanzielle Verbindlichkeiten bei dem zu bewertenden Unternehmen, bietet es sich auch an, eine Anpassung des Kapitalstrukturrisikos unter Einbeziehung der außerbilanziellen Verbindlichkeiten vorzunehmen, um der tatsächlichen Fremdkapitalquote gerecht zu werden.[1045] Diese

---

[1043] Vgl. Damodaran (2006), S. 36.
[1044] Vgl. Patel/Dallas (2002), S. 12.
[1045] Vgl. Damodaran (2006), S. 36f.

Vorgehensweise führt zu einem höheren levered Beta und folglich zu höheren Kapitalkosten. Zur Bestimmung des Betafaktors für nicht-börsennotierte Unternehmen auf Grundlage von Branchen Betas wird dabei üblicherweise wie folgt vorgegangen: Zur Gewährleistung der Risikoäquivalenz ist neben der Ermittlung des operativen Risikos (Operating Beta) aus der betrieblichen Tätigkeit, das sich in Vergleichsunternehmen wiederfinden soll, eine Anpassung des Finanzierungsrisikos (Financial Beta) durch eine Anpassung des Kapitalstrukturrisikos herzustellen.[1046] Diese Anpassung kann anhand der folgenden Formel vorgenommen werden.[1047]

$$\beta_i^F = \beta_i^u \left[1 + (1-s)\frac{FK}{EK} \right]$$

β_i^F = Betafaktor des teilweise fremdfinanzierten Unternehmens i

β_i^u = Betafaktor des unverschuldeten Unternehmens i

s = Linearer konstanter Unternehmensteuersatz

FK = Marktwert des Fremdkapitals

EK = Marktwert des Eigenkapitals

Dabei muss der Bewerter den Marktwert des Eigenkapitals des Vergleichsunternehmens kennen, um den Betafaktor des Vergleichsunternehmens um das Kapitalstrukturrisiko bereinigen zu können. Der Börsenwert des Vergleichsunternehmens kann dabei als Näherungslösung für den Marktwert des Eigenkapitals verwendet werden. Nach Bereinigung des Betafaktors des Vergleichsunternehmens um das Kapitalstrukturrisiko kann der Bewerter im nächsten Schritt den bereinigten Betafaktor an das Kapitalstrukturrisiko des zu bewertenden Unternehmens anpassen. Dabei ergibt sich allerdings ein Zirkularitätsproblem, da der Marktwert des Eigenkapitals des zu bewertenden Unternehmens bekannt sein muss.[1048]

1046 Vgl. Serfling/Pape (1994), S. 522; IDW (2002), S. 72.

1047 Vgl. Baetge/Niemeyer/Kümmel (2005), S. 296.

1048 Vgl. zu den Ansätzen zur Lösung des Zirkularitätsproblems: Baetge/Niemeyer/Kümmel (2005), S. 297 ff.

VII. 3.7.5 Die Erfassung des Informationsasymmetrie-Risikos durch einen pauschalen Abschlag

Ein weiterer Bewertungsansatz ist die Erfassung des Informationsrisikos durch einen pauschalen Abschlag auf einen vorher ermittelten Wert, der z.B. anhand des dargestellten Scoringansatzes, bei dem das Informationsrisiko zwischen mehreren Unternehmen verglichen wird, bestimmt werden kann.[1049] Dabei kann ein Marktwertvergleich von Unternehmen mit einem hohen Informationsrisiko und Unternehmen mit einem niedrigen Informationsrisiko angestellt werden, um den Marktwertabschlag für das Informationsrisiko zu ermitteln.

VII. 3.8 Einfluss der Marktliquidität und Fungibilität auf die Kapitalkosten

VII. 3.8.1 Die Notwendigkeit der Erfassung des Liquiditätsrisikos bei Bewertungen

Es konnte im Laufe dieser Arbeit ein Zusammenhang zwischen der Corporate Governance-Struktur eines Unternehmens und der Marktliquidität der Unternehmensanteile gezeigt werden. Die Marktliquidität ist dabei u.a. abhängig von der Ausgestaltung der Eigentümerstruktur und dem Anlegerschutz und kann Auswirkungen auf den Kontrollanreiz von Anlegern haben.[1050]

Die Berechtigung für einen *Fungibilitätsausgleich* ist in der Literatur umstritten.[1051] Umstritten ist u.a., ob bei einem unfreiwilligen Ausscheiden aus der Gesellschaft von einem *Fungibilitätsabschlag* auf den Anteilswert abgesehen werden soll, da ein Anteilseigner, der zwangsweise ausscheidet, sich nicht als wertmindernden Umstand entgegenzuhalten lassen braucht, dass er seine Unternehmensbeteiligung, die er nicht veräußern möchte, nur mit einem Abschlag hätte veräußern können.[1052] Bei einem *Fungibilitätsabschlag* würde der Ausscheidende u.U. kein ertragsmäßiges Äquivalent erhalten, da er nur eine fungible Anlage wieder erwerben kann.[1053] Daher wird in der Literatur z.T. ein Abschlag wegen schwerer Veräußerbarkeit der Anteile im

[1049] Vgl. Damodaran (2006), S. 37f.
[1050] Vgl. Kapitel IV. 3.4.; IV. 5.3.5.; VI. 1.1.
[1051] Vgl. Mandl/Rabel (1997), S. 217; Barthel (2003), S. 1182.
[1052] Vgl. W. Müller (1974), S. 428; Komp (2002), S. 399.
[1053] Vgl. Großfeld (2002), S. 133.

Rahmen der Abfindungsbemessung nach §§ 305, 320b AktG abgelehnt, da er den Übernehmer begünstigen würde.[1054] Dem kann entgegengehalten werden, dass erst der *Fungibilitätsausgleich* die wenig liquide Anlage mit der Anlage in liquide Mittel wertmäßig gleichstellt.[1055] Auch das IDW sieht die Notwendigkeit, dass bei der Ermittlung des Kapitalisierungszinssatzes für objektivierte Unternehmenswerte „einer geringeren Fungibilität im Vergleich zur alternativen Geldanlage in öffentliche Anleihen angemessen Rechnung zu tragen“ ist.[1056]

Die neuere Rechtsprechung sieht vor, dass die Verkehrsfähigkeit der Aktien bei der Abfindungsbemessung zu berücksichtigen ist. Das BUNDESVERFASSUNGSGERICHT führt dazu aus: „Die Aktie ist aus Sicht des Kleinaktionärs gerade deshalb so attraktiv, weil er sein Kapital nicht auf längere Sicht bindet, sondern sie fast ständig wieder veräußern kann. Die Verkehrsfähigkeit als Eigenschaft des Aktieneigentums darf bei der Wertbestimmung des Eigentumsobjekts nicht außer Betracht bleiben.“[1057] Folglich erkennt das BUNDESVERFASSUNGSGERICHT an, dass schon die Möglichkeit der jederzeitigen Veräußerung ein positiver Wertfaktor ist.[1058] Bei der Bemessung der Abfindung muss beachtet werden, dass die Abfindung so zu bemessen ist, „daß die Minderheitsaktionäre jedenfalls nicht weniger erhalten, als sie bei einer freien Deinvestitionsentscheidung zum Zeitpunkt des Unternehmensvertrags oder der Eingliederung erlangt hätten. Eine geringere Abfindung würde der Dispositionsfreiheit über den Eigentumsgegenstand nicht hinreichend Rechnung tragen.“[1059]

Die Interpretation dieser Ausführungen des BUNDESVERFASSUNGSGERICHTS fällt in der Literatur unterschiedlich aus und unterscheidet sich in der Frage, ob die Verkehrsfähigkeit Schutzgut oder Schutzmaßstab ist.[1060] Eine Argumentationsrichtung sieht die Verkehrsfähigkeit demnach als wesentliches Kriterium bei der Wertbestimmung des Eigentumobjekts, so dass die Börsennotierung selbst verfassungsrechtlichen Schutz

---

[1054] Vgl. Meilicke (1975), S. 56f; Lausterer (1997), S. 150; Komp (2002), S. 399.
[1055] Vgl. Moxter (1994), S. 1852.
[1056] IDW (2002), S. 105. Im IDW S 1 a.F. war vorgesehen, die Fungibilität in der spezifischen Risikostruktur von Unternehmen zu berücksichtigen. Vgl. IDW (2000), S. 834. Im neuen IDW S 1 hingegen wird die Fungibilität der Unternehmensanteile nicht mehr explizit als Kriterium der spezifischen Risikostruktur von Unternehmen genannt. Vgl. IDW (2005), S. 704, Tz. 6.2.
[1057] BVerfG 1 BvR 1613/94 v. 27.4.1999.
[1058] Vgl. Piltz (2001), S. 212.
[1059] BVerfG 1 BvR 1613/94 v. 27.4.1999.
[1060] Vgl. Ekkenga (2003), S. 884.

genießt.[1061] Nach einer anderen Interpretation beschränkt sich die Bedeutung der Aussage lediglich auf die Ausformulierung der Rechtsfolgen. Demnach ist, wenn in das Aktieneigentum eingegriffen wird, die Konsequenz aus der Verkehrsfähigkeit der Aktie, dass die zu leistende Abfindung den Börsenkurs nicht gänzlich außer Betracht lassen darf.[1062] Sofern die Verkehrsfähigkeit hingegen fehlt (z.B. bei Marktenge), markiert der Börsenkurs nicht mehr die Untergrenze für die Abfindung.

Neue Untersuchungsergebnisse haben darüber hinaus gezeigt, dass Aktienrenditen auch von einem *systematischen Liquiditätsrisiko* (marktweites Liquiditätsrisiko) abhängig sind, d.h. dass sich die Liquidität der verschiedenen Wertpapiere gleichgerichtet verändert, so dass sich das Liquiditätsrisiko nicht durch Diversifikation eliminieren lässt.[1063] Folglich müssen Unternehmen, die eine niedrige Marktliquidität aufweisen, eine höhere Rendite erwirtschaften als Unternehmen mit liquide gehandelten Anteilen. Daher ermöglicht nur die Berücksichtigung dieses liquiditätsbedingten Risikofaktors, die Verfügbarkeitsäquivalenz des Bewertungsobjekts zu anderen Wertpapieren herzustellen. Nach KUHNER/MALTRY bedeutet die Kongruenz der Verfügbarkeit die Kongruenz des Liquiditätsgrades unterschiedlicher Anlagen.[1064] Die Äquivalenz kann durch einen Verfügbarkeitszuschlag auf die Diskontierungsgröße bzw. durch einen pauschalen Verfügbarkeitsabschlag auf den ermittelten Unternehmenswert wiederhergestellt werden.[1065] MANDL/RABEL führen den *Fungibilitätszuschlag* auf die Unsicherheitsäquivalenz zurück und sehen ihn als Komponente, die in den Risikozuschlag einfließt.[1066]

Folglich sind Unterschiede in der Liquidität von Anteilen sowohl bei der Ermittlung objektivierter Unternehmenswerte als auch bei der Bestimmung subjektiver Entscheidungswerte zu erfassen, da nur so die Äquivalenz des Bewertungsobjekts zu anderen Wertpapieren hergestellt wird.

[1061] Vgl. Hellwig/Bormann (2002), S. 487.
[1062] Vgl. Ekkenga (2003), S. 883f; Adolff/Tieves (2003), S. 799f.
[1063] Vgl. Chordia/Roll/Subrahmanyam (2000); Huberman/Halka (2001); Hasbrouck/Seppi (2001); Brockman/Chung (2002); Pastor/Stambaugh (2003); Sadka (2003); Kempf/Mayston (2006).
[1064] Vgl. Kuhner/Maltry (2006), S. 88.
[1065] Vgl. Barthel (2003), S. 1181; Kuhner/Maltry (2006), S. 88f.
[1066] Vgl. Mandl/Rabel (1997), S. 217; siehe zur Unsicherheitsäquivalenz: Kuhner/Maltry (2006), S. 90f. Kritisch äußern sich hingegen Gampenrieder/Behrendt, die sowohl den theoretischen Erklärungsansatz über die Verfügbarkeitsäquivalenz wie auch über die Unsicherheitsäquivalenz ablehnen. Sie sprechen den Fungibilitätszuschlägen ihre eigenständige theoretische Basis ab. Vgl. Gampenrieder/Behrendt (2004), S. 91.

VII. 3.8.2 Schätzmethoden zur Bemessung des Fungibilitätsausgleichs

Schon in älteren Veröffentlichungen ist die Bedeutung der Fungibilität für die Bewertung von Anteilen erkannt worden. SCHMALENBACH nennt als Möglichkeit, die Fungibilität bei Bewertungen zu berücksichtigen, die Verwendung eines Zuschlags für die Nichtmobilisierung von 50% zum Basiszinssatz, die er mit der Begründung vorschlägt, dass „man im Allgemeinen damit rechnet, dass eine nichtmobilisierte Beteiligung eine 50% höhere Rendite als eine mobilisierte Beteiligung verlangt."[1067] MÜNSTERMANN sieht die Immobilität hingegen als „ein Phänomen, das sich einer auch nur annähernden objektiven Quantifizierung, sei es im Zukunftserfolg, sei es im Kapitalisierungszinsfuß, entzieht."[1068]

BALLWIESER zieht eine „explizite Schätzung, wie lange es dauert, einen Käufer zu welchen Konditionen zu finden, und die explizite Verarbeitung der daraus resultierenden Wahrscheinlichkeitsverteilung" einem „irgendwie gegriffenen" *Fungibilitätszuschlag* bzw. *Immobilitätszuschlag* vor.[1069]

Umfangreich im Gegensatz zu Deutschland ist der empirische Erkenntnisstand zu diesem Thema in den USA. Dort gibt es eine größere Anzahl empirischer Untersuchungen zu Verwendungszwecken und zur Höhe von *Fungibilitätsabschlägen*.[1070]

Die in den USA durchgeführten Studien setzen oft an einem Vergleich von Wertpapieren an. Dabei werden drei empirische Herangehensweisen verwendet, um den Abschlag für die fehlende Handelbarkeit von Anteilen zu schätzen, der *Restricted-Stock-Approach*, der *IPO-Approach* und der *Acquisition-Approach*.[1071] Der Abschlag wird dabei auf einen vorher ermittelten Wert vorgenommen, der somit als Basiswert fungiert. Die folgende Übersicht zeigt einige Untersuchungsergebnisse dieser Studien.

[1067] Schmalenbach (1966), S. 53f.
[1068] Münstermann (1970), S. 78.
[1069] Ballwieser (2002), S. 742.
[1070] Vgl. dazu die Zusammenfassung in: Pratt/Reilly/Schweihs (2000), S. 391-423; siehe auch: Bajaj et al. (2001).
[1071] Vgl. Bajaj et al. (2001).

Studie	Berechnungsansatz	Zeitraum	Abschlag
John Emory	IPO Study	1980-2000	47,00% Median
Standard Research Consultants	Restricted Stock Study	1978-1982	45,00% Median
Moroney	Restricted Stock Study	1969-1972	35,60% Durchschnitt
Maher	Restricted Stock Study	1969-1973	35,43% Durchschnitt
Silber	Restricted Stock Study	1981-1988	33,75% Durchschnitt
Trout	Restricted Stock Study	1968-1972	33,45% Durchschnitt
Gelman	Restricted Stock Study	1968-1970	33,00% Durchschnitt
SEC Institutional Investor	Restricted stock - non-reporting OTC comp.	1966-1969	32,60% Durchschnitt
Willamette Management Assoc.	Restricted Stock Study	1981-1984	31,20% Median
SEC Institutional Investor	Restricted stock - reporting companies	1966-1969	25,80% Durchschnitt
FMV Opinions	Restricted Stock Study	1979-1992	23,00% Durchschnitt

Tabelle 12: **US-amerikanische Studien zum Fungibilitätsabschlag**[1072]

Beim *Restricted-Stock-Approach* wird der Preis von zwei Papieren derselben Aktiengesellschaft verglichen, wobei eines handelbar und das andere für einen befristeten Zeitraum nicht öffentlich, sondern nur über Private Placements (SEC Rule 144 und 144A) handelbar ist.[1073] Dem liegt der Gedanke zugrunde, dass der Wertunterschied auf die Unterschiede in der Fungibilität zurückzuführen ist. Wichtige Einflussfaktoren auf die *Fungibilitätsabschläge* sind dabei die Größe (Umsatzvolumen), die Profitabilität und die Liquidität des Vermögensbestandes eines Unternehmens. Die Studien, die den *Restricted-Stock-Approach* verwendet haben, zeigen im Wesentlichen durchschnittliche Abschläge in Höhe von 20-35%.[1074]

Beim *IPO-Approach* wird der Kurs einer Aktie eines zuvor nicht-börsennotierten Unternehmens am ersten Börsenhandelstag mit dem zuletzt gezahlten Preis vor dem Börsengang verglichen.[1075] Empirische Studien, die den *IPO-Approach* angewendet haben, zeigen einen Bewertungsabschlag bei privaten Veräußerungen in Höhe von 45% im Vergleich zum Kurswert nach dem Börsengang.[1076]

Der *Acquisition-Approach* vergleicht zur Bemessung des Abschlags die Kaufpreise von Publikumsgesellschaften mit denen von vergleichbaren privaten Unternehmen.[1077] Eine empirische Studie von KOEPLIN/SARIN/SHAPIRO, die diesen Ansatz ge-

[1072] Vgl. Pratt/Reilly/Schweihs (2000), S. 391-423; Bajaj et al. (2001).
[1073] Vgl. Silber (1991); Koeplin/Sarin/Shapiro (2000), S. 95; Bajaj et al. (2001), S. 96 ff.; Feldman (2005), S. 98-101; Damodaran (2005a), S. 36-39.
[1074] Vgl. Bajaj et al. (2001), S. 97 m.w.N.; Gampenrieder/Behrendt (2004), S. 90.
[1075] Vgl. Koeplin/Sarin/Shapiro (2000), S. 96; Bajaj et al. (2001), S. 94 ff.; Gampenrieder/Behrendt (2004), S. 90; Feldman (2005), S. 97f.
[1076] Vgl. Bajaj et al. (2001), S. 94.
[1077] Vgl. Koeplin/Sarin/Shapiro (2000), S. 96 ff.; Bajaj et al. (2001), S. 100 ff.

wählt hat, weist einen Abschlag von 20,4% bei Kaufpreisen für private Unternehmen im Vergleich zu Publikumsgesellschaften auf.[1078] Problematisch ist hierbei u.a. die Vergleichbarkeit der privaten Unternehmen mit den Publikumsgesellschaften. Private Unternehmen sind i.d.R. kleiner als Publikumsgesellschaften und weisen höhere Gewinnsteigerungen vor einem Verkauf aus.

Die Liquidität unterscheidet sich auch stark zwischen börsennotierten Unternehmen, so dass es möglich ist, anhand der Abstufungen in den Geld-Brief-Spannen dieser Unternehmen die *Fungibilitätsabschläge* zu schätzen (Synthetische Geld-Brief-Spanne). Dabei kann so vorgegangen werden, dass von den Geld-Brief-Spannen kaum gehandelter Aktien extrapoliert wird, um *Fungibilitätsabschläge* nicht-börsennotierter Unternehmen zu ermitteln.[1079] Die Messung der Geld-Brief-Spanne in Prozent des Marktpreises ermöglicht damit eine Einschätzung der Liquiditätskosten.

Weitere Anhaltspunkte für die konkrete Höhe eines *Fungibilitätsabschlags* bieten die in dieser Arbeit dargestellten von Aktienanalysten verwendeten heuristischen Abschlagswerte für fehlende Liquidität bzw. Fungibilität.[1080]

Bei der Bezugnahme auf Erfahrungswerte aus anderen Transaktionen gilt es, die wechselseitige Beziehung zwischen der Höhe des *Fungibilitätsabschlags* und dem erworbenen Beteiligungsausmaß, also der Größe der Beteiligung, zu beachten.[1081]

VII. 3.8.3 Erfassung des liquiditätsbedingten Risikos im Kapitalisierungszinssatz

Zur Berücksichtigung der Liquidität in den DCF-Verfahren kann so vorgegangen werden, dass die Aktie entweder zuerst als liquider Anteil bewertet wird, auf den dann ein pauschaler *Fungibilitätsabschlag* gemäß den dargestellten Ermittlungsmethoden angewendet wird, oder dass der Kapitalisierungszinssatz mit einem *Fungibilitätszuschlag* versehen wird.[1082]

[1078] Vgl. Koeplin/Sarin/Shapiro (2000), S. 96 ff.
[1079] Vgl. Damodaran (2005a), S. 41.
[1080] Vgl. Kapitel II. 7.4.3; VI. 2.2; VI. 3.4.
[1081] Vgl. Mandl/Rabel (1997), S. 233 m.w.N.
[1082] Vgl. Feldman (2005), S. 91; Damodaran (2005a), S. 60. Siehe zur alternativen Ermittlung von Fungibilitätsabschlägen mittels der Optionspreistheorie: Longstaff (1995); Gampenrieder/Behrendt (2004), S. 90 m.w.N.

Die Anpassung des Kapitalisierungszinssatzes kann anhand folgender pragmatischer Methoden erfolgen: Der Kapitalisierungszinssatz kann mit einem konstanten *Fungibilitätszuschlag* versehen werden, der der Tatsache gerecht wird, dass weniger liquide Anteile eine höhere Rendite erwirtschaften müssen im Vergleich zu liquiden Anteilen.[1083] Dabei kann eine Parallele zum Small Stock Premium gezogen werden, nach dem kleinere Unternehmen üblicherweise eine um 3-3,5% höhere Rendite erzielen als die großen Aktienwerte. Das Small Stock Premium wird im Wesentlichen auf Liquiditätseffekte zurückgeführt. Dabei gilt es zu bedenken, dass auch kleine börsengehandelte Unternehmen eine deutlich höhere Liquidität aufweisen als nichtbörsennotierte Unternehmen, so dass mit einem noch höheren Zuschlag gerechnet werden kann.

Eine andere Schätzgröße können die Renditen von Venture Capital Unternehmen sein, die über einen längeren Zeitraum eine um 4% höhere Rendite als börsennotierte Unternehmen erzielt haben. Dieser Wert kann aber sowohl auf die Liquidität als auch auf die Unterdiversifikation von Venture Capital Unternehmen zurückgeführt werden.[1084] Der ausgewählte *Fungibilitätszuschlag* kann danach noch aufgrund bestimmer Unternehmenscharakteristika angepasst werden. So kann für wirtschaftlich gesunde Unternehmen mit liquiden Vermögensgegenständen ein geringerer Zuschlag angesetzt werden als für Unternehmen mit wirtschaftlichen Problemen und schwer verkäuflichen Vermögensgegenständen.[1085]

Die neuere deutsche Literatur sieht vor, dass *Fungibilitätszuschläge* in Höhe von 1 bis 3% auf den Kapitalisierungszinssatz vorzunehmen sind, die aus der Differenz zwischen dem Nettozins für die kürzest mögliche Anlage und dem Kapitalmarktzins für eine langfristige Anlage mit mindestens zehnjähriger Bindung ermittelt werden.[1086] Ein anderer Vorschlag lautet, um die fehlende Fungibilität der Anteile von nichtbörsennotierten Unternehmen und die mit dem Verkauf von Unternehmensanteilen verbundenen Transaktionskosten zu berücksichtigen, dass der Betafaktor um diese Abweichungen vom „CAPM-Idealmodell“ korrigiert werden muss.[1087] Dabei wird ein

---

[1083] Vgl. Damodaran (2005a), S. 47.
[1084] Vgl. Jones/Rhodes-Kropf (2004); Damodaran (2005a), S. 47.
[1085] Vgl. Damodaran (2005a), S. 48.
[1086] Vgl. Fischer (1996), S. 118; Helbling (1998), S. 442.
[1087] Vgl. Keller/Hohmann (2004), S. 207.

aus der Bewertungspraxis abgeleiteter Aufschlag auf den Betafaktor mit einer Bandbreite von 0,1 bis 0,5 vorgeschlagen.

Folglich wird überwiegend ein Zuschlag zum Kapitalisierungszinssatz vorgesehen, der sich um 3% bewegt und auf Marktdaten bzw. Erfahrungswerten aufbaut. Dabei ist auch eine Anpassung des Zuschlags in Abhängigkeit von der unternehmensspezifischen Situation möglich (z.B. wirtschaftliche Lage des Unternehmens, Liquidität der Vermögensgegenstände, potentielle Käufer).

VII. 3.8.4 Bemessung des liquiditätsbedingten Risikos bei Anwendung der Multiplikatorverfahren

Bei den vergleichenden Bewertungsverfahren (Multiplikatorverfahren) kann versucht werden, die Fungibilität anhand von Vergleichstransaktionen für ähnlich illiquide Anteile zu berücksichtigen bzw. einen Bewertungsvergleich von nicht-börsennotierten Unternehmen mit ebenfalls nicht-börsennotierten Unternehmen vorzunehmen.[1088] Ein Vergleich von nicht-börsennotierten Unternehmen kann dann angestellt werden, wenn Unternehmen identifizierbar sind, die ähnliche Charakteristika aufweisen (z.B. Wachstum, Risiko, Cash Flow), wenn es genügend Transaktionen mit diesen Unternehmen gibt, deren Informationen auch zugänglich sind, und wenn die Transaktionspreise zu Performancemaßen der Unternehmen in Bezug stehen.

Für Deutschland zeigt eine empirische Untersuchung über die Verwendung von *Fungibilitätsabschlägen* im Rahmen der Multiplikatorverfahren eine Bandbreite von 10-30%.[1089] Dabei wird i.d.R. ein pauschaler Abschlag auf einen vorher ermittelten Wert vorgenommen, um einen Ausgleich aufgrund mangelnder Vergleichbarkeit herzustellen.

[1088] Vgl. Koeplin/Sarin/Shapiro (2000); Damodaran (2005a), S. 51f.
[1089] Vgl. Peemöller/Beckmann/Heyke (2004), S. 318.

VIII. Thesenförmige Zusammenfassung

1) Ziel der vorliegenden Arbeit ist es, einen direkten Bezug zwischen Corporate Governance, der Eigentümerstruktur und der Unternehmensbewertung herzustellen und bestimmte Ausprägungen der Corporate Governance-Struktur für Unternehmensbewertungen operationalisierbar zu machen. Dabei werden neben der Quantifizierung des Einflusses bestimmter Corporate Governance-Konstellationen auch Möglichkeiten aufgezeigt, wie die Bewertungseffekte in die Unternehmenswertermittlung einbezogen werden können. Als theoretisches Konzept zur Erklärung der zu beobachtenden Anreizstrukturen und Problembereiche der Corporate Governance dient die Neue Institutionenökonomik. Die Hauptaufgabe von Corporate Governance besteht darin, die Agency-Problematik zu lösen. Effiziente Corporate Governance verringert die Agency-Kosten, die sich einerseits aus den Interessengegensätzen zwischen den Gesellschaftern und andererseits zwischen den Gesellschaftern und den Managern des Unternehmens ergeben.

2) Die Auswertung von Aktienanalysen und die Befragung von Finanzanalysten hat gezeigt, dass die Eigentümerstruktur, die Wirkungen des Marktes für Unternehmenskontrolle, die Diversifikation des Unternehmens und die Marktliquidität bei der Analyse und Bewertung von Unternehmen zur Ermittlung von Kurszielen durch Finanzanalysten eine erhebliche Bedeutung haben. Analysten würdigen demnach die Corporate Governance-Struktur eines Unternehmens durch vielfältige signifikante pauschale Zu- und Abschläge auf zuvor ermittelte Basiswerte.

3) Bedingt durch die gestiegene Nachfrage nach Qualitätseinschätzungen über unternehmensindividuelle Corporate Governance ist in den letzten Jahren eine Corporate Governance-Industrie, insbesondere aus Corporate Governance-Ratingagenturen, entstanden, die dazu beiträgt, die Informationsasymmetrie, die zwischen dem Management und Investoren besteht, zu verringern und die Transaktionskosten zu senken. Dabei werden Corporate Governance-Ratings erstellt, die u.a. als Ergänzung zur Aktienanalyse verwendet werden und die Investitionsentscheidungen beeinflussen können. Die dabei zugrunde liegenden Ratingansätze befassen sich hauptsächlich mit den Aspekten und Problembereichen der Ausgestaltung der Eigentümerstruktur, der Struktur und Prozessausgestaltung der

Organe der Gesellschaft, dem Verhältnis zwischen den Aktionären, Maßnahmen zur Reduzierung der Informationsasymmetrie zwischen den Aktionären und dem Management und der Haltung gegenüber dem Markt für Unternehmenskontrolle. Die Corporate Governance-Ratingagenturen gehen von einem Einfluss der Corporate Governance-Struktur eines Unternehmens auf die Kapitalkosten und auf die Cash Flows aus.

4) Mehrere empirische Untersuchungen zum Zusammenhang zwischen der Corporate Governance-Struktur, dem Unternehmenswert und der Aktienrendite zeigen auf, dass Unternehmen mit stärkeren Aktionärsrechten einen höheren Unternehmenswert haben und gleichzeitig signifikant höhere Aktienrenditen aufweisen. Ein Erklärungsansatz für die beobachteten Überrenditen bei schlechten Corporate Governance-Standards ist die Vermutung, dass Investoren die Höhe der Agency-Kosten, die mit ineffizienten Corporate Governance-Strukturen verbunden sind, möglicherweise unterschätzen. Diese Untersuchungsergebnisse stellen die Markteffizienzhypothese infrage bzw. lassen vermuten, dass eine Corporate Governance-Anomalie vorliegt.

5) Im Rahmen dieser Arbeit werden Möglichkeiten untersucht, wie Corporate Governance in das Unternehmensbewertungskalkül integriert werden kann bzw. wie sie sich auf die Bewertungsfaktoren auswirkt. Corporate Governance kann den Unternehmenswert sowohl über die Höhe der erwarteten zukünftigen Cash Flows, die an einen Anleger fließen, und über die Kapitalkosten beeinflussen. Die Corporate Governance-Struktur wirkt sich auf die Cash Flows, insbesondere durch die Höhe der Sondervorteile aus, die Großaktionäre und das Management erzielen können. Die Erlangung von Sondervorteilen stellt i.d.R. einen Verstoß gegen die Treuepflichten dar. Mehrere Untersuchungen haben auch einen Zusammenhang zwischen verschiedenen Corporate Governance-Mechanismen und der Aktienkursvolatilität, dem systematischen Risiko und dem unsystematischen Risiko festgestellt, so dass ein Einfluss der Corporate Governance-Struktur auf die Kapitalkosten auszumachen ist.

6) Ausgangspunkt der Prognose der künftigen Erträge eines Unternehmens ist die Vergangenheitsanalyse. Um die Erfolgsursachen der Vergangenheit zu erkennen, sind die Vergangenheitsergebnisse zu bereinigen. Im Rahmen dieser Bereinigungsmaßnahmen sind wesentliche Corporate Governance-Problembereiche dargestellt und auf die Notwendigkeit der Bereinigung ihrer Erfolgswirksamkeit überprüft worden. Bereinigungsmaßnahmen sind dabei u.a. vorzunehmen, wenn ein Geschäftsvorgang durch die Kontrollstruktur des Unternehmens zum Nachteil der Minderheitsaktionäre beeinflusst wird. Als Maßstäbe zur Nachteilsbemessung bieten sich dabei insbesondere die Verrechnungspreisgrundsätze an. Hauptproblembereiche, die die Erzielung von Sondervorteilen ermöglichen, sind eine unangemessene Entlohnung des Managements, die betriebsfremde Nutzung bzw. Aneignung von betrieblichen Ressourcen durch das Management oder durch Großaktionäre, Eigengeschäfte der Geschäftsleiter oder eines Großaktionärs mit der Gesellschaft, die Vergabe vergünstigter Darlehen durch das Unternehmen sowie Verstöße gegen das Wettbewerbsverbot und die Geschäftschancenlehre.

7) In der Abfindungspraxis Delawares wird durch die Anwendung des Control Premiums auf den Börsenkurs oder marktbasierte Vergleichswerte die Beteiligung des Minderheitsaktionärs an den Sondervorteilen bejaht. Bei einer börsenkursbasierten Bewertung, die üblicherweise einen Minderheitsabschlag beinhaltet, ist daher eine Erhöhung des Marktwerts um einen Zuschlag (control premium) vorgesehen, um der Bewertung den Gesamtunternehmenswert zugrunde zu legen. Dieser Unternehmenswert stellt den Wert eines fiktiven Alleingesellschafters dar, unter Ausschluss von Agency-Kosten. Diese Beurteilung sollte in Anbetracht der Treuepflichten im deutschen Recht und der Maßgabe, dass ein voller Wert zu ermitteln ist, auch in der Abfindungsbemessung nach deutschem Recht Verwendung finden. Folglich wird angeregt, den um einen Zuschlag (control premium) erhöhten Börsenkurs als Wertuntergrenze bei Abfindungen zu berücksichtigen.

8) Der Einfluss der Corporate Governance-Struktur auf das systematische Marktrisiko und das unsystematische Risiko wird insbesondere durch die folgenden Zusammenhänge bestimmt: Eine hohe Beteiligung an einem Unternehmen bewirkt für Mehrheitsaktionäre, dass sie undiversifizierbares unsystematisches Risiko tragen müssen. Das kann wiederum bewirken, dass der Großaktionär einen Anreiz

hat, eine wenig riskante Investitionspolitik für das Unternehmen zu betreiben, um das Gesamtrisiko, dem er sich ausgesetzt sieht, zu senken. Unzureichende Kontrollaktivitäten gegenüber dem Management, das i.d.R. eine Präferenz für die Ausdehnung der Unternehmenstätigkeit hat, kann bewirken, dass das Unternehmen einen Konglomeratscharakter annimmt und als Folge dessen mit einem Diversifikationsabschlag versehen wird. Eine weitere kapitalkostenrelevante Konsequenz aus Corporate Governance-Defiziten resultiert aus einer Informationsasymmetrie zwischen Insideraktionären und Minderheitsaktionären, die das systematische Risiko für die uninformierten Investoren erhöht. Die Corporate Governance-Struktur eines Unternehmens beeinflusst den Kapitalisierungszinssatz auch durch ihren Einfluss auf die Marktliquidität. Dabei lassen sich vielfältige Wechselbeziehungen zwischen der Eigentümerstruktur, den Kontrollaktivitäten, dem Anlegerschutz und der Marktliquidität ausmachen. Die dargestellten Risikoaspekte lassen sich nicht im Rahmen des mit restriktiven Annahmen verbundenen klassischen CAPM-Ansatzes erfassen. Daher sind Ansätze dargestellt worden, die die Würdigung des jeweiligen Aspekts in Unternehmensbewertungen erlauben.

9) Die Ausgestaltung der Eigentümerstruktur hat sich als bewertungsrelevant herausgestellt. Großaktionäre weisen Unterschiede in der Beteiligungsmotivation auf und unterscheiden sich in den Kontrollanreizen und dem Kontrollpotential gegenüber dem Management. Bei den Bewertungskonsequenzen aus der Eigentümerkonzentration ist ein Trade-off von Sondervorteilen mit der Anteilsdiversifikation und der Marktliquidität zu beachten. Auch hat sich die Identität bestimmter Eigentümergruppen als wertrelevant herausgestellt. Mechanismen zur Erhöhung der Eigentümerkomplexität erleichtern darüber hinaus die Erzielung von Sondervorteilen durch Großaktionäre. Diese Beobachtungen sprechen dafür, dass bei Unternehmensbewertungen, deren Anlass eine Änderung der Eigentümerstruktur nach sich zieht, die Bewertungseffekte einer geänderten Eigentümerstruktur zu berücksichtigen sind. So können sich künftig in Zahlen auswirkende Unternehmenswertänderungen infolge einer veränderten Eigentümerstruktur bereits zum Bewertungszeitpunkt in das Bewertungskalkül einbezogen werden. Weiterhin kann die Änderung der Eigentümerstruktur eine Veränderung der Risikoträchtigkeit der Unternehmenspolitik nach sich ziehen.

10) Der Markt für Unternehmenskontrolle ist ein Mechanismus, der zur Lösung des Principal-Agent-Problems beitragen kann, indem er auf das Management disziplinierend wirkt. Es konnten darüber hinaus vielfältige Motive und Bewertungsaspekte des Marktes für Unternehmenskontrolle herausgearbeitet werden, die sich bei einem funktionierenden Kontrollmarkt überwiegend positiv auf den Unternehmenswert entweder in Form steigender finanzieller Überschüsse oder in Form sinkender Kapitalkosten auswirken. Eine hohe Übernahmewahrscheinlichkeit beeinflusst folglich den Unternehmenswert positiv. Bei Abwehrmaßnahmen gegen Übernahmen in Unternehmen zeigt sich hingegen tendenziell eine wertmindernde Wirkung. Folglich schränken Abwehrmechanismen die Funktionsfähigkeit des Marktes für Unternehmenskontrolle ein und senken den Anreiz des Managements, den Unternehmenswert zu maximieren.

IX. Anlage

Fragebogen

Corporate Governance, Eigentümerstruktur und Unternehmenswert

TEIL A: UNTERNEHMENSBEWERTUNGSMETHODEN

1. Welche Unternehmensbewertungsmethode(n) verwenden Sie üblicherweise?

DCF-Verfahren ☐ Multiplikatoren ☐ Ertragswertverfahren ☐

Wertorientierte Kennzahlen ☐ Substanzwert ☐ Residualgewinnansatz ☐

Sonstige, wenn ja, welche: ____

2. Welche Ertrags- bzw. Cash-Flow-Größe verwenden Sie üblicherweise?

Free Cash-Flow ☐ Jahresüberschuss ☐ EBIT/EBITDA/NOPAT ☐

Sonstige, wenn ja, welche: ____

3. Welche Kapitalkostengröße verwenden Sie üblicherweise?

CAPM ☐ WACC ☐ APT ☐

Sonstige, wenn ja, welche:____

VORGEHENSWEISE:
Im Folgenden bitten wir Sie, Aussagen zur Bewertungsrelevanz der Eigentümerstruktur und Corporate Governance bei der Bewertung von Unternehmen und Aktien/Anteilen zu machen. Dabei bitten wir Sie, die Fragen aus Ihrer Bewertungspraxis heraus zu beantworten. Bitte kreuzen Sie das zutreffende Kästchen an, das Ihre Vorgehensweise bei Unternehmens-/Anteilsbewertungen für das jeweilige Kriterium am besten wiedergibt, bzw. kreuzen Sie „kein Einfluss auf den Wert" an.

TEIL B: CORPORATE GOVERNANCE

4. Berücksichtigen Sie bei Ihren Bewertungen Corporate Governance als einen eigenen Risikofaktor? Ja ☐ nein ☐

   Wenn ja, wie bewerten Sie diesen Risikofaktor und was ist die Beurteilungsgrundlage?____

5. Wie berücksichtigen Sie bei Bewertungen den Einfluss der in der Satzung mancher Unternehmen vorgesehenen Vinkulierung der Aktien auf den Unternehmens-/Anteilswert?

   Abschlag ☐ oder Zuschlag ☐ oder kein Einfluss auf den Wert ☐

   in Höhe von: 5% ☐ 10% ☐ 15% ☐ 20% ☐ 25% ☐ anderer Wert_____

   auf: Ertrags-/Cash-Flow-Größe ☐ Kapitalisierungszinssatz ☐
   ermittelten Unternehmenswert ☐ ermittelten Anteilswert ☐

   Grund: ____

6. Wie berücksichtigen Sie bei Bewertungen den Einfluss einer hohen Übernahmewahrscheinlichkeit des Unternehmens durch ein anderes Unternehmen auf den Unternehmens-/Anteilswert?

   Abschlag ☐ oder Zuschlag ☐ oder kein Einfluss auf den Wert ☐

   in Höhe von: 5% ☐ 10% ☐ 15% ☐ 20% ☐ 25% ☐ anderer Wert_____

   auf: Ertrags-/Cash-Flow-Größe ☐ Kapitalisierungszinssatz ☐
   ermittelten Unternehmenswert ☐ ermittelten Anteilswert ☐

   Grund: ____

6a. Was sind Kriterien, die für eine hohe Übernahmewahrscheinlichkeit sprechen?

____

____

7. Wie berücksichtigen Sie bei Bewertungen den Einfluss einer fehlenden Fungibilität (Handelbarkeit) von Aktien auf den Unternehmens-/Anteilswert einer nicht-börsennotierten Gesellschaft?

   Abschlag ☐ oder Zuschlag ☐ oder kein Einfluss auf den Wert ☐

   in Höhe von: 5% ☐ 10% ☐ 15% ☐ 20% ☐ 25% ☐ anderer Wert_____

   auf: Ertrags-/Cash-Flow-Größe ☐ Kapitalisierungszinssatz ☐

   ermittelten Unternehmenswert ☐ ermittelten Anteilswert ☐

   Grund: ____

8. Anhand welchen Kriteriums berücksichtigen Sie bei Bewertungen die Marktliquidität einer Aktie?

   Geld-Brief-Spanne ☐ Handelsvolumen ☐ Liquiditätsrate ☐

   Sonstiges Liquiditätskriterium: ______________________________

8a. Wie berücksichtigen Sie bei Bewertungen den Einfluss einer niedrigen Marktliquidität einer Aktie auf den Unternehmens-/Anteilswert?

   Abschlag ☐ oder Zuschlag ☐ oder kein Einfluss auf den Wert ☐

   in Höhe von: 5% ☐ 10% ☐ 15% ☐ 20% ☐ 25% ☐ anderer Wert_____

   auf: Ertrags-/Cash-Flow-Größe ☐ Kapitalisierungszinssatz ☐

   ermittelten Unternehmenswert ☐ ermittelten Anteilswert ☐

   Grund: ____

8b. Wann liegt eine niedrige Marktliquidität vor?______________________________

9. Berücksichtigen Sie die Größe des Vorstands oder des Aufsichtsrats (Anzahl der Mitglieder) bei Unternehmensbewertungen? Ja ☐ nein ☐

   Wenn ja, wie? ______________________________

   ____

10. Wie berücksichtigen Sie bei Bewertungen den Einfluss der Mitbestimmung der Arbeitnehmer im Aufsichtsrat auf den Unternehmens-/Anteilswert?

Abschlag ☐ oder Zuschlag ☐ oder kein Einfluss auf den Wert ☐

in Höhe von: 5% ☐ 10% ☐ 15% ☐ 20% ☐ 25% ☐ anderer Wert_____

auf: Ertrags-/Cash-Flow-Größe ☐ Kapitalisierungszinssatz ☐

ermittelten Unternehmenswert ☐ ermittelten Anteilswert ☐

Grund: ____

TEIL C: EIGENTÜMERSTRUKTUR

11. Wie berücksichtigen Sie bei Bewertungen den Einfluss von Vorzugsaktien ohne Stimmrecht auf den Unternehmenswert?

Abschlag ☐ oder Zuschlag ☐ oder kein Einfluss auf den Wert ☐

in Höhe von: 5% ☐ 10% ☐ 15% ☐ 20% ☐ 25% ☐ anderer Wert_____

auf: Ertrags-/Cash-Flow-Größe ☐ Kapitalisierungszinssatz ☐

ermittelten Unternehmenswert ☐ ermittelten Anteilswert ☐

Grund:____

12. Orientieren Sie sich bei der Aktienbewertung, sofern beide Aktiengattungen börsennotiert sind, am Kursunterschied zwischen Stamm- und Vorzugsaktien?

ja ☐ nein ☐

Wenn nein, wie bewerten Sie die jeweilige Aktiengattung im Verhältnis zur anderen Aktiengattung?____

12a. Wie bewerten Sie Vorzugsaktien im Verhältnis zu Stammaktien, sofern nur eine bzw. keine Aktiengattung börsennotiert ist?

____

____

13. Berücksichtigen Sie bei Bewertungen die Möglichkeit der Einflussnahme von Aktionären folgender Identitäten auf die Unternehmenspolitik?

			Abschlag	Zuschlag	auf (z.B. Zinssatz)	Grund
Institutionelle Investoren (ohne Banken/Versicherungen)	Ja ☐	nein ☐	______%	______%		__________________
Banken und Versicherungen	Ja ☐	nein ☐	______%	______%		__________________
Industrie- und Dienstleistungsunternehmen	Ja ☐	nein ☐	______%	______%		__________________
Staat/Länder/Kommunen	Ja ☐	nein ☐	______%	______%		__________________
Familien/Privatpersonen	Ja ☐	nein ☐	______%	______%		__________________
Management	Ja ☐	nein ☐	______%	______%		__________________

Anmerkungen/Ergänzungen: ______________________________

14. Berücksichtigen Sie gegenseitige Beteiligungen von Unternehmen (Überkreuzbeteiligungen, Ringverflechtungen) oder Pyramidenbeteiligungsstrukturen bei Unternehmensbewertungen?

ja ☐ nein ☐

Wenn ja, wie? ______________________________

15. Berücksichtigen Sie die Streuung der Aktien (Free-Float-Faktor) bei Bewertungen?

ja ☐ nein ☐

Wenn ja, wie? ______________________________

16. Wie berücksichtigen Sie bei Unternehmensbewertungen, wenn ein Unternehmen einen Aktionär hat, der die Mehrheit der Stimmrechte bei einem Unternehmen besitzt?

Abschlag ☐ oder Zuschlag ☐ oder kein Einfluss auf den Wert ☐

in Höhe von: 5% ☐ 10% ☐ 15% ☐ 20% ☐ 25% ☐ anderer Wert_____

auf: Ertrags-/Cash-Flow-Größe ☐ Kapitalisierungszinssatz ☐

ermittelten Unternehmenswert ☐ ermittelten Anteilswert ☐

Grund: ______________________________

17. Setzen Sie einen Kontrollzuschlag für Mehrheitsanteile bei der Anteilsbewertung an? Wenn ja, wie hoch ist der Zuschlag?

ja ☐ nein ☐

in Höhe von: 5% ☐ 10% ☐ 15% ☐ 20% ☐ 25% ☐ anderer Wert_____

auf: Ertrags-/Cash-Flow-Größe ☐ Kapitalisierungszinssatz ☐

ermittelten Unternehmenswert ☐ ermittelten Anteilswert ☐

Grund: ______________________________

18. Setzen Sie einen Minderheitsabschlag für Minderheitsanteile bei der Anteilsbewertung an? Wenn ja, wie hoch ist der Abschlag?

    ja ☐ nein ☐

    in Höhe von: 5% ☐ 10% ☐ 15% ☐ 20% ☐ 25% ☐ anderer Wert_____

    auf: Ertrags-/Cash-Flow-Größe ☐ Kapitalisierungszinssatz ☐

    ermittelten Unternehmenswert ☐ ermittelten Anteilswert ☐

    Grund: ______________________________

19. Berücksichtigen Sie andere/weitere Corporate Governance-Kriterien und Ausprägungen der Eigentümerstruktur als die hier aufgeführten bei Unternehmensbewertungen? Wenn ja, welche? Wie berücksichtigen Sie diese bei Ihren Bewertungen?

    ____

    ____

FREIWILLIGE ANGABEN ZUR PERSON

Name:__________________Unternehmen: _______________ E-Mail:______________________

Adresse:____________________________________Telefon:______________________________

Welchen Branchen gehören die von Ihnen bewerteten Unternehmen an?

____

VIELEN DANK FÜR IHRE UNTERSTÜTZUNG DES FORSCHUNGSPROJEKTS!

X. Literaturverzeichnis

Abrell, Matthias (1974): Der Begriff des aktienrechtlichen Sondervorteils bei entgeltlichen Geschäften der Gesellschaft mit ihrem Mehrheitsaktionär, in: *Betriebs-Berater*, 28. Jg. (1974), S. 1463-1467.

Adams, Michael (2002): Aktienoptionspläne und Vorstandsvergütungen, in: *Zeitschrift für Wirtschaftsrecht*, 23. Jg. (2002), S. 1325-1344.

Adams, Michael (1989): Der Markt für Unternehmenskontrolle und sein Missbrauch, in: *Die Aktiengesellschaft*, 34. Jg. (1989), S. 333-338.

Admati, Anat R./Pfleiderer, Paul/Zechner, Josef (1994): Large Shareholder Activism, Risk Sharing, and Financial Market Equilibrium, in: *Journal of Political Economy*, Vol. 102 (1994), S. 1097-1130.

Adolff, Johannes/Tieves, Johannes (2003): Über den rechtlichen Umgang mit einem entschlusslosen Gesetzgeber: Die aktienrechtliche Lösung des BGH für den Rückzug von der Börse, in: *Betriebs-Berater*, 58. Jg. (2003), S. 797-805.

Aggarwal, Rajesh/Samwick, Andrew A. (2003): Why Do Managers Diversify Their Firms? Agency Reconsidered in: *Journal of Finance*, Vol. 58 (2003), S. 71-118.

Aggarwal, Reena/Williamson, Rohan (2006): Did New Regulations Target the Relevant Corporate Governance Attributes?, Working Paper, Georgetown University, Stand: 12. Februar 2006.

Agrawal, Anup/Jaffe, Jeffrey F./Mandelker, Geherson N. (1992): The Post-Merger Performance of Acquiring Firms: A Re-examination of an Anomaly, in: *Journal of Finance*, Vol. 47 (1992), S. 1605-1621.

Akerlof, George A. (1970): The Market for "Lemons": Quality Uncertainty and the Market Mechanism, in: *Quarterly Journal of Economics*, Vol. 84 (1970), S. 488-500.

Akhigbe, Algbe/Borde, Stephen F./Whyte, Ann Marie (2000): The Source of Gains to Targets and Their Industry Rivals: Evidence Based on Terminated Merger Proposals, in: *Financial Management*, Vol. 29 (2000), S. 101-118.

Albach, Horst (2003): Führung durch Vorstand und Aufsichtsrat, in: Hommelhoff, P./ Hopt, K. J./v. Werder, A. (Hrsg.): Handbuch Corporate Governance, Köln 2003, S. 361-375.

Alchian, Armen A./Demsetz, Harold (1972): Production, Information Costs, and Economic Organization, in: *American Economic Review*, Vol. 62 (1972), S. 777-795.

Ambrose, Brent W./Megginson, William L. (1992): The Role of Asset Structure, Ownership Structure, and Takeover Defenses in Determining Acquisition Likelihood, in: *Journal of Financial and Quantitative Analysis*, Vol. 27 (1992), S. 575-589.

American Society of Appraisers (2005): Business Valuation Standards, Stand: Juni 2005.

Amihud, Yakov/Lev, Baruch (1999): Does Corporate Ownership Structure affect its Strategy towards Diversification?, in: *Strategic Mangagement Journal*, Vol. 20 (1999), S. 1063-1069.

Amihud, Yakov/Lev, Baruch (1981): Risk reduction as a managerial motive for conglomerate mergers, in: *Bell Journal of Economics*, Vol. 12 (1981), S. 605-617.

Amihud, Yakov/Mendelson, Haim (2000): The Liquidity Route to a Lower Cost of Capital, in: *Journal of Applied Corporate Finance*, Vol. 12 (2000), S. 8-25.

Amihud, Yakov/Mendelson, Haim (1991): Liquidity and Asset Prices, in: *Financial Markets and Portfolio Management*, Vol. 5 (1991), S. 235-240.

Amihud, Yakov/Mendelson, Haim (1988): Liquidity, Volatility and Exchange Automation, in: *Journal of Accounting, Auditing and Finance*, Vol. 3 (1988), S. 369-395.

Amihud, Yakov/Mendelson, Haim (1986): Asset Pricing and the Bid-Ask Spread, in: *Journal of Financial Economics*, Vol. 17 (1986), S. 223-249.

Amoako-Adu, Ben/Smith, Brian F. (2001): Dual class firms: Capitalization, ownership structure and recapitalization back into single class, in: *Journal of Banking and Finance*, Vol. 25 (2001), S. 1083-1111.

Anderson, Ronald C./Bates, Thomas W./Bizjak, John M./Lemmon, Michael L. (2000): Corporate Governance and Firm Diversification, in: *Financial Management*, Vol. 21 (2000), S. 5-22.

Anderson, Ronald C./Reeb, David M. (2003): Founding-Family Ownership and Firm Performance: Evidence from the S&P 500, in: *Journal of Finance*, Vol. 58 (2003), S. 1301-1328.

Ang, Andrew/Hodrick, Robert J./Xing, Yuhang/Zhang, Xiaoyan (2006): The Cross-Section of Volatility and Expected Returns, in: *Journal of Finance*, Vol. 61 (2006), S. 259-299.

Ang, James S./Cole, Rebel A./Lin, James Wuh (2000): Agency Costs and Ownership Structure, in: *Journal of Finance*, Vol. 55 (2000), S. 81-106.

Anson, Mark/White, Ted/Ho, Ho (2003): The Shareholder Wealth Effects of CalPERS' Focus List, in: *Journal of Applied Corporate Finance*, Vol. 15 (2003), S. 8-17.

Arbeitskreis Unternehmensbewertung (2005a): Eckdaten zur Bestimmung des Kapitalisierungszinssatzes bei der Unternehmensbewertung - Basiszinssatz, in: *IDW Fachnachrichten*, Nr. 8 (2005), S. 555-556.

Arbeitskreis Unternehmensbewertung (2005b): 84. Sitzung des AKU - Eckdaten zur Bestimmung des Kapitalisierungszinssatzes im Rahmen der Unternehmensbewertung, in: *IDW Fachnachrichten*, Nr. 1-2 (2005), S. 70-71.

Arnsfeld, Torsten/Growe, Sebastian (2006): Corporate Governance-Ratings in Deutschland, in: *Finanz Betrieb*, 8. Jg. (2006), S. 715-720.

Ashbaugh-Skaife, Hollis/Collins, Daniel W./LaFond, Ryan (2006a): Corporate Governance, Risk and Cost of Equity Capital, Working Paper, University of Wisconsin-Madison, University of Iowa, MIT-Sloan School of Management, Stand: April 2006.

Ashbaugh-Skaife, Hollis/Collins, Daniel W./LaFond, Ryan (2006b): The effects of corporate governance on firms' credit ratings, in: *Journal of Accounting and Economics*, Vol. 42 (2006), S. 203-243.

Atanasov, Vladimir (2002): Optimal Portfolios with Monitoring, Private Benefits of Control, and Budget Constraints, Working Paper, Babson College, Babson Park, Mass., Stand: Oktober 2002.

Atkins, Allen B./Dyl, Edward A. (1997): Transactions Costs and Holding Periods for Common Stocks, in: *Journal of Finance*, Vol. 52 (1997), S. 309-325.

Baetge, Jörg/Niemeyer, Kai/Kümmel, Jens (2005): Darstellung der Discounted-Cashflow-Verfahren (DCF-Verfahren) mit Beispiel, in: Peemöller, V. H. (Hrsg.): Praxishandbuch der Unternehmensbewertung, 3. Aufl., Herne, Berlin 2005, S. 265-362.

Bajaj, Mukesh/Denis, David J./Ferris, Stephen P./Sarin, Atulya (2001): Firm Value and Marketability Discounts, in: *Journal of Corporation Law*, Vol. 27 (2001), S. 89-115.

Bali, Turan G./Cakici, Nusret/Yan, Xuemin/Zhang, Zhe (2005): Does Idiosyncratic Risk Really Matter?, in: *Journal of Finance*, Vol. 60 (2005), S. 905-929.

Balling, Morten/Holm, Claus/Poulsen, Thomas (2005): Corporate governance ratings as a means to reduce asymmetric information, Working Paper R-2005-04, Financial Reporting Research Group, Aarhus School of Business.

Ballwieser, Wolfgang (2003): Unternehmensbewertung durch Rückgriff auf Marktdaten, in: Heintzen, M./Kruschwitz, L. (Hrsg.): Unternehmen bewerten - Ringvorlesung der Fachbereiche Rechts- und Wirtschaftswissenschaften der Freien Universität Berlin im Sommersemester 2002, Berlin 2003, S. 13-30.

Ballwieser, Wolfgang (2002): Der Kalkulationszinsfuß in der Unternehmensbewertung: Komponenten und Ermittlungsprobleme, in: *Die Wirtschaftsprüfung*, 55. Jg. (2002), S. 736-743.

Ballwieser, Wolfgang (1991): Unternehmensbewertung mit Hilfe von Multiplikatoren, in: Rückle, D. (Hrsg.): Aktuelle Fragen der Finanzwirtschaft und der Unternehmensbesteuerung, Festschrift für Erich Loitlsberger, Wien 1991, S. 47-66.

Ballwieser, Wolfgang/Kuhner, Christoph (1994): Rechnungslegungsvorschriften und wirtschaftliche Stabilität, Bergisch Gladbach 1994.

Banz, Rolf W. (1981): The Relation between Return and Market Value of Common Stocks, in: *Journal of Financial Economics*, Vol. 9 (1981), S. 3-18.

Barberis, Nicholas/Shleifer, Andrei/Vishny, Robert W. (1998): A model if investor sentiment, in: *Journal of Financial Economics*, Vol. 49 (1998), S. 307-343.

Barclay, Michael J./Holderness, Clifford G. (1992): The Law and Large-Block Trades, in: *Journal of Law and Economics*, Vol. 35 (1992), S. 265-294.

Barclay, Michael J./Holderness, Clifford G. (1991): Negotiated Block Trades and Corporate Control, in: *Journal of Finance*, Vol. 46 (1991), S. 861-878.

Barclay, Michael J./Holderness, Clifford G. (1989): Private Benefits from Control of Public Corporations, in: *Journal of Financial Economics*, Vol. 25 (1989), S. 371-395.

Barth, Mary E./Landsman, Wayne R./Lang, Mark (2005): International Accounting Standards and Accounting Quality, Working Paper, Stanford University, University of North Carolina, Stand: Juli 2005.

Barthel, Carl W. (2003): Unternehmenswert: Berücksichtigungsfähigkeit und Ableitung von Fungibilitätszuschlägen, in: *Der Betrieb*, 56. Jg. (2003), S. 1181-1186.

Bassen, Alexander/Kleinschmidt, Maik/Prigge, Stefan/Zöllner, Christine (2006): Deutscher Corporate Governance Kodex und Unternehmenserfolg, in: *Die Betriebswirtschaft*, 66. Jg. (2006), S. 375-401.

Basu, Sanjoy (1977): Investment Performance of Common Stocks in Relation to their Price-Earnings Ratios: A Test of the Efficient Market Hypothesis, in: *Journal of Finance*, Vol. 32 (1977), S. 663-682.

Bauer, Rob/Günster, Nadja/Otten, Roger (2004): Empirical evidence on corporate governance in Europe - The effect on stock returns, firm value and performance, in: *Journal of Asset Management*, Vol. 5 (2004), S. 91-104.

Baumhoff, Hubertus (2005): Die Bestimmung angemessener Verrechnungspreise bei der Existenz von Preisbandbreiten, in: Gocke, R./Gosch, D./Lang, M. (Hrsg.): Körperschaftsteuer, Internationales Steuerrecht, Doppelbesteuerung, Festschrift für Franz Wassermeyer zum 65. Geburtstag, München 2005, S. 347-369.

Baumhoff, Hubertus (1998): Konzernverrechnungspreise, in: Schaumburg, H. (Hrsg.): Steuerrecht und steuerorientierte Gestaltungen im Konzern – Kölner Konzernrechtstage, Köln 1998, Zehntes Kapitel, S. 331-361.

Baumhoff, Hubertus (1994): Verrechnungspreise für Dienstleistungen – Gewerbliche Dienstleistungen, in: Schaumburg, H. (Hrsg.): Internationale Verrechnungspreise zwischen Kapitalgesellschaften, Forum der Internationalen Besteuerung, Band 6, Köln 1994, S. 29-44.

Baums, Theodor (2000): Empfiehlt sich eine Neuregelung des aktienrechtlichen Anfechtungs- und Organhaftungsrechts, insbesondere der Klagemöglichkeiten von Aktionären?, Gutachten F für den 63. Deutschen Juristentag, in: Ständige Deputation des deutschen Juristentags (Hrsg.): Verhandlungen des dreiundsechzigsten Deutschen Juristentags Leipzig 2000, Band I, Gutachten Teil F, München 2000.

Baums, Theodor/Fraune, Christian (1995): Institutionelle Anleger und Publikumsgesellschaft: Eine empirische Untersuchung, in: *Die Aktiengesellschaft*, 40. Jg. (1995), S. 97-112.

Baums, Theodor/Vogel, Hans-Gert/Tacheva, Maja (2000): Rechtstatsachen zur Beschlusskontrolle im Aktienrecht, in: *Zeitschrift für Wirtschaftsrecht*, 21. Jg. (2000), S. 1649-1655.

Bebchuk, Lucian Arye (2003): Why Firms Adopt Antitakeover Arrangements, Discussion Paper No. 420, 04/2003, Harvard Law School, Cambridge, Mass.

Bebchuk, Lucian Arye (1999): A Rent-Protection Theory of Corporate Ownership and Control, NBER Working Paper 7203, Cambridge, Mass., 1999.

Bebchuk, Lucian Arye (1994): Efficient and Inefficient Sales of Corporate Control, in: *Quarterly Journal of Economics*, Vol. 109 (1994), S. 957-993.

Bebchuk, Lucian Arye/Coates IV, John/Subramanian, Guhan (2002): The Powerful Antitakeover Force of Staggered Boards: Theory, Evidence, and Policy, Discussion Paper No. 353, 05/2002, Harvard Law School, Cambridge, Mass.

Bebchuk, Lucian Arye/Cohen, Alma (2005): The costs of entrenched boards, in: *Journal of Financial Economics*, Vol. 78 (2005), S. 409-433.

Bebchuk, Lucian Arye/Cohen, Alma/Ferrell, Allen (2004): What Matters in Corporate Governance?, Discussion Paper No. 491, 11/2004, Harvard Law School, Cambridge, Mass.

Bebchuk, Lucian Arye/Fried, Jesse M. (2004): Pay without Performance: The Unfulfilled Promise of Executive Compensation, Cambridge, Mass., London 2004.

Bebchuk, Lucian Arye/Grinstein, Yaniv (2005): Firm Expansion and CEO Pay, Discussion Paper No. 533, 11/2005, Harvard Law School, Cambridge, Mass.

Bebchuk, Lucian Arye/Jolls, Christine (1999): Managerial Value Diversion and Shareholder Wealth, in: *Journal of Law, Economics & Organization*, Vol. 15 (1999), S. 487-502.

Bebchuk, Lucian Arye/Kahan, Marcel (1990): A Framework for Analysing Legal Policy Towards Proxy Contests, in: *California Law Review*, Vol. 78 (1990), S. 1071-1135.

Bebchuk, Lucian Arye/Kraakman, Reinier/Triantis, George (2000): Stock Pyramids, Cross-Ownership and Dual Class Equity: The Mechnisms and Agency Costs of Separating Control from Cash-Flow Rights, in: Morck, R. K. (Hrsg.): Concentrated Corporate Ownership, Chicago, London 2000, S. 295-318.

Becht, Marco (1999): European corporate governance: Trading off liquidity against control, in: *European Economic Review*, Vol. 43 (1999), S. 1071-1083.

Becht, Marco (1997): Strong blockholders, weak owners and the need for European mandatory disclosure, European Corporate Governance Network, Executive Report 1997.

Becht, Marco/Böhmer, Ekkehart (2003): Voting Control in German corporations, in: *International Review of Law and Economics*, Vol. 23 (2003), S. 1-29.

Becht, Marco/Böhmer, Ekkehart (1999): Transparency of Ownership and Control in Germany, Arbeitspapier Nr. 69, Institut für Handels- und Wirtschaftsrecht, Universität Osnabrück.

Becht, Marco/Bolton, Patrick/Röell, Ailsa (2005): Corporate Governance and Control, ECGI Working Paper Series in Finance, Working Paper No. 02/2002, Updated August 2005.

Becht, Marco/Mayer, Colin (2001): Introduction, in: Barca, F./Becht, M. (Hrsg.): The Control of Corporate Europe, Oxford 2001, S. 1-45.

Becht, Marco/Röell, Ailsa (1999): Corporate Governance in Europe – Blockholdings in Europe: An international comparison, in: *European Economic Review*, Vol. 43 (1999), S. 1049-1056.

Beckmann, Philip (2006): Der Diversification Discount am deutschen Kapitalmarkt, Wiesbaden 2006, zugl. Diss. Dortmund 2005.

Beckmann, Christoph/Meister, Jan M./Meitner, Matthias (2003): Das Multiplikatorverfahren in der kapitalmarktorientierten Unternehmenbewertungspraxis, in: *Finanz Betrieb*, 5. Jg. (2003), S. 103-105.

Behringer, Stefan (2004): Unternehmensbewertung der Mittel- und Kleinbetriebe, 3. Aufl., Berlin 2004.

Beiner, Stefan (2005): Corporate Governance, Produktmarktwettbewerb und Unternehmensbewertung, Diss. Universität St. Gallen, Bamberg 2005.

Beiner, Stefan/Drobetz, Wolfgang/Schmid, Markus/Zimmermann, Heinz (2004): Corporate Governance, Unternehmensbewertung und Wettbewerb – Eine Untersuchung für die Schweiz, Diskussionsbeitrag für das Ottobeuren-Seminar, Universität Basel, Stand: 30. August 2004.

Beiner, Stefan/Schmid, Markus M. (2005): Agency Conflicts, Corporate Governance, and Corporate Diversification – Evidence from Switzerland, Working Paper, Universität Basel, Stand: Februar 2005.

Bennedsen, Morten/Wolfenzon, Daniel (2000): The balance of power in closely held corporations, in: *Journal of Financial Economics*, Vol. 58 (2000), S. 113-139.

Benston, George J./Smith Jr., Clifford W. (1976): A Transactions Cost Approach to the Theory of Financial Intermediation, in: *Journal of Finance*, Vol. 31 (1976), S. 215-231.

Berekoven, Ludwig/Eckert, Werner/Ellenrieder, Peter (2001): Marktforschung - Methodische Grundlagen und Praktische Anwendung, 9. Aufl., Wiesbaden 2001.

Berger, Philip G./Ofek, Eli (1999): Causes and Effects of Corporate Refocusing Programs, in: *Review of Financial Studies*, Vol. 12 (1999), S. 311-345.

Berger, Philip G./Ofek, Eli (1996): Bustup Takeovers of Value-Destroying Diversified Firms, in: *Journal of Finance*, Vol. 51 (1996), S. 1175-1200.

Berger, Philip G./Ofek, Eli (1995): Diversification's effect on firm value, in: *Journal of Financial Economics*, Vol. 37 (1995), S. 39-65.

Berglöf, Erik (1997): A Note on the Typology of Financial Systems, in: Hopt, K. J./Wymeersch, E. (Hrsg.): Comparative Corporate Governance: Essays and Materials, Berlin, New York 1997, S. 151-164.

Bergström, Clas/Rydqvist, Kristian (1990): Ownership of Equity in Dual-Class Firms, in: *Journal of Banking and Finance*, Vol. 14 (1990), S. 255-269.

Berle, Adolf A./Means, Gardiner C. (1932): The Modern Corporation and Private Property, New York 1932.

Bernstein, Peter L. (1987): Liquidity, Stock Markets, and Market Makers, in: *Financial Management*, Vol. 16 (1987), S. 54-62.

Bertrand, Marianne/Mullainathan, Sendhil (2003): Enjoying the Quiet Life? Corporate Governance and Managerial Preferences, in: *Journal of Political Economy*, Vol. 111 (2003), S. 1043-1075.

Bertsch, Ken (2005): How Moody's Assesses Corporate Governance, in: *Corporate Governance Advisor*, Vol. 13 (2005), S. 12-19.

Bessler, Wolfgang/Kurth, Andreas/Thies, Stefan (2003): Grundsätzliche Überlegungen zur Kapital- und Aktionärsstruktur beim Börsengang von jungen Wachstumsunternehmen, in: *Finanz Betrieb*, 5. Jg. (2003), S. 651-665.

Best, Ronald W./Hodges, Charles W./Lin, Bing-Xuan (2004): Does Information Asymmetry Explain the Diversification Discount?, in: *Journal of Financial Research*, Vol. 27 (2004), S. 235-249.

Beyer, Jürgen (2002): Deutschland AG a.D.: Deutsche Bank, Allianz und das Verflechtungszentrum großer deutscher Unternehmen, MPIfG Working Paper 02/4, Max-Planck-Institut für Gesellschaftsforschung, Köln 2002.

Bezzenberger, Tilman (1991): Vorzugsaktien ohne Stimmrecht, Köln u.a. 1991.

Bhojraj, Sanjeev/Sengupta, Partha (2003): Effect of Corporate Governance on Bond Ratings and Yields: The Role of Institutional Investors and Outside Directors, in: *Journal of Business*, Vol. 76 (2003), S. 455-475.

Bilda, Klaus (2000): § 305 AktG, in: Kropff, B./Semler, J. (Hrsg.): Münchener Kommentar zum Aktiengesetz, Band 8, §§ 278-328, 2. Aufl., München 2000.

Billet, Matthew T./Mauer, David C. (2000): Diversification and the Value of Internal Capital Markets: The Case of Tracking Stock, in: *Journal of Banking and Finance*, Vol. 24 (2000), S. 1457-1490.

Binz, Mark/Sorg, Martin H. (1994): Aktuelle Fragen der Bewertung von Stamm- und Vorzugsaktien im Steuerrecht, in: *Deutsches Steuerrecht*, 32. Jg. (1994), S. 993-997.

Bittlingmayer, George (2000): The Market for Corporate Control (Including Takeovers), in: Bouckaert, B./De Geest, G. (Hrsg.): Encyclopedia of Law and Economics, Volume III, The Regulation of Contracts, Cheltenham 2000, S. 725-771.

Bittner, Thomas (1996): Die Wirkung von Investor Relations-Maßnahmen auf Finanzanalysten, Köln 1996.

Black, Bernard S. (2001): The Legal and Institutional Preconditions for Strong Securities Markets, in: *UCLA Law Review*, Vol. 48 (2001), S. 781-855.

Black, Fischer (1986): Noise, in: *Journal of Finance*, Vol. 41 (1986), S. 529-543.

Black, Bernard S./Jang, Hasung/Kim, Woochan (2006): Does Corporate Governance Predict Firms' Market Values? Evidence from Korea, in: *Journal of Law, Economics, & Organization*. Vol. 22, S. 366-413.

Block, Stanley B. (1999): A Study of Financial Analysts: Practice and Theory, in: *Financial Analysts' Journal*, Vol. 55 (1999), S. 86-95.

Bloomfield, Ted/Leftwich, Richard/Long, John B. (1977): Portfolio strategies and performance, in: *Journal of Financial Economics*, Vol. 5 (1977), S. 201-218.

Blume, Marshall E./Friend, Irwin (1975): The asset structure of individual portfolios and some implications for utility functions, in: *Journal of Finance*, Vol. 30 (1975), S. 585-603.

Böbel, Ingo/Dirrheimer, Manfred J. (1984): Eigentumsrechte, Managementmotivation und Marktverhalten: Ein Beitrag zur Erweiterung der Theorie der Unternehmung, in: Neumann, M. (Hrsg.): Ansprüche, Eigentums- und Verfügungsrechte, Schriften des Vereins für Socialpolitik, Neue Folge Bd. 140, Berlin 1984, S. 157-177.

Böcking, Hans-Joachim (1994): Das Verbundberücksichtigungsprinzip als Grundsatz ordnungsmäßiger Unternehmensbewertung, in: Ballwieser, W./Böcking, H.-J./ Drukarczyk, J./Schmidt, R. H. (Hrsg.): Bilanzrecht und Kapitalmarkt, Festschrift zum 65. Geburtstag von Professor Dr. Dr. h.c. Dr. h.c. Adolf Moxter, Düsseldorf 1994, S. 1407-1434.

Bodie, Zvi/Kane, Alex/Marcus, Alan J. (2002): Investments, 5th Ed., Boston u.a. 2002.

Bolton, Patrick/von Thadden, Ernst-Ludwig (1998a): Blocks, Liquidity, and Corporate Control, in: *Journal of Finance*, Vol. 53 (1998), S. 1-25.

Bolton, Patrick/von Thadden, Ernst-Ludwig (1998b): Liquidity and Control: A Dynamic Theory of Corporate Ownership Structure, in: *Journal of Institutional and Theoretical Economics*, Vol. 154 (1998), S. 177-223.

Booth, Richard A. (2001): Minority Discounts and Control Premiums in Appraisal Proceedings, in: *Business Lawyer*, Vol. 57 (2001), S. 127-161.

Borokhovich, Kenneth A./Brunarski, Kelly R./Parrino, Robert (1997): CEO Contracting and Antitakeover Amendments, in: *Journal of Finance*, Vol. 52 (1997), S. 1495–1517.

Börsch-Supan, Axel/Köke, Jens (2002): An Applied Econometricians' View of Empirical Corporate Governance Studies, in: *German Economic Review*, Vol. 3 (2002), S. 295-326.

Botosan, Carol A. (1997): Disclosure Level and the Cost of Equity Capital, in: *Accounting Review*, Vol. 72 (1997), S. 323-349.

Botosan, Carol A./Plumlee, Marlene A. (2002): A re-examination of Disclosure Level and the Expected Cost of Equity Capital, in: *Journal of Accounting Research*, Vol. 40 (2002), S. 21-41.

Bott, Claudia (2002): Aktionärsstruktur, Kontrolle und Erfolg von Unternehmen, Wiesbaden 2002.

Boubakri, Narjess/Cosset, Jean-Claude (1998): The Financial and Operating Performance of Newly Privatized Firms: Evidence from Developing Countries, in: *Journal of Finance*, Vol. 53 (1998), S. 1081-1110.

Bradley, Michael/Desai, Anand/Kim, E. Han (1988): Synergistic gains from corporate acquisitions and their division between the stockholders of target and acquiring firms, in: *Journal of Financial Economics*, Vol. 21 (1988), S. 3-40.

Bradley, Nick (2003): The Measurement and Analysis of Corporate Governance, in: *Schweizer Treuhänder*, 77. Jg. (2003), S. 695-700.

Breithecker, Volker (1999): Einführung in die Internationale Betriebswirtschaftliche Steuerlehre, Bielefeld 1999.

Brennan, Michael J./Chordia, Tarun/Subrahmanyam, Avanidhar (1998): Alternative Factor Specifications, Security Characteristics, and the Cross-Section of Expected Stock Returns, in: *Journal of Financial Economics*, Vol. 49 (1998), S. 345-373.

Brennan, Michael J./Torous, Walter N. (1999): Individual Decision Making and Investor Welfare, in: *Economic Notes*, Vol. 28 (1999), S. 119-143.

Brockman, Paul/Chung, Dennis Y. (2003): Investor Protection and Firm Liquidity, in: *Journal of Finance*, Vol. 58 (2003), S. 921-937.

Brockman, Paul/Chung, Dennis Y. (2002): Commonality in Liquidity: Evidence from an Order-Driven Market Structure, in: *Journal of Financial Research*, Vol. 25 (2002), S. 521-539.

Brown, Lawrence D./Caylor, Marcus L. (2006): Corporate governance and firm valuation, in: *Journal of Accounting and Public Policy*, Vol. 25 (2006), S. 409-434.

Brunner, Antje (1996): Meßkonzepte zur Liquidität auf Wertpapiermärkten, Beiträge zur Theorie der Finanzmärkte, Nr. 13, Institut für Kapitalmarktforschung, J. W. Goethe-Universität, Frankfurt a.M. 1996.

Bruns, Carsten (1998): Unternehmensbewertung auf der Basis von HGB- und IAS-Abschlüssen - Rechnungslegungsunterschiede in der Vergangenheitsanalyse, Herne, Berlin 1998.

Buchner, Robert (1995): Marktorientierte Unternehmensbewertung, in: Seicht, G. (Hrsg.): Jahrbuch für Controlling und Rechnungswesen `95, Wien 1995, S. 401-427.

Buddenbrock, Andreas von (1999): Abwehrstrategien gegen feindliche Übernahmen, in: von Rosen, R./Seifert, W. G. (Hrsg.): Die Übernahme börsennotierter Unternehmen, Schriften zum Kapitalmarkt, Band 2, Eschborn, 1999, S. 277-287.

Bühler, Peter/Siegrist, Louis/Fueglistaller, Urs/Zellweger, Thomas (2004): Schweizer Familienunternehmen an der Börse, Ernst & Young, Schweizerisches Institut für Klein- und Mittelunternehmen der Universität St. Gallen, 2004.

Bühner, Rolf (1990): Reaktionen des Aktienmarktes auf Unternehmenszusammenschlüsse, in: *Zeitschrift für betriebswirtschaftliche Forschung*, 42. Jg. (1990), S. 295-316.

Bundesministerium der Justiz (2005): UMAG passiert den Bundesrat, Pressemitteilung des Bundesministeriums der Justiz, Berlin, 8. Juli 2005.

Bundesministerium der Justiz (2003): Bundesregierung stärkt Anlegerschutz und Unternehmensintegrität, Bundesregierung, Berlin, 25. Februar 2003.

Burgard, Ulrich (2000): Das Wettbewerbsverbot des herrschenden Aktionärs, in: Schneider, U. H./Hommelhoff, P./Schmidt, K./Timm, W./Grunewald, B./Drygala, T. (Hrsg.): Festschrift für Marcus Lutter zum 70. Geburtstag, Köln 2000, S. 1033-1051.

Burkart, Mike/Gromb, Denis/Panunzi, Fausto (2000): Agency Conflicts in Public and Negotiated Transfers of Corporate Control, in: *Journal of Finance*, Vol. 55 (2000), S. 647-677.

Burkart, Mike/Panunzi, Fausto (2006): Takeovers, ECGI Working Paper Series in Finance, Working Paper No. 118/2006, February 2006.

Burkart, Mike/Panunzi, Fausto/Shleifer, Andrei (2003): Family Firms, in: *Journal of Finance*, Vol. 58 (2003), S. 2167-2201.

Büschgen, Hans E. (2001): Das kleine Börsen-Lexikon, 22. Aufl., Düsseldorf 2001.

Busse von Colbe, Walther (2000): Der Vernunft eine Gasse: Abfindung von Minderheitsaktionären nicht unter dem Börsenkurs ihrer Aktien, in: Schneider, U. H./ Hommelhoff, P./Schmidt, K./Timm, W./Grunewald, B./Drygala, T. (Hrsg.): Festschrift für Marcus Lutter zum 70. Geburtstag, Köln 2000, S. 1053-1067.

Busse von Colbe, Walther (1994): Berücksichtigung von Synergien versus Standalone-Prinzip bei der Unternehmensbewertung, in: *Zeitschrift für Unternehmens- und Gesellschaftsrecht*, 23. Jg. (1994), S. 595-609.

Butz, Christoph A. (2002): Unternehmensakquisitionen und Finanzsynergien, Wiesbaden 2002.

Campa, Jose Manuel/Kedia, Simi (2002): Explaining the Diversification Discount, in: *Journal of Finance*, Vol. 57 (2002), S. 1731-1762.

Campbell, John Y./Lettau, Martin/Malkiel, Burton G./Xu, Yexiao (2001): Have Individual Stocks Become More Volatile? An Empirical Exploration of Idiosyncratic Risk, in: *Journal of Finance*, Vol. 56 (2001), S. 1-43.

Capozza, Dennis R./Seguin, Paul J. (1999): Focus, Transparency and Value: The REIT Evidence, in: *Real Estate Economics*, Vol. 27 (1999), S. 587-619.

Carleton, Willard T./Nelson, James M./Weisbach, Michael S. (1998): The Influence of Institutions on Corporate Governance through Private Negotiations: Evidence from TIAA-CREF, in: *Journal of Finance*, Vol. 53 (1998), S. 1335-1362.

Carney, William J./Heimendinger, Mark (2003): Appraising the Nonexistent: The Delaware Courts' Struggle with Control Premiums, in: *University of Pennsylvania Law Review*, Vol. 152 (2003), S. 845-880.

Caton, Gary L./Goh, Jeremy/Donaldson, Jeffrey (2001): The Effectiveness of Institutional Activism, in: *Financial Analysts' Journal*, Vol. 57 (2001), S. 21-26.

CFA Institute (2005): The Corporate Governance of Listed Companies: A Manual for Investors, CFA Centre for Financial Market Integrity, 2005.

Chen, Kevin C. W./Chen, Zhihong/Wei, K. C. John (2004a): Disclosure, Corporate Governance, and the Cost of Equity Capital in Emerging Markets, Working Paper, Hong Kong University of Science & Technology, Stand: Juni 2004.

Chen, Kevin C. W./Chen, Zhihong/Wei, K. C. John (2004b): Corporate Governance, Agency Costs, and Expected Stock Returns: Evidence from Analysts' Earnings Forecasts, Working Paper, Hong Kong University of Science & Technology, Stand: September 2004.

Chen, Sheng-Syan/Ho, Kim Wai (2000): Corporate diversification, ownership structure, and firm value: The Singapore evidence, in: *International Review of Financial Analysis*, Vol. 9 (2000), S. 315-326.

Cheng, C. S. Agnes/Collins, Denton/Huang, Henry (2006): Investors' Interpretations of the October 15, 2002 Standard & Poors Transparency & Disclosure Rankings, Working Paper, University of Houston u.a., Januar 2006.

Chhaochharia, Vidhi/Grinstein, Yaniv (2005): Corporate Governance and Firm Value – the Impact of the 2002 Governance Rules, Working Paper, Cornell University, Johnson School Research Paper Series #23-06, Stand: Dezember 2005, erscheint demnächst im *Journal of Finance*.

Cho, Myeong-Hyeon (1998): Ownership structure, investment, and the corporate value: An empirical analysis, in: *Journal of Financial Economics*, Vol. 47 (1998), S. 103-121.

Chordia, Tarun/Roll, Richard/Subrahmanyam, Avanidhar (2000): Commonality in Liquidity, in: *Journal of Financial Economics,* Vol. 56 (2000), S. 3-28.

Chung, Kee H./Kim, Jeong-Kuk (1999): Corporate Ownership and the Value of a Vote in an Emerging Market, in: *Journal of Corporate Finance*, Vol. 5 (1999), S. 35-54.

Claessens, Stijn/Djankov, Simeon/Fan, Joseph P. H./Lang, Larry H. P. (2002): Disentangling the Incentive and Entrenchment Effects of Large Shareholdings, in: *Journal of Finance*, Vol. 57 (2002), S. 2741-2771.

Clark, Robert Charles (2005): Corporate Governance Changes in the Wake of the Sarbanes-Oxley Act: A Morality Tale for Policymakers Too, Harvard Law and Economics Discussion Paper No. 525, Harvard Law School, Stand: 5. Dezember 2005.

Clark, Gordon L./Wójcik, Dariusz (2005): Financial valuation of the German (regional) model: the negative relationship between ownership concentration and stock market returns, 1997-2001, in: *Economic Geography*, Vol. 81 (2005), S. 11-29.

Coase, Ronald H. (1937): The Nature of the Firm, in: *Economica*, Vol. 4 (1937), S. 386-405.

Coates, John C. IV (1999): "Fair Value" as an Avoidable Rule of Corporate Law: Minority Discounts in Conflict Transactions, in: *University of Pennsylvania Law Review*, Vol. 147 (1999), S. 1251-1359.

Coffee, John C. Jr. (1991): Liquidity versus Control: The Institutional Investor as Corporate Monitor, in: *Columbia Law Review*, Vol. 91 (1991), S. 1277-1368.

Coffee, John C. Jr. (1988): Shareholders Versus Managers: The Strain in the Corporate Web, in: Coffee, J. C. Jr./Lowenstein, L./Rose-Ackerman, S. (Hrsg.): Knights, Raiders, and Targets – The Impact of the Hostile Takeover, New York Oxford 1988, Chapter 6, S. 77-134.

Comment, Robert/Jarrell, Gregg A. (1995): Corporate focus and stock returns, in: *Journal of Financial Economics*, Vol. 37 (1995), S. 67-87.

Copeland, Tom/Koller, Tim/Murrin, Jack (1998): Unternehmenswert: Methoden und Strategien für eine wertorientierte Unternehmensführung, Frankfurt a.M., New York 1998.

Core, John E./Guay, Wayne R./Rusticus, Tjomme O. (2006): Does Weak Governance Cause Weak Stock Returns? An Examination of Firm Operating Performance and Investors' Expectations, in: *Journal of Finance*, Vol. 61 (2006), S. 655-687.

Core, John E./Holthausen, Robert W./Larcker, David F. (1999): Corporate governance, chief executive officer compensation, and firm performance, in: *Journal of Financial Economics*, Vol. 51 (1999), S. 371-406.

Cornelius, Peter (2005): Corporate Practices and National Governance Systems: What do Country Rankings Tell Us?, in: *German Law Journal*, Vol. 6 (2005), S. 583-604.

Cottle, Sidney/Murray, Roger F./Block, Frank E. (1992): Graham and Dodd's Wertpapieranalyse-Security Analysis; Übersetzung der 5. Aufl., Darmstadt u.a. 1992.

Cremers, K. J. Martijn/Nair, Vinay B. (2005): Governance Mechanisms and Equity Prices, in: *Journal of Finance*, Vol. 60 (2005), S. 2859-2894.

Cronqvist, Henrik/Nilsson, Matthias (2003): Agency Costs of Controlling Minority Shareholders, in: *Journal of Financial and Quantitative Analysis*, Vol. 38 (2003), S. 695-719.

Crutchley, Claire E./Hudson, Carl D./Jensen, Marlin R.H. (1998): Shareholder Wealth Effects of CalPERS Activism, in: *Financial Services Review*, Vol. 7 (1998), S. 1-10.

DAI (2003): Empfehlungen zur Aufsichtsratsvergütung - Ein Modell, Studien des Deutschen Aktieninstituts, Heft 23, Frankfurt a.M., Juni 2003.

DAI (2001): Namensaktien bei deutschen börsennotierten Aktiengesellschaften, Deutsches Aktieninstitut, DAI-Kurzstudie 1/2001.

Daines, Robert/Klausner, Michael (2001): Do IPO Charters Maximize Firm Value? Antitakeover Protection in IPOs, in: *Journal of Law, Economics, and Organization*, Vol. 17 (2001), S. 83-120.

Dallas, George (2004a): Methodological Overview: Perspective of an External Analyst, in: Dallas, G. S. (Hrsg.): Governance and Risk, New York u.a. 2004, S. 20-38.

Dallas, George (2004b): Ownership Structure and External Influences, in: Dallas, G. S. (Hrsg.): Governance and Risk, New York u.a. 2004, S. 41-60.

Dallas, George/Patel, Sandeep A. (2004): Corporate Governance as a Risk Factor, in: Dallas, G. S. (Hrsg.): Governance and Risk, New York u.a. 2004, S. 2-19.

Damodaran, Aswath (2006): The Value of Transparency and the Cost of Complexity, Working Paper, New York University, Januar 2006.

Damodaran, Aswath (2005a): Marketability and Value: Measuring the Illiquidity Discount, Working Paper, New York University, Juli 2005.

Damodaran, Aswath (2005b): The Value of Control: Implications for Control Premia, Minority Discounts and Voting Share Differentials, Working Paper, New York University, Juni 2005.

Damodaran, Aswath (2005c): The Value of Synergy, Working Paper, New York University, Oktober 2005.

Damodaran, Aswath (2002): Investment Valuation, 2nd Ed., New York 2002.

Daske, Stefan/Ehrhardt, Olaf (2002): Kursunterschiede und Renditen deutscher Stamm- und Vorzugsaktien, in: *Financial Markets and Portfolio Management*, Vol. 16 (2002), S. 179-207.

DeAngelo, Harry/DeAngelo, Linda (2000): Controlling stockholders and the disciplinary role of corporate payout policy: a study of the Times Mirror Company, in: *Journal of Financial Economics*, Vol. 44 (2000), S. 153-207.

DeBondt, Werner F. M./Thaler, Richard (1985): Does the Stock Market Overreact?, in: *Journal of Finance*, Vol. 40 (1985), S. 793-805.

Del Guercio, Diane/Hawkins, Jennifer (1999): The motivation and impact of pension fund activism, in: *Journal of Financial Economics*, Vol. 52 (1999), S. 293-340.

Demsetz, Harold (1983): The structure of ownership and the theory of the firm, in: *Journal of Law and Economics*, Vol. 26 (1983), S. 375-390.

Demsetz, Harold (1968): The Cost of Transacting, in: *Quarterly Journal of Economics*, Vol. 82 (1968), S. 33-53.

Demsetz, Harold/Lehn, Kenneth (1985): The Structure of Corporate Ownership: Causes and Consequences, in: *Journal of Political Economy*, Vol. 93 (1985), S. 1155-1177.

Demsetz, Harold/Villalonga, Belén (2001): Ownership Structure and Corporate Performance, in: *Journal of Corporate Finance*, Vol. 7 (2001), S. 209-233.

Denis, David J./Denis, Diane K./Sarin, Atulya (1999): Agency Theory and the Influence of Equity Ownership Structure on Corporate Diversification Strategies, in: *Strategic Management Journal*, Vol. 20 (1999), S. 1071-1076.

Denis, David J./Denis, Diane K./Sarin, Atulya (1997): Agency Problems, Equity Ownership, and Corporate Diversification, in: *Journal of Finance*, Vol. 52 (1997), S. 135-160.

Denis, David J./Kruse, Timothy A. (2000): Managerial discipline and corporate restructuring following performance declines, in: *Journal of Financial Economics*, Vol. 55 (2000), S. 391-424.

Denis, Diane K./McConnell, John J. (2003): International Corporate Governance, in: *Journal of Financial and Quantitative Analysis*, Vol. 38 (2003), S. 1-36.

Dennis, Debra K./McConnell, John J. (1986): Corporate mergers and security returns, in: *Journal of Financial Economics*, Vol. 16 (1986), S. 143-187.

Desai, Mihir A./Dyck, Alexander/Zingales, Luigi (2005): Theft and Taxes, Working Paper, Harvard Business School, University of Toronto, University of Chicago, Stand: Oktober 2005, erscheint demnächst im *Journal of Financial Economics.*

Deutsch, Klaus Günter/Nassauer, Frank/Quitzau, Jörn (2001): Abschied von der „Deutschland AG"?, Deutsche Bank Research, Aktuelle Themen, Nr. 218, Stand: 12. September 2001.

Deutsche Börse (2005): Leitfaden zu den Aktienindizes der Deutschen Börse, Version 5.7, Juni 2005.

Deutscher Corporate Governance Kodex (2007): Regierungskommission Deutscher Corporate Governance Kodex, in der Fassung vom 14. Juni 2007.

Diamond, Douglas W./Verrecchia, Robert E. (1991): Disclosure, Liquidity, and the Cost of Capital, in: *Journal of Finance*, Vol. 46 (1991), S. 1325-1360.

Dimitrov, Valentin/Jain, Prem C. (2004): Recapitalization of One Class of Common Stock into Dual-class: Growth and Long-run Stock Returns, Working Paper, Rutgers University, Georgetown University, Stand: 1. September 2004.

Dinstuhl, Volkmar (2003): Konzernbezogene Unternehmensbewertung, Wiesbaden 2003.

Dittmann, Ingolf (2003): Measuring Private Benefits of Control from the Returns of Voting and Non-Voting Shares, Working Paper, Humboldt-Universität zu Berlin, Stand: 27. Januar 2003.

Dittmann, Ingolf/Ulbricht, Niels (2005): Timing and Wealth Effects of German Dual Class Stock Unifications, Working Paper, Humboldt-Universität zu Berlin, Stand: 17. November 2005, erscheint demnächst im *European Financial Management.*

Ditz, Xaver (2006): Übertragung von Geschäftschancen bei Funktionsverlagerung ins Ausland, in: *Deutsches Steuerrecht*, 44. Jg. (2006), S. 1625-1672.

Djankov, Simeon/La Porta, Rafael/Lopez-de-Silanes, Florencio/Shleifer, Andrei (2005): The Law and Economics of Self-Dealing, NBER Working Paper No. 11883, Cambridge, Mass., 2005.

Doerks, Wolfgang (1992): Der Kursunterschied zwischen Stamm- und Vorzugsaktien in der Bundesrepublik Deutschland – Eine empirische Untersuchung, Köln 1992.

Donaldson, William H. (2003): Corporate Governance – What has happened and where we need to go, in: *Business Economics*, Vol. 38 (2003), S. 16-20.

Dörner, Dietrich/Orth, Christian (2003): Bedeutung der Corporate Governance für Unternehmen und Kapitalmärkte, in: Pfitzer, N./Oser, P. (Hrsg.): Deutscher Corporate Governance Kodex – Ein Handbuch für Entscheidungsträger, Stuttgart 2003, Kapitel A., S. 3-18.

Drobetz, Wolfgang (2002): Corporate Governance – Legal Fiction or Economic Reality, in: *Financial Markets and Portfolio Management*, Vol. 16 (2002), S. 431-439.

Drobetz, Wolfgang/Schillhofer, Andreas/Zimmermann, Heinz (2003): Corporate Governance and Expected Stock Returns: Evidence from Germany, ECGI Working Paper Series in Finance, Working Paper No. 11/2003, February 2003.

Drukarczyk, Jochen (1973): Zum Problem der angemessenen Barabfindung bei zwangsweise ausscheidenden Anteilseignern, in: *Die Aktiengesellschaft*, 18. Jg. (1973), S. 357-365.

Durnev, Art/Kim, E. Han (2005): To Steal or Not to Steal: Firm Attributes, Legal Environment, and Valuation, in: *Journal of Finance*, Vol. 60 (2005), S. 1461-1494.

Duve, Christian/Basak, Denis (2006): Ungeahnte Unterstützung für aktive Aktionäre – wie das UMAG Finanzinvestoren hilft, in: *Betriebs-Berater*, 61. Jg. (2006), S. 1345-1350.

DVFA Scorecard (2006): Scorecard for German Corporate Governance© (gem. DCG-Kodex vom 12.06.06), Deutsche Vereinigung für Finanzanalyse und Asset Management.

Dyck, Alexander/Zingales, Luigi (2004): Private Benefits of Control: An International Comparison, in: *Journal of Finance*, Vol. 59 (2004), S. 537-600.

D'Souza, Juliet/Megginson, William L. (1999): The Financial and Operating Performance of Privatized Firms during the 1990s, in: *Journal of Finance*, Vol. 54 (1999), S. 1397-1438.

Easley, David/Hvidkjaer, Soeren/O'Hara, Maureen (2002): Is Information Risk a Determinant of Asset Returns?, in: *Journal of Finance*, Vol. 57 (2002), S. 2185-2221.

Easley, David/O'Hara, Maureen (2004): Information and the Cost of Capital, in: *Journal of Finance*, Vol. 59 (2004), S. 1553-1583.

Easterbrook, Frank H./Fischel, Daniel R. (1991): The Economic Structure of Corporate Law, Cambridge, Mass., London, England 1991.

Eckert, Daniel/Zschäpitz, Holger (2005): Ranking-Listen verwirren Anleger - Studien geben unterschiedliche Meinungen zu Corporate Governance wieder, in: *Die Welt*, 13. Januar 2005.

Edwards, Jeremy S. S./Weichenrieder, Alfons J. (2004): Ownership Concentration and Share Valuation, in: *German Economic Review*, Vol. 5 (2004), S. 143-171.

Ehrhardt, Olaf/Nowak, Eric (2003): Private Benefits and Minority Shareholder Expropriation (or What Exactly are Private Benefits of Control?), Working Paper, Humboldt-Universität zu Berlin, Universität Lugano, Stand: Juni 2003.

Ehrhardt, Olaf/Nowak, Eric (2002): Die Durchsetzung von Corporate-Governance-Regeln, in: *Die Aktiengesellschaft*, 47. Jg. (2002), S. 336-345.

Ehrhardt, Olaf/Nowak, Eric/Weber, Felix-Michael (2004): 'Running in the Family' The Evolution of Ownership, Control, and Performance in German Family-owned Firms 1903-2003, Working Paper, Humboldt-Universität zu Berlin, Universität Lugano, Universität Witten/Herdecke, Stand: 31. Dezember 2004.

Eisenhardt, Kathleen M. (1989): Agency Theory: An Assessment and Review, in: *Academy of Management Review*, Vol. 14 (1989), S. 57-74.

Ekkenga, Jens (2003): „Macrotron" und das Grundrecht auf Aktieneigentum – der BGH als besserer Gesetzgeber?, in: *Zeitschrift für Unternehmens- und Gesellschaftsrecht*, 32. Jg. (2003), S. 878-910.

Eleswarapu, Venkat R. (1997): Cost of Transacting and Expected Returns in the NASDAQ Market, in: *Journal of Finance*, Vol. 52 (1997), S. 2113-2127.

Elmendorff, Wilhelm (1966): Bewertung von Unternehmensanteilen im Streubesitz, in: *Die Wirtschaftsprüfung*, 17. Jg. (1966), S. 548-555.

Elschen, Rainer (1988): Die getrennte Handelbarkeit von Aktienstimmrechten, in: *Zeitschrift für betriebswirtschaftliche Forschung*, 40. Jg. (1988), S. 1009-1037.

Emmerich, Volker (2005): Abfindung, in: Emmerich, V./Habersack, M. (Hrsg.): Aktien- und GmbH-Konzernrecht - Kommentar, 4. Aufl., München 2005, § 305.

English, Philip C./Smythe, Thomas I./McNeil, Chris R. (2004): The "CalPERS effect" revisited, in: *Journal of Corporate Finance*, Vol. 10 (2004), S. 157-174.

Erhart, Gabriele/Lücke, Oliver (2007): Vorstandsbezüge als verdeckte Gewinnausschüttung? Der Aufsichtsrat als Filter der Angemessenheitsprüfung, in: *Betriebs-Berater*, 62. Jg. (2007), S. 183-186.

Ernst, Dietmar/Schneider, Sonja/Thielen, Bjoern (2006): Unternehmensbewertungen erstellen und verstehen, 2. Aufl., München 2006.

Errunza, Vihang R./Miller, Darius P. (2000): Market Segmentation and the Cost of Capital in International Equity Markets, in: *Journal of Financial and Quantitative Analysis*, Vol. 35 (2000), S. 577-600.

Evers, Heinz/Grätz, Frank/Näser, Christian (1997): Die Gehaltsfestsetzung bei GmbH-Geschäftsführern, 4. Aufl., Köln 1997.

Fabozzi, Frank J. (1999): Investment Management, 2nd Ed., New Jersey 1999.

Faccio, Mara/Lang, Larry H. P. (2002): The Ultimate Ownership of Western European Corporations, in: *Journal of Financial Economics*, Vol. 65 (2002), S. 365-395.

Faccio, Mara/Lang, Larry H. P./Young, Leslie (2001): Dividends and Expropriation, in: *American Economic Review*, Vol. 91 (2001), S. 54-78.

Fallgatter, Michael J. (2006): Zum Vorstandsvergütungs-Offenlegungsgesetz, in: *Zeitschrift Führung + Organisation*, 75. Jg. (2006), S. 207-210.

Fama, Eugene F. (1998): Market efficiency, long-term returns, and behavioral finance, in: *Journal of Financial Economics*, Vol. 49 (1998), S. 283-306.

Fama, Eugene F. (1991): Efficient Capital Markets II, in: *Journal of Finance*, Vol. 46 (1991), S. 1575-1617.

Fama, Eugene F. (1980): Agency Problems and the Theory of the Firm, in: *Journal of Political Economy*, Vol. 88 (1980), S. 288-307.

Fama, Eugene F. (1970): Efficient Capital Markets: A Review of Theory and Empirical Work, in: *Journal of Finance*, Vol. 25 (1970), S. 383-417.

Fama, Eugene F./French, Kenneth R. (2004): The Capital Asset Pricing Model: Theory and Evidence, in: *Journal of Economic Perspectives*, Vol. 18 (2004), S. 25-46.

Fama, Eugene F./French, Kenneth R. (1996): The CAPM is Wanted, Dead or Alive, in: *Journal of Finance*, Vol. 51 (1996), S. 1947-1958.

Fama, Eugene F./French, Kenneth R. (1993): Common risk factors in the returns on stocks and bonds, in: *Journal of Financial Economics*, Vol. 33 (1993), S. 3-56.

Fama, Eugene F./French, Kenneth R. (1992): The cross section of expected stock returns, in: *Journal of Finance*, Vol. 47 (1992), S. 427-465.

Fama, Eugene F./Jensen, Michael C. (1983a): Separation of Ownership and Control, in: *Journal of Law and Economics*, Vol. 26 (1983), S. 301-325.

Fama, Eugene F./Jensen, Michael C. (1983b): Agency Problems and Residual Claims, in: *Journal of Law and Economics*, Vol. 26 (1983), S. 327-349.

Fatemi, Ali/Krahnen, Jan Pieter (2000): On the Valuation of Common and Preferred Shares in Germany: New Evidence on the Value of Voting Rights, in: *Managerial Finance*, Vol. 26 (2000), S. 42–54.

Fauver, Larry/Houston, Joel/Naranjo, Andy (2003): Capital Market Development, International Integration, Legal Systems, and the Value of Corporate Diversification: A Cross-Country Analysis, in: *Journal of Financial and Quantitative Analysis*, Vol. 38 (2003), S. 135-157.

Feldman, Stanley J. (2005): Principles of Private Firm Valuation, Hoboken, NJ, 2005.

Fernández, Pablo (2001): Valuation using multiples. How do analysts reach their conclusions?, Working Paper, IESE Business School, Madrid, Stand: 4. Juni 2001.

Ferreira, Miguel A./Laux, Paul A. (2005): Corporate Governance, Idiosyncratic Risk, and Information Flow, Working Paper, ISCTE Business School-Lisbon, University of Delaware, Stand: September 2005, erscheint demnächst im *Journal of Finance*.

Ferris, Stephen P./Sarin, Atulya (2000): Security Analysis and Corporate Diversification, in: *Advances in Financial Economics*, Vol. 5 (2000), S. 105-137.

Field, Laura Casares/Karpoff, Jonathan M. (2002): Takeover Defenses of IPO Firms, in: *Journal of Finance*, Vol. 57 (2002), S. 1857-1889.

Fischer, Helmut (1996): Bewertung, in: Hölters, W. (Hrsg.): Handbuch des Unternehmens- und Beteiligungskaufs, 4. Aufl., Köln 1996, S. 108-119.

Fisher, Irving (1930): The Theory of Interest: As determined by impatience to spend income and opportunity to invest it, New York 1930.

Flassak, Hansjörg (1995): Der Markt für Unternehmenskontrolle: Eine ökonomische Analyse vor dem Hindergrund des deutschen Gesellschaftsrechts, Bergisch Gladbach, Köln 1995.

Fleischer, Holger (2005a): Das Gesetz zur Unternehmensintegrität und Modernisierung des Anfechtungsrechts, in: *Neue Juristische Wochenschrift*, 58. Jg. (2005), S. 3525-3530.

Fleischer, Holger (2005b): Zur Angemessenheit der Vorstandsvergütung im Aktienrecht (Teil I), in: *Deutsches Steuerrecht*, 43. Jg. (2005), S. 1279-1283.

Fleischer, Holger (2005c): Das Vorstandsvergütungs-Offenlegungsgesetz, in: *Der Betrieb*, 58. Jg. (2005), S. 1611-1617.

Fleischer, Holger (2004): Aktienrechtliche Zweifelsfragen der Kreditgewährung an Vorstandsmitglieder, in: *Zeitschrift für Wirtschafts- und Bankrecht*, 58. Jg. (2004), S. 1057-1108.

Fleischer, Holger (2003): Zur organschaftlichen Treuepflicht der Geschäftsleiter im Aktien- und GmbH-Recht, in: *Zeitschrift für Wirtschafts- und Bankrecht*, 57. Jg. (2003), S. 1045-1104.

Fleischer, Holger (1999): Verdeckte Gewinnausschüttung: Die Geschäftschancenlehre im Spannungsfeld zwischen Gesellschafts- und Steuerrecht, in: *Deutsches Steuerrecht*, 37. Jg. (1999), S. 1249-1292.

Fleischer, Holger (1997): Die Barabfindung außenstehender Aktionäre nach den §§ 305 und 320 b AktG: Stand-alone-Prinzip oder Verbundberücksichtigungsprinzip?, in: *Zeitschrift für Unternehmens- und Gesellschaftsrecht*, 26. Jg. (1997), S. 368-400.

Flick, Hans/Wassermeyer, Franz/Baumhoff, Hubertus (2006): Außensteuerrecht Kommentar, Köln 2006.

Franks, Julian/Mayer, Colin (2001): Ownership and Control of German Corporations, in: *Review of Financial Studies*, Vol. 14 (2001), S. 943-977.

French, Kenneth R. (1980): Stock Returns and the Weekend Effect, in: *Journal of Financial Economics*, Vol. 8 (1980), S. 55-69.

French, Kenneth R./Roll, Richard (1986): Stock Return Variances: The Arrival of Information and the Reaction of Traders, in: *Journal of Financial Economics*, Vol. 17 (1986), S. 5-26.

Fresenius Medical Care AG (2005): Aktionäre von Fresenius Medical Care beschließen Umwandlung der Vorzugsaktien in Stammaktien und Rechtsformwechsel in eine Kommanditgesellschaft auf Aktien, Pressemitteilung, 31. August 2005, Bad Homburg.

Fu, Fangjian (2005): Idiosyncratic Risk and the Cross-Section of Expected Stock Returns, Working Paper, University of Rochester, Stand: Juni 2005.

Furubotn, Eirik G./Pejovic, Svetozar (1972): Property Rights and Economic Theory: A Survey of Recent Literature, in: *Journal of Economic Literature*, Vol. 10 (1972), S. 1137-1162.

Gadhoum, Yoser/Ayadi, Mohamed A. (2003): Ownership Structure and Risk: A Canadian Empirical Analysis, in: *Quarterly Journal of Business & Economics*, Vol. 42 (2003), S. 19-39.

Gampenrieder, Peter/Behrendt, Anneke (2004): Zur Sinnhaftigkeit von Fungibilitätszuschlägen, in: *Unternehmensbewertung und Management*, 2. Jg. (2004), S. 85-91.

Gandossy, Robert/Sonnenfeld, Jeffrey (2004): “I See Nothing, I Hear Nothing”: Culture, Corruption, and Apathy, in: Gandossy, R./Sonnenfeld, J. (Hrsg.): Leadership and Governance from the Inside Out, Hoboken, NJ, 2004, Chapter 1, S. 3-25.

Gansweid, Wolfgang (1977): Zur gerichtlichen Überprüfung der angemessenen Barabfindung nach § 305 AktG, in: *Die Aktiengesellschaft*, 12. Jg. (1977), S. 334-341.

Garmaise, Mark J./Liu, Jun (2005): Corruption, Firm Governance, and the Cost of Capital, Working Paper 1’05, Anderson School at UCLA, 2005.

Garvey, Gerald T./Hanka, Gordon (1999): Capital Structure and Corporate Control: The Effect of Antitakeover Statutes on Firm Leverage, in: *Journal of Finance*, Vol. 54 (1999), S. 519-546.

Gaughan, Patrick A. (2002): Mergers, Acquisitions, and Corporate Restructurings, 3rd Ed., New York 2002.

Gedajlovic, Eric R./Shapiro, Daniel M. (1998): Management and ownership effects: Evidence from five countries, in: *Strategic Management Journal*, Vol. 19 (1998), S. 533-553.

Gehrke, Norman (1994): Tobins q: Die Beziehung zwischen Buch- und Marktwerten deutscher Aktiengesellschaften, Wiesbaden 1994.

Geldmacher, Detlef (2000): Marktorientierte Managerkontrolle: Stimmrechte als Kontrollinstrument, Wiesbaden 2000.

Gerke, Wolfgang (2001): Agency-Theorie, in: Gerke, W./Steiner, M. (Hrsg.): Enzyklopädie der Betriebswirtschaftslehre, Bd. 6, Handwörterbuch des Bank- und Finanzwesens, 3. Aufl., Stuttgart 2001, Sp. 24-36.

Gerke, Wolfgang/Garz, Hendrik/Oerke, Marc (1995): Die Bewertung von Unternehmensübernamen auf dem deutschen Aktienmarkt, in: *Zeitschrift für betriebswirtschaftliche Forschung*, 47. Jg. (1995), S. 805–820.

Gerke, Wolfgang/Mager, Ferdinand/Jesswein, Tobias (2006): Die fundamentale Performance privatisierter Staatsunternehmen, in: *Finanz Betrieb*, 8. Jg. (2006), S. 778-783.

Giannetti, Mariassunta/Simonov, Andrei (2006): Which Investors Fear Expropriation? Evidence from Investors' Portfolio Choices, in: *Journal of Finance*, Vol. 61 (2006), S. 1507-1547.

Gibbons, Robert/Murphy, Kevin J. (1992): Optimal incentive contracts in the presence of career concerns: Theory and evidence, in: *Journal of Political Economy*, Vol. 100 (1992), S. 468–505.

Gillan, Stuart/Kensinger, John/Martin, John D. (2000): Value Creation and Corporate Diversification: The Case of Sears, Roebuck & Co, in: *Journal of Financial Economics*, Vol. 55 (2000), S. 103-137.

Gilson, Ronald/Kraakman, Reinier (1984): The Mechanisms of Market Efficiency, in: *Virginia Law Review*, Vol. 70 (1984), S. 549-643.

Glaser, Markus/Müller, Sebastian (2006): Der Diversification Discount in Deutschland: Existiert ein Bewertungsabschlag für diversifizierte Unternehmen?, Working Paper, Universität Mannheim, Stand: 2. November 2006.

Goergen, Marc/Manjon, Miguel C./Renneboog, Luc (2004): Recent Developments in German Corporate Governance, ECGI Working Paper Series in Finance, Working Paper No. 41/2004, Mai 2004.

Goergen, Marc/Renneboog, Luc (2003): Why Does the Concentration of Control Differ in German and UK Companies? Evidence from Initial Public Offerings, in: *Journal of Law, Economics, and Organization*, Vol. 19 (2003), S. 141-175.

Goetzmann, William N./Kumar, Alok (2005): Why Do Individual Investors Hold Under-Diversified Portfolios?, Working Paper, Yale University, University of Notre Dame, Stand: 27. April 2005.

Gompers, Paul/Ishii, Joy/Metrick, Andrew (2004): Incentives vs. Control: An Analysis of U.S. Dual-Class Companies, NBER Working Paper No. 10240, Cambridge, Mass., 2004.

Gompers, Paul/Ishii, Joy/Metrick, Andrew (2003): Corporate Governance and Equity Prices, in: *Quarterly Journal of Economics*, Vol. 118 (2003), S. 107-155.

Goncharov, Igor/Werner, Jörg-Richard/Zimmermann, Jochen (2006): Does Compliance with the German Corporate Governance Code have an Impact on Stock Valuation? An Empirical Analysis, in: *Corporate Governance: An International Review*, Vol. 14 (2006), S. 432-445.

Gordon, Jeffrey N. (2005): Executive Compensation: If There's A Problem, What's the Remedy? The Case for "Compensation Discussion and Analysis", in: *Journal of Corporation Law*, Vol. 30 (2005), S. 675-702.

Gordon, Elizabeth A./Henry, Elaine/Palia, Darius (2004): Related Party Transactions: Associations with Corporate Governance and Firm Value, Working Paper, Rutgers Business School, University of Miami, Stand: August 2004.

Gorton, Gary/Kahl, Matthias (2002): The Scarcity of Effective Monitors and Its Implications For Corporate Takeovers and Ownership Structures, Working Paper 02-30, Wharton School, Stand: 7. Juli 2002.

GovernanceMetrics International (2006): Governance and Performance: Recent Evidence, New York, September 2006.

GovernanceMetrics International (2005): GMI Releases New Global Ratings, GMI News Releases, New York, 13. September 2005.

GovernanceMetrics International (2004): GMI Governance and Performance Analysis: March 2004, New York 2004.

Goyal, Amit/Santa-Clara, Pedro (2003): Idiosyncratic Risk Matters!, in: *Journal of Finance*, Vol. 58 (2003), S. 975-1007.

Graham, John R. (1999): Herding among Investment Newsletters: Theory and Evidence, in: *Journal of Finance*, Vol. 54 (1999), S. 237-268.

Graham, John R./Lemmon, Michael/Wolf, Jack (2002): Does corporate diversification destroy value?, in: *Journal of Finance*, Vol. 57 (2002), S. 695-720.

Graham, Carol/Litan, Robert/Sukhtankar, Sandip (2002): The Bigger They Are, The Harder They Fall: An Estimate of the Costs of the Crisis in Corporate Governance, Working Paper, Economic Studies/Governance Studies Programs, The Brookings Institution, Stand: 30. August 2002.

Grandmont, Renato/Grant, Gavin/Silva, Flavia (2004): Beyond the Numbers - Corporate Governance: Implication for Investors, Deutsche Bank Global Equity Research, Studie der UNEP Finance Initiative - Innovative financing for sustainability, Stand: 1. April 2004.

Grant, Gavin (2005): Beyond the Numbers – Materiality of Corporate Governance, Deutsche Bank Company Research, Studie der UNEP Finance Initiative - Innovative financing for sustainability, Stand: 25. November 2005.

Greenfield, Kent (2004): Democracy and the Dominance of Delaware in Corporate Law, in: *Law and Contemporary Problems*, Vol. 67 (2004), S. 101-111.

Griep, Clifford M./Samson, Solomon B. (2002): The Evolving Role of Corporate Governance in Credit Rating Analysis, in: *Standard & Poor's Ratings Direct*, 10. Oktober 2002.

Grinstein, Yaniv/Palvia, Ajay (2006): Executive loans, corporate governance, and firm performance – evidence from banks, Working Paper, Cornell University, Stand: Oktober 2006.

Große, Jan-Velten/Boos, Karl-Heinz (2006): 2005 – ein Fortschritt bei den Corporate Governance-Regeln?, in: *Zeitschrift für Wirtschafts- und Bankrecht*, 60. Jg. (2006), S. 1177-1183.

Großfeld, Bernhard (2002): Unternehmens- und Anteilsbewertung im Gesellschaftsrecht, 4. Aufl., Köln 2002.

Grossman, Sanford J./Hart, Oliver D. (1988): One share – one vote and the market for corporate control, in: *Journal of Financial Economics*, Vol. 20 (1988), S. 175-202.

Grossman, Sanford J./Hart, Oliver D. (1980): Takeover bids, the free-rider problem, and the theory of the corporation, in: *Bell Journal of Economics*, Vol. 11 (1980), S. 42-64.

Grossman, Sanford J./Miller, Merton H. (1988): Liquidity and Market Structure, in: *Journal of Finance*, Vol. 43 (1988), S. 617-633.

Grossman, Sanford J./Stiglitz, Joseph E. (1980): On the Impossibility of Informationally Efficient Markets, in: *American Economic Review*, Vol. 70 (1980), S. 393-408.

Gugler, Klaus Peter (2001): Introduction, theoretical framework, and chapter contents, in: Gugler, K. P. (Hrsg.): Corporate Governance and Economic Performance, 1st Ed., Oxford, New York 2001, S. 3-11.

Gugler, Klaus Peter/Müller, Dennis C./Yurtoglu, B. Burcin (2004): Corporate Governance and the Returns on Investment, in: *Journal of Law and Economics*, Vol. 47 (2004), S. 589-633.

Günkel, Manfred (1996): Die Prüfung der steuerlichen Verrechnungspreise durch den Abschlußprüfer, in: *Die Wirtschaftsprüfung*, 49. Jg. (1996), S. 839-857.

Habersack, Mathias (2005): Schranken des Einflusses, in: Emmerich, V./Habersack, M. (Hrsg.): Aktien- und GmbH-Konzernrecht - Kommentar, 4. Aufl., München 2005, § 311.

Hamermesh, Lawrence A./Wachter, Michael L. (2007): The Short and Puzzling Life of the "Implicit Minority Discount" in Delaware Appraisal Law, Research Paper No. 07-01, Institute for Law and Economics, University of Pennsylvania Law School, Stand: Februar 2007.

Hamermesh, Lawrence A./Wachter, Michael L. (2005): The Fair Value of Cornfields in Delaware Appraisal Law, in: *Journal of Corporation Law*, Vol. 31 (2005), S. 119-166.

Hanouna, Paul/Sarin, Atulya/Shapiro, Alan C. (2001): Value of Corporate Control: Some International Evidence, Working Paper No. 01-4, USC Marshall School of Business, 2001.

Harris, Milton/Kriebel, Charles H./Raviv, Artur (1982): Asymmetric Information, Incentives and Intrafirm Resource Allocation, in: *Management Science*, Vol. 28 (1982), S. 604-620.

Harris, Milton/Raviv, Artur (1989): The Design of Securities, in: *Journal of Financial Economics*, Vol. 24 (1989), S. 255-287.

Harris, Milton/Raviv, Artur (1988): Corporate Governance: Voting Rights and Majority Rules, in: *Journal of Financial Economics*, Vol. 20 (1988), S. 203-235.

Hart, Oliver (1995): Corporate Governance: Some Theory and Implications, in: *Economic Journal*, Vol. 105 (1995), S. 678-689.

Hartmann-Wendels, Thomas/von Hinten, Peter (1989): Marktwert von Vorzugsaktien: Zur Begründung von Kursdifferenzen von Stammaktien und stimmrechtslosen Vorzugsaktien, in: *Zeitschrift für betriebswirtschaftliche Forschung*, 41. Jg. (1989), S. 263-293.

Harvey, Campbell R./Siddique, Akhtar (2000): Conditional Skewness in Asset Pricing Tests, in: *Journal of Finance*, Vol. 55 (2000), S. 1263-1295.

Hasbrouck, Joel (1985): The Characteristics of Takeover Targets: q and Other Measures, in: *Journal of Banking and Finance*, Vol. 9 (1985), S. 351-362.

Hasbrouck, Joel/Seppi, Duane J. (2001): Common factors in prices, order flows and liquidity, in: *Journal of Financial Economics*, Vol. 59 (2001), S. 383–411.

Hasler, Peter-Thilo (2004): Die Performance familiengeführter Unternehmen, HVB Corporates & Markets, HVB Equity Research, Mid Caps/Small Caps, Stand: 18. Juni 2004.

Haugen, Robert A. (1997): Modern Investment Theory, 4th Ed., New Jersey 1997.

Hayek, Friedrich A. von (1952): Individualismus und wirtschaftliche Ordnung, Erlenbach-Zürich 1952.

Heaney, Richard/Holmén, Martin (2005): Family Ownership and the Cost of Under Diversification, Working Paper, Royal Melbourne Institute of Technology University, Uppsala University, Stand: August 2005.

Heaney, Richard/Holmén, Martin (2002): Shareholder Diversification and the Value of Control, Working Paper, Australian National University, Stockholm University, Stand: 10. Februar 2002.

Heaton, John/Lucas, Deborah (2004): Capital Structure, Hurdle Rates, and Portfolio Choice – Interactions in an Entrepreneurial Firm, Working Paper, University of Chicago, Northwestern University, Stand: Mai 2004.

Hecker, Renate (2000): Regulierung von Unternehmensübernahmen und Konzernrecht, Teil I: Empirische Analyse des aktienrechtlichen Minderheitenschutzes im Vertragskonzern, Wiesbaden 2000.

Heflin, Frank/Shaw, Kenneth W. (2000): Blockholder Ownership and Market Liquidity, in: *Journal of Financial and Quantitative Analysis*, Vol. 35 (2000), S. 621-635.

Heidorn, Thomas/Weier, Sven (2001): Einführung in die fundamentale Aktienanalyse, Arbeitsbericht Nr. 35, Hochschule für Bankwirtschaft/HfB, Frankfurt a.M., November 2001.

Helbling, Carl (1998): Unternehmensbewertung und Steuern – Unternehmensbewertung in Theorie und Praxis, insbesondere die Berücksichtigung der Steuern aufgrund der Verhältnisse in der Schweiz und Deutschland, 9. Aufl., Düsseldorf 1998.

Hellwig, Martin (1982): Zur Informationseffizienz des Kapitalmarktes, in: *Zeitschrift für Wirtschafts- und Sozialwissenschaften*, 102. Jg. (1982), S. 1-27.

Hellwig, Hans-Jürgen/Bormann, Michael (2002): Die Abfindungsregeln beim Going Private – Der Gesetzgeber ist gefordert!, in: *Zeitschrift für Unternehmens- und Gesellschaftsrecht*, 31. Jg. (2002), S. 465-496.

Henselmann, Klaus (2005): Technik der Bereinigung von Sondereinflüssen, in: *BewertungsPraktiker*, Nr. 1/2005, S. 6-8, Beilage in *Finanz Betrieb*.

Heron, Randall A./Lie, Erik (2006): Does backdating explain the stock price pattern around executive stock option grants?, Working Paper, Indiana University, University of Iowa, 2006, erscheint demnächst im *Journal of Financial Economics*.

Herzig, Norbert (2002): Die Entzauberung der amerikanischen Rechnungslegungsvorschriften, in: *Frankfurter Allgemeine Zeitung*, 11. März 2002, Nr. 59, S. 27.

Heuskel, Dieter (2000): Strategische Dimensionen der Diversifikation, in: Hinterhuber, H. H./Friedrich, S. A./Matzler, K./Pechlaner, H. (Hrsg.): Die Zukunft der diversifizierten Unternehmung, München 2000, S. 347-358.

Hillebrandt, Franca/Schremper, Ralf (2001): Analyse des Gleichbehandlungsgrundsatzes beim Rückkauf von Vorzugsaktien, in: *Betriebs-Berater*, 56. Jg. (2001), S. 533-538.

Himmelberg, Charles P./Hubbard, R. Glenn/Love, Inessa (2002): Investor Protection, Ownership, and the Cost of Capital, Policy Research Working Paper 2834, The World Bank, Development Research Group, Finance, April 2002.

Hirschman, Albert O. (1974): Abwanderung und Widerspruch. Reaktionen auf Leistungsabfall bei Unternehmungen, Organisationen und Staaten, Tübingen 1974.

Hoffmann-Burchardi, Ulrike (1999): Corporate governance rules and the value of control - A study of German dual-class shares, FMG Discussion Paper No. 315, Financial Markets Group, London School of Economics 1999.

Holderness, Clifford G./Kroszner, Randall S./Sheehan, Dennis P. (1999): Were the Good Old Days That Good? Changes in Managerial Stock Ownership Since the Great Depression, in: *Journal of Finance*, Vol. 54 (1999), S. 435-469.

Höpner, Martin/Krempel, Lothar (2005): Ein Netzwerk in Auflösung: Wie die Deutschland AG zerfällt, in: Max-Planck-Institut für Gesellschaftsforschung (Hrsg.): MPIfG-Jahrbuch 2003/04, Köln 2005, S. 9-14.

Huang, Yen-Sheng/Walkling, Ralph A. (1987): Target Abnormal Returns Associated with Acquisition Announcements: Payment, Acquisition Form, and Managerial Resistance, in: *Journal of Financial Economics*, Vol. 19 (1987), S. 329-349.

Huberman, Gur/Halka, Dominika (2001): Systematic Liquidity, in: *Journal of Financial Research*, Vol. 24 (2001), S. 161-178.

Huddart, Steven (1993): The Effect of a Large Shareholder on Corporate Value, in: *Management Science*, Vol. 39 (1993), S. 1407-1421.

Hüffer, Uwe (2006): Aktiengesetz, Beck'sche Kurz-Kommentare, Bd. 53, 7. Aufl., München 2006.

Hüffer, Uwe (2001): § 243 AktG, in: Kropff, B./Semler, J. (Hrsg.): Münchener Kommentar zum Aktiengesetz, Band 7, §§ 222-277, 2. Aufl., München 2001.

Huson, Mark R./Parrino, Robert/Starks, Laura T. (2001): Internal Monitoring Mechanisms and CEO Turnover: A Long-Term Perspective, in: *Journal of Finance*, Vol. 56 (2001), S. 2265-2297.

Hüttemann, Rainer (2003): Rechtsfragen der Unternehmensbewertung, in: Heintzen, M./Kruschwitz, L. (Hrsg.): Unternehmen bewerten - Ringvorlesung der Fachbereiche Rechts- und Wirtschaftswissenschaften der Freien Universität Berlin im Sommersemester 2002, Berlin 2003, S. 151-173.

Hüttemann, Rainer (2001): Börsenkurs und Unternehmensbewertung, in: *Zeitschrift für Unternehmens- und Gesellschaftsrecht*, 30. Jg. (2001), S. 454-478.

Hüttemann, Rainer (1998): Unternehmensbewertung als Rechtsproblem, in: *Zeitschrift für das gesamte Handelsrecht und Wirtschaftsrecht*, 162. Jg. (1998), S. 563-593.

Hyland, David C./Diltz, J. David (2002): Why Firms Diversify: An Empirical Examination, in: *Financial Management*, Vol. 31 (2002), S. 51-82.

IDW (2007): IDW Prüfungsstandard: Auswirkungen des Deutschen Corporate Governance Kodex auf die Abschlussprüfung (IDW PS 345), in: *IDW Fachnachrichten*, Nr. 1-2 (2007), S. 11-33.

IDW (2006): Wirtschaftsprüfer-Handbuch 2006, Handbuch für Rechnungslegung, Prüfung und Beratung, Band I, 13. Aufl., Düsseldorf 2006.

IDW (2005): IDW Standard: Grundsätze zur Durchführung von Unternehmensbewertungen (IDW S 1), in: *IDW Fachnachrichten*, Nr. 11 (2005), S. 690-718.

IDW (2003): IDW Prüfungsstandard: Beziehungen zu nahe stehenden Personen im Rahmen der Abschlussprüfung (IDW PS 255), in: *Die Wirtschaftsprüfung*, 56. Jg. (2003), S. 1069-1072.

IDW (2002): Wirtschaftsprüfer-Handbuch 2002, Handbuch für Rechnungslegung, Prüfung und Beratung, Band II, 12. Aufl., Düsseldorf 2002.

IDW (2000): IDW Standard: Grundsätze zur Durchführung von Unternehmensbewertungen (IDW S 1), in: *Die Wirtschaftsprüfung*, 53. Jg. (2000), S. 825-842.

Institutional Shareholder Services (2005): Better Corporate Governance Results in Higher Profit and Lower Risk, Studie von Institutional Shareholder Services, Rockville, MD, 2005.

Irvine, Paul J. (2003): The incremental impact of analyst initiation of coverage, in: *Journal of Corporate Finance*, Vol. 9 (2003), S. 431-451.

Jacobs, Bruce I./Levy, Kenneth N. (1988): Disentangling Equity Return Regularities: New Insights and Investment Opportunities, in: *Financial Analysts' Journal*, Vol. 44 (1988), S. 18-43.

Jahn, Joachim (2005): UMAG: Das Aus für "räuberische Aktionäre" oder neues Erpressungspotential?, in: *Betriebs-Berater*, 60. Jg. (2005), S. 5-13.

Janssen, Bernhard (2007): Die Verwendung von Gehaltsstrukturuntersuchungen zur Ermittlung der Angemessenheit der Gesamtvergütung von Gesellschafter-Geschäftsführern, in: *GmbH-Rundschau*, 98. Jg. (2007), S. 749-753.

Jarrell, Gregg A./Brickley, James A./Netter, Jeffry M. (1988): The Market for Corporate Control, in: *Journal of Economic Perspectives*, Vol. 2 (1988), S. 49-68.

Jarrell, Gregg A./Poulsen, Annette B. (1989): The Returns to Acquiring Firms in Tender Offers: Evidence from Three Decades, in: *Financial Management*, Vol. 18 (1989), S. 12-19.

Jegadeesh, Narasimhan/Titman, Sheridan (1993): Returns to Buying Winners and Selling Losers: Implications for Stock Market Efficiency, in: *Journal of Finance*, Vol. 48 (1993), S. 65-91.

Jensen, Michael C. (1988): Takeovers: Their causes and consequences, in: *Journal of Economic Perspectives*, Vol. 2 (1988), S. 21-48.

Jensen, Michael C. (1986a): Agency Costs of Free Cash Flow, Corporate Finance, and Takeovers, in: *American Economic Review*, Vol. 76 (1986), S. 323-329.

Jensen, Michael C. (1986b): The Takeover Controversy: Analysis and Evidence, in: *Midland Corporate Finance Journal*, Vol. 4 (1986), S. 6-32.

Jensen, Michael C. (1984): Takeovers: folklore and science, in: *Harvard Business Review*, Vol. 62 (1984), S. 109-121.

Jensen, Michael C./Meckling, William H. (1976): Theory of the Firm: Managerial Behavior, Agency Costs and Ownership Structure, in: *Journal of Financial Economics*, Vol. 3 (1976), S. 305-360.

Jensen, Michael C./Murphy, Kevin J. (1990): Performance Pay and Top Management Incentives, in: *Journal of Political Economy*, Vol. 98 (1990), S. 225-264.

Jensen, Michael C./Ruback, Richard S. (1983): The Market For Corporate Control: The Scientific Evidence, in: *Journal of Financial Economics*, Vol. 11 (1983), S. 5-50.

Jin, Li (2002): CEO compensation, diversification, and incentives, in: *Journal of Financial Economics*, Vol. 66 (2002), S. 29-63.

Jiraporn, Pornsit/Kim, Young Sang/Davidson III, Wallace N./Singh, Manohar (2005): Corporate Governance, Shareholder Rights and Firm Diversification: An Empirical Analysis, Working Paper, Texas A&M International University, u.a., Stand: 27. Juni 2005, erscheint demnächst im *Journal of Banking and Finance*.

John, Kose/Litov, Lubomir/Yeung, Bernard (2005): Corporate Governance and Corporate Risk Taking: Theory and Evidence, Working Paper, New York University, Washington University in St. Louis, Stand: September 2005.

John, Kose/Ofek, Eli (1995): Asset sales and increase in focus, in: *Journal of Financial Economics*, Vol. 37 (1995), S. 105-126.

Johnson, Simon/Boone, Peter/Breach, Alasdair/Friedman, Eric (2000a): Corporate governance in the Asian financial crisis, in: *Journal of Financial Economics*, Vol. 58 (2000), S. 141-186.

Johnson, Simon/La Porta, Rafael/ López-de-Silanes, Florencio/Shleifer, Andrei (2000b): Tunneling, in: *American Economic Review Papers and Proceedings*, Vol. 90 (2000), S. 22-27.

Jonas, Martin/Wieland-Blöse, Heike/Schiffahrt, Stefanie (2005): Basiszinssatz in der Unternehmensbewertung, in: *Finanz Betrieb*, 7. Jg. (2005), S. 647-653.

Jones, Charles M./Rhodes-Kropf, Matthew (2004): The Price of Diversifiable Risk in Venture Capital and Private Equity, Working Paper, Columbia University, Stand: Juli 2004.

Jung, Axel/Wachtler, Frank (2001): Die Kursdifferenz zwischen Stamm- und Vorzugsaktien – Empirische Daten, Erklärungsansätze und Konsequenzen für die Bewertung im Steuer- und Gesellschaftsrecht, in: *Die Aktiengesellschaft*, 46. Jg. (2001), S. 513-520.

Kahan, Marcel/Rock, Edward B. (2006): Hedge Funds in Corporate Governance and Corporate Control, Research Paper No. 06-16, University of Pennsylvania Law School, Institute for Law and Economics, Juli 2006.

Kahle, Kathleen M./Shastri, Kuldeep (2004): Executive Loans, in: *Journal of Financial and Quantitative Analysis*, Vol. 39 (2004), S. 791-811.

Kames, Christian (2000): Unternehmensbewertung durch Finanzanalysten als Ausgangspunkt eines value based measurement, Frankfurt a.M. u.a. 2000.

Kaserer, Christoph/Achleitner, Ann-Kristin/Moldenhauer, Benjamin (2005): Entrepreneurial Firms: Einfluss der Eigentümerstruktur auf Unternehmensperformance und Kapitalmarktfähigkeit, in: *Betriebs-Berater*, 60. Jg. (2005), BB-Special 5/2005, S. 2-8.

Kaserer, Christoph/Diller, Christian (2006): Die Besonderheiten von Private-Equity-Anlagen als Ansatzpunkt zur Erklärung ihrer Renditen – Eine empirische Untersuchung von europäischen Private-Equity-Fonds, in: *Die Unternehmung*, 60. Jg. (2006), S. 105-124.

Kaserer, Christoph/Wagner, Niklas (2004): Determinanten der Vorstandsvergütung in Deutschland: Paradigmenwechsel oder Versagen in der Unternehmenskontrolle?, Working Paper No. 2004-06, CEFS Center for Entrepreneurial and Financial Studies, München 2004.

Kaulmann, Thomas (1987): Property rights und Unternehmungstheorie - Stand und Weiterentwicklung der empirischen Forschung, München 1987.

Ke, Bin/Huddart, Steven/Petroni, Kathy (2003): What insiders know about future earnings and how they use it: Evidence from insider trades, in: *Journal of Accounting and Economics*, Vol. 35 (2003), S. 315-346.

Keller, Michael/Hohmann, Bruno (2004): Besonderheiten bei der Bewertung von KMU, in: Richter, F./Timmreck, C. (Hrsg.): Unternehmensbewertung – Moderne Instrumente und Lösungsansätze, Stuttgart 2004, S. 189-215.

Kelly, Morgan (1995): All their eggs in one basket: Portfolio diversification of US households, in: *Journal of Economic Behavior and Organization*, Vol. 27 (1995), S. 87-96.

Kempf, Alexander (1998): Was messen Liquiditätsmaße?, in: *Die Betriebswirtschaft*, 58. Jg. (1998), S. 299-311.

Kempf, Alexander/Mayston, Daniel (2006): Liquidity Commonality Beyond Best Prices, CFR-Working Paper No. 06-04, Centre for Financial Research, Universität zu Köln.

Kerins, Frank/Smith, Janet Kiholm/Smith, Richard (2004): Opportunity Cost of Capital for Venture Capital Investors and Entrepreneurs, in: *Journal of Financial and Quantitative Analysis*, Vol. 39 (2004), S. 385-405.

Khadjavi, Kyros (2005): Wertmanagement im Mittelstand, Diss. Universität St. Gallen 2005, Dissertation Nr. 3088.

Kiethe, Kurt (2004): Abkauf von Anfechtungsrechten der Aktionäre – neuere Tendenzen rechtsmissbräuchlichen Verhaltens räuberischer Aktionäre, in: *Neue Zeitschrift für Gesellschaftsrecht*, 7. Jg. (2004), S. 489-494.

Klapper, Leora F./Love, Inessa (2004): Corporate Governance, Investor Protection, and Performance in Emerging Markets, in: *Journal of Corporate Finance*, Vol. 10 (2004), S. 703-728.

Klein, Gabriele (1981): Vorzugsaktien in der Bundesrepublik Deutschland und den Vereinigten Staaten von Amerika. Darstellung im Vergleich, Diss. Universität Köln 1981.

Klein, April/Zur, Emanuel (2006): Hedge Fund Activism, ECGI Working Paper Series in Finance, Working Paper No. 140/2006, October 2006.

Klock, Mark S./Mansi, Sattar A./Maxwell, William F. (2005): Does Corporate Governance Matter to Bondholders?, in: *Journal of Financial and Quantitative Analysis*, Vol. 40 (2005), S. 693-719.

Kniest, Wolfgang (2005): Quasi-risikolose Zinssätze in der Unternehmensbewertung, in: *BewertungsPraktiker*, Nr. 1/2005, S. 9-12, Beilage in *Finanz Betrieb*.

Knoll, Leonhard (2005): Die Ermittlung des Beta-Faktors im CAPM bei aktienrechtlichen Zwangsabfindungen, in: *Unternehmensbewertung und Management*, 3. Jg. (2005), S. 174-178.

Koeplin, John/Sarin, Atulya/Shapiro, Alan C. (2000): The Private Company Discount, in: *Journal of Applied Corporate Finance*, Vol. 12 (2000), S. 94-101.

Kohl, Torsten/Schulte, Jörn (2000): Ertragswertverfahren und DCF-Verfahren – Ein Überblick vor dem Hintergrund der Anforderungen des IDW S 1 -, in: *Die Wirtschaftsprüfung*, 53. Jg. (2000), S. 1147-1164.

Köke, F. Jens (2000): New Evidence on Ownership Structures in Germany, ZEW Discussion Paper 99-60, Mannheim 2000.

Kolb, Andreas (2006): Unternehmensintegrität, Minderheitenrechte und Corporate Governance, in: *Deutsche Zeitschrift für Wirtschafts- und Insolvenzrecht*, 16. Jg. (2006), S. 50-57.

Komp, Ralf (2002): Zweifelsfragen des aktienrechtlichen Abfindungsanspruchs nach §§ 305, 320 b AktG, Berlin 2002.

Kort, Michael (2005): Das „Mannesmann"-Urteil im Lichte von § 87 AktG, in: *Neue Juristische Wochenschrift*, 58. Jg. (2005), S. 333-336.

Kort, Michael (1999): Ausgleichs- und Abfindungsrechte (§§ 304, 305 AktG) beim Beitritt eines herrschenden Unternehmens zu einem Beherrschungsvertrag, in: *Zeitschrift für Unternehmens- und Gesellschaftsrecht*, 28. Jg. (1999), S. 402-426.

Krahnen, Jan P./Rieck, Christian/Theissen, Erik (1997): Messung individueller Risikoeinstellungen, CFS working paper 1997-03, Universität Frankfurt, Stand: 28. Oktober 1997.

Krämer, Walter (2001): Kapitalmarkteffizienz, in: Gerke, W./Steiner, M. (Hrsg.): Enzyklopädie der Betriebswirtschaftslehre, Bd. 6, Handwörterbuch des Bank- und Finanzwesens, 3. Aufl., Stuttgart 2001, Sp. 1267-1274.

Kratz, Norbert/Wangler, Clemens (2005): Unternehmensbewertung bei nicht kapitalmarktorientierten Unternehmen: Das Problem der Ermittlung entscheidungsrelevanter Kapitalkosten, in: *Finanz Betrieb*, 7. Jg. (2005), S. 169-176.

Krause, Hartmut (2002): Prophylaxe gegen feindliche Übernahmeangebote, in: *Die Aktiengesellschaft*, 47. Jg. (2002), S. 133-144.

Krones AG (2004): Aus Krones Vorzügen werden Stämme, Hauptversammlung beschließt Umwandlung der Aktien, Pressemitteilung vom 24. Juni 2004, Neutraubling.

Kruse, Hermann/Berg, Eric/Weber, Martin (1993): Erklären unternehmensspezifische Faktoren den Kursunterschied zwischen Stamm- und Vorzugsaktien?, in: *Zeitschrift für Bankrecht und Bankwirtschaft*, 5. Jg. (1993), S. 23-31.

Kuhner, Christoph (2006a): Unternehmensbewertung: Tatsachenfrage oder Rechtsfrage?, Thesenpapier, Diskussionsforum Unternehmensbewertung zum Thema: Unternehmensbewertung - ein Rechtsproblem?, Köln, 7. November 2006.

Kuhner, Christoph (2006b): Prognosen in der Betriebswirtschaftslehre, in: *Die Aktiengesellschaft*, 51. Jg. (2006), S. 713-720.

Kuhner, Christoph (2005): Interessenkonflikte aus der Sicht der Betriebswirtschaftslehre, Kölner Diskussionspapiere zu Bankwesen, Unternehmensfinanzierung, Rechnungswesen und Besteuerung, Working Paper 02/2005, Universität Köln, Januar 2005.

Kuhner, Christoph (2004): Unternehmensinteresse vs. Shareholder Value als Leitmaxime kapitalmarktorientierter Aktiengesellschaften, in: *Zeitschrift für Unternehmens- und Gesellschaftsrecht*, 33. Jg. (2004), S. 244-279.

Kuhner, Christoph (1998): Verfügungsrechte an Unternehmensinformationen - Die Verrechtlichung des Informationsflusses zwischen Unternehmen und Kapitalmarkt im Blickfeld ökonomischer Analysen, Unveröffentlichte Habilitationsschrift, München 1998.

Kuhner, Christoph/Maltry, Helmut (2006): Unternehmensbewertung, Berlin, Heidelberg 2006.

Kuhner, Christoph/Schilling, Dirk (2002): Maßnahmen der Unternehmensleitung zur Abwehr von Unternehmensübernahmen in der rechts- und wirtschaftspolitischen Diskussion, in: *Betriebswirtschaftliche Forschung und Praxis*, 54. Jg. (2002), S. 445-477.

Kunz, Roger M. (1996): Was beeinflusst den Wert des Aktienstimmrechts?, in: *Financial Markets and Portfolio Management*, Vol. 10 (1996), S. 330-347.

Kunz, Roger M./Angel, James J. (1996): Factors Affecting the Value of the Stock Voting Right: Evidence from the Swiss Equity Market, in: *Financial Management*, Vol. 25 (1996), S. 7-20.

La Porta, Rafael/López-de-Silanes, Florencio/Shleifer, Andrei/Vishny, Robert W. (2002): Investor Protection and Corporate Valuation, in: *Journal of Finance*, Vol. 57 (2002), S. 1147-1170.

La Porta, Rafael/López-de-Silanes, Florencio/Shleifer, Andrei/Vishny, Robert W. (2000a): Investor protection and corporate governance, in: *Journal of Financial Economics*, Vol. 58 (2000), S. 3-27.

La Porta, Rafael/López-de-Silanes, Florencio/Shleifer, Andrei/Vishny, Robert W. (2000b): Agency Problems and Dividend Policies around the World, in: *Journal of Finance*, Vol. 55 (2000), S. 1-33.

La Porta, Rafael/López-de-Silanes, Florencio/Shleifer, Andrei (1999): Corporate Ownership around the World, in: *Journal of Finance*, Vol. 54 (1999), S. 471-517.

La Porta, Rafael/López-de-Silanes, Florencio/Shleifer, Andrei/Vishny, Robert W. (1998): Law and Finance, in: *Journal of Political Economy*, Vol. 106 (1998), S. 1113-1155.

La Porta, Rafael/López-de-Silanes, Florencio/Shleifer, Andrei/Vishny, Robert W. (1997): Legal Determinants of External Finance, in: *Journal of Finance*, Vol. 52 (1997), S. 1131-1150.

La Porta, Rafael/López-de-Silanes, Florencio/Zamarripa, Guillermo (2003): Related Lending, in: *Quarterly Journal of Economics*, Vol. 118 (2003), S. 231-268.

Laeven, Luc/Levine, Ross (2005): Is there a Diversification Discount in Financial Conglomerates?, NBER Working Paper 11499, Cambridge, Mass., 2005; erscheint demnächst im *Journal of Financial Economics.*

Lakonishok, Josef/Shleifer, Andrei/Vishny, Robert W. (1994): Contrarian Investment, Extrapolation, and Risk, in: *Journal of Finance*, Vol. 49 (1994), S. 1541-1578.

Lamba, Asjeet S./Stapledon, Geof (2001): The Determinants of Corporate Ownership Structure: Australian Evidence, Public Law and Legal Theory, Working Paper No. 20, University of Melbourne 2001.

Lamont, Owen A./Polk, Christopher (2001): The Diversification Discount: Cash Flows Versus Returns, in: *Journal of Finance*, Vol. 56 (2001), S. 1693-1721.

Lang, Larry H. P./Stulz, René M. (1994): Tobin's Q, corporate diversification, and firm performance, in: *Journal of Political Economy*, Vol. 102 (1994), S. 1248-1280.

Lange, Knut Werner (2005): Corporate Governance in Familienunternehmen, in: *Betriebs-Berater*, 60. Jg. (2005), S. 2585-2590.

Larcker, David F./Richardson, Scott A./Tuna, Irem (2004): Does Corporate Governance Really Matter?, Working Paper, Wharton School, Stand: 9. Juni 2004.

Lausterer, Martin (1997): Unternehmensbewertung zwischen Betriebswirtschaftslehre und Rechtsprechung, Baden-Baden 1997.

Lehmann, Erik/Weigand, Jürgen (2000): Does the Governed Corporation Perform Better? Governance Structures and Corporate Performance in Germany, in: *European Finance Review*, Vol. 4 (2000), S. 157-195.

Leland, Hayne E./Pyle, David H. (1977): Informational Asymmetries, Financial Structure, and Financial Intermediation, in: *Journal of Finance*, Vol. 32 (1977), S. 371-387.

Leland, Hayne E./Skarabot, Jure (2003): Financial Synergies and the Optimal Scope of the Firm: Implications for Mergers, Spinoffs, and Off-Balance Sheet Finance, Working Paper, University of California, Berkeley, Stand: 10. Februar 2003.

Lemmon, Michael L./Lins, Karl V. (2003): Ownership Structure, Corporate Governance, and Firm Value: Evidence from the East Asian Financial Crisis, in: *Journal of Finance*, Vol. 58 (2003), S. 1445-1468.

Lentfer, Thies/Weber, Stefan C. (2006): Das Corporate Governance Statement als neues Publizitätsinstrument, in: *Der Betrieb*, 59. Jg. (2006), S. 2357-2363.

Leuz, Christian/Verrecchia, Robert E. (2005): Firms' Capital Allocation Choices, Information Quality, and the Cost of Capital, Working Paper, Wharton School, Stand: Januar 2005.

Levy, Haim (1982): Economic Evaluation of Voting Power of Common Stock, in: *Journal of Finance*, Vol. 38 (1982), S. 79-93.

Levy, Haim (1978): Equilibrium in an imperfect market: A constraint on the number of securities in the portfolio, in: *American Economic Review*, Vol. 68 (1978), S. 643-658.

Lewellen, Wilbur G. (1971): A Pure Financial Rationale for the Conglomerate Merger, in: *Journal of Finance*, Vol. 26 (1971), S. 521-537.

Lins, Karl/Servaes, Henri (2002): Is corporate diversification beneficial in emerging markets?, in: *Financial Management*, Vol. 31 (2002), S. 5-31.

Lins, Karl/Servaes, Henri (1999): International Evidence on the Value of Corporate Diversification, in: *Journal of Finance*, Vol. 54 (1999), S. 2215-2239.

Lintner, John (1965): The Valuation of Risk Assets and the Selection of Risky Investments in Stock Portfolios and Capital Budgets, in: *Review of Economics and Statistics*, Vol. 47 (1965), S. 13-37.

Liu, Jing/Nissim, Doron/Thomas, Jacob (2002): Equity Valuation Using Multiples, in: *Journal of Accounting Research*, Vol. 40 (2002), S. 135-172.

Löffler, Eugen (1991): Der Konzern als Finanzintermediär, Wiesbaden 1991, zugl. Diss. Frankfurt 1989/90.

Löffler, Gunter (1998): Der Beitrag von Finanzanalysten zur Informationsverarbeitung: eine empirische Untersuchung für den deutschen Aktienmarkt, Wiesbaden 1998.

Lombardo, Davide (2000): Is There a Cost to Poor Institutions?, SIEPR Discussion Paper No. 00-19, Stanford Institute for Economic Policy Research, Stand: Oktober 2000.

Lombardo, Davide/Pagano, Marco (2002): Law and Equity Markets: A Simple Model, Stanford Law School, Working Paper No. 194; CSEF Working Paper No. 25, University of Salerno, Stand: März 2002.

Lombardo, Davide/Pagano, Marco (2000): Legal Determinants of the Return on Equity, CSEF Working Paper No. 24, Centre for Studies in Economics and Finance, University of Salerno, Stand: November 2000.

Longstaff, Francis A. (1999): Optimal Portfolio Choice and the Valuation of Illiquid Securities, Working Paper, Anderson School at UCLA, Stand: Juli 1999.

Longstaff, Francis A. (1995): How Much Can Marketability Affect Security Values?, in: *Journal of Finance*, Vol. 50 (1995), S. 1767-1774.

Loughran, Tim/Vijh, Anand M. (1997): Do Long-Term Shareholders Benefit From Corporate Acquisitions?, in: *Journal of Finance*, Vol. 52 (1997), S. 1765-1790.

Lüdenbach, Norbert/Hoffmann, Wolf-Dieter (2002): Enron und die Umkehrung der Kausalität bei der Rechnungslegung, in: *Der Betrieb*, 55. Jg. (2002), S. 1169-1175.

Lücke, Oliver (2005): Die Angemessenheit von Vorstandsbezügen – Der erste unbestimmbare unbestimmte Rechtsbegriff?, in: *Neue Zeitschrift für Gesellschaftsrecht*, 8. Jg. (2005), S. 692-697.

Lutter, Marcus (2003): Corporate Governance und ihre aktuellen Probleme, vor allem: Vorstandsvergütung und ihre Schranken, in: *Zeitschrift für Wirtschaftsrecht*, 24. Jg. (2003), S. 737-743.

Lutter, Marcus/Grunewald, Barbara (1989): Zur Umgehung von Vinkulierungsklauseln in Satzungen von Aktiengesellschaften und Gesellschaften mbH, in: *Die Aktiengesellschaft*, 34. Jg. (1989), S. 109-117.

Mäger, Stefan (1999): Vergütung des Aufsichtsrats – welchen Spielraum gibt das Aktienrecht?, in: *Betriebs-Berater*, 54. Jg. (1999), S. 1389-1394.

Maier, David A. (2001): Der Betafaktor in der Unternehmensbewertung, in: *Finanz Betrieb*, 3. Jg. (2001), S. 298-302.

Majd, Saman/Myers, Steward C. (1986): Tax Asymmetries and Corporate Income Tax Reform, NBER Working Paper 1924, Cambridge, Mass., 1986.

Malkiel, Burton G. (2003a): The Efficient Market Hypothesis and Its Critics, in: *Journal of Economic Perspectives*, Vol. 17 (2003), S. 59-82.

Malkiel, Burton G. (2003b): A Random Walk Down Wall Street, 8th Ed., New York 2003.

Malkiel, Burton G./Xu, Yexiao (2006): Idiosyncratic Risk and Security Returns, Working Paper, Princeton University, University of Texas at Dallas, Stand: März 2006.

Mandl, Gerwald/Rabel, Klaus (1997): Unternehmensbewertung - Eine praxisorientierte Einführung, Wien 1997.

Manjón, Miguel C. (2004): The Trade-Off between Risk and Control in Corporate Ownership, in: *Journal of Institutional and Theoretical Economics*, Vol. 160 (2004), S. 252-274.

Manne, Henry G. (1975): Some Theoretical Aspects of Share Voting, in: Manne, H. G. (Hrsg.): The Economics of Legal Relationships. Readings in the Theory of Property Rights, New York 1975.

Manne, Henry G. (1965): Mergers and the Market for Corporate Control, in: *Journal of Political Economy*, Vol. 73 (1965), S. 110-120.

Manne, Henry G. (1964): Some Theoretical Aspects of Share Voting, in: *Columbia Law Review*, Vol. 64 (1964), S. 534-554.

Mansi, Sattar A./Reeb, David M. (2002): Corporate diversification: What gets discounted?, in: *Journal of Finance*, Vol. 57 (2002), S. 2167-2183.

March, James G./Shapira, Zur (1987): Managerial Perspectives on Risk and Risk Taking, in: *Management Science*, Vol. 33 (1987), S. 1404-1418.

Marcus, Alan J. (1982): Risk sharing and the theory of the firm, in: *Bell Journal of Economics*, Vol. 13 (1982), S. 369-378.

Margolin, Brett A./Kursh, Samuel J. (2005): The Economics of Delaware Fair Value, in: *Delaware Journal of Corporate Law*, Vol. 30 (2005), S. 413-435.

Markowitz, Harry M. (1952): Portfolio Selection, in: *Journal of Finance*, Vol. 7 (1952), S. 77-91.

Marris, Robin (1963): A Model of the "Managerial" Enterprise, in: *Quarterly Journal of Economics*, Vol. 77 (1963), S. 185-209.

Marshall, Jeffrey (2006): Polish Your Presentation: You're Being Rated, in: *Financial Executive*, Vol. 22 (2006), S. 40-43.

Martin, Kenneth J./McConnell, John J. (1991): Corporate Performance, Corporate Takeovers, and Management Turnover, in: *Journal of Finance*, Vol. 46 (1991), S. 671-687.

Masulis, Ronald W./Wang, Cong/Xie, Fei (2006): Corporate Governance and Acquirer Returns, Working Paper, Vanderbilt University, San Diego State University, Stand: 14. Februar 2006, erscheint demnächst im *Journal of Finance*.

Matthews, Gilbert E. (2006): A Review of Valuations in Delaware Appraisal Cases, 2004-2005, in: *Business Valuation Review*, Vol. 25 (2006), S. 44-63.

Maug, Ernst (1998): Large Shareholders as Monitors: Is There a Trade-Off between Liquidity and Control?, in: *Journal of Finance*, Vol. 53 (1998), S. 65-98.

Maury, C. Benjamin/Pajuste, Anete (2005): Multiple Large Shareholders and Firm Value, in: *Journal of Banking and Finance*, Vol. 29 (2005), S. 1813-1834.

May, Don O. (1995): Do Managerial Motives Influence Firm Risk-Reduction Strategies?, in: *Journal of Finance*, Vol. 50 (1995), S. 1291-1308.

McConnell, John J./Servaes, Henri (1990): Additional evidence on equity ownership and corporate value, in: *Journal of Financial Economics*, Vol. 27 (1990), S. 595-612.

McKinsey (2002): Global Investor Opinion Survey: Key Findings, July 2002.

Meffert, Heribert (1998): Marketing – Grundlagen marktorientierter Unternehmensführung, 8. Aufl., Wiesbaden 1998.

Megginson, William L. (1990): Restricted Voting Stock, Acquisition Premiums, and the Market Value of Corporate Control, in: *Financial Review*, Vol. 25 (1990), S. 175-198.

Megginson, William L./Nash, Robert C./van Radenborgh, Matthias (1994): The Financial and Operating Performance of Newly Privatized Firms: An International Empirical Analysis, in: *Journal of Finance*, Vol. 49 (1994), S. 403-452.

Meichelbeck, Andrea (1998): Unternehmensbewertung im Konzern - Rahmenbedingungen und Konzeption einer entscheidungsorientierten konzerndimensionalen Unternehmensbewertung -, München 1998.

Meilicke, Wienand (1975): Die Barabfindung für den ausgeschlossenen oder ausscheidungsberechtigten Minderheits-Kapitalgesellschafter - Rechtsgrundsätze zur Unternehmensbewertung -, Berlin 1975.

Mello, Antonio S./Parsons, John E. (1998): Going public and the ownership structure of the firm, in: *Journal of Financial Economics*, Vol. 49 (1998), S. 79-109.

Menz, Klaus-Michael/Nelles, Michael (2006): Corporate Governance und Credit Spreads, in: *Finanz Betrieb*, 8. Jg. (2006), S. 628-636.

Mergerstat (2001): Mergerstat Review 2001, Los Angeles.

Mertens, Hans-Joachim (1992): Zur Geltung des Stand-alone-Prinzips für die Unternehmensbewertung bei der Zusammenführung von Unternehmen, in: *Die Aktiengesellschaft*, 37. Jg. (1992), S. 321-335.

Merton, Robert C. (1987): A simple model of capital market equilibrium with incomplete information, in: *Journal of Finance*, Vol. 42 (1987), S. 483-510.

Meyer, Stefan (2005): Die Ermittlung von Schiedswerten für Unternehmen und Unternehmensanteile, in: *Unternehmensbewertung und Management*, 3. Jg. (2005), S. 37-44.

Meyer, Margaret/Milgrom, Paul/Roberts, John (1992): Organizational Prospects, Influence Costs, and Ownership Changes, in: *Journal of Economics and Management Strategy*, Vol. 1 (1992), S. 9-35.

Mikkelson, Wayne H./Partch, M. Megan (1997): The decline of takeovers and disciplinary managerial turnover, in: *Journal of Financial Economics*, Vol. 44 (1997), S. 205-228.

Milgrom, Paul/Roberts, John (1992): Economics, Organization & Management, New Jersey 1992.

Mitchell, Mark L./Lehn, Kenneth (1990): Do Bad Bidders Become Good Targets?, in: *Journal of Political Economy*, Vol. 98 (1990), S. 372-398.

Modigliani, Franco/Miller, Merton H. (1958): The Cost of Capital, Corporation Finance and the Theory of Investment, in: *American Economic Review*, Vol. 48 (1958), S. 261-297.

Modigliani, Franco/Perotti, Enrico (2000): Security versus Bank Finance: The Importance of a Proper Enforcement of Legal Rules, Working Paper, MIT Sloan School of Management, University of Amsterdam, Stand: 2. Februar 2000.

Möllers, Thomas M. J. (2003): Treuepflichten und Interessenkonflikte bei Vorstands- und Aufsichtsratsmitgliedern, in: Hommelhoff, P./Hopt, K. J./v. Werder, A. (Hrsg.): Handbuch Corporate Governance, Köln 2003, S. 405-427.

Moorman, Ted (2004): Governance and Stock Returns, Working Paper, Texas A&M University, Stand: August 2004.

Morck, Randall/Shleifer, Andrei/Vishny, Robert W. (1989): Alternative Mechanisms for Corporate Control, in: *American Economic Review*, Vol. 79 (1989), S. 842-852.

Morck, Randall/Shleifer, Andrei/Vishny, Robert W. (1988): Management Ownership and Market Valuation: An Empirical Analysis, in: *Journal of Financial Economics*, Vol. 20 (1988), S. 293-315.

Moskowitz, Tobias J./Vissing-Jørgensen, Annette (2002): The Returns to Entrepreneurial Investment: A Private Equity Premium Puzzle?, in: *American Economic Review*, Vol. 92 (2002), S. 745-778.

Mossin, Jan (1966): Equilibrium in a capital asset market, in: *Econometrica*, Vol. 35 (1966), S. 768-783.

Moxter, Adolf (1994): Buchbesprechung zu: Unternehmens- und Anteilsbewertung im Gesellschaftsrecht, in: *Neue Juristische Wochenschrift*, 47. Jg. (1994), S. 1852.

Moxter, Adolf (1991): Grundsätze ordnungsmäßiger Unternehmensbewertung, 2. Aufl., Wiesbaden 1991.

Mülbert, Peter O. (1998): Bank equity holdings in non-financial firms and corporate governance. The case of German universal banks, in: Hopt, K. J. et al. (Hrsg.): Comparative corporate governance - The state of the art and emerging research, Oxford 1998, S. 445-497.

Müller, Elisabeth (2004): Underdiversification in Private Companies – Required Returns and Incentive Effects, ZEW Discussion Paper No. 04-29, Mannheim 2004.

Müller, Welf (1974): Der Wert der Unternehmung, in: *Juristische Schulung*, 13. Jg. (1974), S. 424-429.

Müller, Elisabeth/Spitz, Alexandra (2001): Managerial Ownership and Firm Performance in the German Small and Medium-Sized Enterprises, ZEW Discussion Paper 01-72, Mannheim 2001.

Münstermann, Hans (1970): Wert und Bewertung der Unternehmung, 3. Aufl., Wiesbaden 1970.

Murphy, John J. (1999): Technical Analysis of the Financial Markets – A Comprehensive Guide to Trading Methods and Applications, Paramus, NJ, 1999.

Murtfeld, Martin (2003): Corporate Governance Ratings, in: *Rating aktuell*, 05/2003, S. 16-22.

Muus, Christian K. (1998): Non-voting shares in France: An empirical analysis of the voting premium, Working Paper Series: Finance & Accounting, No. 22, J. W. Goethe-Universität, Frankfurt a.M., Stand: Dezember 1998.

Nelson, James M. (2006): The "CalPERS effect" revisited again, in: *Journal of Corporate Finance*, Vol. 12 (2006), S. 187-213.

Nenova, Tatiana (2001): Essays on Corporate Control, Ph.D. thesis, Harvard University 2001.

Nesbitt, Steven L. (1994): Long-Term Rewards from Shareholder Activism: A Study of the "CalPERS Effect", in: *Journal of Applied Corporate Finance*, Vol. 6 (1994), S. 75-80.

Nicodano, Giovanna (1998): Corporate groups, dual-class shares and the value of voting rights, in: *Journal of Banking and Finance*, Vol. 22 (1998), S. 1117-1137.

Niehus, Rudolf J. (2003): IAS 24: Related Party Disclosures – „Nahe Familienangehörige" als Gegenstand der Rechnungslegung und Abschlussprüfung -, in: *Die Wirtschaftsprüfung*, 56. Jg. (2003), S. 521-532.

Niemeier, Wilhelm (2006): Die Steigerung der Aussagekraft des handelsrechtlichen Jahresabschlusses durch die Änderung der 4. und 7. Richtlinie, in: *Die Wirtschaftsprüfung*, 59. Jg. (2006), S. 173-185.

Nießen, Tobias (2007): Die Harmonisierung der kapitalmarktrechtlichen Transparenzregeln durch das TUG, in: *Neue Zeitschrift für Gesellschaftsrecht*, 10. Jg. (2007), S. 41-80.

Nitzsch, Rüdiger von/Rouette, Christian (2003): Basisrichtlinien zur Ermittlung der Risikoeinstellung eines Anlegers in der Vermögensanlageberatung, in: *Die Bank*, 6. Jg. (2003), S. 404-409.

North, Douglass C. (2001): The Role of Managerial Incentives in Corporate Acquisitions: the 1990s Evidence, in: *Journal of Corporate Finance*, Vol. 7 (2001), S. 125-149.

North, Douglass C. (1990): Institutions, Institutional Change and Economic Performance, 1st Ed., Cambridge, England, u.a. 1990.

Nowak, Eric (2004): Investor Protection and Capital Market Regulation in Germany (Kapitel 13), in: Krahnen, J. P./Schmidt R. H. (Hrsg.): The German Financial System, Oxford 2004, S. 425-449.

Nowak, Eric (2001): Recent Developments in German Capital Markets and Corporate Governance, in: *Journal of Applied Corporate Finance*, Vol. 14 (2001), S. 35-48.

Nowak, Karsten (2000): Marktorientierte Unternehmensbewertung: Discounted Cash-Flow, Realoption, Economic Value Added und der Direct Comparison Approach, Wiesbaden 2000.

Nowak, Eric/Rott, Roland/Mahr, Till G. (2005): Wer den Kodex nicht einhält, den bestraft der Kapitalmarkt? – Eine empirische Analyse der Selbstregulierung und Kapitalmarktrelevanz des Deutschen Corporate Governance Kodex, in: *Zeitschrift für Unternehmens- und Gesellschaftsrecht*, 34. Jg. (2005), S. 252-279.

Nuttall, Robin (1999a): An Empirical Analysis of the Effects of the Threat of Takeover on UK Company Performance, Working Paper, Nuffield College, Oxford University, Stand: 3. Februar 1999.

Nuttall, Robin (1999b): Takeover Likelihood Models for UK Quotes Companies, Working Paper No. 6, Nuffield College, Oxford University, Stand: 3. Januar 1999.

o.V. (2005): Hintergrund: Wenn aus Vorzugsaktien Stämme werden, in: *Handelsblatt Online*, 30. August 2005.

o.V. (2004): Staatsbeteiligungen belasten Börsenkurse, in: *Handelsblatt Online*, 24. Juni 2004.

Obermaier, Robert/Schüler, Andreas (2006): Eine Mischung aus Unternehmensbewertung und Risikoanalyse als Rezept für verbesserte Eigenkapitalausstattung und niedrigere Kapitalkosten?, in: *Finanz Betrieb*, 8. Jg. (2006), S. 28-31.

OECD (2004): OECD Principles of Corporate Governance, Paris 2004.

Opler, Tim C./Sokobin, Jonathan (1995): Does Coordinated Institutional Activism Work? An Analysis of the Activities of the Council of Institutional Investors, Working Paper, Ohio State University, Stand: Oktober 1995.

Pajuste, Anete (2005): Determinants and Consequences of the Unification of Dual-Class Shares, Working Paper Series No. 465, European Central Bank, März 2005.

Palepu, Krishna G. (1986): Predicting Take-Over Targets: A Methodological and Empirical Analysis, in: *Journal of Accounting and Economics*, Vol. 8 (1986), S. 3-35.

Parrino, Robert/Poteshman, Allen M./Weisbach, Michael S. (2005): Measuring Investment Distortions when Risk-Averse Managers Decide Whether to Undertake Risky Projects, in: *Financial Management*, Vol. 34 (2005), S. 21-60.

Pastor, Lubos/Stambaugh, Robert F. (2003): Liquidity risk and expected stock returns, in: *Journal of Political Economy*, Vol. 111 (2003), S. 642-685.

Patel, Sandeep A./Dallas, George (2002): Transparency and Disclosure: Overview of Methodology and Study Results - United States, Standard & Poor's, Stand: 16. Oktober 2002.

Peemöller, Volker H. (2005): Anlässe der Unternehmensbewertung, in: Peemöller, V. H. (Hrsg.): Praxishandbuch der Unternehmensbewertung, 3. Aufl., Herne, Berlin 2005, S. 15-25.

Peemöller, Volker H./Beckmann, Christoph/Heyke, Bianca (2004): Der Multiplikatoransatz in der Unternehmensbewertung – Praxisrelevanz der einzelnen Verfahren wird in Zukunft noch weiter steigen -, in: *Unternehmensbewertung und Management*, 2. Jg. (2004), S. 310-319.

Peemöller, Volker H./Meister, Jan M./Beckmann, Christoph (2002): Der Multiplikatoransatz als eigenständiges Verfahren in der Unternehmensbewertung, in: *Finanz Betrieb*, 4. Jg. (2002), S. 197-209.

Pellens, Bernhard/Hillebrandt, Franca (2001): Vorzugsaktien vor dem Hintergrund der Corporate-Governance-Diskussion, in: *Die Aktiengesellschaft*, 46. Jg. (2001), S. 57-67.

Pellens, Bernhard/Hillebrandt, Franca/Ulmer, Björn (2001): Umsetzung von Corporate-Governance-Richtlinien in der Praxis, in: *Betriebs-Berater*, 56. Jg. (2001), S. 1243-1250.

Peltzer, Martin (2004): Deutsche Corporate Governance – Ein Leitfaden, 2. Aufl., München 2004.

Perridon, Louis/Steiner, Manfred (2004): Finanzwirtschaft der Unternehmung, 13. Aufl., München 2004.

Peters, Markus (1999): Aktienkurs und Unternehmenserfolg – eine empirische Analyse für die größten deutschen, britischen und französischen Aktiengesellschaften, Kiel 1999.

Pfleger, Günter (1996): Unternehmensbewertung nach dem Ertragswertverfahren – Teil I, in: *Information über Steuer und Wirtschaft*, 50. Jg. (1996), S. 630-634.

Picot, Arnold/Kaulmann, Thomas (1989): Comparative performance of government-owned and privately-owned industrial corporations: Empirical results from six countries, in: *Journal of Institutional and Theoretical Economics*, Vol. 145 (1989), S. 298-316.

Piltz, Detlev J. (2005): Die Rechtsprechung zur Unternehmensbewertung, in: Peemöller, V. H. (Hrsg.): Praxishandbuch der Unternehmensbewertung, 3. Aufl., Herne, Berlin 2005, S. 779-796.

Piltz, Detlev J. (2001): Unternehmensbewertung und Börsenkurs im aktienrechtlichen Spruchstellenverfahren, in: *Zeitschrift für Unternehmens- und Gesellschaftsrecht*, 30. Jg. (2001), S. 185-213.

Piltz, Detlev J. (1994): Die Unternehmensbewertung in der Rechtsprechung, 3. Aufl., Düsseldorf 1994.

Pinkowitz, Lee (2000): The Market for Corporate Control and Corporate Cash Holdings, Working Paper, Georgetown University, Stand: 24. Januar 2000.

Polkovnichenko, Valery (2005): Household Portfolio Diversification: A Case for Rank-Dependent Preferences, in: *Review of Financial Studies*, Vol. 18 (2005), S. 1467-1502.

Popp, Matthias (2005): Vergangenheits- und Lageanalyse, in: Peemöller, V. H. (Hrsg.): Praxishandbuch der Unternehmensbewertung, 3. Aufl., Herne, Berlin 2005, S. 101-133.

Pratt, Shannon P. (2001): Business Valuation Discounts and Premiums, New York u.a. 2001.

Pratt, Shannon P./Reilly, Robert F./Schweihs, Robert P. (2000): Valuing a Business: The Analysis and Appraisal of Closely Held Companies, 4th Ed., New York u.a. 2000.

Rajan, Raghuram G./Servaes, Henri/Zingales, Luigi (2000): The Cost of Diversity: The Diversification Discount and Inefficient Investment, in: *Journal of Finance*, Vol. 55 (2000), S. 35-80.

Rajan, Raghuram G./Wulf, Julie (2006): Are Perks Purely Managerial Excess?, in: *Journal of Financial Economics*, Vol. 79 (2006), S. 1-33.

Rajan, Raghuram G./Zingales, Luigi (1998): Financial Dependence and Growth, in: *American Economic Review*, Vol. 88 (1998), S. 559-586.

Ränsch, Ulrich (1984): Die Bewertung von Unternehmen als Problem der Rechtswissenschaften, in: *Die Aktiengesellschaft*, 29. Jg. (1984), S. 202-212.

Raskop, Jens (2004): Der Deutscher Corporate Governance Kodex (DCGK) als Instrument zur Reduzierung der Kapitalkosten deutscher Publikumsgesellschaften?, Eine institutionenökonomische Analyse im Spannungsfeld zwischen Markt, Organisation und Norm, Bayreuth 2004.

Rau, P. Raghavendra/Vermaelen, Theo (1998): Glamour, value and the post-acquisition performance of acquiring firms, in: *Journal of Financial Economics*, Vol. 49 (1998), S. 223-253.

Reese, Raimo/Wiese, Jörg (2007): Die kapitalmarktorientierte Ermittlung des Basiszinses für die Unternehmensbewertung, in: *Zeitschrift für Bankrecht und Bankwirtschaft*, 19. Jg. (2007), S. 38-51.

Reul, Jürgen (1991): Die Pflicht zur Gleichbehandlung der Aktionäre bei privaten Kontrolltransaktionen: eine juristische und ökonomische Analyse, Tübingen 1991.

Reuter, Alexander (2007): Nationale und internationale Unternehmensbewertung mit CAPM und Steuer-CAPM im Spiegel der Rechtsprechung, in: *Die Aktiengesellschaft*, 52. Jg. (2007), S. 1-12.

Rheinmetall AG (2005): Rheinmetall wandelt Vorzugsaktien in Stammaktien um – Gewicht im MDAX verdoppelt, Pressemitteilung, 10. Mai 2005, Düsseldorf.

Rhön-Klinikum AG (2005): Umwandlung der Vorzugsaktien in Stammaktien, Pressemitteilung, 23. September 2005, Neustadt a.d. Saale.

Ringleb, Henrik-Michael/Kremer, Thomas/Lutter, Marcus/von Werder, Axel (2005): Kommentar zum Deutschen Corporate Governance Kodex, 2. Aufl., München 2005.

Roe, Mark J. (2002): Corporate Law's Limits, Discussion Paper No. 380, 07/2002, Harvard Law School, Cambridge, Mass.

Röhricht, Volker (2003): Treupflicht der Aktionäre, insbesondere des Mehrheitsgesellschafters, in: Hommelhoff, P./Hopt, K. J./v. Werder, A. (Hrsg.): Handbuch Corporate Governance, Köln 2003, S. 513-548.

Roll, Richard (1986): The Hubris Hypothesis of Corporate Takeovers, in: *Journal of Business*, 59. Jg. (1986), S. 197-216.

Rose, Paul (2006): The Corporate Governance Industry, Northwestern Public Law Research Paper No. 902900, Stand: 17. Mai 2006.

Ross, Stephen A. (1976): The Arbitrage Theory of Capital Asset Pricing, in: *Journal of Economic Theory*, Vol. 13 (1976), S. 341-360.

Roßbach, Peter (2001): Behavioral Finance – Eine Alternative zur vorherrschenden Kapitalmarkttheorie?, Arbeitsbericht Nr. 31, Hochschule für Bankwirtschaft/HfB, Frankfurt a.M., August 2001.

Rothauge, Frank/Menkhoff, Lukas/Krahnen, Jan P. (1994): Erklärt Übernahmespekulation die Preisbildung von Vorzugsaktien?, in: *Die Bank*, (1994), S. 239-244.

Rudolph, Bernd (2003): Unternehmensfinanzierung und Corporate Governance – Entwicklungen und weiterer Anpassungsbedarf, in: *Betriebs-Berater*, 58. Jg. (2003), S. 2053-2060.

Ruhwedel, Franca (2003): Eigentümerstruktur und Unternehmenserfolg - Eine theoretische und empirische Analyse deutscher börsennotierter Unternehmen, Frankfurt a.M. 2003.

Rydqvist, Kristian (1996): Takeover bids and the relative prices of shares that differ in their voting rights, in: *Journal of Banking and Finance*, Vol. 20 (1996), S. 1407-1425.

Sadka, Ronnie (2003): Liquidity Risk and Asset Pricing, Working Paper, University of Washington, Seattle 2003.

Salo, James (2005): The Emergence of Non-Financial Rating Agencies for the Promotion of Global Standards: An Assessment and Empirical Analysis of Two Proprietary Databases, WPG 05-01, Working Paper, University of Oxford.

Samuelson, Paul A./Nordhaus, William D. (2001): Economics, 17th Ed., New York 2001.

Sanfleber-Decher, Martina (1992): Unternehmensbewertung in den USA, in: *Die Wirtschaftsprüfung*, 45. Jg. (1992), S. 597-603.

Sarin, Atulya/Shastri, Karen A./Shastri, Kuldeep (2000): Ownership Structure and Market Liquidity, Working Paper, Santa Clara University, University of Pittsburgh, Stand: November 2000.

Scharfstein, David S. (1988): The Disciplinary Role of Takeovers, in: *Review of Economic Studies*, Vol. 55 (1988), S. 185-199.

Scharfstein, David S./Stein Jeremy C. (2000): The Dark Side of Internal Capital Markets: Divisional Rent-Seeking and Inefficient Investment, in: *Journal of Finance*, Vol. 55 (2000), S. 2537-2564.

Schenk, Gerald (1997): Ökonomische Analyse des Minderheitenschutzes im Konzern, in: *Zeitschrift für betriebswirtschaftliche Forschung*, 49. Jg. (1997), S. 652-673.

Schildbach, Thomas (1998): Ist die Kölner Funktionenlehre der Unternehmensbewertung durch die Discounted Cash-flow-Verfahren überholt?, in: Matschke, M. J./Schildbach, T. (Hrsg.): Unternehmensberatung und Wirtschaftsprüfung, Festschrift für Professor Dr. Günter Sieben zum 65. Geburtstag, Stuttgart 1998, S. 301-322.

Schmalenbach, Eugen (1966): Die Beteiligungsfinanzierung, 9. Aufl., Köln, Opladen 1966.

Schmidt, Reinhard H. (2003): Corporate Governance in Germany: An Economic Perspective, CFS Working Paper No. 2003/36, Center for Financial Studies, J. W. Goethe-Universität, Frankfurt a. M. 2003.

Schmidt, Reinhard H. (1995): Fundamentalanalyse, in: Gerke, W./Steiner, M. (Hrsg.): Enzyklopädie der Betriebswirtschaftslehre, Bd. 6, Handwörterbuch des Bank- und Finanzwesens, 2. Aufl., Stuttgart 1995, Sp. 829-839.

Schmidt, Hartmut/Prigge, Stefan/Suckel, Robert (2003): Erste Erfahrungen mit dem Übernahmegesetz, in: Richter, F./Schüler, A./Schwetzler, B. (Hrsg.): Kapitalgeberansprüche, Marktwertorientierung und Unternehmenswert, Festschrift für Prof. Dr. Dr. h.c. Jochen Drukarczyk zum 65. Geburtstag, München 2003, S. 331-359.

Schmidt, Reinhard H./Terberger, Eva (1999): Grundzüge der Investitions- und Finanzierungstheorie, 4. Aufl., Wiesbaden 1999.

Schneider, Uwe H./Anzinger, Heribert M. (2007): Institutionelle Stimmrechtsberatung und Stimmrechtsvertretung – „A quiet guru's enormous clout", in: *Neue Zeitschrift für Gesellschaftsrecht*, 10. Jg. (2007), S. 88-96.

Schwert, G. William (2003): Anomalies and Market Efficiency, in: Constantinides, G. M./Harris, M./Stulz, R. M. (Hrsg.): Handbook of the Economics of Finance, Volume 1B, Financial Markets and Asset Pricing, Amsterdam 2003, Chapter 15, S. 939-974.

Schwetzler, Bernhard/Reimund, Carsten (2003): Conglomerate discount and cash distortion: New evidence from Germany, HHL-Arbeitspapier Nr. 60, Handelshochschule Leipzig, Stand: 31. März 2003.

SdK (2007): Schwarzbuch Börse 2006 – Die Schattenseiten des Kapitalmarkts, AktionärsReport, Schutzgemeinschaft der Kapitalanleger e.V., Januar/Februar 2007.

SEC (2005): Analysing Analysts Recommendations, Investor Alert, U.S. Securities and Exchange Commission, www.sec.gov/investor/pubs/analysts.htm, Stand: 20. April 2005.

Selenz, Hans-Joachim (2005): Schwarzbuch VW - Wie Manager, Politiker und Gewerkschafter den Konzern ausplündern, Frankfurt a.M. 2005.

Serfling, Klaus/Pape, Ulrich (1994): Der Einsatz spartenspezifischer Beta-Faktoren zur Bestimmung spartenspezifischer Kapitalkosten, in: *Das Wirtschaftsstudium*, 24. Jg. (1994), S. 519-526.

Servaes, Henri (1996): The value of diversification during the conglomerate merger wave, in: *Journal of Finance*, Vol. 51 (1996), S. 1201-1225.

Seyhun, H. Nejat (1992): Effectiveness of Insider Trading Sanctions, in: *Journal of Law and Economics*, Vol. 35 (1992), S. 149-182.

Seyhun, H. Nejat (1986): Insiders' Profits, Costs of Trading, and Market Efficiency, in: *Journal of Financial Economics*, Vol. 16 (1986), S. 189-212.

Sharpe, William F. (1964): Capital Asset Prices: A Theory of Market Equilibrium under Conditions of Risk, in: *Journal of Finance*, Vol. 19 (1964), S. 425-442.

Sherman, Howard (2004): Corporate Governance Ratings, in: *Corporate Governance: An International Review*, Vol. 12 (2004), S. 5-7.

Shiller, Robert J. (2003): From Efficient Markets Theory to Behavioral Finance, in: *Journal of Economic Perspectives*, Vol. 17 (2003), S. 83-104.

Shleifer, Andrei (2001): Inefficient Markets – An Introduction to Behavioral Finance, Oxford 2001.

Shleifer, Andrei (1998): State versus Private Ownership, in: *Journal of Economic Perspectives*, Vol. 12 (1998), S. 133-150.

Shleifer, Andrei/Summers, Lawrence H. (1990): The Noise Trader Approach to Finance, in: *Journal of Economic Perspectives*, Vol. 4 (1990), S. 19-33.

Shleifer, Andrei/Summers, Lawrence H. (1988): Breach of Trust in Hostile Takeovers, in: Auerbach, A. J. (Hrsg.): Corporate Takeovers: Causes and Consequences, Chicago, London 1988, S. 33–68.

Shleifer, Andrei/Vishny, Robert W. (1997a): A Survey of Corporate Governance, in: *Journal of Finance*, Vol. 52 (1997), S. 737-783.

Shleifer, Andrei/Vishny, Robert W. (1997b): The Limits of Arbitrage, in: *Journal of Finance*, Vol. 52 (1997), S. 35-55.

Shleifer, Andrei/Vishny, Robert W. (1994): Politicians and Firms, in: *Quarterly Journal of Economics*, Vol. 109 (1994), S. 995-1025.

Shleifer, Andrei/Vishny, Robert W. (1989): Management Entrenchment – The Case of Manager-Specific Investments, in: *Journal of Financial Economics*, Vol. 25 (1989), S. 123-139.

Short, Helen (1994): Ownership, control, financial structure and the performance of firms, in: *Journal of Economic Surveys*, Vol. 8 (1994), S. 203-249.

Sieben, Günter (1963): Der Substanzwert, Wiesbaden 1963.

Sieben, Günter/Maltry, Helmut (2005): Der Substanzwert der Unternehmung, in: Peemöller, V. H. (Hrsg.): Praxishandbuch der Unternehmensbewertung, 3. Aufl., Herne, Berlin 2005, S. 377-401.

Sieker, Klaus (1998): Die Praxis der konzerninternen Verrechnungspreise, Konzernumlagen sowie verdeckte Gewinnausschüttungen im Konzern, in: Lutter, M./Scheffler, E./Schneider, U. H. (Hrsg.): Handbuch der Konzernfinanzierung, Köln 1998, § 28, S. 916-950.

Sieveking, Johann Peter/Technau, Konstantin (1989): Das Problem sogenannter "disponibler Stimmrechte" zur Umgehung der Vinkulierung von Namensaktien, in: *Die Aktiengesellschaft*, 34. Jg. (1989), S. 17-24.

Silber, William L. (1991): Discounts on restricted stock: The Impact of Illiquidity on Stock Prices, in: *Financial Analysts' Journal*, Vol. 47 (1991), S. 60-64.

Singh, Manohar/Mathur, Ike/Gleason, Kimberly C. (2004): Governance and Performance Implications of Diversification Strategies: Evidence from Large U.S. Firms, in: *Financial Review*, Vol. 39 (2004), S. 489-526.

Smith, Adam (1776; 1974): Der Wohlstand der Nationen, München 1974.

Smith, Michael P. (1996): Shareholder Activism by Institutional Investors: Evidence from CalPERS, in: *Journal of Finance*, Vol. 51 (1996), S. 227-252.

Smith, Brian F./Amoako-Adu, Ben (1995): Relative Prices of Dual Class Shares, in: *Journal of Financial and Quantitative Analysis*, Vol. 30 (1995), S. 223-239.

Snyder, Franklin G. (2003): More Pieces of the CEO Compensation Puzzle, in: *Delaware Journal of Corporate Law*, Vol. 28 (2003), S. 129-211.

Sonnenfeld, Jeffrey (2004): Good governance and the misleading myths of bad metrics, in: *Academy of Management Executive*, Vol. 18 (2004), S. 108-113.

Spindler, Gerald (2004): Vergütung und Abfindung von Vorstandsmitgliedern, in: *Deutsches Steuerrecht*, 42. Jg. (2004), S. 36-45.

Spremann, Klaus (2003): Portfoliomanagement, 2. Aufl., München, Wien 2003.

Standard & Poor's (2006): Standard & Poor's Corporate Governance Scores and Evaluations – Criteria, Methodology and Definitions, New York, August 2006.

Starkman, Dean (2006): A Proxy Adviser's Two Sides - Some Question Work of ISS for Companies It Scrutinizes, in: *Washington Post*, 23. Januar 2006, Page D01.

Statman, Meir (1987): How Many Stocks Make a Diversified Portfolio?, in: *Journal of Financial and Quantitative Analysis*, Vol. 22 (1987), S. 353-363.

Steck, Kai-Uwe (1998): „Going private" über das UmwG – Das Gesellschaftsrecht des „kalten Delisting", in: *Die Aktiengesellschaft*, 43. Jg. (1998), S. 460-466.

Stehle, Richard (2004): Die Festlegung der Risikoprämie von Aktien im Rahmen der Schätzung des Wertes von börsennotierten Kapitalgesellschaften, in: *Die Wirtschaftsprüfung*, 57. Jg. (2004), S. 906-927.

Steiger, Max (2000): Institutionelle Investoren im Spannungsfeld zwischen Aktienmarktliquidität und Corporate Governance, Baden-Baden 2000.

Steiger, Max (1998): Institutionelle Investoren und Corporate Governance – eine empirische Analyse, ZEW Dokumentation Nr. 98-05, Mannheim 1998.

Stein, Jeremy C. (1997): Internal Capital Markets and the Competition for Corporate Resources, in: *Journal of Finance*, Vol. 52 (1997), S. 111-133.

Steiner, Manfred/Bruns, Christoph (2000): Wertpapiermanagement, 7. Aufl., Stuttgart 2000.

Strenger, Christian (2004): The Corporate Governance Scorecard: a tool for the implementation of corporate governance, in: *Corporate Governance: An International Review*, Vol. 12 (2004), S. 11-15.

Stulz, René (1990): Managerial discretion and optimal financing policies, in: *Journal of Financial Economics*, Vol. 26 (1990), S. 3-27

Stützel, Wolfgang (1960): Aktienrechtsreform und Konzentration, in: Arndt, H. (Hrsg.): Die Konzentration in der Wirtschaft, Schriften des Vereins für Socialpolitik, Bd. 20/II: Ursachen der Konzentration, Berlin 1960, S. 907-987.

Tänzer, Arnulf (2004): Die angemessene Höhe der Geschäftsführervergütung: Marktübliche Bezüge und Nebenleistungen, in: *Betriebs-Berater*, 59. Jg. (2004), S. 2757-2760.

Teall, John L. (1997): The One-Share-One-Vote-Rule and Managerial Compensation, in: *Review of Financial Economics*, Vol. 6 (1997), S. 211-223.

Teece, David J. (1980): Economies of Scope and the Scope of the Enterprise, in: *Journal of Economic Behavior and Organization*, Vol. 1 (1980), S. 223-247.

Theisen, Manuel René (2000): Der Konzern, 2. Aufl., Stuttgart 2000.

Theissen, Erik (1998): Liquiditätsmessung auf experimentellen Aktienmärkten, Working Paper Series: Finance & Accounting, No. 14, J. W. Goethe-Universität, Frankfurt a. M., Stand: April 1998.

Thiele, Dirk/Cremers, Heinz/Robé, Sophie (2000): Beta als Risikomaß - Eine Untersuchung am europäischen Aktienmarkt, Arbeitsbericht Nr. 19, Hochschule für Bankwirtschaft/HfB, Frankfurt a.M., August 2000.

Thüsing, Gregor (2003a): Die Angemessenheit von Vorstandsvergütungen – Mögliche Handlungsoptionen zur Sicherstellung, in: *Der Betrieb*, 56. Jg. (2003), S. 1612-1615.

Thüsing, Gregor (2003b): Auf der Suche nach dem iustum pretium der Vorstandstätigkeit – Überlegungen zur Angemessenheit im Sinne des § 87 Abs. 1 Satz 1 AktG, in: *Zeitschrift für Unternehmens- und Gesellschaftsrecht*, 32. Jg. (2003), S. 457-507.

Timmreck, Christian (2002): β-Faktoren – Anwendungsprobleme und Lösungsansätze, in: *Finanz Betrieb*, 4. Jg. (2002), S. 300-307.

Tipke, Klaus/Lang, Joachim (2005): Steuerrecht, 18. Aufl., Köln 2005.

Tobin, James (1958): Liquidity Preferences as Behaviour towards Risk, in: *Review of Economic Studies*, Vol. 25 (1958), S. 65-86.

Van den Brink, Gerrit Jan/Romeike, Frank (2005): Corporate Governance und Risikomanagement im Finanzdienstleistungsbereich – Grundlagen, Methoden, Gestaltungsmöglichkeiten -, Stuttgart 2005.

Vieweg, Hans-Günther/Reinhard, Michael/Weichenrieder, Alfons/Meisenzahl, Ralf/Nowack, Bent (2003): Finanzmärkte, Corporate Governance, luK-Technologien: Treibende Faktoren für den Wandel in der Industrie, ifo Beiträge zur Wirtschaftsforschung, München 2003.

Villalonga, Belén (2004): Diversification Discount or Premium? New Evidence from the Business Information Tracking Series, in: *Journal of Finance*, Vol. 59 (2004), S. 479-506.

Villalonga, Belén (2003): Research Roundtable Discussion: The Diversification Discount, Discussion Paper, Harvard Business School, 24. April 2003.

Villalonga, Belén (1999): Does diversification cause the "diversification discount"?, Working paper, University of California, Los Angeles 1999.

Villalonga, Belén/Amit, Raphael (2006): How do family ownership, control and management affect firm value?, in: *Journal of Financial Economics*, Vol. 80 (2006), S. 385-417.

Volk, Gerrit (2005): Qualitative Aspekte der Unternehmensbewertung, in: *Deutsches Steuerrecht*, 43. Jg. (2005), S. 752-758.

Wackerbarth, Ulrich (2005a): Investorvertrauen und Corporate Governance, in: *Zeitschrift für Unternehmens- und Gesellschaftsrecht*, 34. Jg. (2005), S. 686-725.

Wackerbarth, Ulrich (2005b): Die Abschaffung des Konzernrechts, in: *Der Konzern*, 3. Jg. (2005), S. 562-576.

Wahal, Sunil (1996): Pension Fund Activism and Firm Performance, in: *Journal of Financial and Quantitative Analysis*, Vol. 31 (1996), S. 1-23.

Walker, M. Mark (2000): Corporate Takeovers, Strategic Objectives, and Acquiring-Firm Shareholder Wealth, in: *Financial Management*, Vol. 29 (2000), S. 53–66.

Wallmeier, Martin (2005): Gewinnprognosen von Finanzanalysten: Ein europäischer Vergleich, in: *Finanz Betrieb*, 7. Jg. (2005), S. 744-750.

Warga, Arthur/Welch, Ivo (1993): Bondholder Losses in Leveraged Buyouts, in: *Review of Financial Studies*, Vol. 6 (1993), S. 959-982.

Weber, Martin/Berg, Erik/Kruse, Hermann (1992): Kurs- und Renditevergleich von Stamm- und Vorzugsaktien, in: *Zeitschrift für betriebswirtschaftliche Forschung*, 44. Jg. (1992), S. 548-565.

Wei, Steven X./Zhang, Chu (2005): Idiosyncratic risk does not matter: A re-examination of the relationship between average returns and average volatilities, in: *Journal of Banking and Finance*, Vol. 29 (2005), S. 603-621.

Weiner, Christian (2005): The Conglomerate Discount in Germany and the Relationship to Corporate Governance, Working Paper, Humboldt-Universität zu Berlin, Stand: 14. Dezember 2005.

Weir, Charlie (1997): Corporate governance, performance and take-overs: an empirical analysis of UK mergers, in: *Applied Economics*, Vol. 29 (1997), S. 1465-1475.

Weizsäcker, Robert K. von/Krempel, Katja (2004): Risikoadäquate Bewertung nicht-börsennotierter Unternehmen - ein alternatives Konzept, in: *Finanz Betrieb*, 6. Jg. (2004), S. 808-814.

Welker, Michael (1995): Disclosure Policy, Information Asymmetry, and Liquidity in Equity Markets, in: *Contemporary Accounting Research*, Vol. 11 (1995), S. 801-827.

Wenger, Ekkehard/Hecker, Renate (2004): Der Vorzugsaktionär als bevorzugtes Plünderungsopfer, in: Dirrigl, H./Wellisch, D./Wenger, E. (Hrsg.): Steuern, Rechnungslegung und Kapitalmarkt, Festschrift für Franz W. Wagner zum 60. Geburtstag, Wiesbaden 2004, S. 265-295.

Wenger, Ekkehard/Kaserer, Christoph/Hecker, Renate (2001): Konzernbildung und Ausschluss von Minderheiten im neuen Übernahmerecht: Eine verpasste Chance für einen marktorientierten Minderheitenschutz, in: *Zeitschrift für Bankrecht und Bankwirtschaft*, 13. Jg. (2001), S. 317-334.

Wertheimer, Barry M. (1998): The Shareholders' Appraisal Remedy and how Courts determine Fair Value, in: *Duke Law Journal*, Vol. 47 (1998), S. 613-712.

Wiechers, Klaus (2005): Besonderheiten bei der Bewertung von Anteilen an Unternehmen, in: Peemöller, V. H. (Hrsg.): Praxishandbuch der Unternehmensbewertung, 3. Aufl., Herne, Berlin 2005, S. 459-466.

Wiedemann, Herbert/Fleischer, Holger (1998): Das Recht der konzerninternen Verrechnungspreise, Konzernumlagen und verdeckten Gewinnausschüttungen im Konzern, in: Lutter, M./Scheffler, E./Schneider, U. H. (Hrsg.): Handbuch der Konzernfinanzierung, Köln 1998, § 29, S. 951-976.

Williamson, Oliver E. (1975): Markets and Hierarchies: An Analysis and Antitrust Implications, New York 1975.

Witt, Peter (2003): Vorstand/Board: Aufgaben, Organisation, Entscheidungsfindung und Willensbildung - Betriebswirtschaftliche Ausfüllung, in: Hommelhoff, P./Hopt, K. J./v. Werder, A. (Hrsg.): Handbuch Corporate Governance, Köln 2003, S. 245-260.

Wolfenzon, Daniel (1999): A Theory of Pyramidal Ownership, Working Paper, University of Michigan Business School, Stand: Januar 1999.

Wolff, Lutz-Christian (2004): Law as a Marketing Gimmick – The Case of the German Corporate Governance Code, in: *Washington University Global Studies Law Review*, Vol. 115 (2004), S. 115-134.

Yamaguchi, Shigeo (2005): Abwehrmaßnahmen börsennotierter Aktiengesellschaften gegen feindliche Übernahmeangebote in Deutschland und Japan, Köln 2005.

Yen, Shih-Wei (2005): Are Well Governed Firms Safe Investments?, Working Paper, University of British Columbia, Stand: 13. Januar 2005.

Yermack, David (2005): Flights of Fancy: Corporate Jets, CEO Perquisites, and Inferior Shareholder Returns, Working Paper, Stern School of Business, New York University, Stand: März 2005.

Zingales, Luigi (1998): Why it's worth being in control, in: Dickson, T./Bickerstaffe, G. (Hrsg.): The complete Finance Companion – Mastering Finance, London 1998, S. 43-48.

Zingales, Luigi (1995a): What Determines the Value of Corporate Votes?, in: *Quarterly Journal of Economics*, Vol. 110 (1995), S. 1047-1073.

Zingales, Luigi (1995b): Insider Ownership and the Decision to Go Public, in: *Review of Economic Studies*, Vol. 62 (1995), S. 425-448.

Zingales, Luigi (1994): The Value of the Voting Right: A Study of the Milan Stock Exchange Experience, in: *Review of Financial Studies*, Vol. 7 (1994), S. 125-148.

Zwiebel, Jeffrey (1995): Block Investment and Partial Benefits of Corporate Control, in: *Review of Economic Studies*, Vol. 62 (1995), S. 161-185.

Gesetze, Richtlinien

Deutschland:

AktG (2005): Aktiengesetz v. 6.9.1965, in: *BGBl.* I S. 1089, in der Fassung v. 22.9.2005, in: *BGBl.* I S. 2802.

AStG (2004): Gesetz über die Besteuerung bei Auslandsbeziehungen (Außensteuergesetz) v. 8.9.1972, in: *BGBl.* I S. 1713, in der Fassung v. 9.12.2004, in: *BGBl.* I S. 3310.

BetrVG (2001): Betriebsverfassungsgesetz v. 11.10.1952, in: *BGBl.* I S. 681; mit Ausnahme der §§ 76 bis 77a, 81, 85, 87 durch Betriebsverfassungsgesetz v. 15.1.1972, in: *BGBl.* I S. 13 außer Kraft gesetzt.

BGB (2005): Bürgerliches Gesetzbuch v. 18.8.1896, in: *RGBl.* S. 195, in der Fassung v. 7.7.2005, in: *BGBl.* I S. 1970.

BVerfGG (2004): Gesetz über das Bundesverfassungsgericht v. 12.3.1951, in: *BGBl.* I S. 243, in der Fassung v. 15.12.2004, in: *BGBl.* I S. 3396.

HGB (2007): Handelsgesetzbuch v. 10.5.1897, in: *RGBl.* S. 219, in der Fassung v. 5.1.2007, in: *BGBl.* I S. 10.

KonTraG (1998): Gesetz zur Kontrolle und Transparenz im Unternehmensbereich v. 27.4.1998, in: *BGBl.* I S. 786.

KStG (2007): Körperschaftsteuergesetz v. 15.10.2002, in: *BGBl.* I S. 4144, in der Fassung v. 13.12.2006.

MitbestG (2000): Gesetz über die Mitbestimmung der Arbeitnehmer (Mitbestimmungsgesetz) v. 4.5.1976, in: *BGBl.* I S. 1153.

Montan-Mitbestimmungsgesetz (2000): Gesetz über die Mitbestimmung der Arbeitnehmer in den Aufsichtsräten und Vorständen der Unternehmen des Bergbaus und der Eisen und Stahl erzeugenden Industrie (sog. Montan-Mitbestimmungsgesetz) v. 21.5.1951, in: *BGBl.* I S. 347.

StSenkG (2000): Gesetz zur Senkung der Steuersätze und Reform der Unternehmensbesteuerung (Steuersenkungsgesetz - StSenkG) v. 23.10. 2000, in: *BStBl.* I S. 1433.

TUG (2007): Gesetz zur Umsetzung der Richtlinie 2004/109/EG des Europäischen Parlaments und des Rates vom 15. Dezember 2004 zur Harmonisierung der Transparenzanforderungen in Bezug auf Informationen über Emittenten, deren Wertpapiere zum Handel auf einem geregelten Markt zugelassen sind, und zur Änderung der Richtlinie 2001/34/EG (Transparenzrichtlinie-Umsetzungsgesetz - TUG) v. 5.1.2007, in: *BGBl.* I S. 10.

UMAG (2005): Gesetz zur Unternehmensintegrität und Modernisierung des Anfechtungsrechts (UMAG) v. 22.9.2005, in: *BGBl.* I S. 2902.

UmwG (2004): Umwandlungsgesetz v. 28.10.1994, in: *BGBl.* I 3210, in der Fassung v. 9.12.2004, in: *BGBl.* I S. 3214.

VorstOG (2005): Gesetz über die Offenlegung der Vorstandsvergütungen (Vorstandsvergütungs-Offenlegungsgesetz - VorstOG) v. 3.8.2005, in: *BGBl.* I S. 2267.

WpHG (2007): Gesetz über den Wertpapierhandel (Wertpapierhandelsgesetz - WpHG) v. 9.9.1998, in: *BGBl.* I S. 2708, in der Fassung v. 5.1.2007, in: *BGBl.* I S. 10.

WpÜG (2005): Gesetz zur Regelung von öffentlichen Angeboten zum Erwerb von Wertpapieren und von Unternehmensübernahmen v. 20.12.2001, in: *BGBl.* I S. 3822, in der Fassung v. 8.7.2006, in: *BGBl.* I S. 1426.

EU-Richtlinien:

RL 2006/46/EG des Europäischen Parlaments und des Rates v. 14.6.2006, in: *ABl. EU* Nr. L 224/1 v. 16.8.2006.

USA:

Sarbanes-Oxley Act of 2002, Pub. L. No. 107 204, 116 Stat. 745.

Delaware General Corporation Law, http://delcode.delaware.gov/title8/c001/index.shtml

Urteilsverzeichnis, Bundestagsdrucksachen, Verwaltungsanweisungen

Urteile:

Deutschland:

BFH (2004), v. 4.6.2003, I R 24/02, in: *BStBl.* 2004 II S. 136.

BFH (1975), v. 19.3.1975, I R 137/73, in: *BStBl.* 1975 II S. 722.

BGH (2005), v. 9.5.2005, II ZR 29/03, in: *Die Aktiengesellschaft*, 50. Jg. (2005), S. 613-617.

BGH (2001): v. 12.3.2001, II ZB 15/00, in: *Deutsches Steuerrecht*, 39. Jg. (2001), S. 754-758.

BGH (1988), v. 1.2.1988, II ZR 75/87, in: *Zeitschrift für Wirtschaftsrecht*, 9. Jg. (1988), S. 301-306.

BGH (1980), v. 28.1.1980, II ZR 124/78, in: *Neue Juristische Wochenschrift*, 33. Jg. (1980), S. 1278-1279.

BVerfG (1999), v. 27.4.1999, 1 BvR 1613/94, in: *Der Betrieb*, 52. Jg. (1999), S. 1693-1697; www.bverfg.de/entscheidungen/rs19990427_1bvr161394.html.

LG Bonn (2000), v. 20.4.2000, 14 O 36/00, in: *Die Aktiengesellschaft*, 46. Jg. (2001), S. 201-204.

LG Köln (2001), v. 7.3.2001, 91 O 131/00, in: *Die Aktiengesellschaft*, 47. Jg. (2002), S. 103-104.

LG München I (2001): v. 17.5.2001, 5 HKO 15414/99, in: *Die Aktiengesellschaft*, 47. Jg. (2002), S. 301-302.

OLG Bremen (1991), v. 22.8.1991, 2 U 114/90, in: *Die Aktiengesellschaft*, 37. Jg. (1992), S. 268-270.

OLG Frankfurt/Main (2006), v. 8.2.2006, 12 W 185/05, in: *Zeitschrift für Wirtschaftsrecht*, 27. Jg. (2006), S. 370-382.

OLG Frankfurt/Main (1973), v. 28.2.1973, 13 U 2/72, in: *Die Aktiengesellschaft*, 18. Jg. (1973), S. 136-138.

OLG Stuttgart (1994), v. 23.11.1994, 3 U 77/94, in: *Die Aktiengesellschaft*, 41. Jg. (1996), S. 35.

USA:

Delaware Chancery Reports, Doft & Co. v. Travelocity.com Inc., 2004 WL 1152338 (Del. Ch. May 20, 2004, revised May 21, 2005), LEXIS 75.

Delaware Chancery Reports, Agranoff v. Miller, 791 A.2d (Del. Ch. 2001), LEXIS 71.

Bundestagsdrucksachen:

BT-Drs. 14/7034 v. 5.10.2001: Entwurf eines Gesetzes zur Regelung von öffentlichen Angeboten zum Erwerb von Wertpapieren und von Unternehmensübernahmen.

Verwaltungsanweisungen:

BMF-Schreiben v. 14.10.2002 - IV A 2 - S 2742 - 62/02, Angemessenheit der Gesamtbezüge eines Gesellschafter-Geschäftsführers.

AUSGEWÄHLTE VERÖFFENTLICHUNGEN

EUL VERLAG

STEUER, WIRTSCHAFT UND RECHT

Herausgegeben von vBP StB Prof. Dr. Johannes Georg Bischoff, Wuppertal, Dr. Alfred Kellermann, Vorsitzender Richter am BGH (a. D.), Karlsruhe, Prof. (em.) Dr. Günter Sieben, Köln, und WP StB Prof. Dr. Norbert Herzig, Köln

Band 246
Olaf Gierke
Die Wirtschaftstätigkeit nichtwirtschaftlicher Organisationen
Lohmar – Köln 2004 • 468 S. • € 59,- (D) • ISBN 3-89936-244-6

Band 247
Ralf Paetsch
Grenzüberschreitende Verlustberücksichtigung im Europäischen Binnenmarkt
Lohmar – Köln 2004 • 176 S. • € 43,- (D) • ISBN 3-89936-246-2

Band 248
Christian Hick
Die steuerliche Behandlung von Arbeitnehmerentsendungen ins Ausland
Lohmar – Köln 2004 • 516 S. • € 64,- (D) • ISBN 3-89936-252-7

Band 249
Sibylle Seiferlein
Die Rechtsfähigkeit der BGB-Außengesellschaft unter Betrachtung ausgewählter Folgeprobleme
Lohmar – Köln 2004 • 272 S. • € 48,- (D) • ISBN 3-89936-288-8

Band 250
Britta Bartelheim
Die rechtsgeschäftliche Mittelsurrogation von Gesellschaftsbeteiligungen nach § 2111 Abs. 1 S. 1, 3. Fall BGB
Lohmar – Köln 2004 • 212 S. • € 45,- (D) • ISBN 3-89936-305-1

Band 251
Ulf Freytag
Indirekte Einkunftsabgrenzung durch Umlageverträge – Handlungsalternativen für international verbundene Unternehmen
Lohmar – Köln 2004 • 350 S. • € 54,- (D) • ISBN 3-89936-315-9

Band 252
Florian Zeller
Investmentfonds, Portfoliomanagement und Besteuerung
Lohmar – Köln 2005 • 336 S. • € 53,- (D) • ISBN 3-89936-333-7

Band 253
Gerd Gutekunst
Steuerbelastungen und Steuerwirkungen bei nationaler und grenzüberschreitender Geschäftstätigkeit
Lohmar – Köln 2005 • 370 S. • € 55,- (D) • ISBN 3-89936-344-2

Band 254
Gerhard Schirdewahn
Die vier zentralen Begriffe des Arbeitsrechts – Ihre Abgrenzung nach geltendem Recht
Lohmar – Köln 2005 • 232 S. • € 46,- (D) • ISBN 3-89936-375-2

Band 255
Thorsten Stetter
Computergestützte internationale Steuerbelastungsvergleiche – Bausteinbasiertes Metamodell zur Modellierung von Steuersystemen
Lohmar – Köln 2005 • 250 S. • € 47,- (D) • ISBN 3-89936-376-0

Band 256
Stefan Wotschofsky
Konkurrierende Verlustverrechnungsbeschränkungen in der internationalen Ertragsteuerplanung
Lohmar – Köln 2005 • 266 S. • € 47,- (D) • ISBN 3-89936-384-1

Band 257
Elke Verweyen
Grunderwerbsteuer bei konzerninternen Umstrukturierungen – Eine rechtssystematische und verfassungsrechtliche Untersuchung
Lohmar – Köln 2005 • 262 S. • € 47,- (D) • ISBN 3-89936-388-4

Band 258
Peter André Zaumseil
Die Berücksichtigung des nachweisgestörten Vorsteuerabzugs durch Schätzung, Billigkeitsentscheidung, Erlaß und tatsächliche Verständigung
Lohmar – Köln 2005 • 244 S. • € 46,- (D) • ISBN 3-89936-412-0

Band 259
Ulrich Werner Lüdemann
Probleme bei der Abfindung außenstehender Aktionäre
Lohmar – Köln 2006 • 312 S. • € 52,- (D) • ISBN 3-89936-443-0

Band 260
Rico A. Hermann
Die Besteuerung von Personengesellschaften in den EU-Mitgliedstaaten und den USA – Eine besteuerungskonzeptionelle Systematisierung und quantitative Belastungsanalyse
Lohmar – Köln 2006 • 568 S. • € 66,- (D) • ISBN 3-89936-457-0

Band 261
Holger Berninghaus
Das Gestaltungsermessen des Gesetzgebers bei der steuerlichen Erfassung privater Veräußerungsgewinne
Lohmar – Köln 2006 • 200 S. • € 44,- (D) • ISBN 3-89936-434-1

Band 262
Marcel Köchling
Die Bedeutung immaterieller Werte im Insolvenzverfahren
Lohmar – Köln 2006 • 444 S. • € 58,- (D) • ISBN 3-89936-472-4

Band 263
Vanessa Köth
Die Besteuerung von Unternehmen vor dem Hintergrund nationaler und internationaler Reformvorschläge
Lohmar – Köln 2006 • 434 S. • € 58,- (D) • ISBN 3-89936-480-5

Band 264
Max Philipp Rolshoven
Die gesellschaftsrechtliche Zulässigkeit von Anerkennungsprämien
Lohmar – Köln 2006 • 324 S. • € 52,- (D)
ISBN-13: 978-3-89936-486-6 • ISBN-10: 3-89936-486-4

Band 265
Maibrit Frebel
Erfolgsaufteilung und -besteuerung im internationalen Konzern
Lohmar – Köln 2006 • 306 S. • € 49,- (D)
ISBN-13: 978-3-89936-466-8 • ISBN-10: 3-89936-466-X

Band 266
Thomas Wagner
Konzeption einer Gruppenbesteuerung
Lohmar – Köln 2006 • 416 S. • € 57,- (D)
ISBN-13: 978-3-89936-490-3 • ISBN-10: 3-89936-490-2

Band 267
Stephanie Aretz
Allgemeine Geschäftsbedingungen im Arbeitsvertrag
Lohmar – Köln 2006 • 270 S. • € 48,- (D)
ISBN-13: 978-3-89936-492-7 • ISBN-10: 3-89936-492-9

Band 268
Christiane Pfeiffer
Das System des Arbeitskampfrechts am Beispiel der Arbeitskampfmittel der Arbeitgeber
Lohmar – Köln 2006 • 308 S. • € 49,- (D)
ISBN-13: 978-3-89936-494-1 • ISBN-10: 3-89936-494-5

Band 269
Felix Schleithoff
Die Unternehmensbewertung im deutschen Steuerrecht
Lohmar – Köln 2006 • 380 S. • € 55,- (D)
ISBN-13: 978-3-89936-503-0 • ISBN-10: 3-89936-503-8

Band 270
Katrin Ortgies
Die Konzernsteuerquote – Implikationen für Konzernsteuerpolitik und staatliche Steuerpolitik
Lohmar – Köln 2006 • 262 S. • € 47,- (D)
ISBN-13: 978-3-89936-523-8 • ISBN-10: 3-89936-523-2

Band 271
Elena Göke
Die ertragsteuerliche Organschaft als Gestaltungsinstrument für Mittelstandskonzerne
Lohmar – Köln 2006 • 426 S. • € 57,- (D)
ISBN-13: 978-3-89936-544-3 • ISBN-10: 3-89936-544-5

Band 272
Heribert Leineweber
Wettbewerbsverbot und Geschäftschancenlehre im Recht der GbR – Übertragbarkeit der §§ 112, 113 HGB
Lohmar – Köln 2006 • 220 S. • € 45,- (D)
ISBN-13: 978-3-89936-545-0 • ISBN-10: 3-89936-545-3

Band 273
Valerie Kellermann
Die Haftung der Gesellschafter einer BGB-Außengesellschaft – Unter besonderer Betrachtung der Haftung für Verbindlichkeiten aus Delikt
Lohmar – Köln 2007 • 192 S. • € 44,- (D) • ISBN 978-3-89936-554-2

Band 274
Frank Martens
Der Gesellschafterwechsel in der BGB-Gesellschaft mit Grundeigentum
Lohmar – Köln 2007 • 206 S. • € 44,- (D) • ISBN 978-3-89936-570-2

Band 275
Robert Carl Werner Hofmann
Die Grenzen der Substitution im Arbeitszeitgesetz
Lohmar – Köln 2007 • 190 S. • € 44,- (D) • ISBN 978-3-89936-571-9

Band 276
Marcus Schwab
Der Schutz der Pflichtteilsberechtigten vor einer Aushöhlung ihrer Rechte durch Rechtsgeschäfte unter Lebenden – Pflichtteilsergänzung wegen lebzeitiger Zuwendungen des Erblassers an Stiftungen?
Lohmar – Köln 2007 • 162 S. • € 42,- (D) • ISBN 978-3-89936-573-3

Band 277
Thomas Stein
Doppelt ansässige Kapitalgesellschaften – Besteuerung und Niederlassungsfreiheit
Lohmar – Köln 2007 • 310 S. • € 52,- (D) • ISBN 978-3-89936-577-1

Band 278
Dirk Reuter
Die Bewertung von Rückstellungen in der Handels- und Steuerbilanz nach dem Steuerentlastungsgesetz 1999/2000/2002
Lohmar – Köln 2007 • 324 S. • € 52,- (D) • ISBN 978-3-89936-600-6

Band 279
Dominic Paschke
Die “Unitary Taxation” der US-Bundesstaaten – Leitbild für die Konzernbesteuerung in der Europäischen Union?
Lohmar – Köln 2007 • 274 S. • € 48,- (D) • ISBN 978-3-89936-601-3

Band 280
Andrea Weinelt
Das deutsche Körperschaftsteuersystem im Spannungsfeld zwischen nationaler Steuerordnung und europäischem Steuerwettbewerb
Lohmar – Köln 2007 • 188 S. • € 43,- (D) • ISBN 978-3-89936-604-4

Band 281
Tobias Nikoleyczik
Gläubigerschutz zwischen Gesetz und Vertrag – Alternativen zum System eines festen Nennkapitals
Lohmar – Köln 2007 • 366 S. • € 54,- (D) • ISBN 978-3-89936-605-1

Band 282
Vera Pruß
Asset-Allokation von Privatinvestoren unter Berücksichtigung von Steuern
Lohmar – Köln 2007 • 382 S. • € 55,- (D) • ISBN 978-3-89936-629-7

Band 283
Jörg Thomas
Die steuerliche Behandlung einer grenzüberschreitenden Verschmelzung von Kapitalgesellschaften innerhalb der EU
Lohmar – Köln 2007 • 396 S. • € 56,- (D) • ISBN 978-3-89936-639-6

Band 284
Friedrich Petry
Die Ertragsbesteuerung auf dem deutschen Festlandsockel und in der deutschen ausschließlichen Wirtschaftszone
Lohmar – Köln 2008 • 216 S. • € 45,- (D) • ISBN 978-3-89936-657-0

Band 285
Christoph Neven
KFZ-Vertrieb und Kartellrecht – Die Verordnung (EG) Nr. 1400/2002
Lohmar – Köln 2008 • 338 S. • € 53,- (D) • ISBN 978-3-89936-660-0

Band 286
Dirk Müller
Verbindlichkeitsrückstellungen
Lohmar – Köln 2008 • 330 S. • € 53,- (D) • ISBN 978-3-89936-675-4

Band 287
Michael Kricheldorf
Ertragsteuerliche Konsequenzen aus der Umstrukturierung doppelstöckiger Personengesellschaften
Lohmar – Köln 2008 • 538 S. • € 65,- (D) • ISBN 978-3-89936-678-5

Band 288
Heinz Hofer
Corporate Governance und Unternehmensbewertung – Der Einfluss von Corporate Governance und Eigentümerstruktur auf Unternehmens- und Anteilsbewertung
Lohmar – Köln 2008 • 398 S. • € 56,- (D) • ISBN 978-3-89936-679-2

Weitere Schriftenreihen:

UNIVERSITÄTS-SCHRIFTENREIHEN

- Reihe: Steuer, Wirtschaft und Recht
Herausgegeben von vBP StB Prof. Dr. Johannes Georg Bischoff, Wuppertal, Dr. Alfred Kellermann, Vorsitzender Richter (a. D.) am BGH, Karlsruhe, Prof. (em.) Dr. Günter Sieben, Köln, und WP StB Prof. Dr. Norbert Herzig, Köln

- Reihe: Rechnungslegung und Wirtschaftsprüfung
Herausgegeben von Prof. (em.) Dr. Dr. h. c. Jörg Baetge, Münster, Prof. Dr. Hans-Jürgen Kirsch, Münster, und Prof. Dr. Stefan Thiele, Wuppertal

- Reihe: Informationsmanagement und Unternehmensführung – Schriften des IMU, Universität Osnabrück
Herausgegeben von Prof. Dr. Uwe Hoppe, Prof. Dr. Bodo Rieger, Prof. Dr. Frank Teuteberg und Prof. Dr. Thomas Witte

- Reihe: Planung, Organisation und Unternehmungsführung
Herausgegeben von Prof. Dr. Dr. h. c. Norbert Szyperski, Köln, Prof. Dr. Winfried Matthes, Wuppertal, Prof. Dr. Udo Winand, Kassel, Prof. (em.) Dr. Joachim Griese, Bern, Prof. Dr. Harald von Kortzfleisch, Koblenz, Prof. Dr. Ludwig Theuvsen, Göttingen, und Prof. Dr. Andreas Al-Laham, Kaiserslautern

- Reihe: Corporate Life Cycle Management
Herausgegeben von Prof. Dr. Klaus Nathusius

- Reihe: Wirtschaftsinformatik
Herausgegeben von Prof. Dr. Dietrich Seibt, Köln, Prof. Dr. Hans-Georg Kemper, Stuttgart, Prof. Dr. Georg Herzwurm, Stuttgart, Prof. Dr. Dirk Stelzer, Ilmenau, und Prof. Dr. Detlef Schoder, Köln

- Reihe: Schriften zu Kooperations- und Mediensystemen
Herausgegeben von Prof. Dr. Volker Wulf, Siegen, Prof. Dr. Jörg Haake, Hagen, Prof. Dr. Thomas Herrmann, Bochum, Prof. Dr. Helmut Krcmar, München, Prof. Dr. Johann Schlichter, München, Prof. Dr. Gerhard Schwabe, Zürich, und Prof. Dr.-Ing. Jürgen Ziegler, Duisburg

- Reihe: Telekommunikation @ Medienwirtschaft
Herausgegeben von Prof. Dr. Dr. h. c. Norbert Szyperski, Köln, Prof. Dr. Udo Winand, Kassel, Prof. Dr. Dietrich Seibt, Köln, Prof. Dr. Rainer Kuhlen, Konstanz, Dr. Rudolf Pospischil, Bonn, Prof. Dr. Claudia Löbbecke, Köln, und Prof. Dr. Christoph Zacharias, Köln

- Reihe: Electronic Commerce
Herausgegeben von Prof. Dr. Dr. h. c. Norbert Szyperski, Köln, Prof. Dr. Beat F. Schmid, St. Gallen, Prof. Dr. Dr. h. c. August-Wilhelm Scheer, Saarbrücken, Prof. Dr. Günther Pernul, Regensburg, Prof. Dr. Stefan Klein, Münster, Prof. Dr. Detlef Schoder, Köln, und Prof. Dr. Tobias Kollmann, Essen

- Reihe: E-Learning
Herausgegeben von Prof. Dr. Dietrich Seibt, Köln, Prof. Dr. Freimut Bodendorf, Nürnberg, Prof. Dr. Dieter Euler, St. Gallen, und Prof. Dr. Udo Winand, Kassel

- Reihe: InterScience Reports
Herausgegeben von Prof. Dr. Dr. h. c. Norbert Szyperski, Köln, Prof. Dr. Harald F. O. von Kortzfleisch, Koblenz, und Prof. Dr. Dietrich Seibt, Köln

- Reihe: FGF Entrepreneurship-Research Monographien
Herausgegeben von Prof. Dr. Heinz Klandt, Oestrich-Winkel, Prof. Dr. Dr. h. c. Norbert Szyperski, Köln, Prof. Dr. Michael Frese, Gießen, Prof. Dr. Josef Brüderl, Mannheim, Prof. Dr. Rolf Sternberg, Hannover, Prof. Dr. Ulrich Braukmann, Wuppertal, und Prof. Dr. Lambert T. Koch, Wuppertal

- Reihe: Venture Capital und Investment Banking, Neue Folge
Herausgegeben von Prof. Dr. Klaus Nathusius

- Reihe: Technologiemanagement, Innovation und Beratung
Herausgegeben von Prof. Dr. Dr. h. c. Norbert Szyperski, Köln, vBP StB Prof. Dr. Johannes Georg Bischoff, Wuppertal, und Prof. Dr. Heinz Klandt, Oestrich-Winkel

- **Reihe: Kleine und mittlere Unternehmen**
  Herausgegeben von Prof. Dr. Jörn-Axel Meyer, Berlin

- **Reihe: Wissenschafts- und Hochschulmanagement**
  Herausgegeben von Prof. Dr. Detlef Müller-Böling, Gütersloh, und Prof. Dr. Reinhard Schulte, Lüneburg

- **Reihe: Personal, Organisation und Arbeitsbeziehungen**
  Herausgegeben von Prof. Dr. Fred G. Becker, Bielefeld, und Prof. Dr. Walter A. Oechsler, Mannheim

- **Reihe: Forum Finanzwissenschaft und Public Management**
  Herausgegeben von Prof. Dr. Kurt Reding, Kassel, und PD Dr. Walter Müller, Kassel

- **Reihe: Finanzierung, Kapitalmarkt und Banken**
  Herausgegeben von Prof. Dr. Hermann Locarek-Junge, Dresden, Prof. Dr. Klaus Röder, Regensburg, und Prof. Dr. Mark Wahrenburg, Frankfurt

- **Reihe: Marketing**
  Herausgegeben von Prof. Dr. Heribert Gierl, Augsburg, Prof. Dr. Roland Helm, Jena, Prof. Dr. Frank Huber, Mainz, und Prof. Dr. Henrik Sattler, Hamburg

- **Reihe: Marketing, Handel und Management**
  Herausgegeben von Prof. Dr. Rainer Olbrich, Hagen

- **Reihe: Kundenorientierte Unternehmensführung**
  Herausgegeben von Prof. Dr. Hendrik Schröder, Essen

- **Reihe: Agrarökonomie**
  Herausgegeben von Prof. Dr. Achim Spiller, Göttingen, und Prof. Dr. Ludwig Theuvsen, Göttingen

- **Reihe: Produktionswirtschaft und Industriebetriebslehre**
  Herausgegeben von Prof. Dr. Jörg Schlüchtermann, Bayreuth

- **Reihe: Europäische Wirtschaft**
  Herausgegeben von Prof. Dr. Winfried Matthes, Wuppertal

- **Reihe: Katallaktik – Quantitative Modellierung menschlicher Interaktionen auf Märkten**
  Herausgegeben von Prof. Dr. Otto Loistl, Wien, und Prof. Dr. Markus Rudolf, Koblenz

- **Reihe: Quantitative Ökonomie**
  Herausgegeben von Prof. Dr. Eckart Bomsdorf, Köln, Prof. Dr. Wim Kösters, Bochum, und Prof. Dr. Winfried Matthes, Wuppertal

- **Reihe: Internationale Wirtschaft**
  Herausgegeben von Prof. Dr. Manfred Borchert, Münster, Prof. Dr. Gustav Dieckheuer, Münster, und Prof. Dr. Paul J. J. Welfens, Wuppertal

- **Schriftenreihe des Europäischen Instituts für Internationale Wirtschaftsbeziehungen**
  Herausgegeben von Prof. Dr. Wilfried Fuhrmann, Potsdam, und Prof. Dr. Paul J. J. Welfens, Wuppertal

- **Reihe: Industrieökonomik**
  Herausgegeben von Prof. Dr. Frank C. Englmann, Stuttgart, Prof. Dr. Mathias Erlei, Clausthal, Prof. Dr. Ulrich Schwalbe, Hohenheim, und Prof. Dr. Bernd Woeckener, Stuttgart

- **Reihe: Studien zur Dynamik der Wirtschaftsstruktur**
  Herausgegeben von Prof. Dr. Heinz Grossekettler, Münster

- **Reihe: Versicherungswirtschaft**
  Herausgegeben von Prof. (em.) Dr. Dieter Farny, Köln, und Prof. Dr. Heinrich R. Schradin, Köln

- **Reihe: Wirtschaftsgeographie und Wirtschaftsgeschichte**
  Herausgegeben von Prof. Dr. Ewald Gläßer, Köln, Prof. Dr. Josef Nipper, Köln, Dr. Martin W. Schmied, Köln, und Prof. Dr. Günther Schulz, Bonn

- **Reihe: Wirtschafts- und Sozialordnung: FRANZ-BÖHM-KOLLEG – Vorträge und Essays**
  Herausgegeben von Prof. Dr. Bodo B. Gemper, Siegen

- **Reihe: WISO-Studientexte**
  Herausgegeben von Prof. Dr. Eckart Bomsdorf, Köln, und Prof. (em.) Dr. Dr. h. c. Dr. h. c. Josef Kloock, Köln

- **Reihe: Europäisches Wirtschaftsrecht – Jean-Monnet-Schriftenreihe**
  Herausgegeben von Prof. Dr. Dieter Krimphove, Paderborn

- **Reihe: Rechtswissenschaft**

FACHHOCHSCHUL-SCHRIFTENREIHEN

- **Reihe: Lehr- und Studienbücher der Wirtschaftswissenschaft**
  Herausgegeben von Prof. Dr. Erik Gawel, Frankfurt am Main, Prof. Dr. Kilian Bizer, Göttingen, Prof. Dr. Wiebke Störmann, Schmalkalden, und Prof. Dr. Thomas Wagner, Nürnberg

- **Reihe: Institut für betriebliche Datenverarbeitung (IBD) e. V. im Forschungsschwerpunkt Informationsmanagement für KMU**
  Herausgegeben von Prof. Dr. Felicitas Albers, Düsseldorf

- **Reihe: FH-Schriften zu Marketing und IT**
  Herausgegeben von Prof. Dr. Doris Kortus-Schultes, Mönchengladbach, und Prof. Dr. Frank Victor, Gummersbach

- **Reihe: Marketing-Praxis – Schriften des Instituts für kreatives Marketing**
  Herausgegeben von Prof. Dr. Jochem Müller, Ansbach

- **Reihe: Medienmanagement**
  Herausgegeben von Prof. Dr. Thomas Breyer-Mayländer, Offenburg

- **Reihe: FuturE-Business**
  Herausgegeben von Prof. Dr. Michael Müßig, Würzburg-Schweinfurt

- **Reihe: Controlling-Forum – Wege zum Erfolg**
  Herausgegeben von Prof. Dr. Jochem Müller, Ansbach

- **Reihe: Unternehmensführung und Controlling in der Praxis**
  Herausgegeben von Prof. Dr. Thomas Rautenstrauch, Bielefeld

- **Reihe: Economy and Labour**
  Herausgegeben von EUR ING Prof. Dr.-Ing. Hans-Georg Nollau MBCS, Regensburg

- **Reihe: Institut für Regionale Innovationsforschung (IRI)**
  Herausgegeben von Prof. Dr. Rainer Voß, Wildau

- **Reihe: Interkulturelles Medienmanagement**
  Herausgegeben von Prof. Dr. Edda Pulst, Gelsenkirchen

PRAKTIKER-SCHRIFTENREIHEN

- **Reihe: Transparenz im Versicherungsmarkt**
  Herausgegeben von *ASSEKURATA* GmbH, Köln

- **Reihe: Betriebliche Praxis**
  Herausgegeben von vBP StB Prof. Dr. Johannes Georg Bischoff, Wuppertal

- **Reihe: Regulierungsrecht und Regulierungsökonomie**
  Herausgegeben von Juconomy Consulting AG, Düsseldorf

STEUER, WIRTSCHAFT UND RECHT

Herausgegeben von vBP StB Prof. Dr. Johannes Georg Bischoff, Wuppertal, Dr. Alfred Kellermann, Vorsitzender Richter am BGH (a. D.), Karlsruhe, Prof. (em.) Dr. Günter Sieben, Köln, und WP StB Prof. Dr. Norbert Herzig, Köln

Band 283
Jörg Thomas
Die steuerliche Behandlung einer grenzüberschreitenden Verschmelzung von Kapitalgesellschaften innerhalb der EU
Lohmar – Köln 2007 • 396 S. • € 56,- (D) • ISBN 978-3-89936-639-6

Band 284
Friedrich Petry
Die Ertragsbesteuerung auf dem deutschen Festlandsockel und in der deutschen ausschließlichen Wirtschaftszone
Lohmar – Köln 2008 • 216 S. • € 45,- (D) • ISBN 978-3-89936-657-0

Band 285
Christoph Neven
KFZ-Vertrieb und Kartellrecht –
Die Verordnung (EG) Nr. 1400/2002
Lohmar – Köln 2008 • 338 S. • € 53,- (D) • ISBN 978-3-89936-660-0

Band 286
Dirk Müller
Verbindlichkeitsrückstellungen
Lohmar – Köln 2008 • 330 S. • € 53,- (D) • ISBN 978-3-89936-675-4

Band 287
Michael Kricheldorf
Ertragsteuerliche Konsequenzen aus der Umstrukturierung doppelstöckiger Personengesellschaften
Lohmar – Köln 2008 • 538 S. • € 65,- (D) • ISBN 978-3-89936-678-5

Band 288
Heinz Hofer
Corporate Governance und Unternehmensbewertung – Der Einfluss von Corporate Governance und Eigentümerstruktur auf Unternehmens- und Anteilsbewertung
Lohmar – Köln 2008 • 400 S. • € 56,- (D) • ISBN 978-3-89936-679-2